# Oracle数据库基础教程

云课版

史卫亚 ◉ 编著

人 民 邮 电 出 版 社
北 京

图书在版编目（CIP）数据

Oracle数据库基础教程 : 云课版 / 史卫亚编著. -- 北京 : 人民邮电出版社, 2021.1
（从零开始）
ISBN 978-7-115-51655-8

Ⅰ. ①O… Ⅱ. ①史… Ⅲ. ①关系数据库系统－教材 Ⅳ. ①TP311.132

中国版本图书馆CIP数据核字(2020)第208268号

## 内容提要

本书通过实例引导，深入浅出地介绍了 Oracle 程序设计的相关知识和实战技能。

本书第 1～9 章主要包括 Oracle 学习指南、Oracle 安装与配置、初识 SQL、高级 SQL 限定查询、Oracle 的单行函数、多表查询、分组统计查询、子查询以及 Oracle 数据的基本操作等；第 10～17 章主要讲解 Oracle 的表创建与管理、Oracle 的数据完整性、Oracle 的数据库对象、PL/SQL 编程、游标、存储过程与函数、触发器和程序包以及 Oracle 的表空间等；第 18～20 章主要讲解控制文件及日志文件的管理、Oracle 的安全管理以及数据库备份与恢复等。

本书适合任何想学习 Oracle 的读者阅读，无论您是否从事计算机相关工作，是否接触过 Oracle，均可通过阅读本书快速掌握 Oracle 的开发方法和技巧。

◆ 编　　著　史卫亚
　责任编辑　李永涛
　责任印制　马振武
◆ 人民邮电出版社出版发行　　北京市丰台区成寿寺路 11 号
　邮编　100164　　电子邮件　315@ptpress.com.cn
　网址　https://www.ptpress.com.cn
　北京九州迅驰传媒文化有限公司印刷
◆ 开本：787×1092　1/16
　印张：19.75　　　　2021 年 1 月第 1 版
　字数：502 千字　　　2025 年 3 月北京第 5 次印刷

定价：69.80 元

读者服务热线：(010)81055410　印装质量热线：(010)81055316
反盗版热线：(010)81055315

# 前　言

计算机是人类社会进入信息时代的重要标志，掌握丰富的计算机知识、正确熟练地操作计算机已成为信息时代对每个人的要求。鉴于此，我们认真总结教材编写经验，深入调研各地、各类学校的教材需求，组织优秀的、具有丰富教学和实践经验的作者团队，精心编写了这套“从零开始”丛书，以帮助各类学校或培训班快速培养优秀的技能型人才。

本着“学用结合”的原则，我们在教学方法、教学内容以及教学资源上都做出了自己的特色。

## 教学方法

本书采用“本章导读→课堂讲解→范例实战→疑难解析→实战练习”五段教学法，细致讲解理论知识，重点训练动手能力，有针对性地解答常见问题，并通过课后练习帮助读者强化巩固所学的知识和技能，旨在激发读者的学习兴趣。

◎ 本章导读：对本课相关知识点应用于哪些实际情况，及其与前后知识点之间的联系进行概述，并给出学习课时和学习目标的建议，以便读者明确学习方向。

◎ 课堂讲解：深入浅出地讲解理论知识，在贴近实际应用的同时，突出重点、难点，帮助读者深化理解所学知识，触类旁通。

◎ 范例实战：紧密结合课堂讲解的内容和实际工作要求，逐一讲解Oracle的实际应用，通过范例的形式，帮助读者在实战中掌握知识，轻松拥有项目经验。

◎ 疑难解析：我们根据十多年的教学经验，精选出读者在理论学习和实际操作中经常遇到的问题并进行答疑解惑，以帮助读者吃透理论知识和掌握其应用方法。

◎ 课后练习：结合每课内容给出难度适中的上机操作题，通过练习，帮助读者强化巩固每课所学知识，实现温故而知新。

## 教学内容

本书教学目标是循序渐进地帮助读者掌握Oracle程序设计的相关知识。全书共有20章，可分为3部分，具体内容如下。

◎ 第1部分（第1～9章）：Oracle基础知识。主要讲解Oracle学习指南、Oracle安装与配置、初识SQL、高级SQL限定查询、Oracle的单行函数、多表查询、分组统计查询、子查询以及Oracle数据的基本操作等。

◎ 第2部分（第10～17章）：Oracle核心技术。主要讲解Oracle的表创建与管理、Oracle的数据完整性、Oracle的数据库对象、PL/SQL编程、游标、存储过程与函数、触发器和程序包以及Oracle的表空间等。

◎ 第3部分（第18～20章）：Oracle高级应用。主要讲解控制文件及日志文件的管理、Oracle的安全管理以及数据库备份与恢复等。

## 课时计划

为方便阅读本书，特提供如下表所示的课程课时分配建议表。

课程课时分配（65课时版40+25）

| 章号 | 标题 | 总课时 | 理论课时 | 实践课时 |
|---|---|---|---|---|
| 1 | Oracle 学习指南 | 1 | 1 | 0 |
| 2 | Oracle 安装与配置 | 2 | 1 | 1 |
| 3 | 初识 SQL | 2 | 1 | 1 |
| 4 | 高级 SQL 限定查询 | 3 | 3 | 0 |
| 5 | Oracle 的单行函数 | 3 | 2 | 1 |
| 6 | 多表查询 | 2 | 1 | 1 |
| 7 | 分组统计查询 | 3 | 2 | 1 |
| 8 | 子查询 | 3 | 2 | 1 |
| 9 | Oracle 数据的基本操作 | 4 | 2 | 2 |
| 10 | Oracle 的表创建与管理 | 5 | 3 | 2 |
| 11 | Oracle 的数据完整性 | 4 | 2 | 2 |
| 12 | Oracle 的数据库对象 | 3 | 2 | 1 |
| 13 | PL/SQL 编程 | 7 | 4 | 3 |
| 14 | 游标 | 3 | 2 | 1 |
| 15 | 存储过程与函数 | 2 | 1 | 1 |
| 16 | 触发器和程序包 | 3 | 2 | 1 |
| 17 | Oracle 的表空间 | 5 | 3 | 2 |
| 18 | 控制文件及日志文件的管理 | 5 | 3 | 2 |
| 19 | Oracle 的安全管理 | 2 | 1 | 1 |
| 20 | 数据库备份与恢复 | 3 | 2 | 1 |
| 合计 | | 65 | 40 | 25 |

## 学习资源

◎ 14小时全程同步教学录像

涵盖本书所有知识点，详细讲解每个范例及项目的开发过程与关键点，帮助读者轻松掌握Oracle程序设计知识。

◎ 超多资源大放送

赠送大量学习资源，包括全书范例源码和实战练习答案、Java项目实战教学录像、Oracle项目实战教学录像、Oracle常见错误代码的分析与解决方法、Oracle常见面试题、Oracle常用函数汇总、Oracle常见错误对应代码与含义解析、Oracle数据库常用操作语句大全等。

◎ 资源获取

读者可以申请加入编程语言交流学习群（QQ：829094243）和其他读者进行交流。

读者可以使用微信扫描封底二维码，关注“职场精进指南”公众号，发送“51655”后，将获得资源下载链接和提取码。将下载链接复制到任何浏览器中并访问下载页面，即可通过提取码下载本书的学习资源。

## 作者团队

本书由史卫亚编著，参与本书编写、资料整理、多媒体开发及程序调试的人员还有岳福丽、冯国香、王会月、贾子禾、胡波等。

在编写过程中，我们竭尽所能地将优秀的讲解呈现给读者，但也难免有疏漏和不妥之处，敬请广大读者不吝指正。若读者在阅读本书过程中产生疑问或有任何建议，均可发送电子邮件至liyongtao@ptpress.com.cn。

龙马高新教育

2020年11月

# 目 录

# 第 1 章

# Oracle 学习指南

**本章导读**

Oracle 数据库是甲骨文公司的一款关系数据库管理系统，在数据库领域一直处于领先地位。该系统可移植性好、使用方便、功能强，适用于各类大、中型管理系统。本章将介绍 Oracle 的来源、技术体系、应用领域以及与之相关的认证及工作前景。

**本章课时：理论 1 学时**

## 学习目标

- Oracle 的学习路线图
- Oracle 的应用领域及现状
- Oracle 的开发 / 运行平台
- Oracle 工作岗位及前景
- Oracle 的优势 / 劣势

# 1.1 Oracle 的来源

随着互联网技术的发展，数据处理已经成为计算机的主要应用领域。数据库技术作为数据处理中的关键技术得到了快速发展，几乎所有软件系统后台都有数据库支持。常见的数据库系统有 Oracle、DB2、Sybase、SQL Server 等。其中，Oracle 数据库是世界上使用最为广泛的数据库管理系统之一。本节介绍 Oracle 数据库的发展及其主要产品。

## 1. Oracle 数据库发展史

1977 年，拉里 · 埃里森 (Larry Ellison，Oracle 公司的创始人和前任 CEO) 与同事罗伯特 · 迈纳（Robert Miner）创立“软件开发实验室”(Software Development Labs)，开发属于自己的数据库产品。

Oracle 公司与 IBM 公司的发展密切相关，IBM 相关的技术战略 Oracle 公司都会积极参与。Oracle 数据库的广告也无处不在，例如，在电影《钢铁侠 3》里面有一个情节：现在开始启用 Oracle 云服务；此外，NBA 球队金州勇士的主场就是 Oracle 公司所赞助的。

图 1-1 所示的是 Oracle 公司发展历史过程中的 4 个传奇人物，从左到右依次为埃德 · 奥茨（Ed Oates）、布鲁斯 · 斯科特（Bruce Scott）、罗伯特 · 迈纳（Robert Miner）和拉里 · 埃里森（Larry Ellison）。

图 1–1

后来斯科特离开了 Oracle 公司，开发了属于自己的一个数据库：PointBase 数据库。2005 年，这个数据库是 BEA 系统有限公司推出的 WebLogic 软件产品之中附赠的数据库产品。再后来 BEA 公司又被 Oracle 公司收购了。为了纪念这位开发者，Oracle 数据库的用户信息中一直包含 scott 用户，并且他的密码也是一个公共密码：tiger。

1979 年，Oracle 第 1 版产生；1983 年开发出 V3 版本，加入了 SQL 语言；1997 年引入面向对象的数据库系统；1998 年的 Oracle 8i 添加了大量的互联网特性，并且提供全方位的 Java 支持；2000 年推出了 Oracle 9i 版本。随着时间的推移和技术的更新，版本逐渐提升。目前比较新的是 Oracle 12c 版本。尽管版本随着时间的推移，不断更新，但 Oracle 的基本功能并没有改变。

## 2. Oracle 公司的主要产品

Oracle 公司的系列产品非常丰富，主要包括 UNIX、WebLogic 中间件、Java 编程语言和 Oracle

数据库等。同时 Oracle 公司还提供综合管理系统，例如企业资源计划 ERP 系统 (Enterprise Resource Planning ) 和客户关系管理系统 CRM（ Client Relation Management ）。

对于 Oracle 数据库，本书使用的是 Oracle 11g 版本，该版本具有良好的体系结构和强大的数据处理能力，具有很好的可伸缩性与高实用性，是一个可以在集群环境中运行商业软件的互联网数据库，在自动化管理方面有所优化和改进，此外还增加了许多丰富实用的功能，并具有很多创新的特性，目前是企业级系统软件开发的常用数据库。

Oracle 11g 版本主要包含企业版、标准版以及个人版，分别具有不同的性能与功能，适用于不同用户群。

此外，Oracle 11g 版本所支持的操作系统比较广泛，主要有以下几种。

◎ Microsoft Windows (32 位 )；

◎ Microsoft Windows (64 位 )；

◎ Linux X86；

◎ Linux X86-64；

◎ Solaris(SPARC)(64 位 )；

◎ AIX(PPC64)；

◎ HP-UX Itanium；

◎ HP-UX PA-RISC(64 位 )。

从现在的实际开发来讲，Oracle 数据库管理及开发主要分为以下两类。

◎ 数据库管理类：数据库管理员实现数据库的建立、维护和管理等。

◎ 数据库的编程：SQL 编程、PL/SQL 编程（子程序、触发器、面向对象、游标）等。

## 1.2　Oracle 的技术体系

Oracle 数据库管理系统是一个关系型和面向对象的数据库管理系统，在管理信息系统、数据管理、互联网、电子商务等多个领域有着广泛的应用。在确保数据安全性与数据完整性等方面拥有优越的性能，并且支持跨平台、跨操作系统的数据操作。它的主要特性如下。

(1) 系统开放性，Oracle 数据库可以在所有主流平台上运行，并且遵循数据存取语言、操作系统、用户接口以及网络通信协议等工业标准。

(2) 可靠的安全性和完整性控制。

(3) 支持分布式数据处理。

(4) 支持大数据以及多用户的高性能事务处理。

(5) 具有可兼容性、可移植性和可连接性。

Oracle 的体系结构是指如何管理和组织数据库系统的方法。Oracle 体系结构如图 1-2 所示，主要包含了进程结构、内存结构、存储结构。

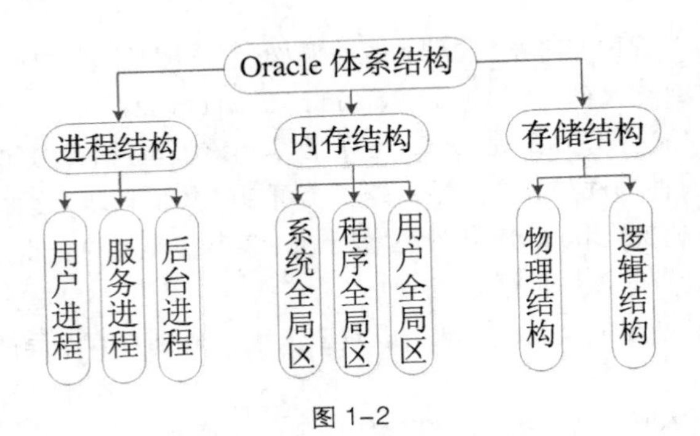


图 1-2

### 1. 进程结构

进程是操作系统中一个独立的可以调度的单位，是一个动态概念，用于完成指定的任务。在 Oracle 数据库中，Oracle 的进程结构包括三大类。

(1) 用户进程（User Process）：当用户需要连接数据库执行有关操作的时候，通过客户端程序连接数据库，会产生一个用户进程，来完成用户指定的任务。例如用户连接到 Oracle 数据库之后，向 Oracle 服务器提交 SQL 语句和 PL/SQL 程序等。

(2) 服务进程（Server Process）：服务器端用于处理连接数据库的用户进程的请求，主要完成解释并执行用户提交的 SQL 语句和 PL/SQL 程序，将查询或执行后的结果返回给用户进程，将用户对数据库的操作情况写入日志中等任务。

(3) 后台进程 (Background Process)：用于维护数据库服务器正常运行以及一些特定功能所需要的进程，随着实例启动而启动。主要的后台进程如表 1-1 所示。

表 1-1

| 进程名称 | 主要功能 |
| --- | --- |
| DBWR 进程（数据库写入进程） | 把高速缓冲区中已经修改过的数据成批写入数据文件中永久保存 |
| LGWR 进程（日志写入进程） | 把重做日志缓冲区中的重做记录写入重做日志文件中永久保存 |
| CKPT 进程（检查点进程） | 检查点是一个事件，当该事件发生时，数据缓冲区中的内容写入数据文件中，<br>该进程的作用是更新控制文件与数据文件 |
| SMON 进程（系统监视进程） | 在数据库实例启动时，负责对数据库进行实例恢复操作<br>如果数据库非正常关闭，则当下次启动数据库实例时，该进程将根据重做日志文件对数据库进行恢复 |
| PMON 进程（进程监控进程） | 在用户进程出现故障时执行进程恢复，清理内存储区，释放该进程所使用的资源 |
| ARCH 进程（归档进程） | 在日志切换后将已经写满的重做日志文件复制到归档文件中 |
| RECO 进程（恢复进程） | 解决分布式数据库中的事务故障、恢复失败的分布式事务 |
| SNP 进程（作业进程） | 用于分布式数据库中进行数据库之间快照的自动刷新<br>通过 DBMS_JOB 程序包运行预定的存储过程 |

### 2. 内存结构

内存结构是 Oracle 数据库体系中非常重要的一部分，Oracle 中 90% 的工作都是在内存中完成的。内存结构可以分为系统全局区（SGA）、程序全局区（PGA）和用户全局区（UGA）。

(1) SGA（System Global Area）：它包含数据库实例和相关的控制信息，是所有用户都可以访问的共享内存区域，该内存区随数据库实例的创建而分配，随实例的终止而释放。数据库中数据高速缓冲区、共享池、数据块、事物处理日志、数据字典信息等都存储在 SGA 中。

(2) PGA（Program Global Area）：它是一个非共享的内存区域，专用于特定的服务器进程，并且只能够由这个进程访问。PGA 由 4 部分组成，即排序区 (Sort Area)、游标信息区 (Cursor Information)、会话信息区 (Session Information) 和堆栈区 (Stack Space)。排序区主要存放排序操作所产生的临时数据，游标信息区主要存放执行游标操作时产生的数据，会话信息区主要保存用户会话所具有的权限、角色和性能等统计信息，堆栈区主要保存会话过程中的绑定变量和会话变量等信息。

(3) UGA（User Global Area）：它是为用户进程存储会话状态的内存区域。UGA 可以作为 SGA 或 PGA 的一部分。

### 3. 存储结构

Oracle 的存储结构分为物理存储结构和逻辑存储结构，这两种存储结构既相互独立又相互联系。

物理存储结构主要用于描述 Oracle 数据库外部数据的存储，即操作系统中如何对数据进行组织和管理，具体表现为一系列的文件，即存储在物理磁盘上的文件，主要包括数据文件、控制文件、日志文件、密码参数文件、归档日志文件和告警日志文件等。

逻辑存储结构主要描述 Oracle 数据库内部数据的组织和管理方式，在数据库管理层面对数据进行管理和组织，与操作系统没有关系，是物理存储结构的抽象，是不可见的。可以通过查询数据字典了解逻辑存储结构信息。逻辑结构是从逻辑的角度分析数据库的组成。Oracle 数据库的逻辑结构包括表空间、段、区、块和模式等。

注意：一个数据库在物理上包含多个数据文件，在逻辑上包含多个表空间；
一个表空间包含一个或多个数据文件，一个数据文件只能属于一个表空间。

## 1.3 Oracle 的学习路线图

一个合格的 Oracle 数据库管理员（DBA）需要具有广博的技术知识，不仅需要精通 Oracle 数据库本身的知识，还要熟练掌握 Linux 管理、存储、开发（如 PL/SQL 编程、Java/PHP/C/C++ 等语言的初步编程）等知识。可见，一名合格的 Oracle DBA 需要很长时间的培训，本人也需要坚持不懈地努力，才能胜任 Oracle DBA 的工作岗位。

本书主要介绍 Oracle 数据库的基本知识。读者对象包括以下几类。

◎ 零基础初学者。

◎ 有一定知识基础和操作实践，但缺乏项目经验的开发人员。

◎ 希望能高效地掌握相关知识和操作技能的求职人员。

◎ 相关专业的学生。

为了帮助读者更好地学习 Oracle 并快速入门，本书结合 Oracle 的特点以及知识的难易程度，制定以下学习路线图，由浅入深，循序渐进。本书主要分以下三部分。

第 1 部分（第 1 ~ 9 章）：Oracle 基础知识。主要讲解 Oracle 学习指南、Oracle 安装与配置、

初识 SQL、高级 SQL 限定查询、Oracle 的单行函数、多表查询、分组统计查询、子查询以及 Oracle 数据的基本操作等。

第 2 部分（第 10 ～ 17 章）：Oracle 核心技术。主要讲解 Oracle 的表创建与管理、Oracle 的数据完整性、Oracle 数据库对象的使用方法、PL/SQL 编程、游标、存储过程与函数、触发器和程序包以及 Oracle 的表空间等。

第 3 部分（第 18 ～ 20 章）：Oracle 高级应用。主要讲解控制文件及日志文件的管理、Oracle 的安全管理以及数据库备份与恢复等。

当然，本书主要介绍了 Oracle 学习过程中的入门级程序设计，要想成为一个优秀的 Oracle DBA，还有很多知识需要学习，例如：性能调优及排错、Oracle 内部原理、软件架构、开发过程等。

# 1.4　Oracle 的应用领域及现状

经过多年的发展，Oracle 数据库系统已经应用于各个领域，在数据库市场占据了主导地位。Oracle 公司也成为当今世界上最大的数据库厂商和最大的商用软件供应商之一。2008 年高德纳咨询公司发布的 2007 年度数据库市场分析报告表明，Oracle 数据库市场占有率约为 49%。随着网络及科技的发展，其市场占有率还在不断增加。Oracle 应用产品包括财务、供应链、制造、项目管理、人力资源和市场与销售等 150 多个模块，荣获多项世界大奖，现已被全球近 7 600 多家企业所采用。

Oracle 数据库客户也遍布工业、商业、金融业等各个领域，从大型企业（如 AT&T、雪铁龙、通用电气等）到大型互联网电子商务网站（如亚马逊、eBay 等）。在当今世界 500 强企业中，70% 的企业使用的是 Oracle 数据库；世界十大 B2C 公司全部使用 Oracle 数据库；世界十大 B2B 公司中有 9 家使用的是 Oracle 数据库。93% 的上市公司、65 家“财富全球 100 强”企业均不约而同地采用 Oracle 电子商务解决方案。

# 1.5　Oracle 的开发 / 运行平台

Oracle 提供了一套全面、集成度高的应用开发、数据库开发和商务智能工具集，以支持任何开发方法、技术平台和操作系统。Oracle 的主要开发 / 运行平台如表 1–2 所示。

表 1–2

| 开发 / 运行平台 | 功能 | 组件 |
| --- | --- | --- |
| .NET | Oracle 提供了各种实用工具帮助 .NET 开发人员集成和利用 Oracle 平台与 Oracle 数据库 | 主要包括 Oracle Developer Tools for Visual Studio、Oracle Data Provider for .NET、Oracle Database Extensions for .NET、WebCenter WSRP Producer for .NET |
| 商务智能 | Oracle 提供全面、开放和集成的商务智能解决方案。包括企业报告、即席查询和分析、仪表盘以及记分卡 | 主要包括 Oracle BI Publisher、Oracle Data Integrator |

续表

| 开发 / 运行平台 | 功能 | 组件 |
|---|---|---|
| Oracle 数据库和 PL/SQL | Oracle 提供了快速 Web 开发工具，这些工具与 Oracle 数据库相集成并使用 PL/SQL 开发语言简化开发 | 主要包括 Oracle Application Express、Oracle Forms、Oracle SQL Developer、Oracle SQL Developer 数据建模器 |
| Java 框架 | Oracle 提供成熟的 Java 框架来帮助开发速度更快、可扩展、安全可靠的应用，以满足目前需求和适应未来发展趋势 | 主要包括 Oracle ADF、Oracle ADF Essentials、Oracle TopLink、Oracle 移动应用框架、EclipseLink、JavaFX |
| Oracle Solaris 和 Oracle Linux | Oracle 提供了可靠、安全、可扩展的多种 Oracle Solaris 和 Oracle Linux 工具和版本 | 主要包括 Oracle Developer Studio 和 Oracle Solaris |

## 1.6 Oracle 工作岗位及前景

前面已经提到，Oracle 公司是当今世界上最大的数据库厂商和最大的商用软件供应商之一，Oracle 数据库客户遍布工业、商业、金融业等各个领域。在就业市场上，资深 Oracle DBA 永远是紧缺人才，是各大公司招揽的热门对象。在美国的就业市场上，有经验的 Oracle DBA 的年薪在 10 万 ~17 万美元都是司空见惯的现象。

与 Oracle 数据库相关的常见岗位有数据库管理员、数据库开发员、数据维护员、数据库系统监控员等，主要工作职责如表 1–3 所示。

表 1–3

| 岗位 | 职责 |
|---|---|
| 数据库管理员 | 主要负责日常管理和维护数据库，进行数据库安装、升级、迁移、调优、备份、恢复及解决数据库故障等 |
| 数据库开发员 | 主要协助软件开发人员编写高效率的 SQL 语句，跟踪排查存储过程错误等，比如熟练编写函数、存储过程、触发器等 |
| 数据维护员 | 对数据库中的数据进行维护、统计，形成相关的报告等，便于预测一个行业的发展潜力 |
| 数据库系统监控员 | 对数据库进行常态监控，因为重要的数据库是需要 7×24（一个星期 7 天，每天 24 小时）小时进行监控的，比如银行、机票、股票、期货、汇市等实时系统。这些数据库一旦出现警告、错误等报告，都需要及时进行处理 |

表 1–4 列出了一些目前招聘市场中常见的与 Oracle 相关的工作岗位及其职责。

表 1–4

| 岗位 | 职责 |
|---|---|
| Oracle 数据库 DBA | 具备 IT 行业综合技术知识，熟悉主流操作系统 AIX、HPUX、Linux；精通 Oracle 数据库系统安装部署、故障解决、备份与恢复、性能优化、技术培训；掌握主机、网络、存储等相关知识；具有良好的语言表达能力和文档能力 |

续表

| 岗位 | 职责 |
|---|---|
| Oracle 数据库工程师 | 熟悉主流操作系统 AIX、HPUX、Linux；精通 Oracle 数据库系统安装部署、故障解决、备份与恢复、性能优化、技术培训；掌握主机、网络、存储等相关知识；具有良好的语言表达能力和文档能力 |
| Oracle 高级 DBA | 3 年以上维护和搭建 Oracle EBS 的实际工作经验；精通各种主流数据库在各种操作系统与平台（UNIX、Linux、Windows 等）的安装、维护及故障排除；精通 Oracle EBS 及相关系统 APP 和 DB 的备份策略调整，数据架构（HA、RAC、Data Guard...）的搭建和优化；具有良好的沟通能力和团队合作精神 |
| Oracle 开发主管 | 负责 Oracle 系统 EBS 日常维护工作，解决系统运行中遇到的问题；负责 Oracle 系统 EBS 基础数据维护和系统配置工作；负责 Oracle 系统用户培训；负责 Oracle 系统结账工作及日常事务处理；负责系统优化需求调研、分析及验收测试 |
| Oracle 工程师 | 安装和升级 Oracle 数据库服务器和中间件，以及应用程序工具构建和配置网络环境；管理数据库的用户，维护数据库的安全性；监控和优化数据库的性能；执行备份和恢复数据库等日常工作；保证系统的正常运行，以及快速解决在运维中碰到的问题 |

从就业与择业的角度来讲，从事 Oracle 方面的工作是职业发展中较为不错的选择。

(1) 就业面广阔。Oracle 可以拓展技术人员择业的广度，目前全球前 500 强企业大多数都在使用 Oracle 相关技术，很多政府机构、大中型企事业单位都有 Oracle 技术的工程师岗位，不论你想进入金融行业还是电信行业或者政府机构，Oracle 都能够在你的职业发展中给你最强有力的支撑。

(2) 技术层次深入。如果期望进入 IT 服务或者产品公司（例如阿里巴巴、IBM 等），Oracle 技术能够帮助提高就业的深度。Oracle 技术已经成为全球很多 IT 公司必选的软件技术之一，熟练掌握 Oracle 技术能够为从业人员带来技术应用上的优势，同时为 IT 技术的深入应用起到非常关键的作用。掌握 Oracle 技术，是 IT 从业人员了解全面信息化整体解决方案的基础。

(3) 职业方向众多。具有很多相关的职业发展方向，例如 Oracle 数据库管理方向、Oracle 开发及系统架构方向、Oracle 数据建模数据仓库等方向。

# 1.7 Oracle 国内外认证

资深的 Oracle 技术人员是各大公司招揽的热门对象，年薪非常高。那么如何评价 Oracle 技术人员的能力呢？ Oracle 认证是 Oracle 公司评估 Oracle 从业人员能力的一种官方测试，是由官方颁布并实施的一项权威的服务与支持。

### 1. 认证种类

Oracle 认证证书分为 3 个层次：OCA、OCP、OCM，如表 1–5 所示。

表 1–5

| 级别 | 证书名称 | 说明 | 备注 |
|---|---|---|---|
| 入门级别 | OCA，即 Oracle Certified Associate 认证专员 | Oracle 产品数据库管理员，主要负责管理工业界比较先进的信息系统，是成为一名 Oracle 专家的第一步。学员将学会设计、创建和维护 Oracle 数据库 | 通过认证后，学员可以从事 Oracle 数据库服务器的数据操作和管理等工作 |

续表

| 级别 | 证书名称 | 说明 | 备注 |
| --- | --- | --- | --- |
| 专业证书 | OCP，即 Oracle Certified Professional 认证专家 | OCP 是开启 Oracle 所有产品线的钥匙，Oracle 还有 ERP、中间件等很多高端产品，都可以从 OCP 开始学习 | 一个 OCP 工程师不仅可以从事 DBA，还可以进一步进行学习成为 ERP 实施、中间件管理、商业智能（Business Intelligence，BI）等企业高薪的 IT 类专家 |
| 高级资格证书 | OCM，即 Oracle Certified Master 认证大师 | 授予拥有较高专业技术的甲骨文认证专家。Oracle Certified Master (OCM) 认证大师是 Oracle 认证的最高级别，是对数据库从业人员的技术、知识和操作技能的最高级别的认可 | Oracle OCM 是解决最困难的技术难题和最复杂的系统故障的最佳 Oracle 专家人选之一，也是 IT 行业衡量 IT 专家和经理人的专业程度及经验的基准 |

目前，在所有的 IT 认证中，Oracle 公司的 Oracle 专业认证 OCP（Oracle Certified Professional）是数据库领域最热门的认证之一。如果取得了 OCP 认证，就会在激烈的市场竞争中获得显著的优势，将很容易获取一份环境优越、待遇丰厚的工作。要想进一步地获得 OCM 证书，必须先通过 OCA、OCP 考试，再学习两门高级技术课程，然后在 Oracle 实验室通过场景实验考试。场景实验考试的目的是测试考生实际问题分析能力和故障解决能力。

#### 2. 认证途径

目前，认证的途径有很多，例如以下几个途径。

(1) 通过 Oracle University（Oracle 大学），即 Oracle 原厂培训，但是费用较高。

(2) 在 Oracle 公司指定的 WDP 培训机构学习。

(3) 通过甲骨文学院获得 OCA、OCP、OCM 证书。

OCA 和 OCP 考试可以在 Oracle 授权培训考试中心进行。而国内 OCM 考试只能在北京和上海的 Oracle 实验室进行。通过 OCM 考试，Oracle 美国总部将在 2 个月内直接寄送 OCM 证书、全球唯一识别号的 OCM 卡、OCM 大师服装等系列物品。

当前，Oracle 公司跟中国的很多高校取得了合作关系，很多高校都是甲骨文学院的基地，为学生考取证书提供了方便。具体合作院校可以在 Oracle 公司网站查询。

不过，Oracle 认证证书只是让雇主了解到来应聘的人通过了 Oracle 数据库方面的技术考试。这只是衡量一个应聘者的标准之一，其他的衡量标准还包含出色的交际能力、一定的工作经验、丰富的数据库理论知识。

## 1.8 Oracle 的优势/劣势

目前，大部分银行、保险、电信等企业都采用 Oracle 数据库，使用 Oracle 数据库来处理庞大的业务数据。这主要是因为 Oracle 数据库具有一些其他数据库不可比拟的优势，下面列出了其中的

一些优势。

(1) 处理速度快，安全级别高。支持快闪以及完美的恢复，即使硬件坏了，也可以恢复到故障发生前 1 秒所处的场景。

(2) 多台服务器构成集群，互相备份，平衡负载，可以做到 30 秒以内故障转移。

(3) 具备完善的网格控制和分布式计算能力。

(4) 在大数据处理方面 Oracle 系统更加稳定。

(5) 在数据库管理、完整性检查、安全性、一致性方面都有较好的内部机制。

不过 Oracle 数据库也有一些自身劣势。

(1) Oracle 数据库产品及服务都是付费的，而且价格不菲。

(2) Oracle 数据库不是开源的。不过可以安装在 redhat 或其他开源操作系统上。

本章初步介绍了 Oracle 数据库的发展和基本技术体系，给出了 Oracle 数据库的学习路线图，概括了目前 Oracle 数据库的应用领域及国内外应用现状，介绍了 Oracle 数据库的各种工作岗位及前景，并对 Oracle 数据库国内外认证做了详细的介绍。

下一章将开始介绍 Oracle 数据库的基础知识，为学习 Oracle 数据库编程做前期的知识铺垫。

# 第 2 章

# Oracle 安装与配置

**本章导读**

在学习使用 Oracle 之前，必须先在计算机上安装 Oracle。本章将介绍如何在计算机上完成 Oracle 以及 Oracle 提供的有关服务的安装。

**本章课时：理论 1 学时 + 实践 1 学时**

## 学习目标

- Oracle 的软硬件环境
- Oracle 的安装与配置
- Oracle 服务
- Oracle 常用数据管理工具

# 2.1 Oracle 的软硬件环境

Oracle 数据库支持 32 位和 64 位的系统架构，可以分别安装在 32 位和 64 位的操作系统上。本章将介绍 64 位的 Oracle 数据库的安装方法。安装之前，首先需要下载数据库安装文件，如果要想下载 Oracle，可直接登录 Oracle 官方网站。下载的时候可以选择版本，下载后文件有两个压缩包：win64_11gR2_database_1of2.zip 和 win64_11gR2_database_2of2.zip。对这两个压缩包分别解压，而后合并为一个再进行安装。

安装 Oracle 11g 数据库的最低硬件需求如表 2-1 所示。

表 2-1　安装 Oracle 11g 数据库的最低硬件需求

| 硬件 | 说明 |
|---|---|
| CPU | 建议 1GHz 以上 |
| 物理内存 (RAM) | 建议 1GB 以上 |
| 虚拟内存 | 物理内存的二倍 |
| 硬盘空间 | 建议 5GB 以上 |
| 视频适配器 | 建议百万色以上，例如 65536 色 |

安装 Oracle 11g 数据库的最低软件需求如表 2-2 所示。

表 2-2　安装 Oracle 11g 数据库的最低软件需求

| 软件 | 说明 |
|---|---|
| 操作系统 | Windows 2000 SP4 或更高版本；<br>Windows Server 2003 的所有版本；<br>Windows XP Professional XP3 及以上版本；<br>Windows Vista 的所有版本；<br>Windows 7 |
| 网络协议 | TCP/IP；<br>支持 SSL 的 TCP/IP；<br>Named Pipes |
| 浏览器 | Windows IE 6.0 及以上版本；<br>Firefox 1.0 及以上版本；<br>Google Chrome 45.0 及以上版本 |

# 2.2 Oracle 的安装与配置

## 2.2.1 Oracle 数据库的安装与配置

在安装 Oracle 数据库前还需要注意以下问题。

◎ 如果计算机上有各种病毒防火墙，最好先关闭。

◎ 在安装前保证操作系统是健康的。

Oracle 本身只是一个平台，在这个平台上可以存在若干个数据库，所以在安装 Oracle 的时候，系统会询问用户是否要配置数据库。

下面就一步一步地介绍 Oracle 的安装和配置方法。

❶ 运行 setup.exe 文件，会出现图 2-1 所示的界面。由于是首次安装，因此选中“创建和配置数据库”，然后单击“下一步”按钮。

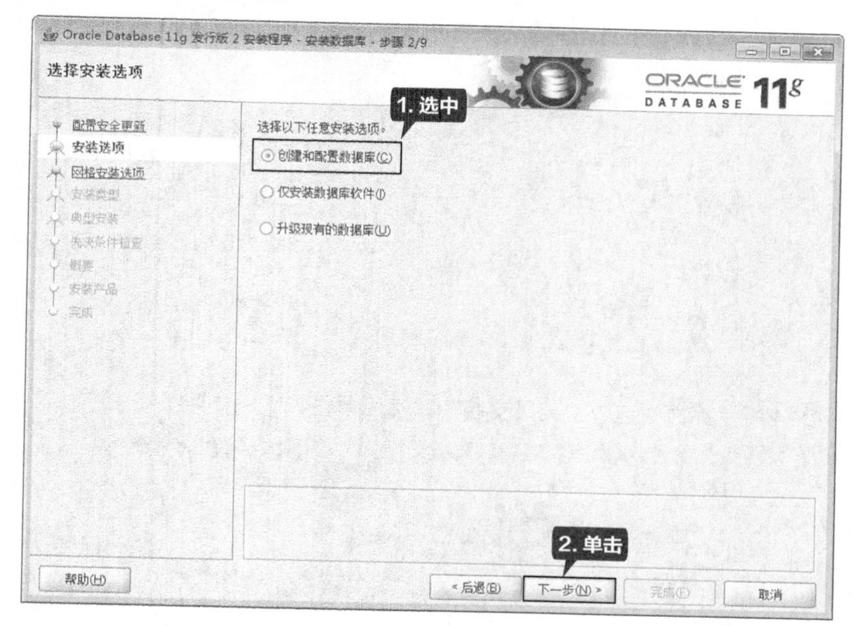


图 2-1

❷ 在出现的图 2-2 所示的界面中，选中“服务器类”，然后单击“下一步”按钮。

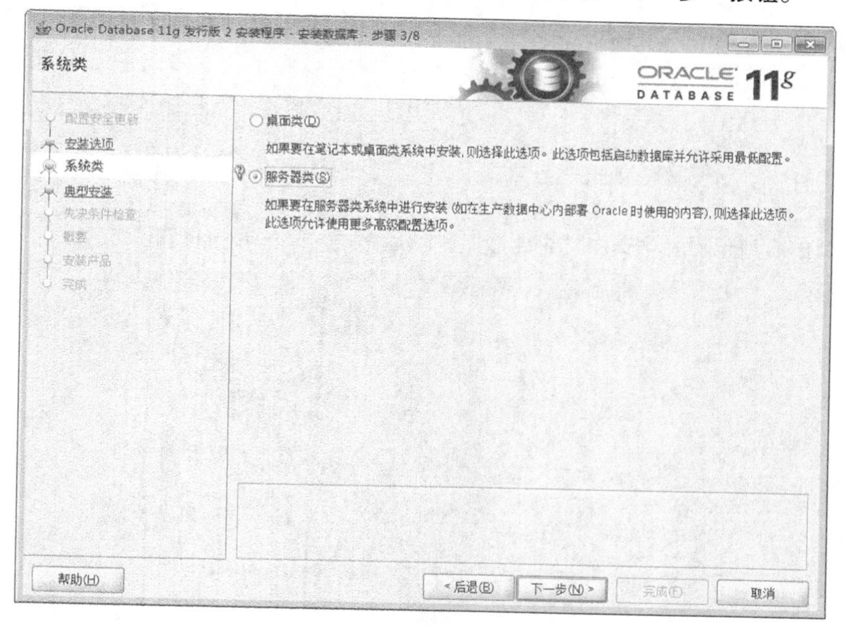


图 2-2

❸ 在出现的图 2-3 所示界面中，选中“单实例数据库安装”，然后单击“下一步”按钮。

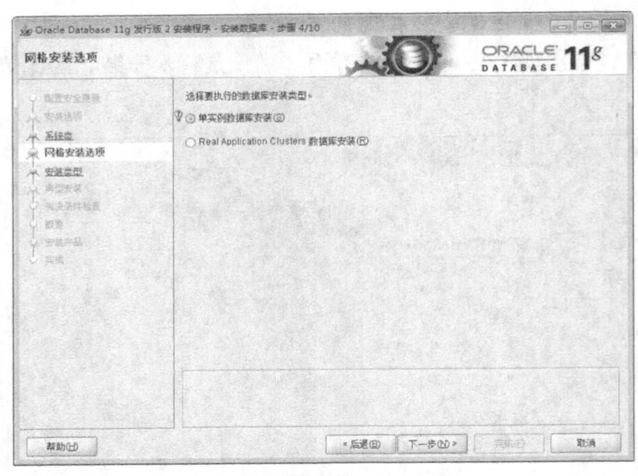


图 2-3

❹ 在出现的图 2-4 所示界面中选中“高级安装”，然后单击“下一步”按钮。

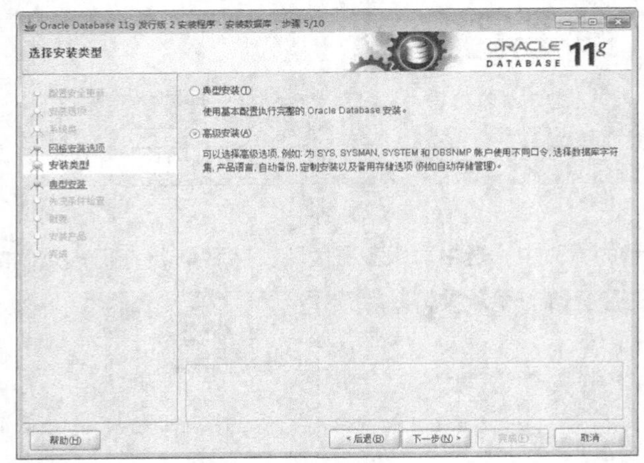


图 2-4

❺ 在出现的图 2-5 所示界面中选中“企业版”，然后单击“下一步”按钮。

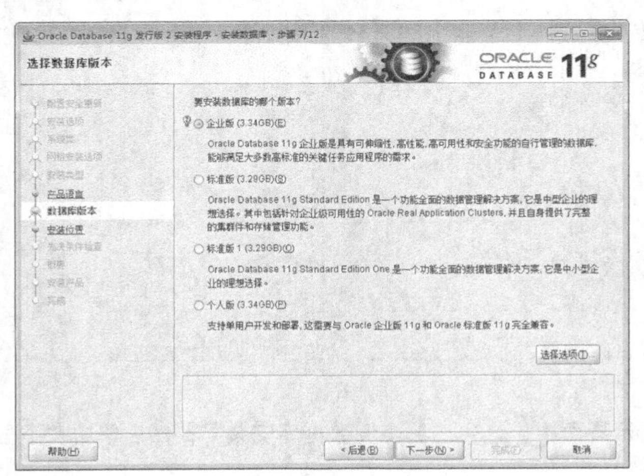


图 2-5

❻ 在出现的图 2–6 所示界面中设置 Oracle 基目录和 Oracle 软件文件的位置（指所创建的 Oracle 数据库，一台计算机上可以创建多个数据库），然后单击“下一步”按钮。

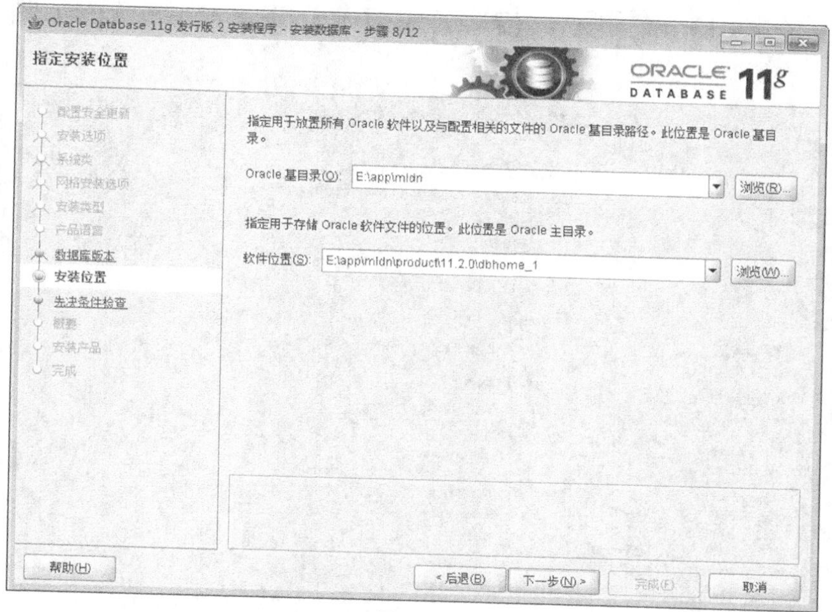


图 2–6

❼ 在出现的图 2–7 所示界面中，在“全局数据库名”后面的文本框中输入将要使用的数据库名称。由于本次在进行安装的过程之中，需要使用数据库开发，所以将数据库名称设置为“mldn”。在配置数据库名称的时候会存在一个 SID，指的是服务 ID，它的主要作用是进行数据库的网络连接，一般情况下建议数据库名称与 SID 的名称完全一致，然后单击“下一步”按钮。

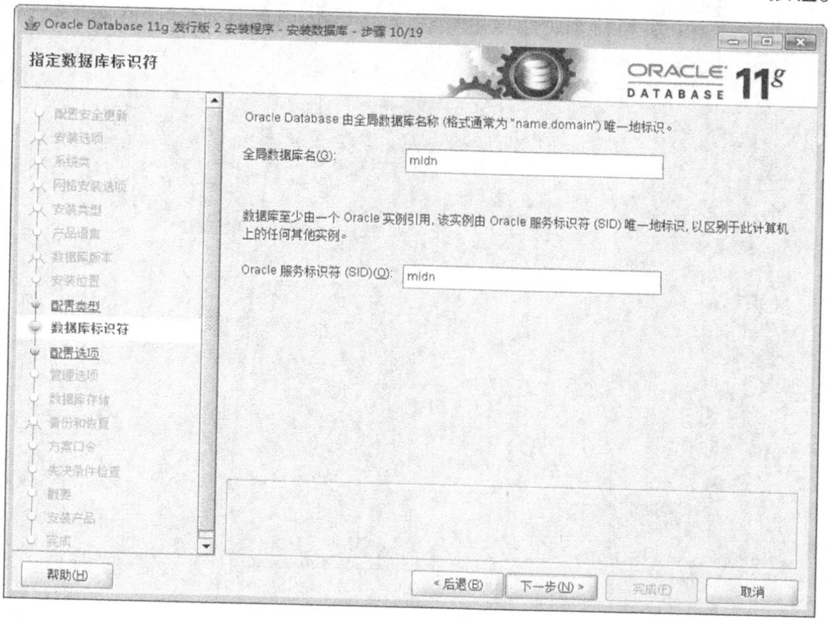

图 2–7

❽ 在出现的图 2-8 所示界面中，在“配置选项”里选择“字符集”标签，在其中选择指定字符集，这里设置为 UTF-8 编码。

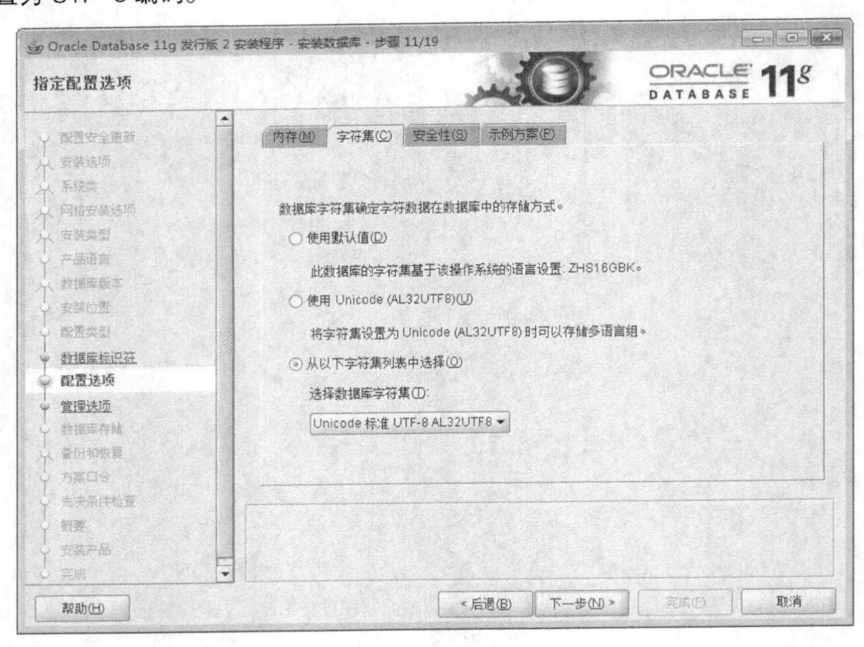


图 2-8

然后单击“示例方案”标签，勾选“创建具有示例方案的数据库”，如图 2-9 所示，然后单击“下一步”按钮。

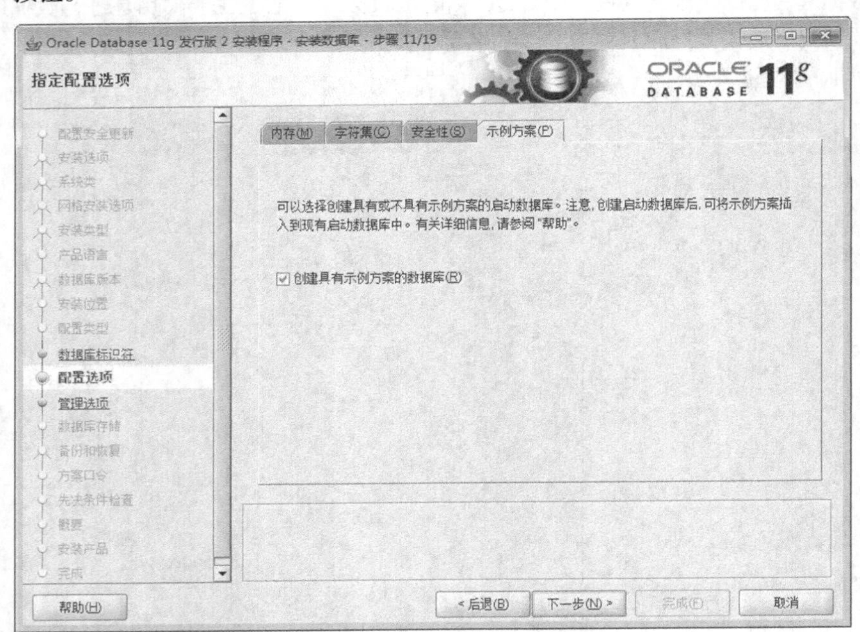


图 2-9

❾ 在之后出现的几个界面都选择默认模式，单击“下一步”按钮，直到“方案口令”界面，如图 2-10

所示，设置要使用的口令，在 Oracle 数据库中默认提供若干个用户，每个用户有不同的权限，此处会询问是否为每一个用户分别定义密码，或者统一使用一个密码。本次为了方便统一，设置密码为“oracleadmin”。注意大小写。然后单击“下一步”按钮。

图 2-10

注意：本示例中设置的密码不属于标准密码格式，但是依然可以通过，Oracle 建议的口令如图 2-11 所示。

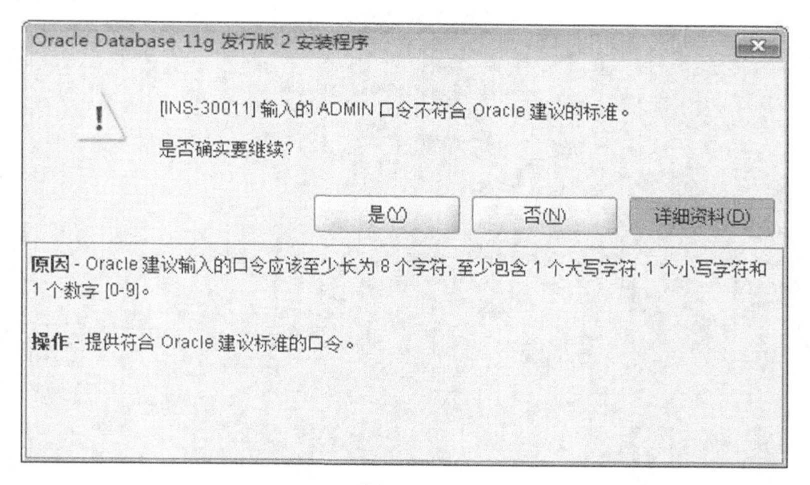


图 2-11

⑩ 所有选项选择完成后，会进入“先决条件检查”，如图 2-12 所示。随后会进入检测阶段，对于出现的问题可以忽略。

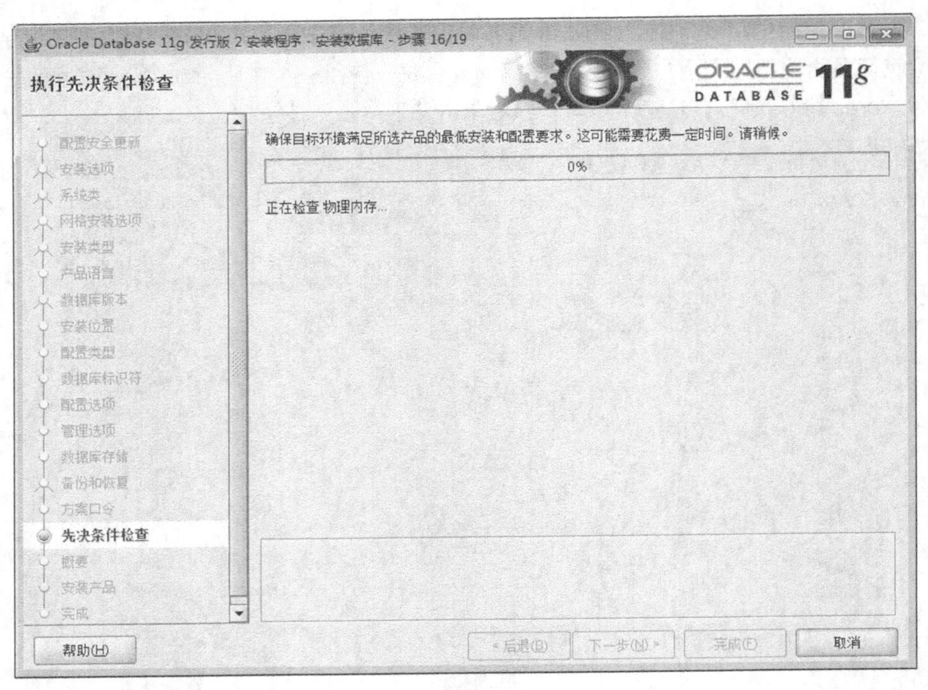

图 2-12

最后会出现图 2-13 所示的界面，单击“完成”按钮，即可完成 Oracle 数据库的安装。

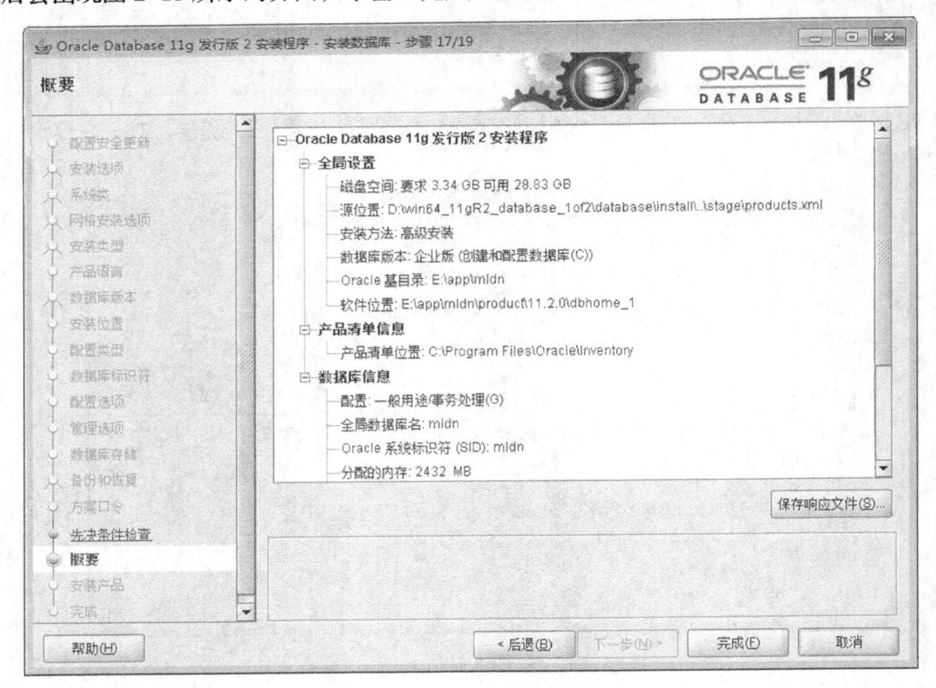

图 2-13

⑪ 在安装完成之后会进入数据库的权限配置（用户配置）界面，此时会出现图 2-14 所示的界面。

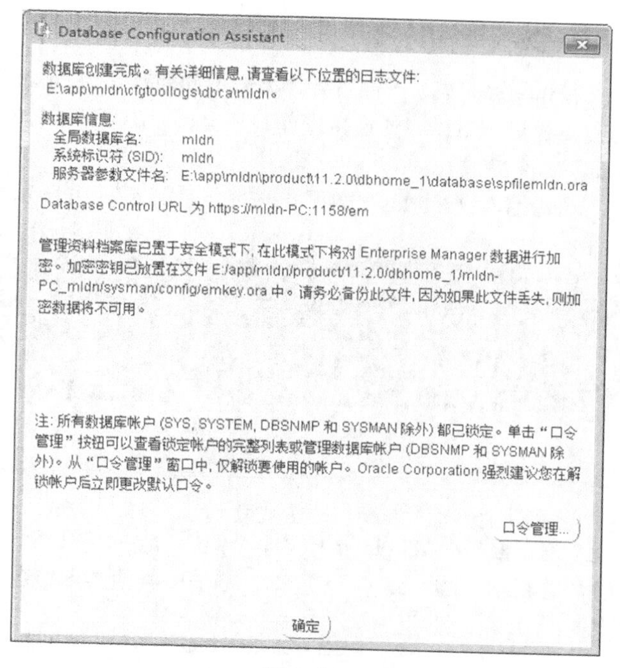


图 2-14

单击“口令管理”按钮，会进入图 2-15 所示的界面，设置所需要的用户口令，最后单击“确定”按钮。

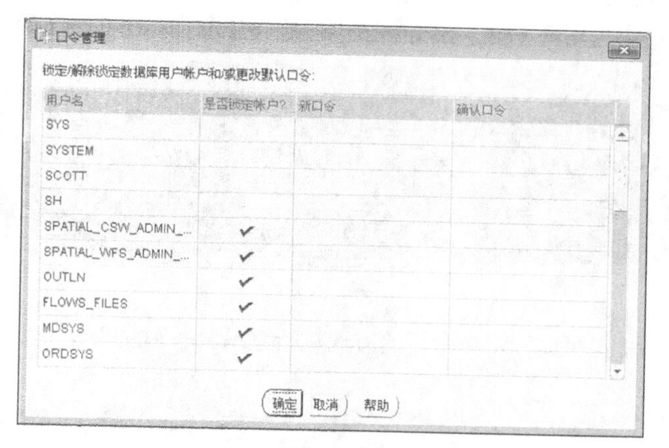


图 2-15

---

注意：在此处需要配置 4 个用户的密码。现在所配置的密码为通用密码。

◎ 超级管理员：sys / change_on_install。

◎ 普通管理员：system / manager。

◎ 普通用户（解锁）：scott / tiger（是在选定了“样本”方案数据库之后产生的）。

◎ 大数据用户：sh / sh。

---

以上给出了 Oracle 数据库安装的步骤。在完成数据库安装后，就可以使用 Oracle 了。在使用之前，我们需要先了解一些使用 Oracle 的相关知识。

### 2.2.2 建立 Oracle 数据库的连接

Oracle 数据库已经安装和配置完成，下面首先体验一下如何登录到 Oracle 系统。

如果你现在只是通过本机进行数据库的连接操作，那么可以不用开启监听服务。如果要访问数据库，可以使用“sqlPlus”命令完成。

例如，直接通过运行窗口输入“sqlPlus”即可，此时会弹出图 2-16 所示的对话框。

```
E:\app\mldn\product\11.2.0\dbhome_1\BIN\sqlplus.exe
SQL*Plus: Release 11.2.0.1.0 Production on 星期一 3月 7 11:23:03 2016

Copyright (c) 1982, 2010, Oracle.  All rights reserved.

请输入用户名:
```

图 2-16

提示：在不同的操作系统中打开运行框窗口的快捷键不同，例如在 Windows 7 中是使用“■+R”组合快捷键打开运行框，但是在 Windows 10 中，是使用“■+X”组合快捷键打开运行框。（其中，“■+X”组合键表示“■”键 + “X”键，本书中其他类似情况，均使用“■+X”组合快捷键的形式表示。）

如果要登录，则会出现一个提示信息——要求输入用户名。但是在输入密码的时候，默认的方式是不进行回显操作，即不会使用“*”进行显示。

例如输入用户名 scott 后，按回车键，会提示“输入口令”，当输入口令的时候，屏幕上没有任何显示，当输入完口令后按回车键，会显示数据库连接正常，如图 2-17 所示。

```
E:\app\mldn\product\11.2.0\dbhome_1\BIN\sqlplus.exe
Copyright (c) 1982, 2010, Oracle.  All rights reserved.

请输入用户名:  scott
输入口令:

连接到:
Oracle Database 11g Enterprise Edition Release 11.2.0.1.0 - 64bit Production
With the Partitioning, OLAP, Data Mining and Real Application Testing options

SQL>
```

图 2-17

除了这种方式之外，也可以利用命令行的方式进行登录。命令的启动可以使用“cmd”命令完成。在命令行中输入如下命令。

```
sqlplus scott/tiger
```

## 2.3 Oracle 服务

Oracle 在使用的过程中必须启动系统服务，Oracle 安装完成之后会自动地配置以下几个服务项。

用户可以通过如下方式查询机器已经安装的 Oracle 服务。

右键单击“计算机”，在弹出的快捷菜单中选择“管理”➢“服务”，在弹出的“服务”对话框中可看到与 Oracle 相关的服务，如图 2-18 所示。

| | | | |
|---|---|---|---|
| Oracle MLDN VSS Writer Service | 已启动 | 手动 | 本地系统 |
| OracleDBConsolemldn | 已启动 | 自动 | 本地系统 |
| OracleJobSchedulerMLDN | | 禁用 | 本地系统 |
| OracleMTSRecoveryService | 已启动 | 自动 | 本地系统 |
| OracleOraDb11g_home1ClrAgent | | 手动 | 本地系统 |
| OracleOraDb11g_home1TNSListener | 已启动 | 自动 | 本地系统 |
| OracleRemExecService | 已启动 | 禁用 | 本地系统 |
| OracleServiceMLDN | 已启动 | 自动 | 本地系统 |

图 2-18

因为 Oracle 会占用大量的系统内存，所以对于 Oracle 数据库的服务建议手工启动。

在所有给出的服务之中有两个比较重要的服务，如下所示。

(1) OracleOraDb11g_home1TNSListener：监听服务，主要是留给客户端访问本机时所使用的。例如，在进行程序开发的过程之中，需要连接数据库，如果此服务没有启动或者是错误，那么将导致程序无法连接。

(2) OracleServiceMLDN：Oracle 数据库的实例服务，在 Oracle 平台上可以同时配置多个数据库。此外，可以使用安装生成的Oracle菜单中的"Database Configuration Assistant"工具建立更多的数据库，每一个数据库建立完成之后都会安装"OracleServiceSID"这样的服务，如果要想使用 MLDN 数据库进行数据操作，那么此服务必须打开。

# 2.4 Oracle 常用数据管理工具

在开始学习 Oracle 数据库的管理和开发之前，先熟悉几个 Oracle 数据库管理与开发工具。

## 2.4.1 SQL Plus 工具

前面在安装完 Oracle 数据库系统后，已经尝试使用过 SQL Plus 工具登录 Oracle 系统。SQL Plus 工具是在安装 Oracle 数据库系统的时候自动安装的数据库管理工具。SQL Plus 工具可以运行于任何安装有 Oracle 数据库的操作系统平台，用户对数据库的各种操作主要是通过 SQL Plus 工具实现的，后面章节中各种操作的实现也都是在 SQL Plus 工具中完成的。通过 SQL Plus 工具，既可以建立与数据库服务器上 Oracle 数据库的连接，也可以建立与网络中其他 Oracle 数据库的连接。

使用 SQL Plus 工具可以完成如下操作。

◎ 对数据库实施的数据操作、数据定义、数据查询以及数据库控制等。

◎ 输入、编辑、存储、运行 SQL 语句等。

◎ 处理数据、生成报表、格式化查询结果等。

◎ 启动和关闭数据库实例等。

### SQL Plus 的启动

SQL Plus 的启动一般有两种方法：菜单方法和命令行方法。

❶ 菜单方法：选择"开始 ➤ 所有程序 ➤Oracle-OraDb11g_home1➤ 应用程序开发 ➤SQL Plus"，如图 2-19 所示。

图 2-19

❷ 命令方式：选择“开始 > 程序 > 附件 > 命令提示符”，输入“cmd”命令，如图 2-20 所示。

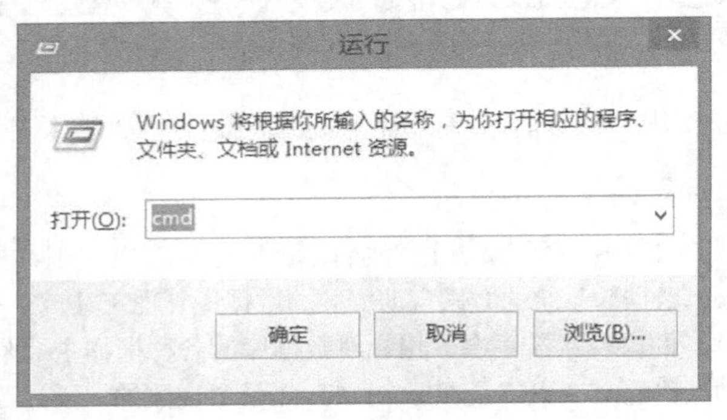


图 2-20

会打开命令提示符窗口，如图 2-21 所示。

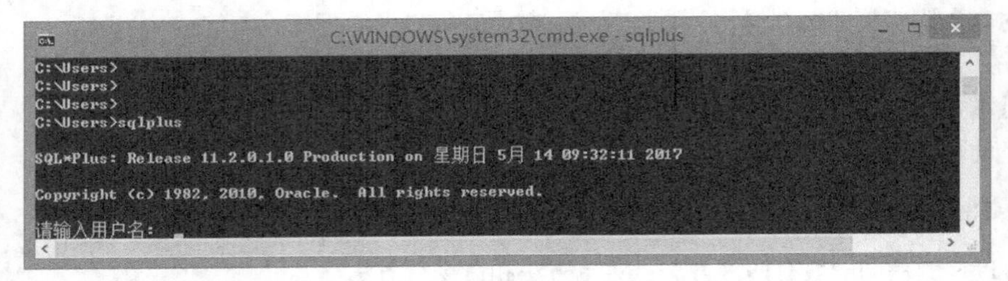


图 2-21

在命令行提示符窗口中输入“sqlplus”命令，会打开 SQL Plus 登录界面（见图 2-21），分别输入用户名和口令即可登录到 Oracle 数据库中。

也可以在命令行提示符窗口中输入带参数的“sql plus”命令打开“SQL Plus”登录界面。带参数的“sql plus”命令的基本语法格式如下。

```
sql plus [username]/[password][@connect_identifier][as sysdba]
```

其中，username表示用户名；password表示口令；@connect_identifier表示连接的全局数据库名称，默认连接本机数据库，可以省略。如果要以 sys 用户登录，必须以 sysdba 身份登录数据库。

例如，用 C\sqlPlus scott/tiger 登录到本机数据库。

### 2.4.2 数据库配置助手

数据库配置助手是安装 Oracle 数据库时同时安装的数据库管理工具，使用该工具可以创建数据库、配置现有数据库的数据库选件、删除数据库以及管理数据库模板。

选择“开始 ➢ 所有程序 ➢Oracle–OraDb11g_home1➢ 配置和移植工具 ➢Database Configuration Assistant”，打开数据库配置助手，如图 2–22 所示。

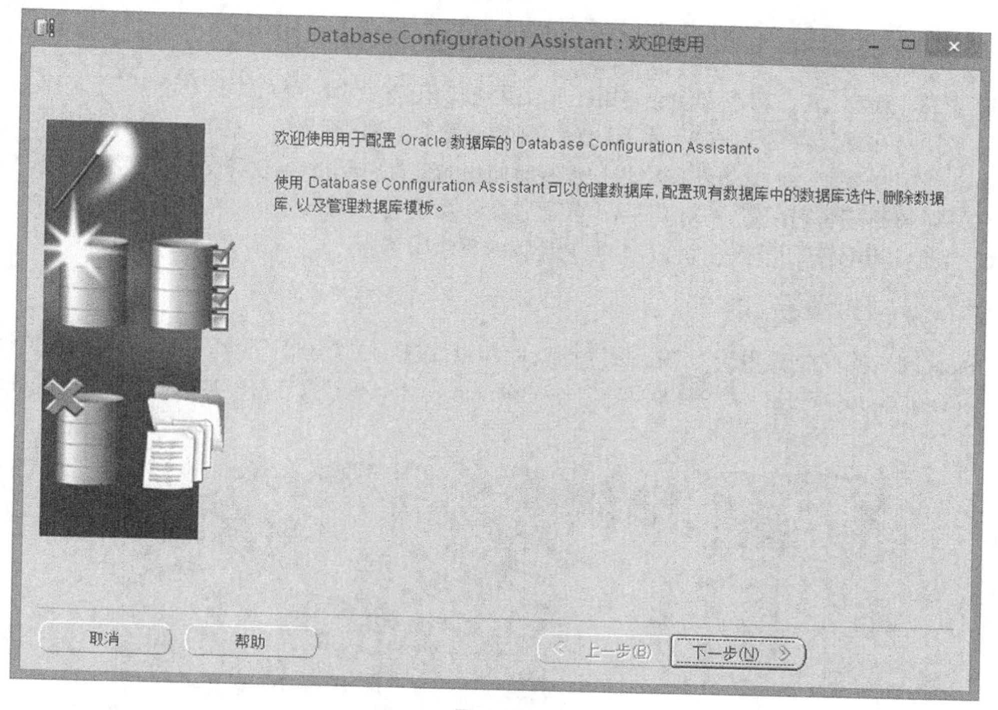


图 2–22

由于在实际数据库维护中，数据库管理员一般是通过基本命令完成各种数据库操作，因此，这里就不重点介绍如何使用数据库配置助手实现数据库的各种配置。读者如果感兴趣的话，可以在上面的界面中按照提示，逐步进行相关设置，完成数据库的创建和配置。

### 2.4.3 网络配置助手

在 Oracle 数据库的网络环境中，要使用网络配置助手进行配置，客户端才能连接网络上其他的数据库。打开网络配置助手的方法是选择“开始 ➢ 所有程序 ➢Oracle–OraDb11g_home1➢ 配置和移植工具 ➢Oracle Net Configuration Assistant”，打开网络配置助手，如图 2–23 所示。

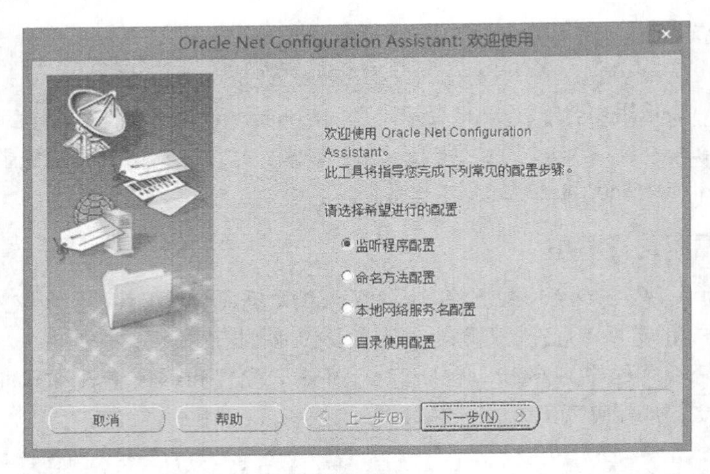


图 2-23

通过该对话框，用户可以方便地使用图形交互进行相应的网络配置，可以完成以下工作。

◎ 监听程序配置：用于添加、重新配置、删除或重命名监听程序。

◎ 命名方法配置：命名方法是将用户连接时使用的连接符解析成连接描述符。

◎ 本地网络服务名配置：本地网络名的配置文件存放在 tnsnames.ora 中。

◎ 目录使用配置：用于配置符合 LDAP 协议的目录服务器。

### 2.4.4 网络管理工具

Oracle 网络管理工具用于对 Oracle 网络特性和组件进行配置与管理。选择“开始 ➢ 所有程序 ➢Oracle-OraDb11g_home1➢ 配置和移植工具 ➢Oracle Net Manager”，打开网络管理工具，如图 2-24 所示。

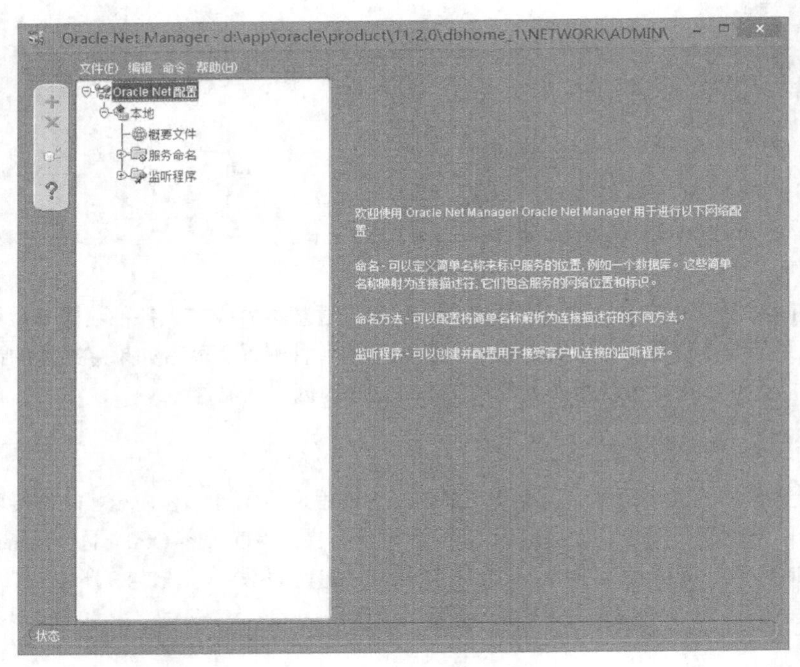


图 2-24

通过网络管理工具，可以实现下面的基本网络特性的配置和管理。

◎ 概要文件：用于确定客户端如何连接到 Oracle 网络的参数集合。

◎ 服务命名：用于创建或修改数据库服务器的网络服务。

◎ 监听程序：用于创建和修改监听程序。

# 2.5　本章小结

本章主要介绍如何在计算机上完成 Oracle 的安装，并对安装过程中的注意事项进行了说明，同时介绍了 Oracle 提供的有关服务以及 Oracle 常用数据库管理工具。在计算机上成功安装 Oracle 数据库后，就可以步入后续课程的学习。

# 2.6　疑难解答

**问：Oracle 用户密码是什么？**

**答：** Oracle 在安装的时候，需要配置四个用户的密码，默认为通用密码，如下所示。

◎ 超级管理员：sys / change_on_install。

◎ 普通管理员：system / manager。

◎ 普通用户（解锁）：scott / tiger（是在选定了“样本”方案数据库之后产生的）。

◎ 大数据用户：sh / sh。

用户也可以根据自己需要进行修改。

---

**问：安装完成后，如何验证是否成功安装 Oracle 数据库？**

**答：** 安装结束后，可以直接通过运行窗口输入“sqlplus”验证。在不同的操作系统中运行命令行的快捷键不同，例如，在 Windows 7 中是使用 win+R 组合快捷键打开运行框，但是在 Windows 10 中则是使用 win+x 组合快捷键打开运行框。此时会出现图 2-25 所示的对话框。

```
E:\app\mldn\product\11.2.0\dbhome_1\BIN\sqlplus.exe

SQL*Plus: Release 11.2.0.1.0 Production on 星期一 3月 7 11:23:03 2016

Copyright (c) 1982, 2010, Oracle.  All rights reserved.

请输入用户名:
```

图 2-25

这就表明已经在计算机上成功安装了 Oracle 数据库。此时，输入用户名 scott 后按回车键，会提示“输入口令”，当输入口令的时候，屏幕上没有任何显示，当输入完口令后按回车键，会显示数据库连接正常，如图 2-26 所示。

```
E:\app\mldn\product\11.2.0\dbhome_1\BIN\sqlplus.exe
Copyright (c) 1982, 2010, Oracle.  All rights reserved.

请输入用户名:  scott
输入口令:

连接到:
Oracle Database 11g Enterprise Edition Release 11.2.0.1.0 - 64bit Production
With the Partitioning, OLAP, Data Mining and Real Application Testing options

SQL>
```

图 2-26

# 2.7 实战练习

(1) 打开 SQL PLUS，连接 Oracle 数据库中的 scott 用户。

(2) 打开 SQL PLUS，以 SYS 用户连接 Oracle 数据库。

# 第3章 初识SQL

**本章导读**

前一章介绍了Oracle的安装，从本章开始，我们将慢慢接触到数据库的基础知识，学习数据库查询、插入、删除等操作。本章将首先对SQL给出简要概述，并介绍Oracle数据库中scott用户数据表的结构，然后基于这些数据表学习简单的查询语句的使用方法。

**本章课时：理论1学时+实践1学时**

## 学习目标

- SQL概述
- scott用户数据表分析
- SELECT子句及简单查询

# 3.1　SQL 概述

从 20 世纪 70 年代末到 80 年代初，世界上有近 80 种数据库。这就出现了一个问题，不同的数据库有自己不同的操作语法，也就是说如果你会使用 A 数据库，但现在切换到了 B 数据库上，则基本上就不会使用了。后来 IBM 开发了一套标准的数据库操作语法，这就是 SQL。而 Oracle 数据库是最早提供这种语法支持的数据库之一（现在看来当时的选择是正确的）。

SQL（Structured Query Language）指的是结构化的查询语言。SQL 是整个数据库操作的灵魂所在，对于所有支持 SQL 语法的数据库，用户可以利用它使用几乎同样的语句在不同的数据库系统中完成相同的操作。随着 SQL 语句标准的推广，现在它已经成为数据库的标准技术，也就是说，现在几乎所有的数据库都支持 SQL。SQL 已经被 ANSI（美国国家标准学会）确定为数据库系统的工业标准。

在整个 SQL 语法之中，实际上只有二十几个单词。在 SQL 大力发展的时代，还有一部分人拒绝使用 SQL，这部分人认为 SQL 让他们丧失了自我的创造力，这就在整个行业之中产生了 NoSQL 数据库（不使用 SQL 的数据库）。在大数据时代，NoSQL 数据库“火”了，但是这并不意味着不使用 SQL 的数据库，而是 NoSQL（Not Only SQL）泛指非关系型的数据库。

关系型数据库的主要功能都是通过 SQL 语言来实现的。对于 SQL 语句本身也分为若干个子类。

◎ DML（数据操作语言）：数据的更新操作（INSERT、UPDATE、DELETE 等），在开发中几乎都是以 DML 操作为主的。

◎ DDL（数据定义语言）：数据库对象的定义语言，例如数据表、约束、索引、同义词、用户，进行数据库设计的时候必须掌握。

◎ DQL（数据查询语言）：主要用来查询数据，主要使用 SELECT 语句完成简单及复杂的查询。

◎ DCL（数据库控制语言）：数据库的权限控制，控制对数据库的访问，以及服务器的启动和关闭。

SQL 语句对大小写不敏感，但关键词常用大写表示，读者可根据自己的使用习惯，选择使用大写还是小写。

# 3.2　scott 用户数据表分析

考虑到后面的学习，本节首先分析后面将要使用的数据表结构。如果要想知道某一个用户（模式）所有的数据表，可以使用如下语句完成。

```
CONN scott/tiger ;
SELECT * FROM tab ;
```

上面命令是在 Sql Plus 中输入的。登录 Oracle 系统中使用 Sql Plus 的方法已经在上一章介绍过。CONN 表示连接数据库的 SQL 的命令，scott 表示用户，tiger 表示密码。

此时结果中一共返回了 4 张数据表，分别为部门表（dept）、员工表（emp）、工资等级表（salgrade）、工资表（bonus）。

但是要想知道每一张表的结构，则可以使用“DESC 表名称”。

例如：要想知道 dept 表的结构，使用“DESC dept”。

下面就一起看看这 4 张数据表的结构及其内容。

(1) 部门表（dept），如表 3-1 所示。

表 3-1 部门表（dept）

| N | 列名称 | 类型 | 描述 |
|---|---|---|---|
| 11 | DEPTNO | NUMBER(2) | 部门编号，最多由 2 位数字组成 |
| 22 | DNAME | VARCHAR2(14) | 部门名称，由 14 位字符组成 |
| 33 | LOC | VARCHAR2(13) | 部门位置 |

**【范例 3-1】查询数据表 dept 中的内容。**

命令及显示结果如图 3-1 所示。

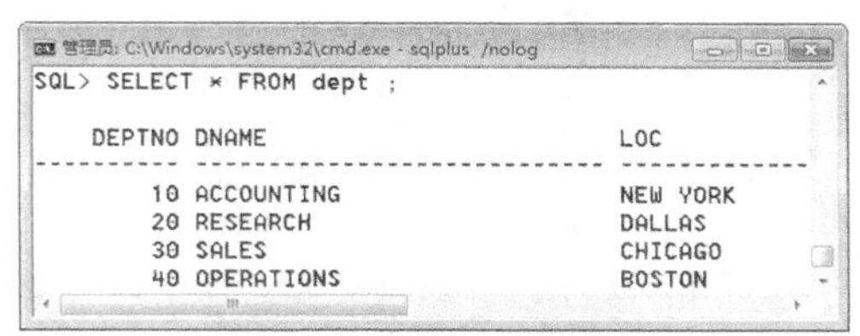


图 3-1

(2) 员工表（emp）（一个部门会存在有多个员工），如表 3-2 所示。

表 3-2 员工表（emp）

| N | 列名称 | 类型 | 描述 |
|---|---|---|---|
| 11 | EMPNO | NUMBER(4) | 员工编号，最多只能够包含 4 位数字 |
| 22 | ENAME | VARCHAR2(10) | 员工姓名 |
| 33 | JOB | VARCHAR2(9) | 职位 |
| 44 | MGR | NUMBER(4) | 领导编号，领导也属于员工 |
| 55 | HIREDATE | DATE | 雇佣日期 |
| 66 | SAL | NUMBER(7,2) | 基本工资，小数位最多是 2 位，整数 5 位 |
| 77 | COMM | NUMBER(7,2) | 佣金，销售人员才具备佣金 |
| 88 | DEPTNO | NUMBER(2) | 所属的部门编号 |

**【范例 3-2】查询数据表 emp 中的内容。**

命令及显示结果如图 3-2 所示。

```
管理员: C:\Windows\system32\cmd.exe - sqlplus /nolog
SQL> SELECT * FROM emp ;

     EMPNO ENAME                JOB                   MGR HIREDATE          SAL       COMM     DEPTNO
---------- -------------------- ------------------ ------ -------------- ------ ---------- ----------
      7369 SMITH                CLERK                7902 17-12月-80        800                    20
      7499 ALLEN                SALESMAN             7698 20-2月 -81       1600        300         30
      7521 WARD                 SALESMAN             7698 22-2月 -81       1250        500         30
      7566 JONES                MANAGER              7839 02-4月 -81       2975                    20
      7654 MARTIN               SALESMAN             7698 28-9月 -81       1250       1400         30
      7698 BLAKE                MANAGER              7839 01-5月 -81       2850                    30
      7782 CLARK                MANAGER              7839 09-6月 -81       2450                    10
      7788 SCOTT                ANALYST              7566 19-4月 -87       3000                    20
      7839 KING                 PRESIDENT                 17-11月-81       5000                    10
      7844 TURNER               SALESMAN             7698 08-9月 -81       1500          0         30
      7876 ADAMS                CLERK                7788 23-5月 -87       1100                    20
      7900 JAMES                CLERK                7698 03-12月-81        950                    30
      7902 FORD                 ANALYST              7566 03-12月-81       3000                    20
      7934 MILLER               CLERK                7782 23-1月 -82       1300                    10

已选择14行。
```

图 3-2

(3) 工资等级表（salgrade），如表 3-3 所示。

表 3-3　　工资等级表（salgrade）

| N | 列名称 | 类型 | 描述 |
|---|---|---|---|
| 11 | GRADE | NUMBER | 工资等级编号 |
| 22 | LOSAL | NUMBER | 此等级的最低工资 |
| 33 | HISAL | NUMBER | 此等级的最高工资 |

【范例 3-3】查询数据表 salgrade 中的内容。

命令及显示结果如图 3-3 所示。

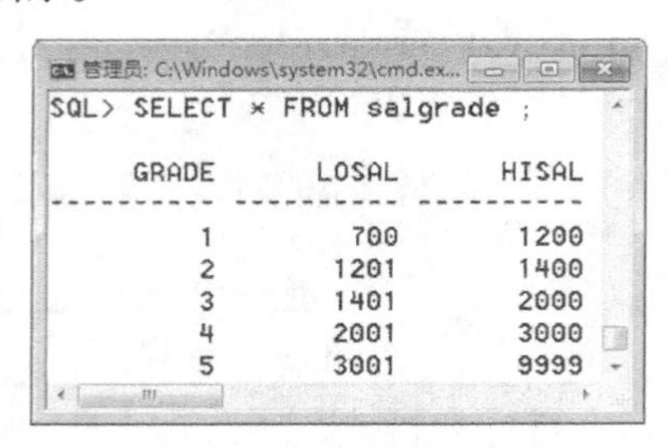


图 3-3

(4) 工资表（bonus），如表 3-4 所示。

表 3-4　　工资表（bonus）

| N | 列名称 | 类型 | 描述 |
|---|---|---|---|
| 1 | ENAME | VARCHAR2(10) | 员工姓名 |
| 2 | JOB | VARCHAR2(9) | 员工职位 |
| 3 | SAL | NUMBER | 工资 |
| 4 | COMM | NUMBER | 佣金 |

bonus 表中现在没有任何的数据。

## 3.3　SELECT 子句及简单查询

如果要进行查询，那么需要使用数据操作语言（Data Manipulation Language，DML）来实现。而对于简单查询而言，通俗的理解，就是可以将数据表中的全部记录都查询出来，可以用下面这样的语法来控制列的显示。

简单查询的 SQL 语法结构如下所示。

```
SELECT [DISTINCT] * | 列 [ 别名 ] , 列 [ 别名 ] ,... FROM 表名称 [ 别名 ] ;
```

如果在 SELECT 子句之中使用了“*”，表示查询一张表中的所有数据列。

【范例 3-4】查询 emp 表中的全部记录。

```
SELECT * FROM emp ;
```

显示结果如图 3-4 所示。

```
SQL> SELECT * FROM emp ;

     EMPNO ENAME                JOB                   MGR HIREDATE           SAL       COMM     DEPTNO
---------- -------------------- ------------------ ---------- ------------ ---------- ---------- ----------
      7369 SMITH                CLERK                7902 17-12月-80          800                    20
      7499 ALLEN                SALESMAN             7698 20-2月 -81         1600        300         30
      7521 WARD                 SALESMAN             7698 22-2月 -81         1250        500         30
      7566 JONES                MANAGER              7839 02-4月 -81         2975                    20
      7654 MARTIN               SALESMAN             7698 28-9月 -81         1250       1400         30
      7698 BLAKE                MANAGER              7839 01-5月 -81         2850                    30
      7782 CLARK                MANAGER              7839 09-6月 -81         2450                    10
      7788 SCOTT                ANALYST              7566 19-4月 -87         3000                    20
      7839 KING                 PRESIDENT                 17-11月-81         5000                    10
      7844 TURNER               SALESMAN             7698 08-9月 -81         1500          0         30
      7876 ADAMS                CLERK                7788 23-5月 -87         1100                    20
      7900 JAMES                CLERK                7698 03-12月-81          950                    30
      7902 FORD                 ANALYST              7566 03-12月-81         3000                    20
      7934 MILLER               CLERK                7782 23-1月 -82         1300                    10
```

图 3-4

在本程序之中，FROM 子句确定数据来源，来源可以是表结构（行与列的集合），也可以是视图等，而 SELECT 子句控制的是所需要的数据列。

**【范例 3-5】进行数据的投影——控制所需要显示的数据列。**

例如，查询每个员工的编号、姓名、职位、基本工资，输入语句如下。

```
SELECT empno,ename,sal,job FROM emp ;
```

显示结果如图 3-5 所示。

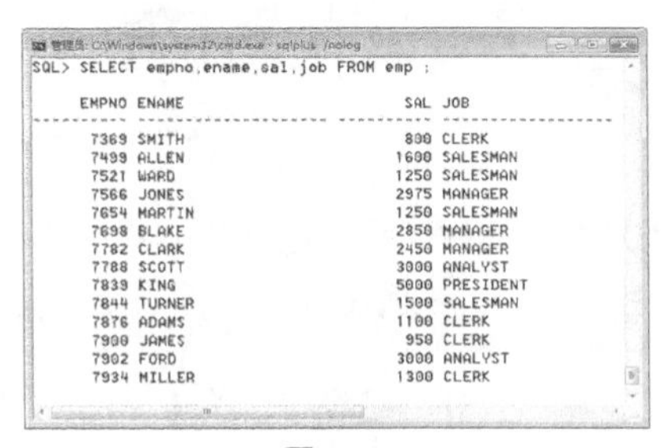

```
SQL> SELECT empno,ename,sal,job FROM emp ;

     EMPNO ENAME                       SAL JOB
---------- -------------------- ---------- ------------------
      7369 SMITH                       800 CLERK
      7499 ALLEN                      1600 SALESMAN
      7521 WARD                       1250 SALESMAN
      7566 JONES                      2975 MANAGER
      7654 MARTIN                     1250 SALESMAN
      7698 BLAKE                      2850 MANAGER
      7782 CLARK                      2450 MANAGER
      7788 SCOTT                      3000 ANALYST
      7839 KING                       5000 PRESIDENT
      7844 TURNER                     1500 SALESMAN
      7876 ADAMS                      1100 CLERK
      7900 JAMES                       950 CLERK
      7902 FORD                       3000 ANALYST
      7934 MILLER                     1300 CLERK
```

图 3-5

除了进行基本的查询列之外，在简单查询之中也支持四则运算，并且可以直接使用列的内容进行四则运算。

**【范例 3-6】现在要求查询出每个员工的编号、姓名、基本年薪（月工资是 sal，年薪是月工资的 12 倍）。**

输入语句如下。

```
SELECT empno,ename,sal*12 FROM emp ;
```

显示结果如图 3-6 所示。

```
SQL> SELECT empno,ename,sal*12 FROM emp ;

     EMPNO ENAME                    SAL*12
---------- -------------------- ----------
      7369 SMITH                      9600
      7499 ALLEN                     19200
      7521 WARD                      15000
      7566 JONES                     35700
      7654 MARTIN                    15000
      7698 BLAKE                     34200
      7782 CLARK                     29400
      7788 SCOTT                     36000
      7839 KING                      60000
      7844 TURNER                    18000
      7876 ADAMS                     13200
      7900 JAMES                     11400
      7902 FORD                      36000
      7934 MILLER                    15600

已选择14行。
```

图 3-6

发现此时有部分的列名称（例如本例中显示的列名称为 sal*12）不好看，所以为了美观，可以进行别名设置。

**【范例 3-7】别名显示设置。**

输入语句如下。

```
SELECT empno,ename,sal*12 income FROM emp ;
```

此时，显示结果如图 3-7 所示，可以发现列名显示为别名。

```
管理员: C:\Windows\system32\cmd.exe - sqlplus /nolog
SQL> SELECT empno,ename,sal*12 income FROM emp ;

     EMPNO ENAME                    INCOME
---------- -------------------- ----------
      7369 SMITH                      9600
      7499 ALLEN                     19200
      7521 WARD                      15000
      7566 JONES                     35700
      7654 MARTIN                    15000
      7698 BLAKE                     34200
      7782 CLARK                     29400
      7788 SCOTT                     36000
      7839 KING                      60000
      7844 TURNER                    18000
      7876 ADAMS                     13200
      7900 JAMES                     11400
      7902 FORD                      36000
      7934 MILLER                    15600

已选择14行。
```

图 3-7

当然，也可以使用中文作为别名，同样还是用上面的范例。输入语句如下。

```
SELECT empno 员工编号 ,ename 姓名 ,sal*12 年薪 FROM emp ;
```

显示结果如图 3-8 所示，可以看出，列名已经修改为中文的列名。

```
管理员: C:\Windows\system32\cmd.exe - sqlplus /nolog
SQL> SELECT empno 员工编号,ename 姓名,sal*12 年薪 FROM emp ;

  员工编号 姓名                       年薪
---------- -------------------- ----------
      7369 SMITH                      9600
      7499 ALLEN                     19200
      7521 WARD                      15000
      7566 JONES                     35700
      7654 MARTIN                    15000
      7698 BLAKE                     34200
      7782 CLARK                     29400
      7788 SCOTT                     36000
      7839 KING                      60000
      7844 TURNER                    18000
      7876 ADAMS                     13200
      7900 JAMES                     11400
      7902 FORD                      36000
      7934 MILLER                    15600

已选择14行。
```

图 3-8

注意：实际上，在以后定义数据表名称或列名称的时候，可以使用中文，但是在实际运行过程中有可能会产生意想不到的问题，毕竟 Oracle 数据库汉化并不是非常彻底。

另外，在进行简单查询的过程之中，还支持数据的连接操作，使用“||”进行连接。

**【范例 3-8】观察连接。**

输入语句如下。

```
SELECT empno || ename FROM emp ;
```

显示效果如图 3-9 所示。

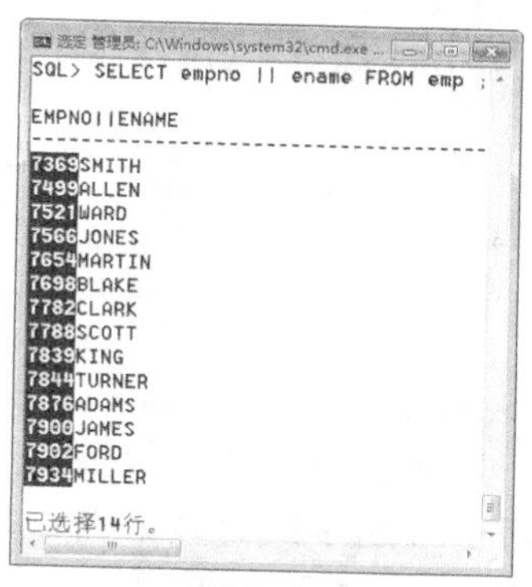

图 3-9

但是，此时的显示效果很不好分辨，也不美观，可以在中间使用一些文字描述，将连接变得更好看一些。例如，现在希望最终的格式是"编号：××××，姓名：××"，编号和姓名肯定是通过数据表查询出来的数据列。但是现在对于一些固定输出的内容就必须进行处理，实际上对于此部分的处理暂时只考虑两种类型的数据。

◎ 普通数字：直接编写（SELECT ename || 1 FROM emp ;）。

◎ 字符串：使用单引号声明（SELECT empno || 'hello' FROM emp ;）。

**【范例 3-9】实现格式化输出操作。**

输入语句如下。

```
SELECT '编号：' || empno || '，姓名：'|| ename FROM emp ;
```

此时，显示结果如图 3-10 所示。

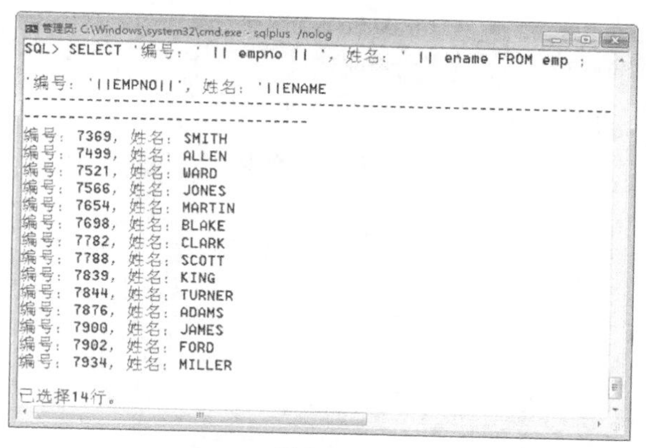

图 3-10

在简单查询的操作之中还存在 DISTINCT 关键字，此关键字的主要目的是消除重复内容。

**【范例 3-10】查询所有员工的职位信息。**

输入语句如下。

```
SELECT job FROM emp ;
```

结果如图 3-11 所示，可以发现，结果存在很多重复的内容，例如 SALESMAN、MANAGER……

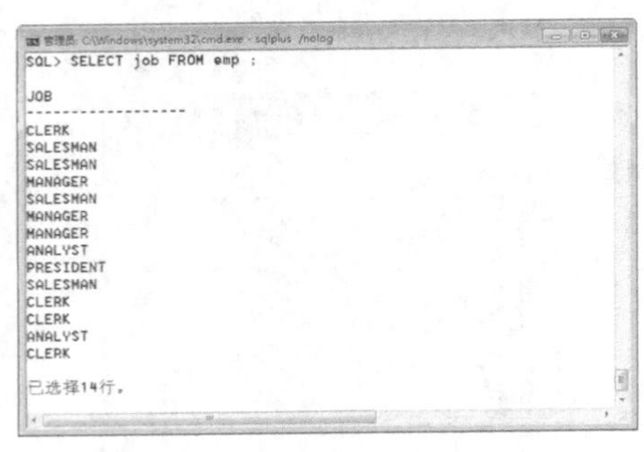


图 3-11

很明显，同一个职位一定有多个人一起办公。如果不希望里面出现重复内容，可以在 SELECT 子句之中增加 DISTINCT 消除掉重复内容。输入语句如下。

```
SELECT DISTINCT job FROM emp ;
```

显示结果如图 3-12 所示，可以发现此时显示的结果是唯一的，并没有出现重复的内容。

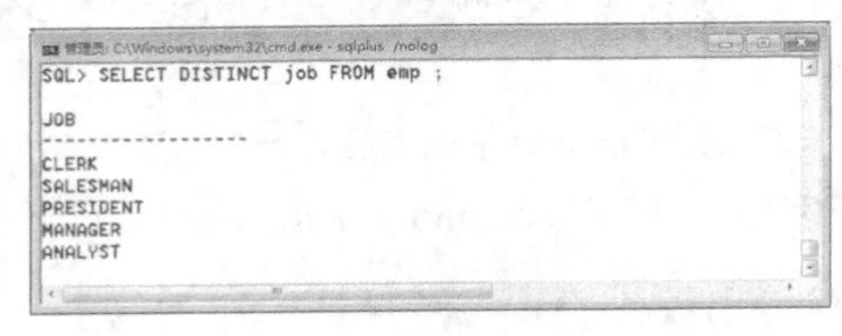


图 3-12

但是需要提醒的是，消除的重复内容指的是查询出来的数据所有列的内容对应都重复。

**【范例 3-11】观察如下查询。**

输入语句如下。

```
SELECT DISTINCT ename,job FROM emp ;
```

显示的结果如图 3-13 所示。

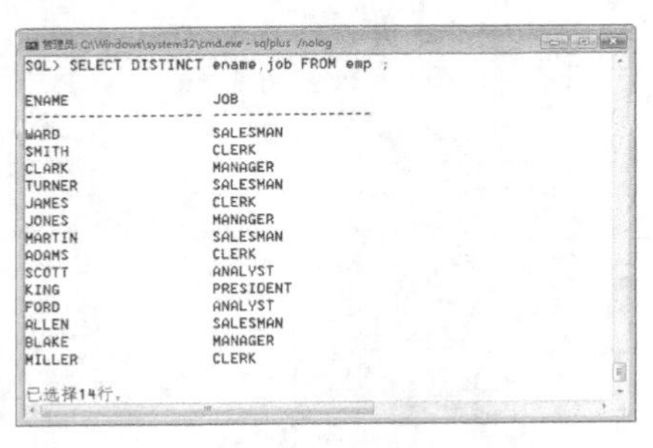


图 3-13

因为姓名和职位没有同时重复，所以将无法删除重复数据。

现在来看一下实际显示过程中，显示的格式问题。数据库本身由一系列的数据表所组成，所谓的表指的就是行与列的集合。现在要想查看数据表的内容，可参考【范例 3-12】。

**【范例 3-12】查询 emp 表的全部内容。**

输入语句如下。

```
SELECT * FROM emp ;
```

此时的显示有以下不足。

◎ 表格的显示格式非常混乱。

◎ 所有的表格都会有一个标题行，对于标题行重复了很多次。

所以现在就需要针对显示的内容进行优化。

◎ 设置每行显示的数据长度：SET LINESIZE 300 。

◎ 设置每次显示的行数：SET PAGESIZE 30。

显示效果如图 3–14 所示。

```
SQL> SELECT * FROM emp ;

     EMPNO ENAME                JOB                   MGR HIREDATE           SAL       COMM     DEPTNO
---------- -------------------- ------------------ ---------- -------------- ---------- ---------- ----------
      7369 SMITH                CLERK                7902 17-12月-80         800                    20
      7499 ALLEN                SALESMAN             7698 20-2月 -81        1600        300         30
      7521 WARD                 SALESMAN             7698 22-2月 -81        1250        500         30
      7566 JONES                MANAGER              7839 02-4月 -81        2975                    20
      7654 MARTIN               SALESMAN             7698 28-9月 -81        1250       1400         30
      7698 BLAKE                MANAGER              7839 01-5月 -81        2850                    30
      7782 CLARK                MANAGER              7839 09-6月 -81        2450                    10
      7788 SCOTT                ANALYST              7566 19-4月 -87        3000                    20
      7839 KING                 PRESIDENT                 17-11月-81        5000                    10
      7844 TURNER               SALESMAN             7698 08-9月 -81        1500          0         30
      7876 ADAMS                CLERK                7788 23-5月 -87        1100                    20
      7900 JAMES                CLERK                7698 03-12月-81         950                    30
      7902 FORD                 ANALYST              7566 03-12月-81        3000                    20
      7934 MILLER               CLERK                7782 23-1月 -82        1300                    10

已选择14行。
```

图 3–14

这个格式化的操作是针对数据库的直接操作进行的，而在实际的开发中，需要通过程序读取，所以这样格式化没有意义。

但是以上的两个命令都是针对整体显示的格式化，也可以针对某一个列进行格式化。

命令格式：COL 列名称 FOR A 长度数字。

该命令是显示的“列名称”长度为设定的“长度数字”。

**【范例 3–13】格式化显示。**

输入语句如下。

```
COL job FOR A10 ;
```

显示效果如图 3–15 所示。

```
SQL> COL job FOR A10 ;
SQL> SELECT * FROM emp ;

     EMPNO ENAME                JOB                   MGR HIREDATE           SAL       COMM     DEPTNO
---------- -------------------- ------------------ ---------- -------------- ---------- ---------- ----------
      7369 SMITH                CLERK                7902 17-12月-80         800                    20
      7499 ALLEN                SALESMAN             7698 20-2月 -81        1600        300         30
      7521 WARD                 SALESMAN             7698 22-2月 -81        1250        500         30
      7566 JONES                MANAGER              7839 02-4月 -81        2975                    20
      7654 MARTIN               SALESMAN             7698 28-9月 -81        1250       1400         30
      7698 BLAKE                MANAGER              7839 01-5月 -81        2850                    30
      7782 CLARK                MANAGER              7839 09-6月 -81        2450                    10
      7788 SCOTT                ANALYST              7566 19-4月 -87        3000                    20
      7839 KING                 PRESIDENT                 17-11月-81        5000                    10
      7844 TURNER               SALESMAN             7698 08-9月 -81        1500          0         30
      7876 ADAMS                CLERK                7788 23-5月 -87        1100                    20
      7900 JAMES                CLERK                7698 03-12月-81         950                    30
      7902 FORD                 ANALYST              7566 03-12月-81        3000                    20
      7934 MILLER               CLERK                7782 23-1月 -82        1300                    10
```

图 3–15

# 3.4　本章小结

本章对结构化的查询语句（SQL）给出简要概述，并介绍了 Oracle 数据库中 scott 用户下面的一些基本数据表的结构。后面章节中很多范例都用到这些数据表，并且本章基于这些数据表讲解了一些简单的查询语句的使用方法。通过这些简单的查询语句，可以帮助读者对 Oracle 有一个初步的认识，为下一章学习 Oracle 的查询语句打好基础。

# 3.5 疑难解答

**问：SQL 语句主要分为哪几大子类？**

**答：**SQL 语句主要分为以下 4 大子类。

DML（数据操作语言）：数据的更新操作（INSERT、UPDATE、DELETE 等），在开发中几乎都是以 DML 操作为主的。

DDL（数据定义语言）：数据库对象的定义语言，例如数据表、约束、索引、同义词、用户；一般进行数据库设计的时候都必须掌握。

DQL（数据查询语言）：主要用来查询数据，主要使用 SELECT 语句完成简单及复杂查询。

DCL（数据库控制语言）：数据库的权限控制，控制对数据库的访问，以及服务器的启动和关闭。

**问：SQL 语句是否区分大小写？**

**答：**SQL 语句对大小写不敏感，但关键词常用大写表示。

**问：scott 用户下面都有哪几个常用的数据表？**

**答：**scott 用户下面主要有 4 个数据表，分别为部门表（dept）、雇员表（emp）、工资等级表（salgrade）、工资表（bonus）。

**问：对于数据表中某个字段如果存在重复内容，但显示的时候不希望出现重复内容，如何做到？**

**答：**可以在 SELECT 子句之中增加 DISTINCT 消除掉重复内容。

**问：显示的时候如果内容太多，显示得较为混乱，如何进行控制？**

**答：**可以分别设置每行显示的数据长度和显示的行数。例如，设置每行显示的数据长度（SET LINESIZE 300）；设置每次显示的行数（SET PAGESIZE 30）。

# 3.6 实战练习

(1) 显示 scott 用户下 emp 数据表中的用户的姓名和工作，使用别名显示。

(2) 显示 scott 用户下 emp 数据表中不同的工作名称。

(3) 按照如下的格式显示：“员工编号是：7369 的员工姓名是：SMITH，基本工资是：800，职位是：CLERK”。

(4) 查询出所有员工的编号、员工姓名和年基本工资、日基本工资。

(5) 每个员工在年底的时候可以领取 5 000 元的年终奖金，要求查询员工编号、员工姓名和增长后的年基本工资（不包括佣金）。

(6) 每个月为员工增加 200 元的补助金，此时，要求可以查询出每个员工的编号、姓名、基本年工资。

# 第4章

# 高级SQL限定查询

**本章导读**

上一章初步接触了SQL查询，并了解了数据库中scott用户下的常用数据表，然后介绍了select简单查询语句的使用方法。本章将继续介绍select查询语句的高级使用方法，即限定查询以及常用的各种运算符，并学习模糊查询及排序。

**本章课时：理论3学时**

## 学习目标

- select限定查询语法
- 关系运算符
- 逻辑运算
- 范围运算：BETWEEN…AND
- 空判断
- IN操作符
- 模糊查询
- 查询排序
- 查询练习

# 4.1 select 限定查询语法

如果想对所选择的数据行进行控制，可以利用 WHERE 子句完成，此时的 SQL 语法结构变为如下形式。

```
SELECT [DISTINCT] * | 列 [ 别名 ], 列 [ 别名 ], 列 [ 别名 ]...
FROM 表名称 [ 别名 ]
[WHERE 限定条件 (s)] ;
```

其中，where 子句筛选出数据行。在介绍如何使用之前，先来介绍一些运算符，这些运算符在数据筛选过程中经常使用到。

◎ 关系运算：>、=、<、>=、<=、!=（<>）。

◎ 范围运算：BETWEEN…AND。

◎ 空判断：IS NULL、IS NOT NULL。

◎ IN 判断：IN、NOT IN、exists（复杂查询）。

◎ 模糊查询：LIKE、NOT LIKE。

以上的运算符都只能够判断一次，如果现在有若干个运算符，那么就需要进行若干个运算符的连接，可以使用逻辑运算：AND（与）、OR（或）、NOT（非）。

◎ 与操作表示所有的判断条件都满足时返回真（true）。

◎ 或操作表示若干个判断条件中只要有一个满足就返回真（true）。

以上所给出的判断符号是 SQL 中的标准所支持的，其他不同的数据库有可能有自己扩充的内容。下面对这些运算符分别进行介绍。

# 4.2 关系运算符

关系运算符主要进行大小的判断，常用的关系运算符包括 >、=、<、>=、<=、!=（<>）。下面通过范例介绍这些运算符的使用方法。

**【范例 4-1】查询工资低于 1 200 元的员工（不包含 1 200 元）。**

输入语句如下。

```
SELECT * FROM emp  WHERE sal<1200 ;
```

显示结果如图 4-1 所示。

```
SQL> SELECT *
  2  FROM emp
  3  WHERE sal<1200 ;

     EMPNO ENAME                JOB                  MGR HIREDATE          SAL       COMM     DEPTNO
---------- -------------------- ------------------ ----- ------------ -------- ---------- ----------
      7369 SMITH                CLERK               7902 17-12月-80        800                    20
      7876 ADAMS                CLERK               7788 23-5月 -87       1100                    20
      7900 JAMES                CLERK               7698 03-12月-81        950                    30
```

图 4-1

**【范例 4-2】查询工资是 3 000 元的员工信息。**

输入语句如下。

```
SELECT * FROM emp WHERE sal=3000 ;
```

显示结果如图 4–2 所示。

```
管理员: C:\Windows\system32\cmd.exe - sqlplus /nolog
SQL> SELECT *
  2  FROM emp
  3  WHERE sal=3000 ;

     EMPNO ENAME                JOB                       MGR HIREDATE              SAL       COMM     DEPTNO
---------- -------------------- ------------------ ---------- -------------- ---------- ---------- ----------
      7788 SCOTT                ANALYST                  7566 19-4月 -87           3000                    20
      7902 FORD                 ANALYST                  7566 03-12月-81           3000                    20
```

图 4–2

但是对于“=”有一点需要注意，除了可以在数字上使用之外，也可以在字符串上使用。

**【范例 4–3】查询员工 smith 的员工信息。**

一定要注意的是，在 Oracle 数据库之中，数据是区分大小写的。输入语句如下。

```
SELECT * FROM emp WHERE ename='SMITH' ;
```

显示结果如图 4–3 所示。

```
管理员: C:\Windows\system32\cmd.exe - sqlplus /nolog
SQL> SELECT *
  2  FROM emp
  3  WHERE ename='SMITH' ;

     EMPNO ENAME                JOB                       MGR HIREDATE              SAL       COMM     DEPTNO
---------- -------------------- ------------------ ---------- -------------- ---------- ---------- ----------
      7369 SMITH                CLERK                    7902 17-12月-80            800                    20
```

图 4–3

对于不等于的判断有两个符号：!=、<>。

**【范例 4–4】查询职位不是办事员的员工信息（职位是 job 字段，办事员的职位名称是 CLERK）。**

输入语句如下。

```
SELECT * FROM emp WHERE job<>'CLERK' ;
```

或者，输入语句如下。

```
SELECT * FROM emp  WHERE job!='CLERK' ;
```

两种写法实现的效果一样，如图 4–4 所示。

```
管理员: C:\Windows\system32\cmd.exe - sqlplus /nolog
SQL> SELECT *
  2  FROM emp
  3  WHERE job<>'CLERK' ;

     EMPNO ENAME                JOB                       MGR HIREDATE              SAL       COMM     DEPTNO
---------- -------------------- ------------------ ---------- -------------- ---------- ---------- ----------
      7499 ALLEN                SALESMAN                 7698 20-2月 -81           1600        300         30
      7521 WARD                 SALESMAN                 7698 22-2月 -81           1250        500         30
      7566 JONES                MANAGER                  7839 02-4月 -81           2975                    20
      7654 MARTIN               SALESMAN                 7698 28-9月 -81           1250       1400         30
      7698 BLAKE                MANAGER                  7839 01-5月 -81           2850                    30
      7782 CLARK                MANAGER                  7839 09-6月 -81           2450                    10
      7788 SCOTT                ANALYST                  7566 19-4月 -87           3000                    20
      7839 KING                 PRESIDENT                     17-11月-81           5000                    10
      7844 TURNER               SALESMAN                 7698 08-9月 -81           1500          0         30
      7902 FORD                 ANALYST                  7566 03-12月-81           3000                    20

已选择10行。
```

图 4–4

# 4.3 逻辑运算

逻辑运算可以保证连接多个条件，连接主要使用 AND、OR 完成。

**【范例 4-5】查询职位不是办事员，但是工资低于 3 000 元的员工信息。**

这个范例可以理解成下面两个条件。

◎ 第一个条件（不是办事员）：job<>'CLERK'。

◎ 第二个条件（工资低于 3 000）：sal<3000。

这两个条件应该同时满足，所以需要使用 AND 进行连接，输入语句如下。

```
SELECT * FROM emp  WHERE job<>'CLERK' AND sal<3000 ;
```

显示结果如图 4-5 所示。

```
管理员: C:\Windows\system32\cmd.exe - sqlplus /nolog
SQL> SELECT *
  2  FROM emp
  3  WHERE job<>'CLERK' AND sal<3000 ;

     EMPNO ENAME                JOB                       MGR HIREDATE            SAL       COMM     DEPTNO
---------- -------------------- ------------------ ---------- ------------ ---------- ---------- ----------
      7499 ALLEN                SALESMAN                 7698 20-2月 -81         1600        300         30
      7521 WARD                 SALESMAN                 7698 22-2月 -81         1250        500         30
      7566 JONES                MANAGER                  7839 02-4月 -81         2975                    20
      7654 MARTIN               SALESMAN                 7698 28-9月 -81         1250       1400         30
      7698 BLAKE                MANAGER                  7839 01-5月 -81         2850                    30
      7782 CLARK                MANAGER                  7839 09-6月 -81         2450                    10
      7844 TURNER               SALESMAN                 7698 08-9月 -81         1500          0         30

已选择7行。
```

图 4-5

**【范例 4-6】查询职位不是办事员，也不是销售的员工信息。**

这个范例可以理解成下面两个条件。

◎ 第一个条件：job<>'CLERK'。

◎ 第二个条件：job<>'SALESMAN'。

两个条件须同时满足，所以使用 AND 连接，输入语句如下。

```
SELECT * FROM emp WHERE job<>'CLERK' AND job<>'SALESMAN' ;
```

显示结果如图 4-6 所示。

```
管理员: C:\Windows\system32\cmd.exe - sqlplus /nolog
SQL> SELECT *
  2  FROM emp
  3  WHERE job<>'CLERK' AND job<>'SALESMAN' ;

     EMPNO ENAME                JOB                       MGR HIREDATE            SAL       COMM     DEPTNO
---------- -------------------- ------------------ ---------- ------------ ---------- ---------- ----------
      7566 JONES                MANAGER                  7839 02-4月 -81         2975                    20
      7698 BLAKE                MANAGER                  7839 01-5月 -81         2850                    30
      7782 CLARK                MANAGER                  7839 09-6月 -81         2450                    10
      7788 SCOTT                ANALYST                  7566 19-4月 -87         3000                    20
      7839 KING                 PRESIDENT                     17-11月-81         5000                    10
      7902 FORD                 ANALYST                  7566 03-12月-81         3000                    20

已选择6行。
```

图 4-6

**【范例 4-7】查询职位是办事员，或者工资低于 1 200 元的所有员工信息。**

这个范例可以理解成下面两个条件。

◎ 第一个条件：job='CLERK'。

◎ 第二个条件：sal<1200。

两个条件满足一个即可，所以使用 OR 连接，输入语句如下。

```
SELECT * FROM emp WHERE job='CLERK' OR sal<1200 ;
```

显示结果如图 4–7 所示。

```
管理员: C:\Windows\system32\cmd.exe - sqlplus /nolog
SQL> SELECT *
  2  FROM emp
  3  WHERE job='CLERK' OR sal<1200 ;

     EMPNO ENAME                JOB                       MGR HIREDATE              SAL       COMM     DEPTNO
---------- -------------------- ------------------ ---------- -------------- ---------- ---------- ----------
      7369 SMITH                CLERK                    7902 17-12月-80            800                    20
      7876 ADAMS                CLERK                    7788 23-5月 -87           1100                    20
      7900 JAMES                CLERK                    7698 03-12月-81            950                    30
      7934 MILLER               CLERK                    7782 23-1月 -82           1300                    10
```

图 4–7

除了 AND 与 OR 之外，还可以使用 NOT 进行求反，即 true 变为 false，false 变为 true。

**【范例 4–8】观察 NOT 操作。**

输入语句如下。

```
SELECT * FROM emp WHERE NOT sal>2000 ;
```

这个范例表示的是显示工资小于等于 2 000 元的员工信息，显示结果如图 4–8 所示。

```
管理员: C:\Windows\system32\cmd.exe - sqlplus /nolog
SQL> SELECT *
  2  FROM emp
  3  WHERE NOT sal>2000 ;

     EMPNO ENAME                JOB                       MGR HIREDATE              SAL       COMM     DEPTNO
---------- -------------------- ------------------ ---------- -------------- ---------- ---------- ----------
      7369 SMITH                CLERK                    7902 17-12月-80            800                    20
      7499 ALLEN                SALESMAN                 7698 20-2月 -81           1600        300         30
      7521 WARD                 SALESMAN                 7698 22-2月 -81           1250        500         30
      7654 MARTIN               SALESMAN                 7698 28-9月 -81           1250       1400         30
      7844 TURNER               SALESMAN                 7698 08-9月 -81           1500          0         30
      7876 ADAMS                CLERK                    7788 23-5月 -87           1100                    20
      7900 JAMES                CLERK                    7698 03-12月-81            950                    30
      7934 MILLER               CLERK                    7782 23-1月 -82           1300                    10
已选择8行。
```

图 4–8

# 4.4 范围运算：BETWEEN…AND

BETWEEN…AND 的主要功能是在某个范围内进行查询，其语法形式如下。

```
WHERE 字段 | 数值 BETWEEN 最小值 AND 最大值。
```

**【范例 4–9】查询工资在 1 500 ~ 3 000 元的所有员工信息。**

如果使用前面介绍的关系运算和逻辑运算，那么代码如下。

```
SELECT * FROM emp WHERE sal>=1500 AND sal<=3000 ;
```

显示结果如图 4–9 所示。

```
SQL> SELECT *
  2  FROM emp
  3  WHERE sal>=1500 AND sal<=3000 ;

     EMPNO ENAME                JOB                      MGR HIREDATE           SAL       COMM     DEPTNO
---------- -------------------- ------------------ ---------- -------------- ---------- ---------- ----------
      7499 ALLEN                SALESMAN                 7698 20-2月 -81           1600        300         30
      7566 JONES                MANAGER                  7839 02-4月 -81           2975                    20
      7698 BLAKE                MANAGER                  7839 01-5月 -81           2850                    30
      7782 CLARK                MANAGER                  7839 09-6月 -81           2450                    10
      7788 SCOTT                ANALYST                  7566 19-4月 -87           3000                    20
      7844 TURNER               SALESMAN                 7698 08-9月 -81           1500          0         30
      7902 FORD                 ANALYST                  7566 03-12月-81           3000                    20

已选择7行。
```

图 4-9

现在来看一下使用本节介绍的 BETWEEN…AND 查询，代码如下。

```
SELECT * FROM emp  WHERE sal BETWEEN 1500 AND 3000 ;
```

显示结果如图 4-10 所示，可以看到，两者达到了相同的效果。

```
SQL> SELECT *
  2  FROM emp
  3  WHERE sal BETWEEN 1500 AND 3000 ;

     EMPNO ENAME                JOB                      MGR HIREDATE           SAL       COMM     DEPTNO
---------- -------------------- ------------------ ---------- -------------- ---------- ---------- ----------
      7499 ALLEN                SALESMAN                 7698 20-2月 -81           1600        300         30
      7566 JONES                MANAGER                  7839 02-4月 -81           2975                    20
      7698 BLAKE                MANAGER                  7839 01-5月 -81           2850                    30
      7782 CLARK                MANAGER                  7839 09-6月 -81           2450                    10
      7788 SCOTT                ANALYST                  7566 19-4月 -87           3000                    20
      7844 TURNER               SALESMAN                 7698 08-9月 -81           1500          0         30
      7902 FORD                 ANALYST                  7566 03-12月-81           3000                    20

已选择7行。
```

图 4-10

关系与逻辑的组合属于两个运算符，而 BETWEEN…AND 是一个运算符，自然效率会更高。

Oracle 中的所有运算符都不受数据类型的限制，可使用数字进行判断。除了数字之外，也可以使用字符串或日期进行判断。下面来看一下使用这个运算符进行日期判断。

**【范例 4-10】查询所有在 1981 年雇用的员工信息。**

范围：1981-01-01（'01-1 月 -81'）~ 1981-12-31（'31-12 月 -1981'）。这个时候可以按照已有的数据结构通过字符串来描述日期。输入语句如下。

```
SELECT * FROM emp WHERE hiredate BETWEEN '01-1 月 -81' AND '31-12 月 -1981' ;
```

显示结果如图 4-11 所示。

```
SQL> SELECT *
  2  FROM emp
  3  WHERE hiredate BETWEEN '01-1月-81' AND '31-12月-1981' ;

     EMPNO ENAME                JOB                      MGR HIREDATE           SAL       COMM     DEPTNO
---------- -------------------- ------------------ ---------- -------------- ---------- ---------- ----------
      7499 ALLEN                SALESMAN                 7698 20-2月 -81           1600        300         30
      7521 WARD                 SALESMAN                 7698 22-2月 -81           1250        500         30
      7566 JONES                MANAGER                  7839 02-4月 -81           2975                    20
      7654 MARTIN               SALESMAN                 7698 28-9月 -81           1250       1400         30
      7698 BLAKE                MANAGER                  7839 01-5月 -81           2850                    30
      7782 CLARK                MANAGER                  7839 09-6月 -81           2450                    10
      7839 KING                 PRESIDENT                     17-11月-81           5000                    10
      7844 TURNER               SALESMAN                 7698 08-9月 -81           1500          0         30
      7900 JAMES                CLERK                    7698 03-12月-81            950                    30
      7902 FORD                 ANALYST                  7566 03-12月-81           3000                    20

已选择10行。
```

图 4-11

**【范例 4-11】查询字符串字段姓名在 ALLEN 和 CLARK 之间的内容。**

输入语句如下。

```
SELECT * FROM emp WHERE ename BETWEEN 'ALLEN' AND 'CLARK' ;
```

显示结果如图 4-12 所示。

```
SQL> SELECT * FROM emp WHERE ename BETWEEN 'ALLEN' AND 'CLARK' ;

     EMPNO ENAME                JOB                      MGR HIREDATE              SAL       COMM     DEPTNO
---------- -------------------- ------------------ ---------- -------------- ---------- ---------- ----------
      7499 ALLEN                SALESMAN                 7698 20-2月 -81           1600        300         30
      7698 BLAKE                MANAGER                  7839 01-5月 -81           2850                    30
      7782 CLARK                MANAGER                  7839 09-6月 -81           2450                    10
```

图 4-12

# 4.5 空判断

从数据库定义上来说，null 属于一个未知的数据。任何情况下，如果任何一个数字与 null 进行计算，那么结果还是 null。

```
SELECT null + 1 FROM emp ;
```

在某些数据列上是允许存在 null 值的，但是对于 null 不能够使用关系运算判断。关系可以判断的是数据，null 不是空字符串也不是数字 0，所以在 SQL 之中只能够通过 IS NULL 来判断为空，通过 IS NOT NULL（NOT 字段 IS NULL）判断不为空。

**【范例 4-12】查询所有领取佣金的员工信息（comm 字段表示的是佣金，如果领取，comm 的内容不是 null）。**

输入语句如下。

```
SELECT * FROM emp WHERE comm IS NOT NULL ;
```

显示结果如图 4-13 所示。

```
SQL> SELECT *
  2  FROM emp
  3  WHERE comm IS NOT NULL ;

     EMPNO ENAME                JOB                      MGR HIREDATE              SAL       COMM     DEPTNO
---------- -------------------- ------------------ ---------- -------------- ---------- ---------- ----------
      7499 ALLEN                SALESMAN                 7698 20-2月 -81           1600        300         30
      7521 WARD                 SALESMAN                 7698 22-2月 -81           1250        500         30
      7654 MARTIN               SALESMAN                 7698 28-9月 -81           1250       1400         30
      7844 TURNER               SALESMAN                 7698 08-9月 -81           1500          0         30
```

图 4-13

# 4.6 IN 操作符

IN 指的是根据一个指定的范围进行数据查询。

**【范例 4-13】查询出员工编号是 7369、7566、7788、9999 的员工信息。**

利用前面介绍的关系运算符进行操作的代码如下。

```
SELECT * FROM emp WHERE empno=7369 OR empno=7566 OR empno=7788 OR
```

```
empno=9999 ;
```

显示结果如图 4–14 所示。

```
管理员: C:\Windows\system32\cmd.exe - sqlplus /nolog
SQL> SELECT *
  2  FROM emp
  3  WHERE empno=7369 OR empno=7566 OR empno=7788 OR empno=9999 ;

     EMPNO ENAME                JOB                     MGR HIREDATE              SAL       COMM     DEPTNO
---------- -------------------- ------------------ ---------- -------------- ---------- ---------- ----------
      7369 SMITH                CLERK                  7902 17-12月-80            800                    20
      7566 JONES                MANAGER                7839 02-4月 -81           2975                    20
      7788 SCOTT                ANALYST                7566 19-4月 -87           3000                    20
```

图 4–14

因为这里并没有编号是 9999 的员工，所以最终的内容只返回了 3 行的数据。可是以上的代码进行了 4 次判断，效率很低，所以面对指定数据范围的时候可以使用 IN 操作。

利用 IN 完成操作的代码如下。

```
SELECT * FROM emp WHERE empno IN (7369,7566,7788,9999) ;
```

显示结果如图 4–15 所示，可以发现，得到了相同的结果。

```
管理员: C:\Windows\system32\cmd.exe - sqlplus /nolog
SQL> SELECT *
  2  FROM emp
  3  WHERE empno IN (7369,7566,7788,9999) ;

     EMPNO ENAME                JOB                     MGR HIREDATE              SAL       COMM     DEPTNO
---------- -------------------- ------------------ ---------- -------------- ---------- ---------- ----------
      7369 SMITH                CLERK                  7902 17-12月-80            800                    20
      7566 JONES                MANAGER                7839 02-4月 -81           2975                    20
      7788 SCOTT                ANALYST                7566 19-4月 -87           3000                    20
```

图 4–15

这个代码不仅短而且效率高，因而是在使用过程中的首选。在使用 IN 操作的时候也可以使用 NOT IN，这个表示的是不在范围之中。输入语句如下。

```
SELECT * FROM emp WHERE empno NOT IN (7369,7566,7788,9999) ;
```

显示结果如图 4–16 所示。

```
管理员: C:\Windows\system32\cmd.exe - sqlplus /nolog
SQL> SELECT *
  2  FROM emp
  3  WHERE empno NOT IN (7369,7566,7788,9999) ;

     EMPNO ENAME                JOB                     MGR HIREDATE              SAL       COMM     DEPTNO
---------- -------------------- ------------------ ---------- -------------- ---------- ---------- ----------
      7499 ALLEN                SALESMAN               7698 20-2月 -81           1600        300         30
      7521 WARD                 SALESMAN               7698 22-2月 -81           1250        500         30
      7654 MARTIN               SALESMAN               7698 28-9月 -81           1250       1400         30
      7698 BLAKE                MANAGER                7839 01-5月 -81           2850                    30
      7782 CLARK                MANAGER                7839 09-6月 -81           2450                    10
      7839 KING                 PRESIDENT                   17-11月-81           5000                    10
      7844 TURNER               SALESMAN               7698 08-9月 -81           1500          0         30
      7876 ADAMS                CLERK                  7788 23-5月 -87           1100                    20
      7900 JAMES                CLERK                  7698 03-12月-81            950                    30
      7902 FORD                 ANALYST                7566 03-12月-81           3000                    20
      7934 MILLER               CLERK                  7782 23-1月 -82           1300                    10

已选择11行。
```

图 4–16

但是，在使用 NOT IN 的时候，如果查找的数据范围之中包含有 null 值，那么不会有任何查询结果返回；而 IN 操作则无此限制。

**【范例 4–14】观察 IN 操作中出现 null。**

输入语句如下。

```
SELECT * FROM emp WHERE empno IN (7369,7566,7788,null) ;
```

显示结果如图 4-17 所示，此时，虽然 IN 操作中出现 null，但是仍然有结果显示。

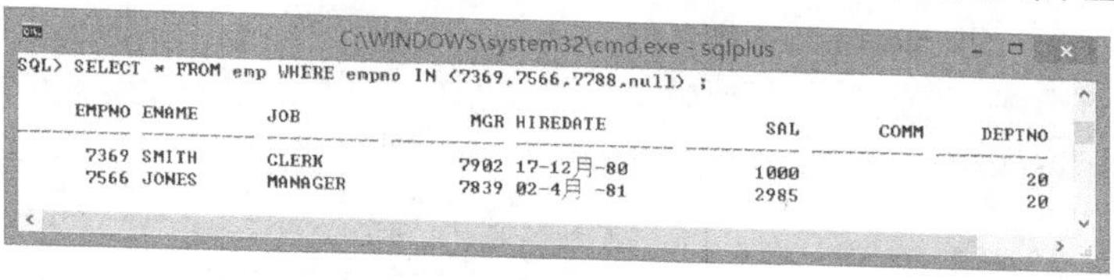

```
SQL> SELECT * FROM emp WHERE empno IN (7369,7566,7788,null) ;

     EMPNO ENAME      JOB              MGR HIREDATE              SAL       COMM     DEPTNO
---------- ---------- --------- ---------- -------------- ---------- ---------- ----------
      7369 SMITH      CLERK           7902 17-12月-80           1000                    20
      7566 JONES      MANAGER         7839 02-4月 -81           2985                    20
```

图 4-17

**【范例 4-15】观察 NOT IN 中出现 null。**

输入语句如下。

```
SELECT * FROM emp
WHERE empno NOT IN (7369,7566,7788,null) ;
```

显示结果如图 4-18 所示，在 NOT IN 中出现 null 的时候，没有结果显示出来。

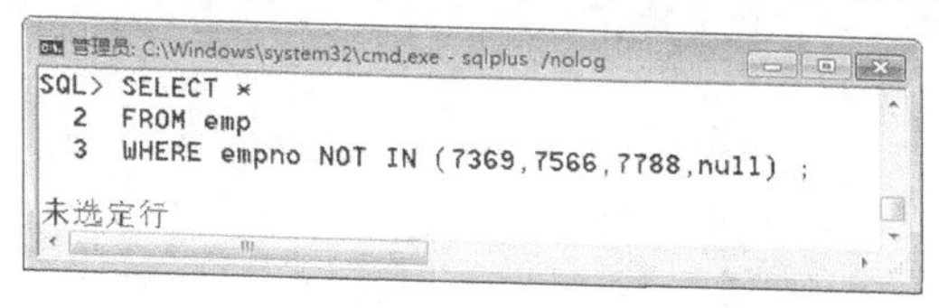


图 4-18

# 4.7 模糊查询

LIKE 可以实现数据的模糊查询操作，如果要想使用 LIKE 则必须使用如下的两个匹配符号。

◎ “_”：匹配任意的一位符号。

◎ “%”：匹配任意位的符号（包含匹配 0 位、1 位、多位）。

**【范例 4-16】查询员工姓名中以字母 A 开头的所有员工信息。**

第一个字母 A 是固定的，而后的内容随意，可以是 0 位、1 位……输入语句如下。

```
SELECT * FROM emp WHERE ename LIKE 'A%' ;
```

显示结果如图 4-19 所示。

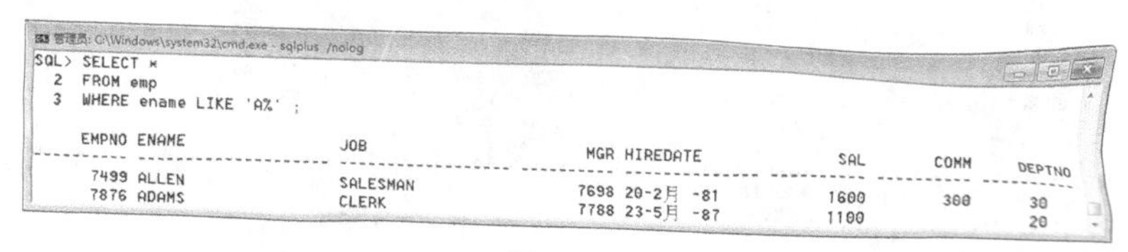


图 4-19

**【范例 4-17】查询员工姓名中第二个字母是 A 的所有员工信息。**

在这个范例中，员工姓名中第一位可以任意，但是必须占一位，使用“_”；A 后面的位随意，使用“%”。输入语句如下。

```
SELECT * FROM emp WHERE ename LIKE '_A%' ;
```

此时显示的结果如图 4–20 所示。

```
SQL> SELECT *
  2  FROM emp
  3  WHERE ename LIKE '_A%' ;

     EMPNO ENAME      JOB              MGR HIREDATE          SAL       COMM     DEPTNO
---------- ---------- --------- ---------- -------------- ---------- ---------- ----------
      7521 WARD       SALESMAN        7698 22-2月 -81        1250        500         30
      7654 MARTIN     SALESMAN        7698 28-9月 -81        1250       1400         30
      7900 JAMES      CLERK           7698 03-12月-81         950                    30
```

图 4–20

【范例 4–18】查询员工姓名中任意位置上存在字母“A”的所有员工信息。

任意位置是指开头、结尾、中间都可以，因此可以使用“%A%”。输入语句如下。

```
SELECT * FROM emp WHERE ename LIKE '%A%' ;
```

此时显示的结果如图 4–21 所示。

```
SQL> SELECT *
  2  FROM emp
  3  WHERE ename LIKE '%A%' ;

     EMPNO ENAME      JOB              MGR HIREDATE          SAL       COMM     DEPTNO
---------- ---------- --------- ---------- -------------- ---------- ---------- ----------
      7499 ALLEN      SALESMAN        7698 20-2月 -81        1600        300         30
      7521 WARD       SALESMAN        7698 22-2月 -81        1250        500         30
      7654 MARTIN     SALESMAN        7698 28-9月 -81        1250       1400         30
      7698 BLAKE      MANAGER         7839 01-5月 -81        2850                    30
      7782 CLARK      MANAGER         7839 09-6月 -81        2450                    10
      7876 ADAMS      CLERK           7788 23-5月 -87        1100                    20
      7900 JAMES      CLERK           7698 03-12月-81         950                    30

已选择7行。
```

图 4–21

关于 LIKE 有以下两点说明。

◎ 如果在使用 LIKE 进行限定查询的时候，没有设置任何的关键字，那么表示查询全部。例如输入语句如下。

```
SELECT * FROM emp WHERE ename LIKE '%%' ;
```

显示的结果如图 4–22 所示。

```
SQL> SELECT * FROM emp WHERE ename LIKE '%%' ;

     EMPNO ENAME      JOB              MGR HIREDATE          SAL       COMM     DEPTNO
---------- ---------- --------- ---------- -------------- ---------- ---------- ----------
      7369 SMITH      CLERK           7902 17-12月-80         800                    20
      7499 ALLEN      SALESMAN        7698 20-2月 -81        1600        300         30
      7521 WARD       SALESMAN        7698 22-2月 -81        1250        500         30
      7566 JONES      MANAGER         7839 02-4月 -81        2975                    20
      7654 MARTIN     SALESMAN        7698 28-9月 -81        1250       1400         30
      7698 BLAKE      MANAGER         7839 01-5月 -81        2850                    30
      7782 CLARK      MANAGER         7839 09-6月 -81        2450                    10
      7788 SCOTT      ANALYST         7566 19-4月 -87        3000                    20
      7839 KING       PRESIDENT            17-11月-81        5000                    10
      7844 TURNER     SALESMAN        7698 08-9月 -81        1500          0         30
      7876 ADAMS      CLERK           7788 23-5月 -87        1100                    20
      7900 JAMES      CLERK           7698 03-12月-81         950                    30
      7902 FORD       ANALYST         7566 03-12月-81        3000                    20
      7934 MILLER     CLERK           7782 23-1月 -82        1300                    10

已选择14行。
```

图 4–22

◎ LIKE 可以在任意的数据类型上使用。输入语句如下。

```
SELECT * FROM emp
WHERE ename LIKE '%A%' OR sal LIKE '%1%' OR hiredate LIKE '%81%' ;
```

显示的结果如图 4–23 所示。

```
管理员: C:\Windows\system32\cmd.exe - sqlplus /nolog
SQL> SELECT * FROM emp
  2  WHERE ename LIKE '%A%' OR sal LIKE '%1%' OR hiredate LIKE '%81%' ;

     EMPNO ENAME                JOB                     MGR HIREDATE              SAL       COMM     DEPTNO
---------- -------------------- ------------------ ---------- -------------- ---------- ---------- ----------
      7499 ALLEN                SALESMAN                 7698 20-2月 -81           1600        300         30
      7521 WARD                 SALESMAN                 7698 22-2月 -81           1250        500         30
      7566 JONES                MANAGER                  7839 02-4月 -81           2975                    20
      7654 MARTIN               SALESMAN                 7698 28-9月 -81           1250       1400         30
      7698 BLAKE                MANAGER                  7839 01-5月 -81           2850                    30
      7782 CLARK                MANAGER                  7839 09-6月 -81           2450                    10
      7839 KING                 PRESIDENT                     17-11月-81           5000                    10
      7844 TURNER               SALESMAN                 7698 08-9月 -81           1500          0         30
      7876 ADAMS                CLERK                    7788 23-5月 -87           1100                    20
      7900 JAMES                CLERK                    7698 03-12月-81            950                    30
      7902 FORD                 ANALYST                  7566 03-12月-81           3000                    20
      7934 MILLER               CLERK                    7782 23-1月 -82           1300                    10

已选择12行。
```

图 4–23

虽然所有的数据类型都支持 LIKE，但是字符串上使用得较多。平时所见到的大部分的系统搜索功能，都是通过模糊查询实现的（但是不包含搜索引擎的实现）。

# 4.8　查询排序

前面介绍了在 SQL 限定查询中 WHERE 子句的运行顺序优先于 SELECT 子句，WHERE 子句确定数据行，SELECT 子句确定数据列。前面还分别讲述了在 WHERE 子句中常用的运算符号以及关系逻辑运算 BETWEEN…AND、IN、IS NULL、LIKE 的使用方法。

在默认情况下进行数据查询的时候，SQL 限定查询会按照自然顺序进行数据的排列。例如，查询数据表 emp 的显示如图 4–24 所示。

```
管理员: C:\Windows\system32\cmd.exe - sqlplus /nolog
SQL> SELECT * FROM emp ;

     EMPNO ENAME                JOB                     MGR HIREDATE              SAL       COMM     DEPTNO
---------- -------------------- ------------------ ---------- -------------- ---------- ---------- ----------
      7369 SMITH                CLERK                    7902 17-12月-80            800                    20
      7499 ALLEN                SALESMAN                 7698 20-2月 -81           1600        300         30
      7521 WARD                 SALESMAN                 7698 22-2月 -81           1250        500         30
      7566 JONES                MANAGER                  7839 02-4月 -81           2975                    20
      7654 MARTIN               SALESMAN                 7698 28-9月 -81           1250       1400         30
      7698 BLAKE                MANAGER                  7839 01-5月 -81           2850                    30
      7782 CLARK                MANAGER                  7839 09-6月 -81           2450                    10
      7788 SCOTT                ANALYST                  7566 19-4月 -87           3000                    20
      7839 KING                 PRESIDENT                     17-11月-81           5000                    10
      7844 TURNER               SALESMAN                 7698 08-9月 -81           1500          0         30
      7876 ADAMS                CLERK                    7788 23-5月 -87           1100                    20
      7900 JAMES                CLERK                    7698 03-12月-81            950                    30
      7902 FORD                 ANALYST                  7566 03-12月-81           3000                    20
      7934 MILLER               CLERK                    7782 23-1月 -82           1300                    10

已选择14行。
```

图 4–24

自然顺序是不可控的，所以往往需要由用户自己来进行排序操作。这个时候可以使用 ORDER BY 子句，而此时的 SQL 语法结构就变为了如下形式。

```
SELECT [DISTINCT] * | 列 [ 别名 ], 列 [ 别名 ], 列 [ 别名 ]…
FROM 表名称 [ 别名 ]
[WHERE 限定条件 (s)]
[ORDER BY 排序字段 [ASC | DESC] , 排序字段 [ASC | DESC] , …];
```

其运行顺序如下。

◎ 确定数据来源：FROM 表名称 [ 别名 ]。

◎ 筛选数据行：[WHERE 限定条件 (s)]。

◎ 选出所需要的数据列：SELECT [DISTINCT] * | 列 [ 别名 ], 列 [ 别名 ], 列 [ 别名 ]…

◎ 数据排序：[ORDER BY 排序字段 [ASC | DESC] , 排序字段 [ASC | DESC] , …]。

既然 ORDER BY 是在 SELECT 子句之后运行，那么就意味着 ORDER BY 可以使用 SELECT 子句定义的别名。

但是对于字段排序有两种形式。

◎ 升序：ASC，默认不写排序也是升序。

◎ 降序：DESC，由高到低进行排序。

**【范例 4-19】按照工资由高到低排序。**

此时应该使用的是一个降序排序，输入语句如下。

```
SELECT * FROM emp ORDER BY sal DESC ;
```

此时显示如图 4-25 所示，可以发现，数据按照 sal 由大到小进行排列显示。

```
管理员: C:\Windows\system32\cmd.exe - sqlplus /nolog
SQL> SELECT *
  2  FROM emp
  3  ORDER BY sal DESC ;

     EMPNO ENAME                JOB                      MGR HIREDATE              SAL       COMM     DEPTNO
---------- -------------------- ------------------ ---------- -------------- ---------- ---------- ----------
      7839 KING                 PRESIDENT                     17-11月-81           5000                    10
      7902 FORD                 ANALYST                  7566 03-12月-81           3000                    20
      7788 SCOTT                ANALYST                  7566 19-4月 -87           3000                    20
      7566 JONES                MANAGER                  7839 02-4月 -81           2975                    20
      7698 BLAKE                MANAGER                  7839 01-5月 -81           2850                    30
      7782 CLARK                MANAGER                  7839 09-6月 -81           2450                    10
      7499 ALLEN                SALESMAN                 7698 20-2月 -81           1600        300         30
      7844 TURNER               SALESMAN                 7698 08-9月 -81           1500          0         30
      7934 MILLER               CLERK                    7782 23-1月 -82           1300                    10
      7521 WARD                 SALESMAN                 7698 22-2月 -81           1250        500         30
      7654 MARTIN               SALESMAN                 7698 28-9月 -81           1250       1400         30
      7876 ADAMS                CLERK                    7788 23-5月 -87           1100                    20
      7900 JAMES                CLERK                    7698 03-12月-81            950                    30
      7369 SMITH                CLERK                    7902 17-12月-80            800                    20

已选择14行。
```

图 4-25

排序可以在任意数据类型上进行，如字符串、日期都可以排序。

**【范例 4-20】按照雇佣日期由早到晚排序。**

输入语句如下。

```
SELECT * FROM emp ORDER BY hiredate ASC ;
```

此时显示如图 4-26 所示，可以发现，数据按照 hiredate 由早到晚进行排列显示。如果想时间顺序由晚到早排序，则可以使用“SELECT * FROM emp ORDER BY hiredate DESC”语句。

```
管理员: C:\Windows\system32\cmd.exe - sqlplus /nolog
SQL> SELECT *
  2  FROM emp
  3  ORDER BY hiredate ASC ;

     EMPNO ENAME                JOB                      MGR HIREDATE              SAL       COMM     DEPTNO
---------- -------------------- ------------------ ---------- -------------- ---------- ---------- ----------
      7369 SMITH                CLERK                    7902 17-12月-80            800                    20
      7499 ALLEN                SALESMAN                 7698 20-2月 -81           1600        300         30
      7521 WARD                 SALESMAN                 7698 22-2月 -81           1250        500         30
      7566 JONES                MANAGER                  7839 02-4月 -81           2975                    20
      7698 BLAKE                MANAGER                  7839 01-5月 -81           2850                    30
      7782 CLARK                MANAGER                  7839 09-6月 -81           2450                    10
      7844 TURNER               SALESMAN                 7698 08-9月 -81           1500          0         30
      7654 MARTIN               SALESMAN                 7698 28-9月 -81           1250       1400         30
      7839 KING                 PRESIDENT                     17-11月-81           5000                    10
      7900 JAMES                CLERK                    7698 03-12月-81            950                    30
      7902 FORD                 ANALYST                  7566 03-12月-81           3000                    20
      7934 MILLER               CLERK                    7782 23-1月 -82           1300                    10
      7788 SCOTT                ANALYST                  7566 19-4月 -87           3000                    20
      7876 ADAMS                CLERK                    7788 23-5月 -87           1100                    20

已选择14行。
```

图 4-26

除了可以进行单一字段的排序，也可以进行字段的混合排序操作，也就是说，可以进行若干个字段的排序。

**【范例 4-21】按照工资由高到低排序（降序），如果工资相同，则按照雇佣日期由早到晚排序（升序）。**

输入语句如下。

```
SELECT * FROM emp  ORDER BY sal DESC, hiredate;
```

此时显示如图 4-27 所示。

```
管理员: C:\Windows\system32\cmd.exe - sqlplus /nolog
SQL> SELECT *
  2  FROM emp
  3  ORDER BY sal DESC, hiredate;

     EMPNO ENAME                JOB                       MGR HIREDATE              SAL       COMM     DEPTNO
---------- -------------------- ------------------ ---------- -------------- ---------- ---------- ----------
      7839 KING                 PRESIDENT                     17-11月-81           5000                    10
      7902 FORD                 ANALYST                  7566 03-12月-81           3000                    20
      7788 SCOTT                ANALYST                  7566 19-4月 -87           3000                    20
      7566 JONES                MANAGER                  7839 02-4月 -81           2975                    20
      7698 BLAKE                MANAGER                  7839 01-5月 -81           2850                    30
      7782 CLARK                MANAGER                  7839 09-6月 -81           2450                    10
      7499 ALLEN                SALESMAN                 7698 20-2月 -81           1600        300         30
      7844 TURNER               SALESMAN                 7698 08-9月 -81           1500          0         30
      7934 MILLER               CLERK                    7782 23-1月 -82           1300                    10
      7521 WARD                 SALESMAN                 7698 22-2月 -81           1250        500         30
      7654 MARTIN               SALESMAN                 7698 28-9月 -81           1250       1400         30
      7876 ADAMS                CLERK                    7788 23-5月 -87           1100                    20
      7900 JAMES                CLERK                    7698 03-12月-81            950                    30
      7369 SMITH                CLERK                    7902 17-12月-80            800                    20

已选择14行。
```

图 4-27

**【范例 4-22】查询所有办事员的编号、职位、年薪，按照年薪由高到低排序。**

输入语句如下。

```
SELECT empno,job,sal*12 income FROM emp WHERE job='CLERK' ORDER BY income;
```

此时显示如图 4-28 所示，可以看出，所有的排序操作都是在 WHERE 筛选之后进行的。

```
管理员: C:\Windows\system32\cmd.exe - sqlplus /nolog
SQL> SELECT empno,job,sal*12 income
  2  FROM emp
  3  WHERE job='CLERK'
  4  ORDER BY income;

     EMPNO JOB                    INCOME
---------- ------------------ ----------
      7369 CLERK                    9600
      7900 CLERK                   11400
      7876 CLERK                   13200
      7934 CLERK                   15600
```

图 4-28

通过这些范例可以看出，在查询运行过程中，SELECT 子句确定数据列，WHERE 子句控制数据行，而 ORDER BY 子句则最后运行。

# 4.9 查询练习

前面已经介绍了 SQL 查询的基本语法格式，下面就通过更多的范例，帮助读者加深对 SQL 的理解。

**【范例 4-23】选择部门 30 中的所有员工。**

分析：这个范例要求从 emp 表中查询所有部门是 30 的员工，属于限定查询，使用 WHERE 子句；分析数据表可以得到，部门编号是 deptno 字段，要查询部门为 30 应使用“deptno=30”。完整代码如下。

```
SELECT * FROM emp WHERE deptno=30 ;
```

显示结果如图 4-29 所示。

```
管理员: C:\Windows\system32\cmd.exe - sqlplus /nolog
SQL> SELECT *
  2  FROM emp
  3  WHERE deptno=30 ;

     EMPNO ENAME                JOB                         MGR HIREDATE              SAL       COMM     DEPTNO
---------- -------------------- ------------------ ---------- -------------- ---------- ---------- ----------
      7499 ALLEN                SALESMAN                 7698 20-2月 -81           1600        300         30
      7521 WARD                 SALESMAN                 7698 22-2月 -81           1250        500         30
      7654 MARTIN               SALESMAN                 7698 28-9月 -81           1250       1400         30
      7698 BLAKE                MANAGER                  7839 01-5月 -81           2850                    30
      7844 TURNER               SALESMAN                 7698 08-9月 -81           1500          0         30
      7900 JAMES                CLERK                    7698 03-12月-81            950                    30

已选择6行。
```

图 4-29

**【范例 4-24】列出所有办事员（CLERK）的姓名、编号和部门编号。**

分析：这个范例要求从 emp 表中列出所有办事员（CLERK）的姓名、编号和部门编号，属于限定查询，所有的数据行需要筛选进行显示，筛选出所有 job（工作）属于办事员的员工，并且显示结果需要控制显示的数据列，只显示姓名、编号和部门编号，可以在 select 后面写出对应的字段名。完整代码如下。

```
SELECT ename,empno,deptno FROM emp WHERE job='CLERK';
```

显示结果如图 4-30 所示。

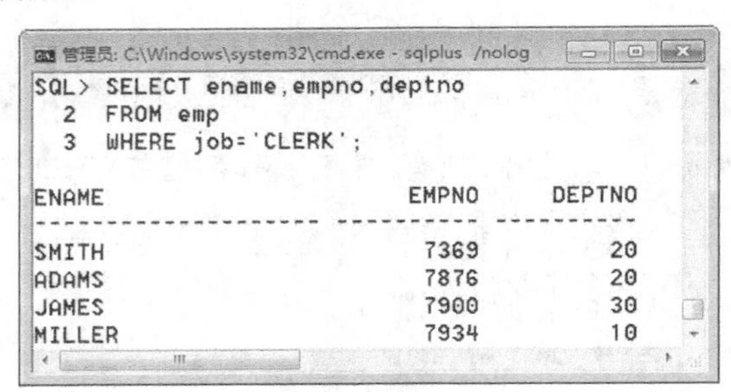

```
管理员: C:\Windows\system32\cmd.exe - sqlplus /nolog
SQL> SELECT ename,empno,deptno
  2  FROM emp
  3  WHERE job='CLERK';

ENAME                     EMPNO     DEPTNO
-------------------- ---------- ----------
SMITH                      7369         20
ADAMS                      7876         20
JAMES                      7900         30
MILLER                     7934         10
```

图 4-30

**【范例 4-25】找出佣金高于薪金的 60% 的员工。**

分析：这个范例也属于限定查询，因为佣金使用的是 comm 字段，而薪金是 sal，应当使用基本的算术运算 comm>sal*0.6 作为查询条件，完整代码如下。使用中需要注意，comm 本身包含有 null，null 进行任何数学计算结果都是 null。

```
SELECT * FROM emp WHERE comm>sal*0.6 ;
```

显示结果如图 4-31 所示。

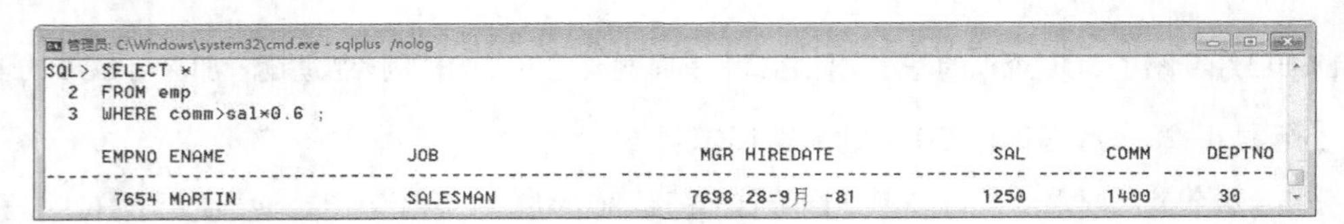

```
管理员: C:\Windows\system32\cmd.exe - sqlplus /nolog
SQL> SELECT *
  2  FROM emp
  3  WHERE comm>sal*0.6 ;

     EMPNO ENAME                JOB                         MGR HIREDATE              SAL       COMM     DEPTNO
---------- -------------------- ------------------ ---------- -------------- ---------- ---------- ----------
      7654 MARTIN               SALESMAN                 7698 28-9月 -81           1250       1400         30
```

图 4-31

**【范例 4-26】找出部门 10 中所有经理（MANAGER）和部门 20 中所有办事员（CLERK）的详细资料。**

分析：这个范例含有两个条件，第一组条件是部门 10 中所有经理，可以使用“deptno=10 AND job='MANAGER'”条件实现；第二组条件是部门 20 中所有办事员，可以使用“deptno=20 AND job='CLERK'”条件实现。因为这两组条件有一组满足即可，所以它们之间使用 OR 进行连接，完整代码如下。

```
SELECT * FROM emp WHERE (deptno=10 AND job='MANAGER') OR (deptno=20 AND
job=  'CLERK') ;
```

显示结果如图 4-32 所示。

```
管理员: C:\Windows\system32\cmd.exe - sqlplus /nolog
SQL> SELECT *
  2  FROM emp
  3  WHERE (deptno=10 AND job='MANAGER') OR (deptno=20 AND job='CLERK') ;

     EMPNO ENAME                JOB                       MGR HIREDATE              SAL       COMM     DEPTNO
---------- -------------------- ------------------ ---------- -------------- ---------- ---------- ----------
      7369 SMITH                CLERK                    7902 17-12月-80            800                    20
      7782 CLARK                MANAGER                  7839 09-6月 -81           2450                    10
      7876 ADAMS                CLERK                    7788 23-5月 -87           1100                    20
```

图 4-32

**【范例 4-27】找出部门 10 中所有经理（MANAGER）、部门 20 中所有办事员（CLERK），以及既不是经理又不是办事员但其薪金大于或等于 2 000 元的所有员工的详细资料。**

分析：这个范例条件更为复杂，有三组条件。第一组条件是部门 10 中所有经理，可以使用“deptno=10 AND job='MANAGER'”条件实现；第二组条件是部门 20 中所有办事员，可以使用“deptno=20 AND job='CLERK'”条件实现；第三组条件是指那些既不是经理又不是办事员但其薪金大于或等于 2 000 元，可以使用“job NOT IN('MANAGER','CLERK') AND sal>=2000”条件来实现。而且这三个条件又需要使用 OR 进行连接，完整代码如下。

```
SELECT * FROM emp WHERE (deptno=10 AND job='MANAGER') OR (deptno=20 AND
job='CLERK')
    OR(job NOT IN('MANAGER','CLERK') AND sal>=2000) ;
```

显示结果如图 4-33 所示。

```
管理员: C:\Windows\system32\cmd.exe - sqlplus /nolog
SQL> SELECT *
  2  FROM emp
  3  WHERE (deptno=10 AND job='MANAGER') OR (deptno=20 AND job='CLERK')
  4     OR(job NOT IN('MANAGER','CLERK') AND sal>=2000) ;

     EMPNO ENAME                JOB                       MGR HIREDATE              SAL       COMM     DEPTNO
---------- -------------------- ------------------ ---------- -------------- ---------- ---------- ----------
      7369 SMITH                CLERK                    7902 17-12月-80            800                    20
      7782 CLARK                MANAGER                  7839 09-6月 -81           2450                    10
      7788 SCOTT                ANALYST                  7566 19-4月 -87           3000                    20
      7839 KING                 PRESIDENT                     17-11月-81           5000                    10
      7876 ADAMS                CLERK                    7788 23-5月 -87           1100                    20
      7902 FORD                 ANALYST                  7566 03-12月-81           3000                    20

已选择6行。
```

图 4-33

**【范例 4-28】找出收取佣金的员工的职位。**

分析：这个范例同样属于限定查询，首先是收取佣金的员工，使用条件 comm IS NOT NULL（注意不能写成 comm=NULL）。此外，由于结果要显示的是不同的工作，而工作会有重复数据，因此

使用 DISTINCT 限定数据不要重复，具体代码如下。

```
SELECT DISTINCT job FROM emp WHERE comm IS NOT NULL ;
```

显示结果如图 4–34 所示。

图 4–34

**【范例 4–29】找出不收取佣金或收取的佣金低于 100 元的员工的职位。**

分析：这个范例和上一范例类似，但是又增加了一个佣金低于 100 元的条件，可以使用“comm<100”。对于 null 的判断同样使用“IS NULL”或“IS NOT NULL”，同时也可以利用关系判断非 null 的内容。具体代码如下。

```
SELECT DISTINCT job FROM emp WHERE comm IS NULL OR comm<100;
```

显示结果如图 4–35 所示。

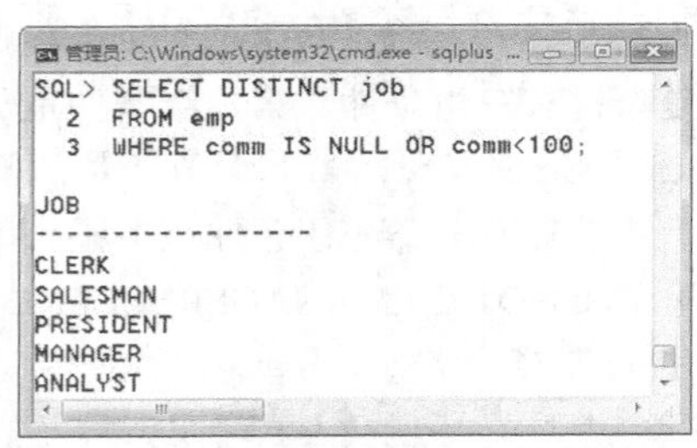


图 4–35

**【范例 4–30】显示姓名字母中不带有“R”的员工的姓名。**

分析：这个范例要显示姓名中不带有“R”的员工，应该使用通配符“%”，因为是查询不存在的，所以使用“NOT LIKE”。具体代码如下。

```
SELECT * FROM emp WHERE ename NOT LIKE '%R%' ;
```

显示结果如图 4–36 所示。

```
管理员: C:\Windows\system32\cmd.exe - sqlplus /nolog
SQL> SELECT *
  2  FROM emp
  3  WHERE ename NOT LIKE '%R%' ;

     EMPNO ENAME                JOB                       MGR HIREDATE              SAL       COMM     DEPTNO
---------- -------------------- ------------------ ---------- -------------- ---------- ---------- ----------
      7369 SMITH                CLERK                    7902 17-12月-80            800                    20
      7499 ALLEN                SALESMAN                 7698 20-2月 -81           1600        300         30
      7566 JONES                MANAGER                  7839 02-4月 -81           2975                    20
      7698 BLAKE                MANAGER                  7839 01-5月 -81           2850                    30
      7788 SCOTT                ANALYST                  7566 19-4月 -87           3000                    20
      7839 KING                 PRESIDENT                     17-11月-81           5000                    10
      7876 ADAMS                CLERK                    7788 23-5月 -87           1100                    20
      7900 JAMES                CLERK                    7698 03-12月-81            950                    30

已选择8行。
```

图 4–36

**【范例 4-31】显示姓名字段的任何位置包含“A”的所有员工的姓名，显示的结果按照基本工资由高到低排序；如果基本工资相同，则按照雇佣年限由早到晚排序；如果雇佣日期相同，则按照职位排序。**

分析：这个范例条件很多，首先是姓名字段的任何位置包含“A”的所有员工的姓名，可以使用“ename LIKE '%A%'”。另外，显示结果要求分别按照基本工资、雇佣日期和职位进行排序。具体代码如下所示。

```
SELECT * FROM emp WHERE ename LIKE '%A%'  ORDER BY sal DESC ,hiredate ,job;
```

显示结果如图 4-37 所示。

```
管理员: C:\Windows\system32\cmd.exe - sqlplus /nolog
SQL> SELECT *
  2  FROM emp
  3  WHERE ename LIKE '%A%'
  4  ORDER BY sal DESC ,hiredate ,job;

     EMPNO ENAME                JOB                       MGR HIREDATE             SAL       COMM     DEPTNO
---------- -------------------- ------------------ ---------- -------------- ---------- ---------- ----------
      7698 BLAKE                MANAGER                  7839 01-5月 -81          2850                    30
      7782 CLARK                MANAGER                  7839 09-6月 -81          2450                    10
      7499 ALLEN                SALESMAN                 7698 20-2月 -81          1600        300         30
      7521 WARD                 SALESMAN                 7698 22-2月 -81          1250        500         30
      7654 MARTIN               SALESMAN                 7698 28-9月 -81          1250       1400         30
      7876 ADAMS                CLERK                    7788 23-5月 -87          1100                    20
      7900 JAMES                CLERK                    7698 03-12月-81           950                    30

已选择7行。
```

图 4-37

# 4.10　本章小结

本章主要介绍 select 查询语句的高级使用方法，通过 where 子句筛选出数据行，并介绍了常用的各种运算符——关系运算符、逻辑运算、范围运算、空判断、IN 操作符，并学习了模糊查询以及排序。限定性 select 查询语句的熟练掌握是学习 Oracle 数据库的基础，读者应该加强这方面的练习；在掌握 select 查询语句的高级使用后，应熟练使用模糊查询，根据不同的组合条件进行数据的合并查询。

# 4.11　疑难解答

**问：select 查询语句中 from 子句和 where 子句前后顺序可以改变吗？**

**答**：where 子句必须写在 from 子句之后。

**问：查询的时候，字段的内容是否不用分区大小写？**

**答**：在 Oracle 数据库之中，数据是区分大小写的。因此查询的时候必须要注意，数据的大小写和命令的大小写不同，命令是不区分大小写的。

**问：BETWEEN…AND 运算符和 IN 运算符之间有什么区别？**

**答**：BETWEEN…AND 运算符主要限定查询在某一个区间中，例如大于某个数值并且小于某个数值；而 IN 运算符限定查询在给定范围中选取，例如性别只能在“男”和“女”中选取。

**问：如果查询没有符合条件的结果，会报错吗？**

**答**：当查询没有符合条件的结果时，系统会显示“未选定行”，表示没有查询到符合条件的结果，不会有报错信息。

**问：在使用模糊查询的时候，通配符“%”是否包含空的字符？**

**答**：通配符“%”可以匹配任意位的符号，包含匹配0位、1位、多位，因此也包含空的字符。

**问：查询的时候，如果没有使用Order排序语句，将如何显示结果？**

**答**：正常执行SQL限定查询的情况下，如果没有使用Order排序语句，它都会按照自然顺序进行数据的排列。

# 4.12 实战练习

⑴ 查询出所有工作是CLERK的编号、姓名、职位、年薪，按照年薪由高到低排序。
⑵ 查询出姓名首字母是“A”或“B”的员工的姓名。
⑶ 查询emp表中，职位不是销售SALESMAN的员工的编号、姓名、职位。
⑷ 查询emp表中，员工姓名以S字符结尾的员工信息。
⑸ 查询emp表中，员工薪资中包含9的员工信息。
⑹ 查询emp表中，员工薪资中包含9的员工信息，并且按照薪资进行升序排序。
⑺ 查询出所有经理或销售人员的信息，并且要求这些人的基本工资高于1500元。
⑻ 在上题查询结果上，按照薪资进行降序排序。
⑼ 查询每个员工的编号、姓名、年薪、按照年薪由低到高排序。
⑽ 找出部门10中所有的经理（manager）和部门20中所有的办事员（clerk）。

# 第 5 章

# Oracle 的单行函数

**本章导读**

在数据库中为了方便用户的开发，往往会提供一系列的函数支持，利用这些函数可以针对数据进行处理。例如，在进行根据姓名查询的时候，如果说姓名本身是大写字母，而查询的是小写字母，此时将不会有任何结果返回。因此，在数据保存的时候或者查询的时候要对数据进行一些处理，而这些处理对应数据库中的函数。利用函数，可以实现特定功能。本章就主要介绍 Oracle 常用的各种单行函数。

**本章课时：理论 2 学时 + 实践 1 学时**

## 学习目标

- 字符串函数
- 数值函数
- 日期函数
- 转换函数
- 通用函数

# 5.1 字符串函数

在 Oracle 之中，函数基本的结构如下所示。

```
返回值 函数名称 ( 列 | 数据 )
```

说明：“返回值”是指函数最终返回数据的类型；“函数名称”是指所使用函数的名称；“( )”里面填写所使用的参数；“|”分割线表示其两侧的参数任选一个即可。这个函数的语法表明参数既可以是数据表的列名称，也可以是一个具体的数据。

根据函数的特点，单行函数可以分为以下几种：字符串函数、数值函数、日期函数、转换函数、通用函数。Oracle 的函数非常多，这里只介绍几个日常使用较多的函数，其他函数的使用方法可参考 Oracle 的帮助文档。

字符串函数可以对字符串数据进行处理，在 Oracle 中此类函数主要有如下几种：UPPER()、LOWER()、INITCAP()、REPLACE()、LENGTH()、SUBSTR()。

### 1. 大小写转换

◎ 转大写函数：UPPER（列 | 字符串）。

◎ 转小写函数：LOWER（列 | 字符串）。

但是现在的问题是，如果想要在 Oracle 之中验证字符串函数，那么必须要保证编写的是完整的 SQL 语句。所以为了可以方便地进行函数验证，往往会使用一张虚拟表：dual 表。

**【范例 5-1】验证函数。**

输入语句如下。

```
SELECT LOWER('Hello'),UPPER('Hello') FROM dual ;
```

显示结果如图 5-1 所示，可以看到这两个函数的运行结果。

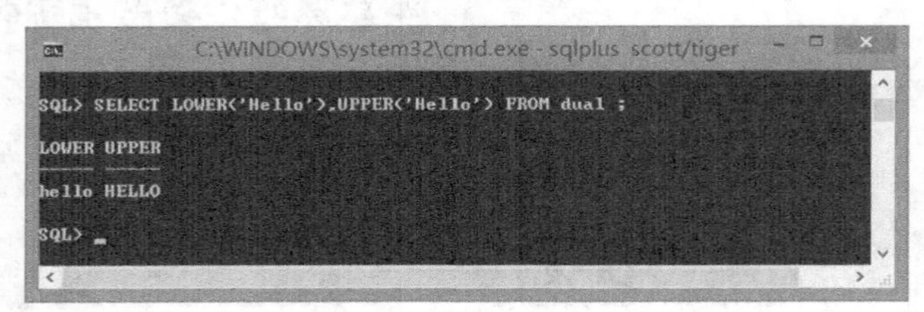


图 5-1

下面来看一下这两个函数的一个实际应用。

**【范例 5-2】用户自己输入一个员工姓名，而后进行员工信息的查找。**

输入语句如下。

```
SELECT * FROM emp WHERE ename='&inputname' ;
```

其中“&inputname”是提示用户输入数值的一个替代变量，上述查询在运行的时候会暂停，等待用户输入数据给这个变量。运行结果如图 5-2 所示，当输入变量的值为“smith”的时候，查询的结果是没有任何记录。

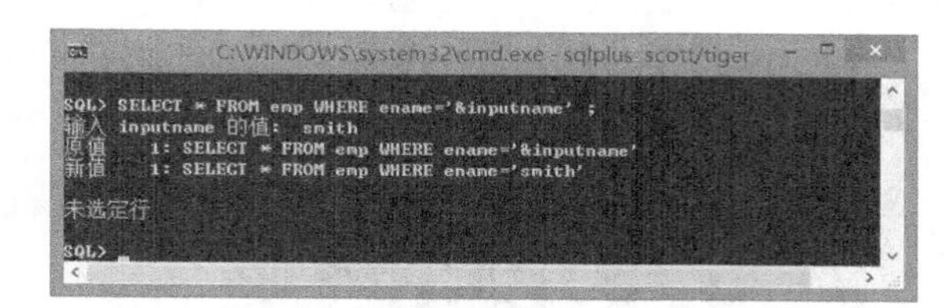


图 5-2

因为用户在进行数据输入的时候几乎不会考虑大小写，所以为了保证数据可以正常查询出来，往往需要对输入数据做一个处理。由于在数据表之中所有的数据都是大写的，那么就可以在接收完输入数据之后将其全部自动变为大写字母。

**【范例 5-3】改善输入操作。**

输入语句如下。

```
SELECT * FROM emp WHERE ename=UPPER('&inputname') ;
```

显示结果如图 5-3 所示。

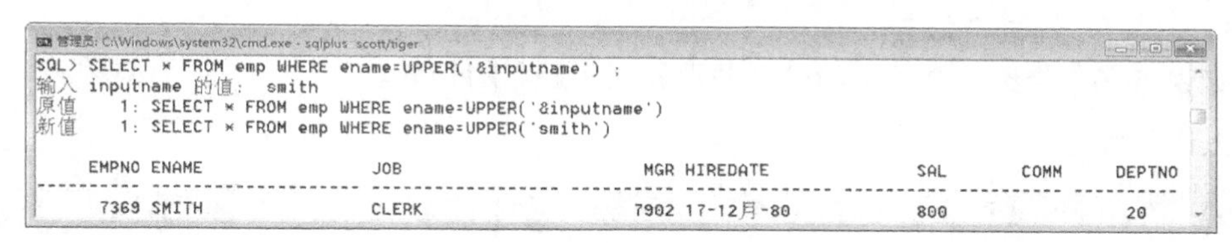


图 5-3

所以，在一些要求严格的操作环境下，对于不区分大小写的操作的处理基本上有以下两种做法。

◎ 在数据保存的时候将所有的数据统一变为大写或小写字母，这样在查询的时候就可以直接利用特定的函数进行处理。

◎ 在数据保存的时候依然将所有的数据按照原始方式保存，而后在查询的时候将每一个数据中的字母都变为大写形式进行处理。

在所有不区分大小写操作的项目之中，保存数据时就必须对数据进行提前处理。

**2. 首字母大写**

语法： INITCAP（列 | 数据）。

该函数可以把参数所涉字符串的第一个字母转换为大写。

**【范例 5-4】观察首字母大写。**

输入语句如下。

```
SELECT INITCAP('helloWorld') FROM dual ;
```

除了首字母变为大写之外，其余的字母都是小写。运行结果应为“Helloworld”。

**【范例 5-5】将每一个员工的姓名首字母转换为大写。**

输入语句如下。

```
SELECT INITCAP(ename) FROM emp ;
```

运行结果如图 5-4 所示，可以发现，所有员工的姓名首字母都转换为大写。

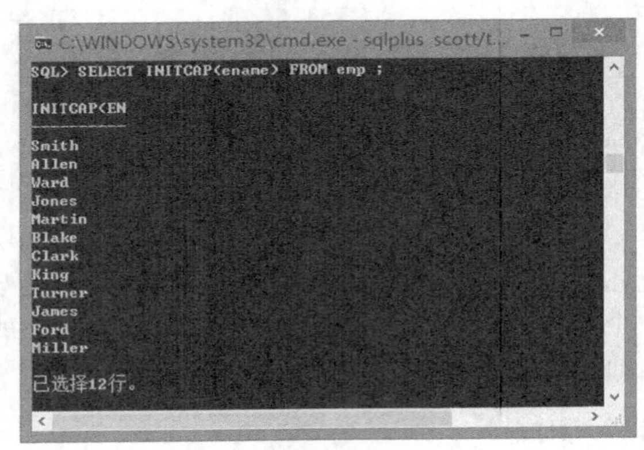


图 5-4

### 3. 计算字符串长度

语法：LENGTH（列 | 字符串数据）。

该函数可以计算函数参数中字符串或数据列内容的长度。

**【范例 5-6】查询每个员工的姓名并计算员工姓名的长度。**

输入语句如下。

```
SELECT ename,LENGTH(ename) FROM emp ;
```

运行结果如图 5-5 所示，可以看出，查询结果同时给出了员工的姓名和姓名的长度信息。

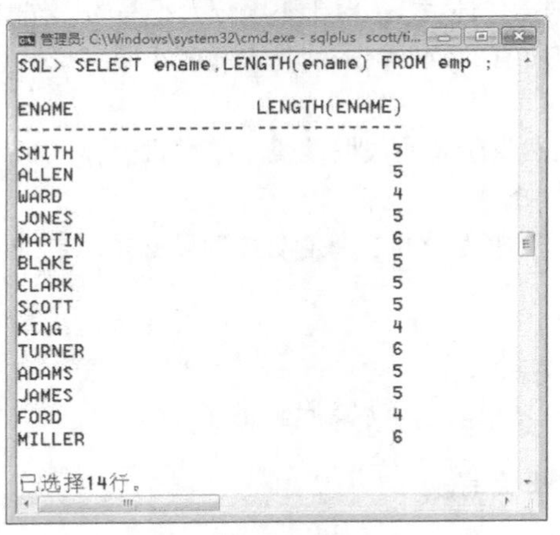


图 5-5

单行函数可以在 SQL 语句的任意位置上出现，既可以出现在 select 后面，也可以出现在 where 中。

**【范例 5-7】查询员工姓名长度为 5 的所有员工信息。**

要对所选的数据行进行筛选，那么筛选条件一定要在 WHERE 子句中出现。输入语句如下。

```
SELECT * FROM emp WHERE LENGTH(ename)=5 ;
```

运行结果如图 5-6 所示，可以发现，已经筛选出了员工姓名长度为 5 的所有员工信息。

```
SQL> SELECT * FROM emp WHERE LENGTH(ename)=5 ;

     EMPNO ENAME                JOB                 MGR HIREDATE              SAL       COMM     DEPTNO
---------- -------------------- ------------------ ---------- -------------- ---------- ---------- ----------
      7369 SMITH                CLERK              7902 17-12月-80            800                    20
      7499 ALLEN                SALESMAN           7698 20-2月 -81           1600        300         30
      7566 JONES                MANAGER            7839 02-4月 -81           2975                    20
      7698 BLAKE                MANAGER            7839 01-5月 -81           2850                    30
      7782 CLARK                MANAGER            7839 09-6月 -81           2450                    10
      7788 SCOTT                ANALYST            7566 19-4月 -87           3000                    20
      7876 ADAMS                CLERK              7788 23-5月 -87           1100                    20
      7900 JAMES                CLERK              7698 03-12月-81            950                    30

已选择8行。
```

图 5-6

### 4. 字符串替换

语法：REPLACE（列 | 数据，要查找内容，新的内容）。

该函数可以将“列或者数据”中“要查找内容”替换为“新的内容”。

**【范例 5-8】将所有员工姓名中的字母“A”替换为“_”。**

输入语句如下。

```
SELECT REPLACE(ename,UPPER('a'),'_') FROM emp ;
```

运行结果如图 5-7 所示，可以发现，员工姓名中的字母“A”全部被替换为“_”。

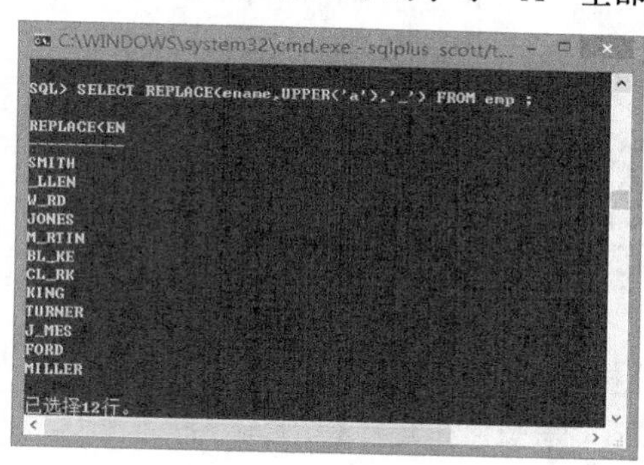


图 5-7

实际上，利用 REPLACE() 函数可以取消掉字符串中的全部空格数据。

**【范例 5-9】消除空格数据。**

输入语句如下。

```
SELECT REPLACE('hello world nihao zaijian',' ','') FROM dual ;
```

运行结果如图 5-8 所示，可以发现，字符串“hello world nihao zaijian”中间的空格全部被取消。

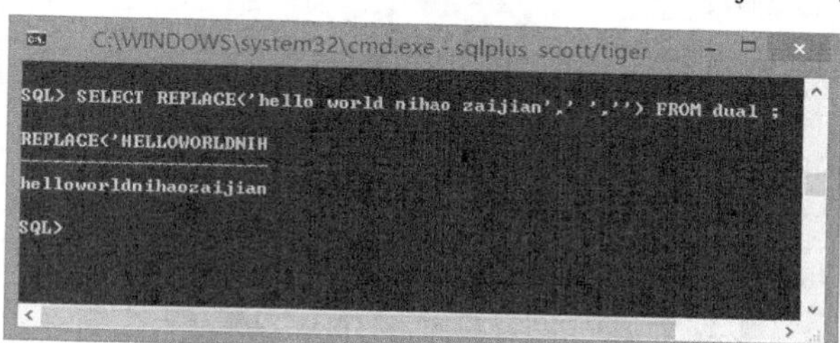


图 5-8

#### 5. 字符串截取

语法一：SUBSTR（列 | 数据，开始点）。从指定的开始点一直截取到结尾。

语法二：SUBSTR（列 | 数据，开始点，长度）。从指定的开始点截取指定长度的子字符串。

**【范例 5-10】字符串截取操作。**

◎ 从指定位置截取到结尾。输入语句如下。

```
SELECT SUBSTR('helloworldnihao',11) FROM dual ;
```

函数截取后得到的字符串为“nihao”。

◎ 截取部分内容。输入语句如下。

```
SELECT SUBSTR('helloworldnihao',6,5) FROM dual ;
```

函数截取后得到的字符串为“world”。

对于 SUBSTR() 函数千万要记住一点，它的下标是从 1 开始的。也就是说，在进行截取的时候字符串从 1 开始作为索引下标，即使你设置的是 0，也会按照 1 来处理。输入语句如下。

```
SELECT SUBSTR('helloworldnihao',0,5) FROM dual ;
SELECT SUBSTR('helloworldnihao',1,5) FROM dual ;
```

这两个查询的结果是一样的，显示结果如图 5-9 所示。

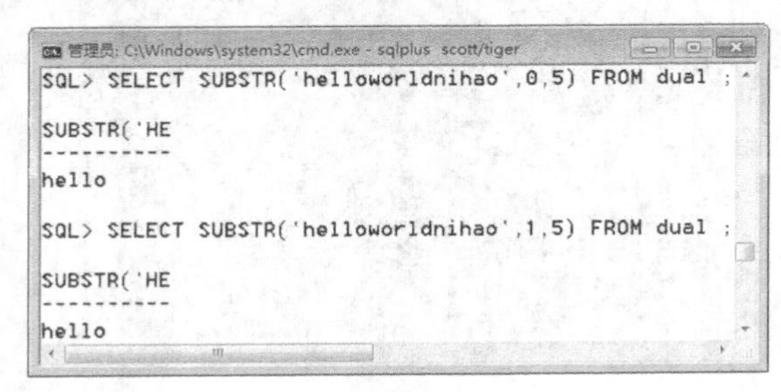


图 5-9

**【范例 5-11】截取每一位员工姓名的前三位字符。**

输入语句如下。

```
SELECT ename,SUBSTR(ename,1,3) FROM emp ;
```

查询结果如图 5-10 所示。

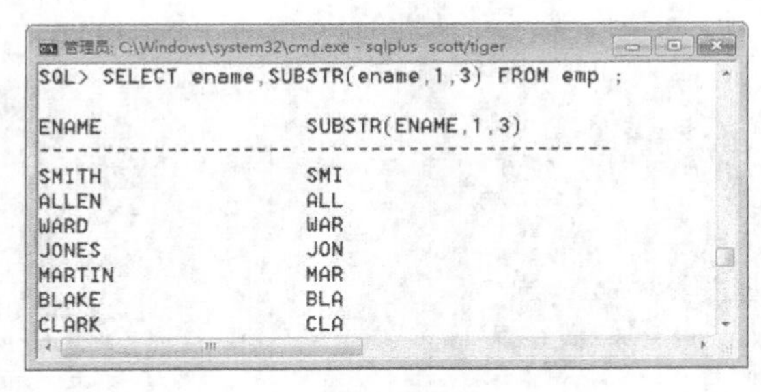


图 5-10

注意：（面试题）请问利用 Oracle 中的 SUBSTR() 函数进行截取时，字符串的索引是从 1 开始还是从 0 开始？

Oracle 中的字符串索引都是从 1 开始，即使设置为 0 也会将其自动变为 1。

# 5.2 数值函数

数值函数可以对数字进行处理，常用的主要函数有 3 个：ROUND()、TRUNC()、MOD()。

### 1. 四舍五入操作

语法：ROUND( 列 | 数字 [ , 保留小数位 ] )。如果不设置保留小数位，表示四舍五入保留到整数；如果设置，则四舍五入保留到相应小数位。

**【范例 5-12】测试四舍五入。**

输入语句如下。

```
SELECT
    ROUND(78915.67823823) ,
    ROUND(78915.67823823,2) ,
    ROUND(78915.67823823,—2) ,
    ROUND(78985.67823823,—2) ,
    ROUND(—15.65)
FROM dual ;
```

为了方便解释运行结果，下面我们把结果写在每一行的后面，并给出解释。

```
SELECT
    ROUND(78915.67823823) ,    /*78916，只保留整数，小数点之后的内容四舍五入 */
    ROUND(78915.67823823,2) ,    /*78915.68，四舍五入保留两位小数 */
    ROUND(78915.67823823,—2) ,    /*78900，保留小数点前两位，小于 5 的舍去 */
    ROUND(78985.67823823,—2) ,    /*79000，保留小数点前两位，大于等于 5 的进位 */
    ROUND(—15.65)          —16
FROM dual ;
```

### 2. 截取小数（所有的小数都不进位）

语法：TRUNC（列 | 数字 [，小数位 ]）。

输入语句如下。

```
SELECT
    TRUNC(78915.67823823) ,
    TRUNC(78915.67823823,2) ,
    TRUNC(78915.67823823,—2) ,
```

```
    TRUNC(78985.67823823,—2) ,
    TRUNC(—15.65)
FROM dual ;
```

同样为了方便解释运行结果，下面我们把结果写在每一行的后面，并给出解释。

```
SELECT
    TRUNC(78915.67823823) ,   /*78915， 直接截取，没有进位 */
    TRUNC(78915.67823823,2) ,  /*78915.67，直接截取，没有进位 */
    TRUNC(78915.67823823,—2) ,  /*78900，直接截取，没有进位 */
    TRUNC(78985.67823823,—2) , /*78900，直接截取，没有进位 */
    TRUNC(—15.65)   —15，直接截取，没有进位
FROM dual ;
```

**3. 求模（求余数）**

语法：MOD（列 1| 数字 1，列 2| 数字 2）。

**【范例 5-13】求模操作。**

输入语句如下。

```
SELECT MOD(10,3) FROM dual ;
```

商 3 余 1，所以模就是 1。

## 5.3　日期函数

日期函数主要对日期进行处理，但是在整个日期处理过程中会存在一个关键的问题：如何取得当前的日期。为此 Oracle 专门提供了一个数据伪列，这个列不存在于表中，但是却可以像表的列一样进行查询，这个伪列就是 SYSDATE。

输入语句如下。

```
SELECT ename,hiredate,SYSDATE FROM emp ;
```

运行结果如图 5-11 所示。尽管 emp 数据表中并没有字段 SYSDATE，但仍然可以看到 SYSDATE 按照列的形式出现，显示当前日期。

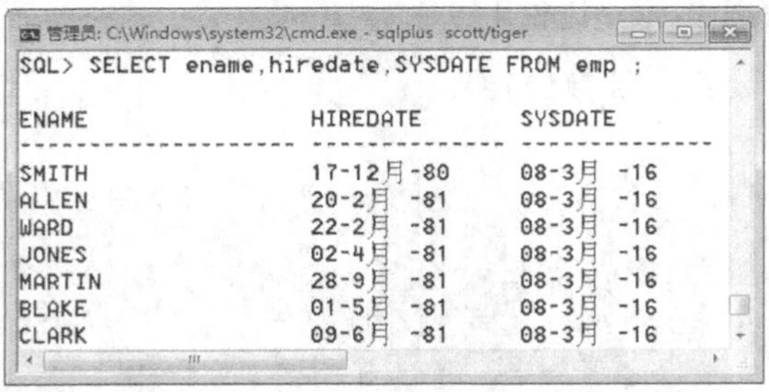

```
管理员: C:\Windows\system32\cmd.exe - sqlplus  scott/tiger
SQL> SELECT ename,hiredate,SYSDATE FROM emp ;

ENAME                HIREDATE       SYSDATE
-------------------- -------------- --------------
SMITH                17-12月-80     08-3月 -16
ALLEN                20-2月 -81     08-3月 -16
WARD                 22-2月 -81     08-3月 -16
JONES                02-4月 -81     08-3月 -16
MARTIN               28-9月 -81     08-3月 -16
BLAKE                01-5月 -81     08-3月 -16
CLARK                09-6月 -81     08-3月 -16
```

图 5-11

如果只想单独取得日期，可以简单一些，直接利用 dual 虚拟表即可。输入语句如下。

```
SELECT SYSDATE FROM dual ;
SELECT SYSDATE,SYSTIMESTAMP FROM dual ;
```

SYSTIMESTAMP 显示当前的时间戳。

Oracle 对于日期时间提供以下 3 种计算模式。

◎ 日期 + 数字 = 日期（若干天之后的日期）。

◎ 日期 – 数字 = 日期（若干天之前的日期）。

◎ 日期 – 日期 = 数字（两个日期间的天数）。

**【范例 5-14】计算若干天之后的日期。**

输入语句如下。

```
SELECT SYSDATE+10,SYSDATE+120,SYSDATE+9999 FROM dual ;
```

“sysdate+10”表示当前日期 10 天后的日期。若当前日期是“08–3 月 –2016”，则 10 天后日期为“18–3 月 –2006”。

在进行日期与数字的计算时，得到的结果都是比较容易理解的，因为结果仍然是一个日期。下面看一下日期与日期之间相减是什么结果。

**【范例 5-15】计算每一位员工到今天为止的雇佣天数。**

输入语句如下。

```
SELECT ename,hiredate,SYSDATE-hiredate FROM emp ;
```

显示结果如图 5-12 所示。

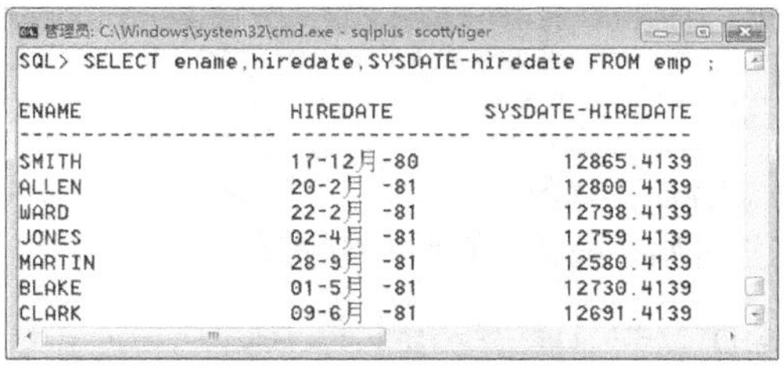

```
管理员: C:\Windows\system32\cmd.exe - sqlplus scott/tiger
SQL> SELECT ename,hiredate,SYSDATE-hiredate FROM emp ;

ENAME                HIREDATE       SYSDATE-HIREDATE
-------------------- -------------- ----------------
SMITH                17-12月-80           12865.4139
ALLEN                20-2月 -81           12800.4139
WARD                 22-2月 -81           12798.4139
JONES                02-4月 -81           12759.4139
MARTIN               28-9月 -81           12580.4139
BLAKE                01-5月 -81           12730.4139
CLARK                09-6月 -81           12691.4139
```

图 5–12

通过以上结果发现，依靠天数实际上很难得到准确的年数或月数，因为结果有若干位小数。例如上面结果中，“12865.4139”表示两者之间相差的天数是 12865 天再多 0.4139 天。由于存在闰年和闰月等影响因素，很难确定这些天究竟是多少年或多少月。

为了可以精确地进行计算，Oracle 提供了日期处理函数。利用这些函数可以避免闰年或闰月的问题。

**1. 计算两个日期间所经历的月数总和**

语法：MONTHS_BETWEEN（日期 1，日期 2）。

**【范例 5-16】计算每一位员工到今天为止的雇佣总月数。**

输入语句如下。

```
SELECT ename,hiredate,MONTHS_BETWEEN(SYSDATE,hiredate) FROM emp ;
```

运行结果如图 5-13 所示，可以看出，MONTHS_BETWEEN 函数计算出了每一位员工到今天为止的雇佣总月数。

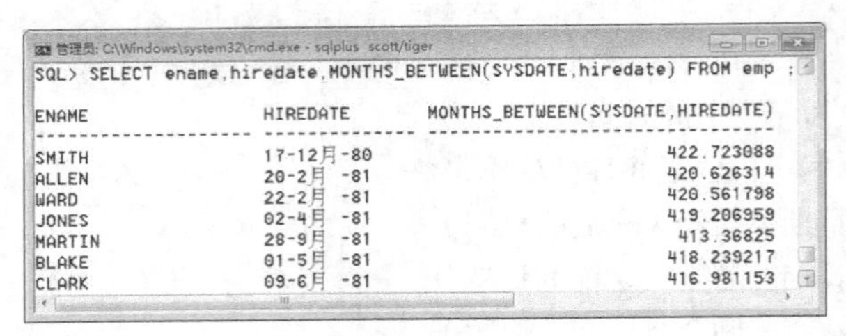


图 5-13

有了月的数据，就可以准确计算年了。任何年份都只有 12 个月，这个是固定的。

【范例 5-17】计算每一位员工到今天为止所雇佣的年限。

输入语句如下。

```
SELECT ename,hiredate,
    TRUNC(MONTHS_BETWEEN(SYSDATE,hiredate)/12) years FROM emp ;
```

显示结果如图 5-14 所示。

```
管理员: C:\Windows\system32\cmd.exe - sqlplus scott/tiger
SQL> SELECT ename,hiredate,
  2      TRUNC(MONTHS_BETWEEN(SYSDATE,hiredate)/12) years FROM emp ;

ENAME                HIREDATE            YEARS
-------------------- -------------- ----------
SMITH                17-12月-80             35
ALLEN                20-2月 -81             35
WARD                 22-2月 -81             35
JONES                02-4月 -81             34
MARTIN               28-9月 -81             34
BLAKE                01-5月 -81             34
```

图 5-14

### 2. 增加若干月之后的日期

语法： ADD_MONTHS（日期，月数）。
函数运行结果返回对指定日期增加若干月之后的日期。

【范例 5-18】测试 ADD_MONTHS() 函数。

输入语句如下。

```
SELECT ADD_MONTHS(SYSDATE,4),ADD_MONTHS(SYSDATE,24),ADD_MONTHS
(SYSDATE,300) FROM dual ;
```

利用这种方式计算时间可以避免闰年、闰月的问题。

【范例 5-19】查询所有雇佣满 34 年的员工信息。

输入语句如下。

```
SELECT * FROM emp
WHERE TRUNC(MONTHS_BETWEEN(SYSDATE,hiredate)/12)=34 ;
```

### 3. 计算指定日期所在月的最后一天

语法： LAST_DAY（日期）。

**【范例 5-20】计算当前日期所在月的最后一天。**

输入语句如下。

```
SELECT LAST_DAY(SYSDATE) FROM dual ;
```

**【范例 5-21】查询所有在雇佣所在月倒数第二天被雇佣的员工信息。**

每个员工的雇佣日期是不一样的，所以每一个雇佣日期所在月的倒数第二天也不一样。

首先应该知道每一位员工雇佣月的最后一天，而后利用“日期 – 数字 = 日期”，计算出倒数第二天。输入语句如下。

```
SELECT ename,hiredate,LAST_DAY(hiredate),LAST_DAY(hiredate)-2
FROM emp
WHERE LAST_DAY(hiredate)-2=hiredate ;
```

显示结果如图 5-15 所示。

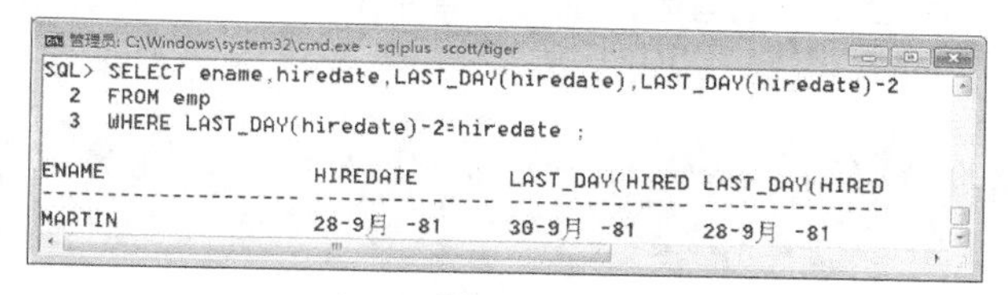


图 5-15

### 4. 计算下一个指定的日期

语法： next_day（日期，一周时间数）。

**【范例 5-22】计算下一个周二的日期。**

输入语句如下。

```
SELECT NEXT_DAY(SYSDATE,' 星期二 ') FROM dual ;
```

## 5.4　转换函数

前面已经接触了 Oracle 中的 3 种函数类型：字符串、数字和日期。本节介绍的转换函数可以实现字符串与日期、数字的转换。转换函数共有 3 种：TO_CHAR()、TO_DATE() 和 TO_NUMBER()。

### 1. 转字符串函数

该函数可以将数字或日期转换为字符串。

语法：TO_CHAR（列 | 日期 | 数字，转换格式）。

转换格式主要有以下两类。

(1) 日期转换为字符串：年（yyyy）、月（mm）、日（dd）、时（hh、hh24）、分（mi）、秒（ss）。

⑵ 数字转换为字符串：任意的一位数字（9）、货币（L，本地货币）。

**【范例 5-23】格式化日期。**

输入语句如下。

```
SELECT TO_CHAR(SYSDATE,'yyyy-mm-dd'),TO_CHAR(SYSDATE,'yyyy-mm-dd hh24:mi:ss')
FROM dual ;
```

运行结果如图 5-16 所示，分别把当前的日期转换为字符串。

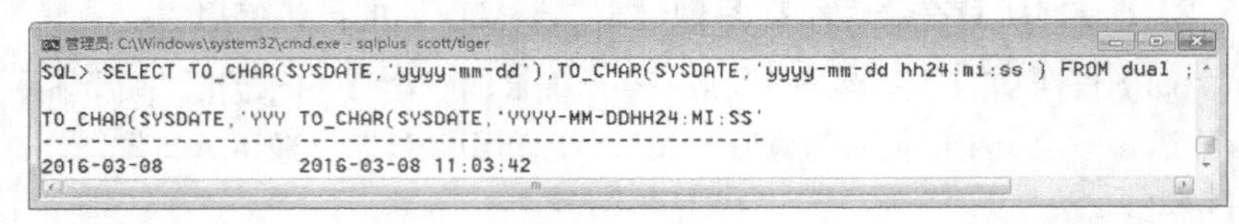


图 5-16

一定要记住，这样的转换操作只是给我们提供了一个思路：日期改变格式后，最终的数据类型就是字符串。这样的转换实际上会破坏程序的一致性。

现在可以进一步探索 TO_CHAR() 的好处，它可以实现年、月、日的拆分。

**【范例 5-24】查询每个员工的编号、姓名、雇佣年份。**

输入语句如下。

```
SELECT empno,ename,TO_CHAR(hiredate,'yyyy') year
FROM emp ;
```

显示结果如图 5-17 所示，可以看出，每个员工的雇佣日期只保留了年份。

```
SQL> SELECT empno,ename,TO_CHAR(hiredate,'yyyy') year
  2  FROM emp ;

     EMPNO ENAME                YEAR
---------- -------------------- --------
      7369 SMITH                1980
      7499 ALLEN                1981
      7521 WARD                 1981
      7566 JONES                1981
```

图 5-17

**【范例 5-25】查询所有在 2 月份雇佣的员工信息。**

输入语句如下。

```
SELECT * FROM emp WHERE TO_CHAR(hiredate,'mm')='02' ;
```

显示结果如图 5-18 所示。

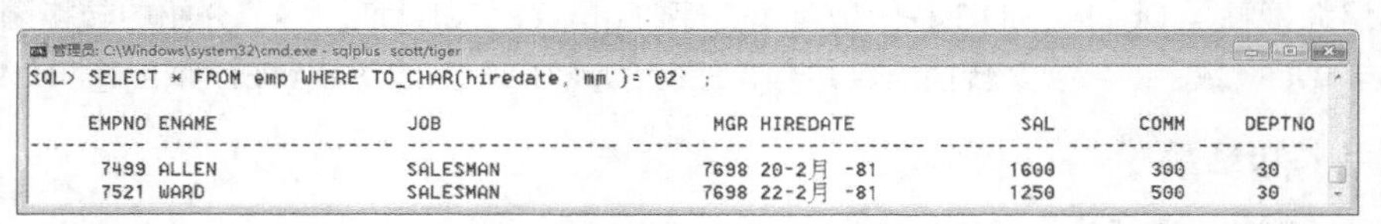


图 5-18

此外，下面这条代码也可以实现同样的效果。

```
SELECT * FROM emp WHERE TO_CHAR(hiredate,'mm')=2 ;
```

显示结果如图 5-19 所示。

```
SQL> SELECT * FROM emp WHERE TO_CHAR(hiredate,'mm')=2 ;

     EMPNO ENAME                JOB                       MGR HIREDATE              SAL       COMM     DEPTNO
---------- -------------------- ------------------ ---------- -------------- ---------- ---------- ----------
      7499 ALLEN                SALESMAN                 7698 20-2月 -81           1600        300         30
      7521 WARD                 SALESMAN                 7698 22-2月 -81           1250        500         30
```

图 5-19

两条查询代码都可以查询出所有在 2 月被雇用的员工信息，这是因为 Oracle 中提供了数据类型的自动转换，如果发现比较的类型不统一，它在一定的范围内是可以转换的。

TO_CHAR() 函数除了可以进行日期的转换之外，也支持数字转换。所谓的数字转换往往是针对数字的可读性进行一些格式化的操作。

**【范例 5-26】转换数字。**

输入语句如下。

```
SELECT TO_CHAR(78923489043209,'L999,999,999,999,999') FROM dual ;
```

显示结果如图 5-20 所示，将数字 78923489043209 格式化为货币型数据显示。

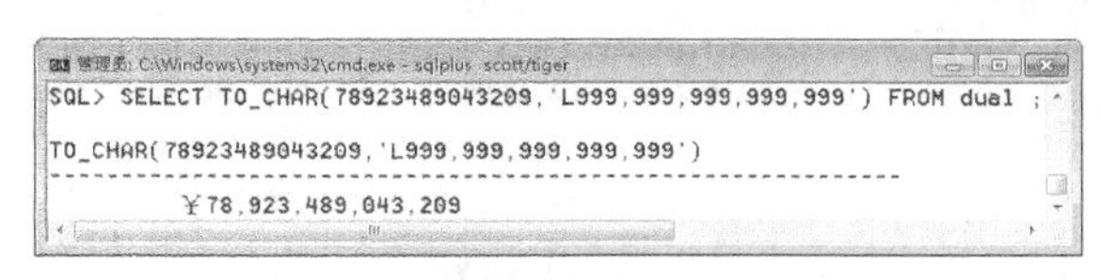


图 5-20

**2. 转日期函数**

如果某一个字符串按照“日 – 月 – 年”的方式编写，那么可以将其自动转换为日期类型，也可以将指定格式的字符串转换为日期类型，该操作可以依靠 TO_DATE() 函数完成。

语法：TO_DATE（字符串，转换格式）。

转换格式中的表示方法为年（yyyy）、月（mm）、日（dd）、时（hh、hh24）、分（mi）、秒（ss）。

**【范例 5-27】将字符串转换为日期。**

输入语句如下。

```
SELECT TO_DATE('1998-09-19','yyyy-mm-dd') FROM dual ;
```

显示结果如图 5-21 所示，实现了将字符串“1998-09-19”转换为日期类型。

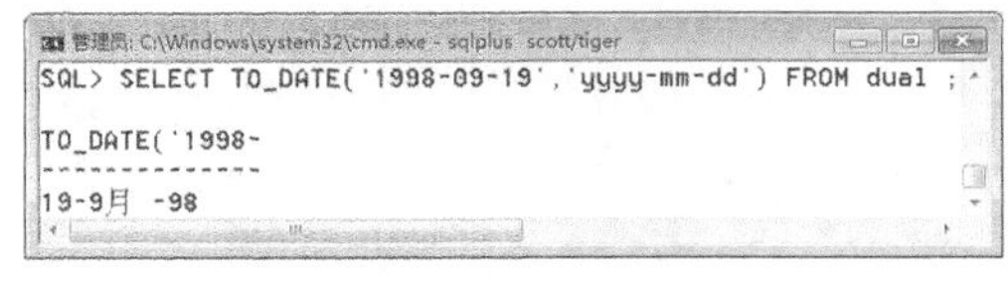


图 5-21

**3. 转数字函数**

该函数可以将字符串（由数字所组成）变为数字以便进行某些计算，语法：TO_NUMBER(字符串)。

**【范例 5-28】验证转数字函数。**

输入语句如下。

```
SELECT TO_NUMBER('1') + TO_NUMBER('2') FROM dual ;
```

显示结果如图 5-22 所示，实现了分别将字符串“1”和“2”转换成数字 1 和 2，然后相加的效果。

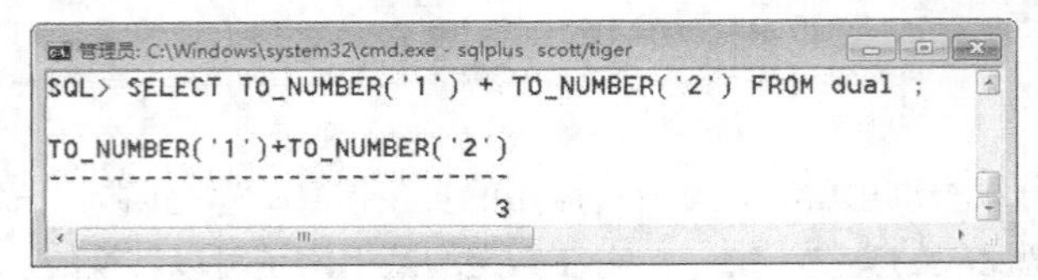


图 5-22

类似前面所介绍的，Oracle 提供了数据类型的自动转换，使用下面代码同样可以实现这个效果。

```
SELECT '1' + '2' FROM dual ;
```

显示结果如图 5-23 所示。

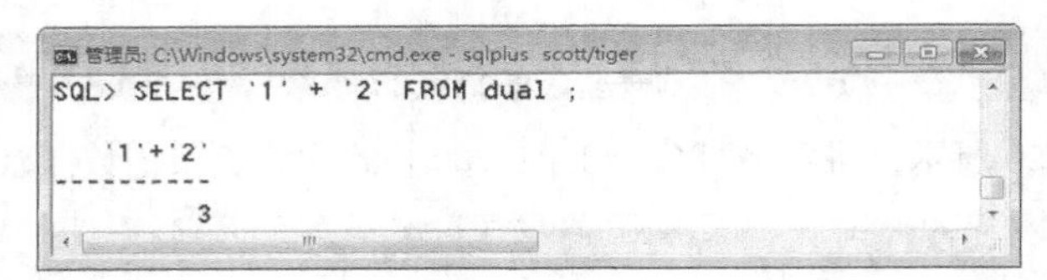


图 5-23

# 5.5 通用函数

Oracle 提供了两个简单的数据处理函数：NVL()、DECODE()。在版本升级的过程中，这两个函数又衍生出了许多子函数。

### 1. 处理 null

下面首先通过查询，计算出每一个员工的年薪，包括基本工资和佣金。输入语句如下。

```
SELECT empno,ename,job,sal,comm,(sal+comm)*12 income FROM emp ;
```

显示结果如图 5-24 所示，可以发现，comm 和 income 列中有许多是空的。

```
管理员: C:\Windows\system32\cmd.exe - sqlplus scott/tiger
SQL> SELECT empno,ename,job,sal,comm,(sal+comm)*12 income FROM emp ;

     EMPNO ENAME                JOB                       SAL       COMM     INCOME
---------- -------------------- ------------------ ---------- ---------- ----------
      7369 SMITH                CLERK                     800
      7499 ALLEN                SALESMAN                 1600        300      22800
      7521 WARD                 SALESMAN                 1250        500      21000
      7566 JONES                MANAGER                  2975
      7654 MARTIN               SALESMAN                 1250       1400      31800
      7698 BLAKE                MANAGER                  2850
      7782 CLARK                MANAGER                  2450
      7788 SCOTT                ANALYST                  3000
      7839 KING                 PRESIDENT                5000
      7844 TURNER               SALESMAN                 1500          0      18000
      7876 ADAMS                CLERK                    1100
```

图 5-24

上述现象的原因在于，所有没有佣金的员工，在进行年收入计算的时候，最终的计算结果都是 null，因为 null 在进行任何数学计算后结果都是 null。而实际上在计算过程中，如果发现数字内容为 null，则应该使用 0 来替代，这时就需要利用 NVL() 函数来解决此类问题。

语法：NVL（列 | null，为空的默认值）。

如果列上的内容不是 null，则使用列的数据；如果为 null，则使用默认值。输入语句如下。

```
SELECT empno,ename,job,sal,comm,NVL(comm,0),(sal+NVL(comm,0))*12 income FROM emp ;
```

这个查询使用函数 NVL(comm,0)，把 comm 列所有的 null 都替换为 0。运行结果如图 5-25 所示。

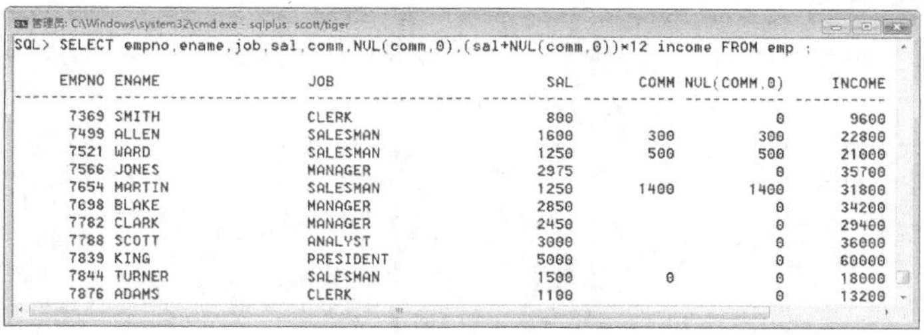

```
管理员: C:\Windows\system32\cmd.exe - sqlplus  scott/tiger
SQL> SELECT empno,ename,job,sal,comm,NUL(comm,0),(sal+NUL(comm,0))*12 income FROM emp ;

     EMPNO ENAME                JOB                   SAL       COMM NUL(COMM,0)     INCOME
---------- -------------------- ------------------ ---------- ---------- ----------- ----------
      7369 SMITH                CLERK                     800                      0       9600
      7499 ALLEN                SALESMAN                 1600        300         300      22800
      7521 WARD                 SALESMAN                 1250        500         500      21000
      7566 JONES                MANAGER                  2975                      0      35700
      7654 MARTIN               SALESMAN                 1250       1400        1400      31800
      7698 BLAKE                MANAGER                  2850                      0      34200
      7782 CLARK                MANAGER                  2450                      0      29400
      7788 SCOTT                ANALYST                  3000                      0      36000
      7839 KING                 PRESIDENT                5000                      0      60000
      7844 TURNER               SALESMAN                 1500          0           0      18000
      7876 ADAMS                CLERK                    1100                      0      13200
```

图 5-25

### 2. 多数值判断

所谓的多数值判断，指的是在输出的时候，对不同的结果分别进行数据转换。例如，每一位员工的职位使用的都是英文描述，在输出查询结果时决定将其更换为中文。

语法：DECODE（列，匹配内容 1，显示内容 1，匹配内容 2，显示内容 2，…[，默认值]）。

输入语句如下。

```
SELECT empno,ename,job,DECODE(job,'CLERK','办事员','SALESMAN','销售',
'MANAGER','经理','ANALYST','分析','PRESIDENT','总裁','暂无此信息') FROM emp ;
```

显示结果如图 5-26 所示。可以发现，每一位员工职位的英文描述更换为了中文。

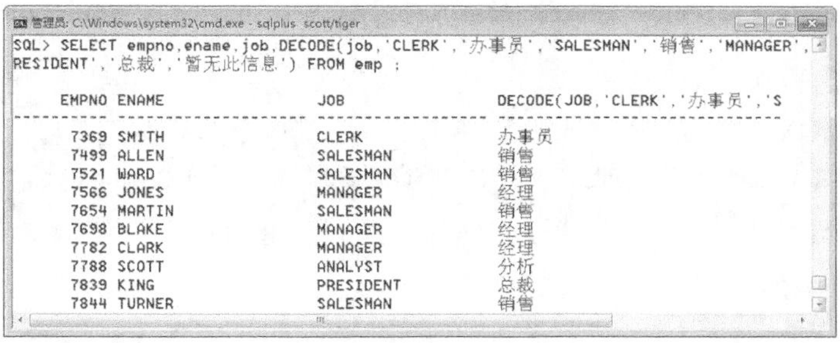

```
管理员: C:\Windows\system32\cmd.exe - sqlplus  scott/tiger
SQL> SELECT empno,ename,job,DECODE(job,'CLERK','办事员','SALESMAN','销售','MANAGER','
RESIDENT','总裁','暂无此信息') FROM emp ;

     EMPNO ENAME                JOB                DECODE(JOB,'CLERK','办事员','S
---------- -------------------- ------------------ ------------------------------
      7369 SMITH                CLERK              办事员
      7499 ALLEN                SALESMAN           销售
      7521 WARD                 SALESMAN           销售
      7566 JONES                MANAGER            经理
      7654 MARTIN               SALESMAN           销售
      7698 BLAKE                MANAGER            经理
      7782 CLARK                MANAGER            经理
      7788 SCOTT                ANALYST            分析
      7839 KING                 PRESIDENT          总裁
      7844 TURNER               SALESMAN           销售
```

图 5-26

# 5.6 综合范例——查询员工雇佣的年数、月数、天数

前面已经介绍了许多常用的 Oracle 的单行函数，下面看一个综合范例。

**【范例 5-29】查询员工的编号、姓名、雇佣日期，以及计算出每一位员工到今天为止被雇佣的年数、月数、天数。**

假设现在的日期是 2016-03-08。

如果他的雇佣日期为“1981-02-22”，他到今天为止已经被雇用了 35 年、0 月、15 天。

对于本查询而言，由于日期的跨度较长（30 多年），所以要想准确地计算出结果，必须结合日期函数。

**第一步：计算出年。**

如果要计算年，按照月来计算是比较准确的，那么一定要使用 MONTHS_BETWEEN() 函数进行月的计算，而后除以 12 就是年。输入语句如下。

```
SELECT empno,ename,hiredate,
    TRUNC(MONTHS_BETWEEN(SYSDATE,hiredate)/12) year
FROM emp ;
```

显示结果如图 5-27 所示。

```
管理员: C:\Windows\system32\cmd.exe - sqlplus  scott/tiger
SQL> SELECT empno,ename,hiredate,
  2     TRUNC(MONTHS_BETWEEN(SYSDATE,hiredate)/12) year
  3  FROM emp ;

     EMPNO ENAME                HIREDATE             YEAR
---------- -------------------- -------------- ----------
      7369 SMITH                17-12月-80             35
      7499 ALLEN                20-2月 -81             35
      7521 WARD                 22-2月 -81             35
      7566 JONES                02-4月 -81             34
```

图 5-27

**第二步：计算月。**

年的计算结果包含余数，余数实际上就是除 12 的结果，也就是月数。利用 MOD() 函数可以求出余数。输入语句如下。

```
SELECT empno,ename,hiredate,
    TRUNC(MONTHS_BETWEEN(SYSDATE,hiredate)/12) year ,
    TRUNC(MOD(MONTHS_BETWEEN(SYSDATE,hiredate),12)) months
FROM emp ;
```

显示结果如图 5-28 所示。

```
管理员: C:\Windows\system32\cmd.exe - sqlplus  scott/tiger
SQL> SELECT empno,ename,hiredate,
  2     TRUNC(MONTHS_BETWEEN(SYSDATE,hiredate)/12) year ,
  3     TRUNC(MOD(MONTHS_BETWEEN(SYSDATE,hiredate),12)) months
  4  FROM emp ;

     EMPNO ENAME                HIREDATE             YEAR     MONTHS
---------- -------------------- -------------- ---------- ----------
      7369 SMITH                17-12月-80             35          2
      7499 ALLEN                20-2月 -81             35          0
      7521 WARD                 22-2月 -81             35          0
```

图 5-28

**第三步：计算天数。**

现在所知道的计算天数的操作只有一个公式：“日期 1 – 日期 2 = 数字（天数）”。于是现在的问题就集中在了日期的内容上。

◎ 日期 1，一定是当前日期，使用 SYSDATE 伪列。

◎ 日期 2，实际上已经可以利用 MONTHS_BETWEEN() 函数求出两个日期之间的月数，如图 5-29 所示。

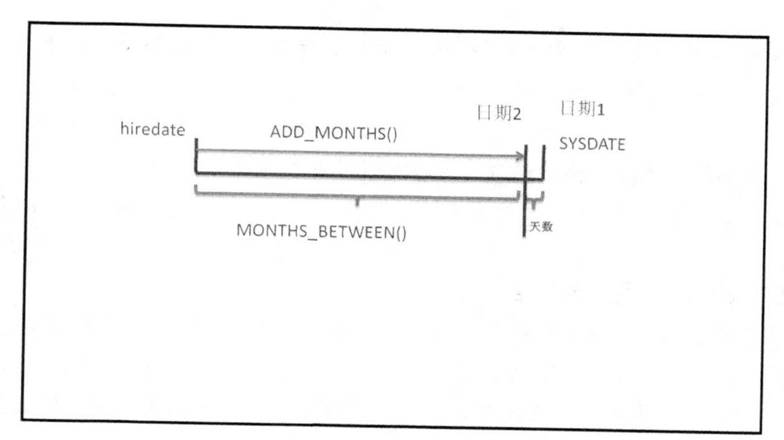


图 5-29

输入语句如下。

```
SELECT empno,ename,hiredate,
    TRUNC(MONTHS_BETWEEN(SYSDATE,hiredate)/12) year ,
    TRUNC(MOD(MONTHS_BETWEEN(SYSDATE,hiredate),12)) months ,
    TRUNC(SYSDATE-ADD_MONTHS(hiredate,MONTHS_BETWEEN(SYSDATE,hiredate))) day
FROM emp ;
```

显示结果如图 5-30 所示。

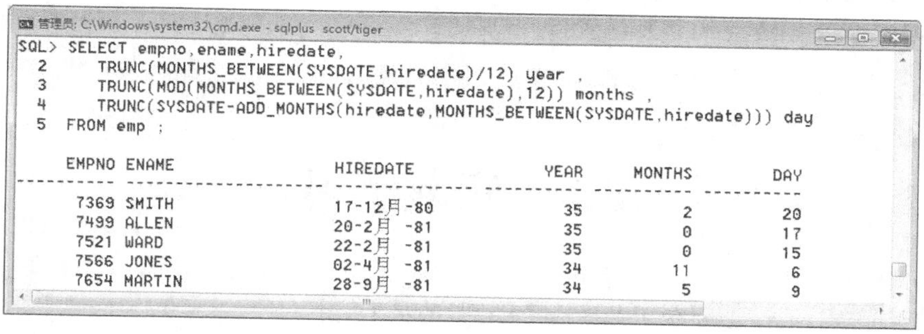

```
管理员: C:\Windows\system32\cmd.exe - sqlplus  scott/tiger
SQL> SELECT empno,ename,hiredate,
  2      TRUNC(MONTHS_BETWEEN(SYSDATE,hiredate)/12) year ,
  3      TRUNC(MOD(MONTHS_BETWEEN(SYSDATE,hiredate),12)) months ,
  4      TRUNC(SYSDATE-ADD_MONTHS(hiredate,MONTHS_BETWEEN(SYSDATE,hiredate))) day
  5  FROM emp ;

     EMPNO ENAME                HIREDATE             YEAR     MONTHS        DAY
---------- -------------------- -------------- ---------- ---------- ----------
      7369 SMITH                17-12月-80             35          2         20
      7499 ALLEN                20-2月 -81             35          0         17
      7521 WARD                 22-2月 -81             35          0         15
      7566 JONES                02-4月 -81             34         11          6
      7654 MARTIN               28-9月 -81             34          5          9
```

图 5-30

# 5.7　本章小结

本章主要介绍 Oracle 中常用的各种单行函数：字符串函数、数值函数、日期函数、转换函数、通用函数等。利用这些函数可以针对数据进行不同的处理，例如实现字符大小写转换、计算平均值、截取字符串、类型转换，等等。灵活使用这些函数，可以在使用 select 查询语句时简化操作，实现不同的功能。

# 5.8 疑难解答

**问：Oracle 中的 SUBSTR() 函数截取时字符串的索引是从 1 开始还是从 0 开始？**

**答：**Oracle 中的字符串索引都是从 1 开始，即使设置为 0 也会将其自动变为 1。

**问：如果不知道数据表的名称，是否可以验证这些单行函数？**

**答：**Oracle 数据库中为了用户的查询方便，专门提供了一个虚拟的“dual”虚拟表。

**问：多数值判断函数使用需要注意什么？**

**答：**所谓的多数值判断，指的是根据不同的结果在输出的时候进行一个数据的转换，其类似于高级语言中的 case 语句，使用的时候匹配内容和显示内容一定要一一对应，不能缺少，语法如下所示。

DECODE（列，匹配内容 1，显示内容 1，匹配内容 2，显示内容 2，…[，默认值]）

**问：单行函数是否可以跨越多行数据进行处理？**

**答：**单行函数只对表中的一行数据进行操作，并且对每一行数据只产生一个输出结果。只能单独一行一行地处理数据，不能跨越多行数据处理。

**问：单行函数放在何处？**

**答：**单行函数可用在 SELECT、WHERE 和 ORDER BY 的子句中，而且单行函数可以嵌套。

**问：如何获取当前时间？**

**答：**Oracle 中专门提供了一个数据伪列，它是一个列，但是这个列不存在于表中，可是却像列一样可以进行查询，这个伪列就是 SYSDATE，通过 SYSDATE 就可以获取当前时间。

# 5.9 实战练习

(1) 查询数据表 emp，显示员工名称长度大于 5 的员工信息。

(2) 查询数据表 emp，显示部门 CLERK 的最高工资和最低工资。

(3) 找出各月倒数第 3 天受雇的所有员工。

(4) 找出早于 12 年前受雇的员工。

(5) 显示所有雇员姓名、加入公司的年份和月份，按受雇日期所有月排序，若月份相同则将最早年份的员工排在最前面。

(6) 找出在（任何年份的）2 月受聘的所有员工。

(7) 以年的方式显示所有员工的服务年限。

(8) 按照“今天是 2018-10-06 星期六 22:54:37 下午”格式显示当前时间。

(9) 将雇员工资显示方式改为美元。

(10) 取得 emp 表每位雇员的雇员姓名、雇员姓名的前两位 + 后两位，中间使用“-”连接。

# 第 6 章

# 多表查询

**本章导读**

上一章介绍了 Oracle 的常用单行函数，例如字符串函数、数值函数、日期函数、转换函数和通用函数，通过使用这些函数，我们可以灵活查询数据库。然而，前面所介绍的数据表查询都是基于一张数据表的，而实际情况下，所需要的数据存在于多个表中，这时就需要从多个表中取出数据。本章就将重点介绍多表查询、数据集合操作。

**本章课时：理论 1 学时 + 实践 1 学时**

## 学习目标

- 认识多表查询
- 表的连接
- SQL:1999 语法定义
- 数据集合操作

# 6.1 认识多表查询

实际上，所谓的多表查询指的就是同时从多张数据表中取出数据并且显示的一种操作。

其语法只需要在前面所介绍的 select 查询格式上做一些简单修改，如下所示。

```
SELECT [DISTINCT] * | 列 [ 别名 ] , 列 [ 别名 ] …
FROM 表名称 [ 别名 ], 表名称 [ 别名 ],…
 [WHERE 限定条件 (s)]
 [ORDER BY  排序字段 [ASC | DESC], 排序字段 [ASC | DESC],…]
```

上面语法中，第一行表示确定要显示的数据列；第二行确定数据来源；第三行对数据行进行筛选；第四行对选定数据的行与列排序。和前面唯一的不同之处在于 from 后面增加了更多的表。

下面将按照这样的语法结构实现多表查询。本次将利用 emp 与 dept 两张表进行多表查询操作。在查询之前，先做一些准备，介绍一个在数据库中经常使用的 COUNT() 函数，这个函数的主要功能是可以统计出一张数据表中的数据量。

准备查询一：查询 dept 表中的数据量。输入语句如下。

```
SELECT COUNT(*) FROM dept ;
```

显示结果如图 6-1 所示，可以看出这个数据表有 4 行记录。

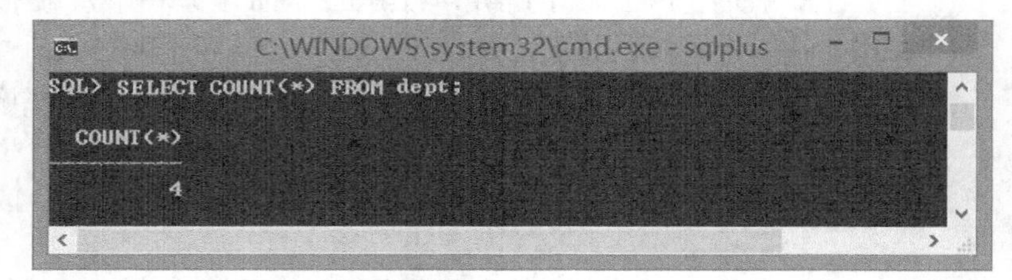


图 6-1

准备查询二：查询 emp 表中的数据量，运行后可以看出这个数据表有 14 行记录。输入语句如下。

```
SELECT COUNT(*) FROM emp ;
```

也就是说，这两张表加起来，总共有 18 行记录。下面根据给出的语法结构实现多表查询。

**【范例 6-1】实现 emp 与 dept 的多表查询。**

输入语句如下。

```
SELECT * FROM emp,dept ;
```

可以发现，每一行 emp 表中的记录出现了 4 次，而 4 次是 dept 表中的数据量，所以最终产生了 emp 表 14 行 *dept 表 4 行 =56 行记录。图 6-2 给出了示意图，在查询显示的时候，emp 表每行记录同时显示了 dept 表的 4 行记录，而实际上只有 1 行记录是对应的，即数据表 emp 中字段 deptno 与数据表 dept 中字段 deptno 相等。

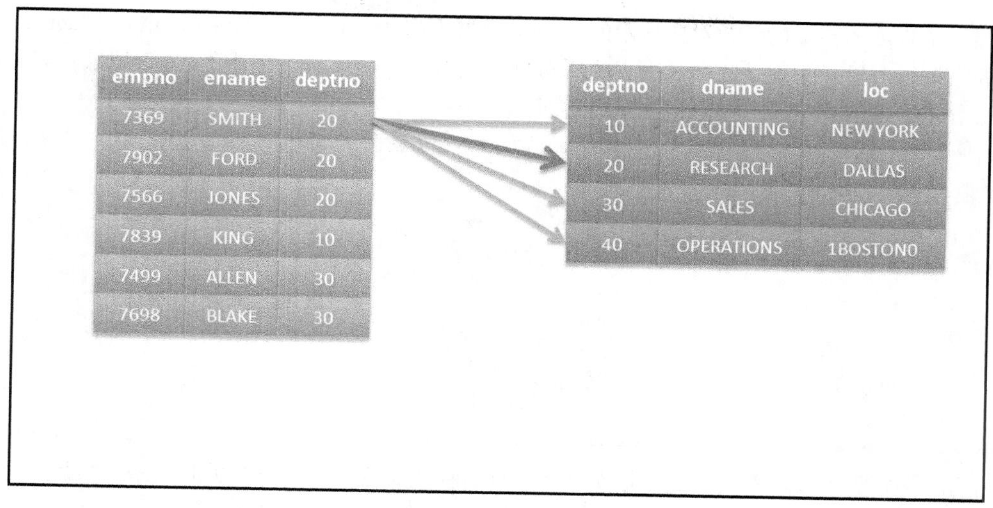


图 6-2

之所以会出现这样的情况，主要与数据库的产生原理有关——数学的集合。这样的集合操作，会将两个集合（数据表）的统一查询，作为乘法的形式出现。结果一定会产生积——笛卡儿积。在任何情况下，进行多表查询都会存在笛卡儿积的问题。但是事实上这些积的产生对用户而言是没有任何实质上的用处的，所以需要想办法进行消除。如果想要消除积，必须有关联字段。

很明显，现在 emp 与 dept 数据表中都存在关联字段（大部分情况下，都习惯将关联字段设置为同名）。此时就可以利用关联字段消除笛卡儿积。如图 6-3 所示，这时只会显示数据表 emp 中字段 deptno 与数据表 dept 中字段 deptno 相等的内容。

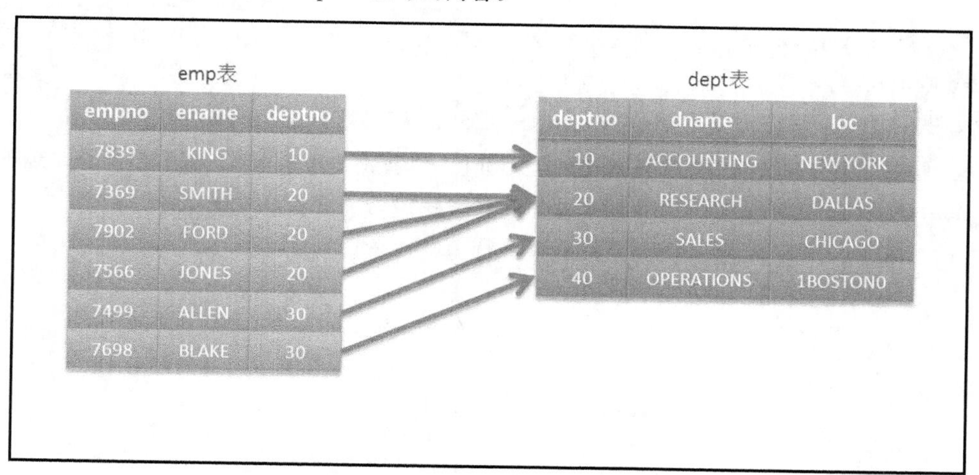


图 6-3

**【范例 6-2】消除笛卡儿积。**

输入语句如下。

```
SELECT *
FROM emp ,dept
WHERE emp.deptno=dept.deptno ;
```

显示结果如图 6–4 所示，对应显示的是 emp 数据表中 deptno 字段和 dept 数据表中 deptno 字段相等的数据行。显示的列是两个数据表的所有列。这时候只显示 emp 表中的 14 行记录，同时每个记录所对应的 dept 中字段的信息也显示在后面。

```
管理员: C:\Windows\system32\cmd.exe - sqlplus scott/tiger
SQL> SELECT *
  2  FROM emp ,dept
  3  WHERE emp.deptno=dept.deptno ;

     EMPNO ENAME                JOB                    MGR HIREDATE              SAL       COMM     DEPTNO
    DEPTNO DNAME                          LOC
---------- -------------------- ------------------ ---------- -------------- ---------- ---------- ----------
---------- ---------------------------- --------------------------
      7369 SMITH                CLERK                   7902 17-12月-80            800                    20
        20 RESEARCH                       DALLAS
      7499 ALLEN                SALESMAN                7698 20-2月 -81           1600        300         30
        30 SALES                          CHICAGO
      7521 WARD                 SALESMAN                7698 22-2月 -81           1250        500         30
        30 SALES                          CHICAGO
      7566 JONES                MANAGER                 7839 02-4月 -81           2975                    20
        20 RESEARCH                       DALLAS
```

图 6–4

> 注意：只要是多表查询，在多张表之间一定要存在关联关系，没有关联关系的表是不可能进行多表查询的。

但是现在的代码还存在一个问题，此时进行字段访问的时候采用的是“表名称 . 字段名称”，表名称短没什么问题，但如果表名称长了就比较麻烦，例如“yuzhou_yinhexi_diqiu_yazhou_beijing_zhongyang_ren”。所以在进行多表查询的时候强烈建议使用别名。

**【范例 6–3】把数据表 emp 的别名定为 e，数据表 dept 的别名定为 d，然后在查询中分别使用 e 和 d 代替这两个表。**

输入语句如下。

```
SELECT e.*,d.dname
FROM emp e,dept d
WHERE e.deptno=d.deptno ;
```

显示结果如图 6–5 所示，这次显示的数据列和上一个查询不完全一样，因为查询的数据列是 e.* 和 d.name，所以显示的列应该是数据表 emp 的全部字段和 dept 的 dname 字段。

```
管理员: C:\Windows\system32\cmd.exe - sqlplus scott/tiger
SQL> SELECT e.*,d.dname
  2  FROM emp e,dept d
  3  WHERE e.deptno=d.deptno ;

     EMPNO ENAME                JOB                    MGR HIREDATE              SAL       COMM     DEPTNO
DNAME
---------- -------------------- ------------------ ---------- -------------- ---------- ---------- ----------
----------------------------
      7369 SMITH                CLERK                   7902 17-12月-80            800                20 RES
EARCH
      7499 ALLEN                SALESMAN                7698 20-2月 -81           1600        300     30 SAL
ES
      7521 WARD                 SALESMAN                7698 22-2月 -81           1250        500     30 SAL
ES
      7566 JONES                MANAGER                 7839 02-4月 -81           2975                20 RES
EARCH
```

图 6–5

实际上，笛卡儿积的存在对整个程序的影响是相当巨大的，即便可以消除笛卡儿积，但是从本质上来说，永远无法避免笛卡儿积。

例如，在 Oracle 的样本数据中有 sh 的大数据用户。该数据用户下面有很多数据表，这些数据表的记录数都非常大。

分析一：取得 costs 表中的记录数（82112）。

输入语句如下。

```
SELECT COUNT(*) FROM COSTS ;
```

分析二：取得 products 表中的记录数（918843）。

输入语句如下。

```
SELECT COUNT(*) FROM SALES ;
```

这两张表存在关联字段，所以理论上是可以消除掉笛卡儿积的。下面将这两张表关联在一起查询。

分析三：观察多表查询。

输入语句如下。

```
SELECT COUNT(*)
FROM COSTS c, SALES s
WHERE c.prod_id=s.prod_id;
```

这个查询会很慢，主要原因是此时两个表之间的关联计算数据量很大，因为两个表本身数据量就已经很大。

因此，数据量大的多表查询会带来严重的性能问题。

程序慢有两个原因：程序算法慢（CPU 占用率高）、数据库数据大（内存占用率高）。

在实际开发的选择（由设计开始的）过程之中，要根据你的表的预期数据量，来确定是否使用多表查询。如果表的数据量非常大，就要尽量避免使用多表查询。

## 6.2 表的连接

实际上对两张数据表进行多表查询时，消除笛卡儿积主要依靠连接模式处理，而对于表的连接模式，在数据库定义上有以下两种。

◎ 内连接：之前都利用 WHERE 子句消除了笛卡儿积，这就属于内连接，只有满足条件的数据才会显示。

◎ 外连接：分为 3 种——左外连接、右外连接、全外连接。

为了更好地观察连接的区别，在 dept 表中提供了一个没有员工的部门（40 部门），同时在 emp 表中增加一个没有部门的员工。

输入语句如下。

```
INSERT INTO emp (empno,ename,deptno) VALUES (8989,'HELLO',null) ;
```

Insert 语句是向数据表中插入记录，这将在后面重点介绍。现在的 emp 表的数据内容如图 6-6 所示。

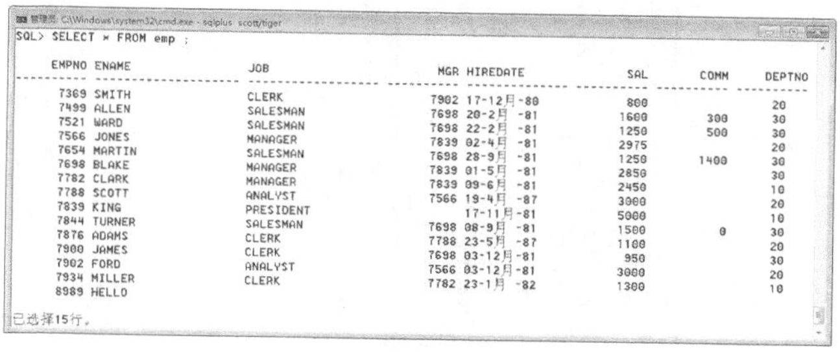

```
管理员: C:\Windows\system32\cmd.exe - sqlplus scott/tiger
SQL> SELECT * FROM emp ;

     EMPNO ENAME                JOB                      MGR HIREDATE             SAL       COMM     DEPTNO
---------- -------------------- ------------------ ---------- -------------- ---------- ---------- ----------
      7369 SMITH                CLERK                   7902 17-12月-80            800                    20
      7499 ALLEN                SALESMAN                7698 20-2月 -81           1600        300         30
      7521 WARD                 SALESMAN                7698 22-2月 -81           1250        500         30
      7566 JONES                MANAGER                 7839 02-4月 -81           2975                    20
      7654 MARTIN               SALESMAN                7698 28-9月 -81           1250       1400         30
      7698 BLAKE                MANAGER                 7839 01-5月 -81           2850                    30
      7782 CLARK                MANAGER                 7839 09-6月 -81           2450                    10
      7788 SCOTT                ANALYST                 7566 19-4月 -87           3000                    20
      7839 KING                 PRESIDENT                    17-11月-81           5000                    10
      7844 TURNER               SALESMAN                7698 08-9月 -81           1500          0         30
      7876 ADAMS                CLERK                   7788 23-5月 -87           1100                    20
      7900 JAMES                CLERK                   7698 03-12月-81            950                    30
      7902 FORD                 ANALYST                 7566 03-12月-81           3000                    20
      7934 MILLER               CLERK                   7782 23-1月 -82           1300                    10
      8989 HELLO

已选择15行。
```

图 6-6

可以发现，新增的记录 deptno 字段没有部门编号。

**【范例 6-4】内连接实现效果。**

输入语句如下。

```
SELECT e.empno,e.ename,d.deptno,d.dname
FROM emp e,dept d
WHERE e.deptno=d.deptno ;
```

显示结果如图 6-7 所示。

```
SQL> SELECT e.empno,e.ename,d.deptno,d.dname
  2  FROM emp e,dept d
  3  WHERE e.deptno=d.deptno ;

     EMPNO ENAME                    DEPTNO DNAME
---------- -------------------- ---------- ----------------------------
      7369 SMITH                        20 RESEARCH
      7499 ALLEN                        30 SALES
      7521 WARD                         30 SALES
      7566 JONES                        20 RESEARCH
      7654 MARTIN                       30 SALES
      7698 BLAKE                        30 SALES
      7782 CLARK                        10 ACCOUNTING
      7788 SCOTT                        20 RESEARCH
      7839 KING                         10 ACCOUNTING
      7844 TURNER                       30 SALES
      7876 ADAMS                        20 RESEARCH
      7900 JAMES                        30 SALES
      7902 FORD                         20 RESEARCH
      7934 MILLER                       10 ACCOUNTING

已选择14行。
```

图 6-7

此时，没有部门的员工以及没有员工的部门信息都没有出现，因为 null 的判断不满足。

**【范例 6-5】使用左外连接，将所有的员工信息都显示出来，即便他没有对应的部门。**

输入语句如下。

```
SELECT e.empno,e.ename,d.deptno,d.dname
FROM emp e,dept d
WHERE e.deptno=d.deptno(+) ;
```

这个查询语句和上面的语句几乎完全一样，只是 where 语句中条件"e.deptno=d.deptno"最后增加了一个"（+）"，显示结果如图 6-8 所示。

```
SQL> SELECT e.empno,e.ename,d.deptno,d.dname
  2  FROM emp e,dept d
  3  WHERE e.deptno=d.deptno(+) ;

     EMPNO ENAME                    DEPTNO DNAME
---------- -------------------- ---------- ----------------------------
      7934 MILLER                       10 ACCOUNTING
      7839 KING                         10 ACCOUNTING
      7782 CLARK                        10 ACCOUNTING
      7902 FORD                         20 RESEARCH
      7876 ADAMS                        20 RESEARCH
      7788 SCOTT                        20 RESEARCH
      7566 JONES                        20 RESEARCH
      7369 SMITH                        20 RESEARCH
      7900 JAMES                        30 SALES
      7844 TURNER                       30 SALES
      7698 BLAKE                        30 SALES
      7654 MARTIN                       30 SALES
      7521 WARD                         30 SALES
      7499 ALLEN                        30 SALES
      8989 HELLO

已选择15行。
```

图 6-8

此时没有部门的员工出现了，也就是说左表的数据全部显示了。

**【范例 6-6】使用右外连接，将所有的部门信息都显示出来。**

输入语句如下。

```
SELECT e.empno,e.ename,d.deptno,d.dname
FROM emp e,dept d
WHERE e.deptno(+)=d.deptno ;
```

这个查询语句和上面两个语句也几乎完全一样，只是 where 语句中条件“e.deptno=d.deptno”增加“（+）”的位置是在“=”前，显示结果如图 6–9 所示。

```
SQL> SELECT e.empno,e.ename,d.deptno,d.dname
  2  FROM emp e,dept d
  3  WHERE e.deptno(+)=d.deptno ;

     EMPNO ENAME                    DEPTNO DNAME
---------- -------------------- ---------- ----------------------------
      7369 SMITH                        20 RESEARCH
      7499 ALLEN                        30 SALES
      7521 WARD                         30 SALES
      7566 JONES                        20 RESEARCH
      7654 MARTIN                       30 SALES
      7698 BLAKE                        30 SALES
      7782 CLARK                        10 ACCOUNTING
      7788 SCOTT                        20 RESEARCH
      7839 KING                         10 ACCOUNTING
      7844 TURNER                       30 SALES
      7876 ADAMS                        20 RESEARCH
      7900 JAMES                        30 SALES
      7902 FORD                         20 RESEARCH
      7934 MILLER                       10 ACCOUNTING
                                        40 OPERATIONS

已选择15行。
```

图 6–9

此时没有员工的部门出现了，也就是说右表的数据全部显示了。

通过这几个范例可以看出，内连接指的是所有满足关联条件的数据出现，不满足的不出现。外连接是指定一张数据表中的全部内容都显示，但是没有对应的其他表数据，内容为 null。

在 Oracle 里面使用“(+)”来控制连接方式。

◎ 左外连接：关联字段 1= 关联字段 2(+)。

◎ 右外连接：关联字段 1(+)= 关联字段 2。

一般都只考虑内连接，但是当你发现所需要的数据不全的时候就可以考虑外连接。现在再来看一个范例，从而加深对外连接的认识。

**【范例 6-7】查询每个员工的编号、姓名、职位，以及所在各部门的领导姓名、领导职位。**

示意如图 6–10 所示。

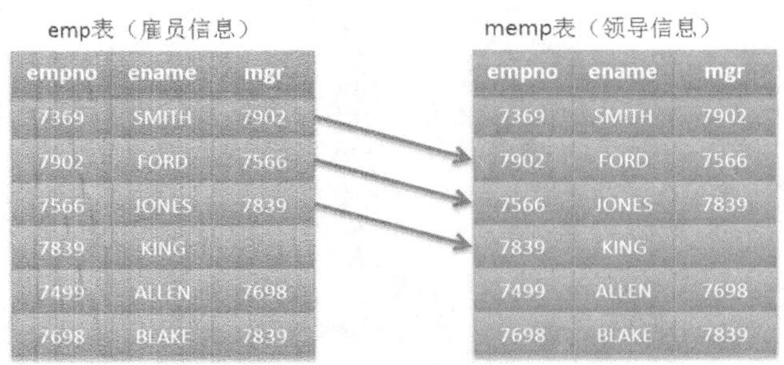


图 6–10

◎ 确定所需要的数据表。

emp 表（员工信息）：编号、姓名、职位。

memp 表（领导信息）：领导姓名、领导职位。

◎ 确定已知的关联字段。

员工和领导：emp.mgr=memp.empno。

第一步：查询出每个员工的编号、姓名、职位。输入语句如下。

```
SELECT e.empno,e.ename,e.job
FROM emp e;
```

显示结果如图 6-11 所示，此时只显示数据表 emp 中每个员工的编号、姓名和职位。

```
管理员: C:\Windows\system32\cmd.exe - sqlplus  scott/tiger
SQL> SELECT e.empno,e.ename,e.job
  2  FROM emp e;

     EMPNO ENAME                JOB
---------- -------------------- ------------------
      7369 SMITH                CLERK
      7499 ALLEN                SALESMAN
      7521 WARD                 SALESMAN
      7566 JONES                MANAGER
      7654 MARTIN               SALESMAN
      7698 BLAKE                MANAGER
      7782 CLARK                MANAGER
      7788 SCOTT                ANALYST
      7839 KING                 PRESIDENT
      7844 TURNER               SALESMAN
      7876 ADAMS                CLERK
      7900 JAMES                CLERK
      7902 FORD                 ANALYST
      7934 MILLER               CLERK
      8989 HELLO

已选择15行。
```

图 6-11

第二步：加入领导信息，需要引入自身关联，而后消除笛卡儿积。输入语句如下。

```
SELECT e.empno,e.ename,e.job,m.ename,m.job
FROM emp e ,emp m
WHERE e.mgr=m.empno;
```

显示结果如图 6-12 所示，此时增加了自身关联条件“e.mgr=m.empno”。

```
管理员: C:\Windows\system32\cmd.exe - sqlplus  scott/tiger
SQL> SELECT e.empno,e.ename,e.job,m.ename,m.job
  2  FROM emp e ,emp m
  3  WHERE e.mgr=m.empno;

     EMPNO ENAME                JOB                ENAME                JOB
---------- -------------------- ------------------ -------------------- ------------------
      7902 FORD                 ANALYST            JONES                MANAGER
      7788 SCOTT                ANALYST            JONES                MANAGER
      7900 JAMES                CLERK              BLAKE                MANAGER
      7844 TURNER               SALESMAN           BLAKE                MANAGER
      7654 MARTIN               SALESMAN           BLAKE                MANAGER
      7521 WARD                 SALESMAN           BLAKE                MANAGER
      7499 ALLEN                SALESMAN           BLAKE                MANAGER
      7934 MILLER               CLERK              CLARK                MANAGER
      7876 ADAMS                CLERK              SCOTT                ANALYST
      7782 CLARK                MANAGER            KING                 PRESIDENT
      7698 BLAKE                MANAGER            KING                 PRESIDENT
      7566 JONES                MANAGER            KING                 PRESIDENT
      7369 SMITH                CLERK              FORD                 ANALYST

已选择13行。
```

图 6-12

第三步：发现 emp 表（员工信息）数据不完整，因为不满足于等值关联判断，所以要想让员工信息显示完整，则必须使用外连接控制。输入语句如下。

```
SELECT e.empno,e.ename,e.job,m.ename,m.job
FROM emp e ,emp m
WHERE e.mgr=m.empno(+);
```

显示结果如图 6–13 所示，此时使用了左外连接“e.mgr=m.empno(+)”，得到了想要的结果。

```
管理员: C:\Windows\system32\cmd.exe - sqlplus scott/tiger
SQL> SELECT e.empno,e.ename,e.job,m.ename,m.job
  2  FROM emp e ,emp m
  3  WHERE e.mgr=m.empno(+);

     EMPNO ENAME                JOB                ENAME                JOB
---------- -------------------- ------------------ -------------------- ------------------
      7902 FORD                 ANALYST            JONES                MANAGER
      7788 SCOTT                ANALYST            JONES                MANAGER
      7900 JAMES                CLERK              BLAKE                MANAGER
      7844 TURNER               SALESMAN           BLAKE                MANAGER
      7654 MARTIN               SALESMAN           BLAKE                MANAGER
      7521 WARD                 SALESMAN           BLAKE                MANAGER
      7499 ALLEN                SALESMAN           BLAKE                MANAGER
      7934 MILLER               CLERK              CLARK                MANAGER
      7876 ADAMS                CLERK              SCOTT                ANALYST
      7782 CLARK                MANAGER            KING                 PRESIDENT
      7698 BLAKE                MANAGER            KING                 PRESIDENT
      7566 JONES                MANAGER            KING                 PRESIDENT
      7369 SMITH                CLERK              FORD                 ANALYST
      8989 HELLO
      7839 KING                 PRESIDENT

已选择15行。
```

图 6–13

## 6.3 SQL:1999 语法定义

对于数据表的连接操作，从实际使用来说，各个数据库都是支持的，但是外连接使用“（+）”是 Oracle 自带的，其他数据库是不支持的。所以对所有的数据库，进行表连接最好的做法是利用以下的语法完成。

```
SELECT [DISTINCT] * | 列 [ 别名 ] , 列 [ 别名 ] , …
FROM 表 1 [ 别名 ]
    [CROSS JOIN 表 2 [ 别名 ]]
    [NATURAL JOIN 表 2 [ 别名 ]]
    [JOIN 表 2 [ 别名 ] ON ( 条件 ) | USING( 关联字段 )]
    [LEFT | RIGHT | FULL OUTER JOIN 表 2  [ 别名 ] ON( 条件 )] ;
```

在进行表连接的时候，如果是内连接，则使用等值判断；如果是外连接，则使用 LEFT、OUTER、FULL 等操作。而上面语法中的 cross join、NATURAL JOIN、JOIN 很少使用。不过我们也简单看一下如何操作它们。

(1) 交叉连接：目的是产生笛卡儿积。具体语法如下所示。

```
SELECT [DISTINCT] * | 列 [ 别名 ] , 列 [ 别名 ] , …
FROM 表 1 [ 别名 ] CROSS JOIN 表 2 [ 别名 ] ;
```

【范例 6-8】实现交叉连接。

```
SELECT * FROM emp CROSS JOIN dept ;
```

上面代码等同于前面所介绍的查询语句。

```
SELECT * FROM emp,dept ;
```

⑵ 自然连接：利用关联字段，自己进行笛卡儿积的消除（只要字段名称相同即可，系统会自动匹配）。具体语法如下所示。

```
SELECT [DISTINCT] * | 列 [ 别名 ] , 列 [ 别名 ] , …
FROM 表 1 [ 别名 ] NATURAL JOIN 表 2 [ 别名 ] ;
```

【范例 6-9】实现自然连接（实际上就是内连接）。

```
SELECT * FROM emp NATURAL JOIN dept ;
```

上面代码等同于前面所介绍的查询语句。

```
SELECT * FROM emp, dept  WHERE emp.deptno=dept.deptno ;
```

⑶ 使用自然连接时要求两张表的字段名称相同，但是如果不相同或者两张表中有两组字段是重名的呢？这时就要利用 ON 子句指定关联条件，利用 USING 子句设置关联字段。

【范例 6-10】利用 USING 子句设置关联字段实现自然连接。

输入语句如下。

```
SELECT * FROM emp JOIN dept USING(deptno);
```

【范例 6-11】利用 ON 子句设置关联条件。

输入语句如下。

```
SELECT * FROM emp e JOIN dept d ON(e.deptno=d.deptno);
```

同样，上面代码效果等同于前面所介绍的查询语句。

```
SELECT * FROM emp, dept  WHERE emp.deptno=dept.deptno ;
```

不过显示结果的时候，deptno 字段只显示一次，而前面介绍的方法会显示两次。

⑷ 外连接。具体语法如下所示。

```
SELECT [DISTINCT] * | 列 [ 别名 ] , 列 [ 别名 ] , …
FROM 表 1 [ 别名 ] LEFT | RIGHT | FULL OUTER JOIN 表 2 ;
```

【范例 6-12】观察左外连接。

```
SELECT * FROM emp e LEFT OUTER JOIN dept d ON (e.deptno=d.deptno);
```

上面代码等同于前面所介绍的查询语句。

```
SELECT * FROM emp e,dept d WHERE e.deptno=d.deptno(+) ;
```

【范例 6-13】观察右外连接。

```
SELECT * FROM emp e RIGHT OUTER JOIN dept d ON (e.deptno=d.deptno);
```

上面代码等同于前面所介绍的查询语句。

```
SELECT * FROM emp e,dept d WHERE e.deptno(+)=d.deptno ;
```

【范例 6-14】观察全外连接。

输入语句如下。

```
SELECT * FROM emp e FULL OUTER JOIN dept d ON (e.deptno=d.deptno);
```

显示结果如图 6-14 所示，此时把没有员工的部门和没有部门的员工的信息都显示出来了。

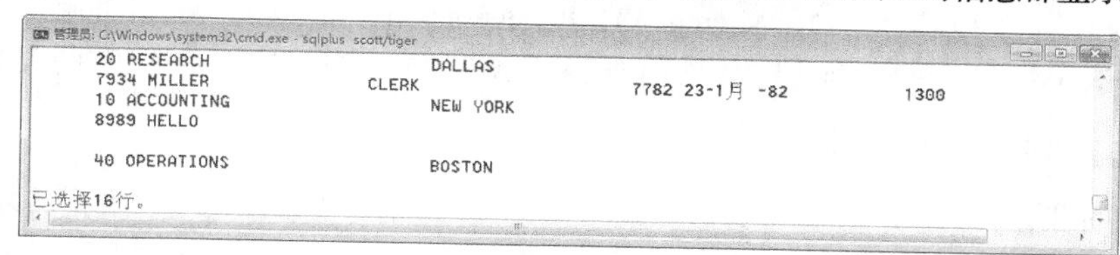


图 6-14

# 6.4 数据集合操作

常用的数学集合有如下操作：交集、并集、差集、补集。

每一次查询实际上都会返回数据集合，所以返回的结果可以使用 UNION、UNION ALL、MINUS、INTSECT 实现集合操作，此时的语法为如下形式，即把若干个查询操作结果融合实现集合操作。

```
SELECT [DISTINCT] * | 列 [ 别名 ] , 列 [ 别名 ] …
FROM 表名称 [ 别名 ], 表名称 [ 别名 ],…
[WHERE 限定条件 (s)]
[ORDER BY  排序字段 [ASC | DESC], 排序字段 [ASC | DESC],…]
    UNION | UNION ALL | INTERSECT | MINUS
SELECT [DISTINCT] * | 列 [ 别名 ] , 列 [ 别名 ] …
FROM 表名称 [ 别名 ], 表名称 [ 别名 ],…
[WHERE 限定条件 (s)]
[ORDER BY  排序字段 [ASC | DESC], 排序字段 [ASC | DESC],…] ;
```

下面通过范例来看看如何使用以及实现的效果。

【范例 6-15】验证 UNION。

输入语句如下。

```
SELECT * FROM emp
    UNION
SELECT * FROM emp WHERE deptno=10 ;
```

查询结果如图 6-15 所示。

```
管理员: C:\Windows\system32\cmd.exe - sqlplus  scott/tiger
SQL> SELECT * FROM emp
  2      UNION
  3  SELECT * FROM emp WHERE deptno=10 ;

     EMPNO ENAME                JOB                     MGR HIREDATE              SAL       COMM     DEPTNO
---------- -------------------- ------------------ ---------- -------------- ---------- ---------- ----------
      7369 SMITH                CLERK                  7902 17-12月-80            800                    20
      7499 ALLEN                SALESMAN               7698 20-2月 -81           1600        300         30
      7521 WARD                 SALESMAN               7698 22-2月 -81           1250        500         30
      7566 JONES                MANAGER                7839 02-4月 -81           2975                    20
      7654 MARTIN               SALESMAN               7698 28-9月 -81           1250       1400         30
      7698 BLAKE                MANAGER                7839 01-5月 -81           2850                    30
      7782 CLARK                MANAGER                7839 09-6月 -81           2450                    10
      7788 SCOTT                ANALYST                7566 19-4月 -87           3000                    20
      7839 KING                 PRESIDENT                   17-11月-81           5000                    10
      7844 TURNER               SALESMAN               7698 08-9月 -81           1500          0         30
      7876 ADAMS                CLERK                  7788 23-5月 -87           1100                    20
      7900 JAMES                CLERK                  7698 03-12月-81            950                    30
      7902 FORD                 ANALYST                7566 03-12月-81           3000                    20
      7934 MILLER               CLERK                  7782 23-1月 -82           1300                    10

已选择14行。
```

图 6–15

此时的查询结果已经连接在一起了，但是 UNION 的处理过程是取消重复元素。因为在这个查询中，查询语句“SELECT * FROM emp WHERE deptno=10 ”的查询结果全部包含在查询语句“SELECT * FROM emp”的查询结果中，所以还是显示“SELECT * FROM emp”的查询结果。

【范例 6–16】UNION ALL 操作。

输入语句如下。

```
SELECT * FROM emp
    UNION ALL
SELECT * FROM emp WHERE deptno=10 ;
```

查询结果如图 6–16 所示。

```
管理员: C:\Windows\system32\cmd.exe - sqlplus  scott/tiger
SQL> SELECT * FROM emp
  2      UNION ALL
  3  SELECT * FROM emp WHERE deptno=10 ;

     EMPNO ENAME                JOB                     MGR HIREDATE              SAL       COMM     DEPTNO
---------- -------------------- ------------------ ---------- -------------- ---------- ---------- ----------
      7369 SMITH                CLERK                  7902 17-12月-80            800                    20
      7499 ALLEN                SALESMAN               7698 20-2月 -81           1600        300         30
      7521 WARD                 SALESMAN               7698 22-2月 -81           1250        500         30
      7566 JONES                MANAGER                7839 02-4月 -81           2975                    20
      7654 MARTIN               SALESMAN               7698 28-9月 -81           1250       1400         30
      7698 BLAKE                MANAGER                7839 01-5月 -81           2850                    30
      7782 CLARK                MANAGER                7839 09-6月 -81           2450                    10
      7788 SCOTT                ANALYST                7566 19-4月 -87           3000                    20
      7839 KING                 PRESIDENT                   17-11月-81           5000                    10
      7844 TURNER               SALESMAN               7698 08-9月 -81           1500          0         30
      7876 ADAMS                CLERK                  7788 23-5月 -87           1100                    20
      7900 JAMES                CLERK                  7698 03-12月-81            950                    30
      7902 FORD                 ANALYST                7566 03-12月-81           3000                    20
      7934 MILLER               CLERK                  7782 23-1月 -82           1300                    10
      7782 CLARK                MANAGER                7839 09-6月 -81           2450                    10
      7839 KING                 PRESIDENT                   17-11月-81           5000                    10
      7934 MILLER               CLERK                  7782 23-1月 -82           1300                    10

已选择17行。
```

图 6–16

可以发现，这个查询语句的运行结果和上面范例的运行结果不一样，这个运行结果将两个查询结果合并到一起，而 Union 的运行结果会把重复的结果取消。

【范例 6–17】验证 INTERSECT 操作（交集）。

输入语句如下。

```
SELECT * FROM emp
    INTERSECT
SELECT * FROM emp WHERE deptno=10 ;
```

查询结果如图 6–17 所示。

```
SQL> SELECT * FROM emp
  2    INTERSECT
  3  SELECT * FROM emp WHERE deptno=10 ;

     EMPNO ENAME                JOB                     MGR HIREDATE          SAL       COMM     DEPTNO
---------- -------------------- ------------------ ---------- ---------- ---------- ---------- ----------
      7782 CLARK                MANAGER                7839 09-6月 -81        2450                    10
      7839 KING                 PRESIDENT                   17-11月-81        5000                    10
      7934 MILLER               CLERK                  7782 23-1月 -82        1300                    10
```

图 6–17

可以看出，运行结果是两个查询共有的结果，也就是两个集合的交集。

**【范例 6–18】返回差集。**

输入语句如下。

```
SELECT * FROM emp
    MINUS
SELECT * FROM emp WHERE deptno=10 ;
```

查询结果如图 6–18 所示。

```
SQL> SELECT * FROM emp
  2    MINUS
  3  SELECT * FROM emp WHERE deptno=10 ;

     EMPNO ENAME                JOB                     MGR HIREDATE          SAL       COMM     DEPTNO
---------- -------------------- ------------------ ---------- ---------- ---------- ---------- ----------
      7369 SMITH                CLERK                  7902 17-12月-80         800                    20
      7499 ALLEN                SALESMAN               7698 20-2月 -81        1600        300         30
      7521 WARD                 SALESMAN               7698 22-2月 -81        1250        500         30
      7566 JONES                MANAGER                7839 02-4月 -81        2975                    20
      7654 MARTIN               SALESMAN               7698 28-9月 -81        1250       1400         30
      7698 BLAKE                MANAGER                7839 01-5月 -81        2850                    30
      7788 SCOTT                ANALYST                7566 19-4月 -87        3000                    20
      7844 TURNER               SALESMAN               7698 08-9月 -81        1500          0         30
      7876 ADAMS                CLERK                  7788 23-5月 -87        1100                    20
      7900 JAMES                CLERK                  7698 03-12月-81         950                    30
      7902 FORD                 ANALYST                7566 03-12月-81        3000                    20

已选择11行。
```

图 6–18

可以看出，这次的查询结果返回的是查询语句“SELECT * FROM emp”有而查询语句“SELECT * FROM emp WHERE deptno=10”没有的结果，即二者之间的差集。

在使用集合操作时有一件非常重要的注意事项：由于集合的操作最终需要将若干个查询结果合并为一个查询，所以要求这若干个查询结果所返回的数据结构必须相同。

**【范例 6–19】错误的操作。**

输入语句如下。

```
SELECT ename,job FROM emp WHERE deptno=10
    INTERSECT
SELECT empno,sal FROM emp ;
```

查询结果如图 6–19 所示。

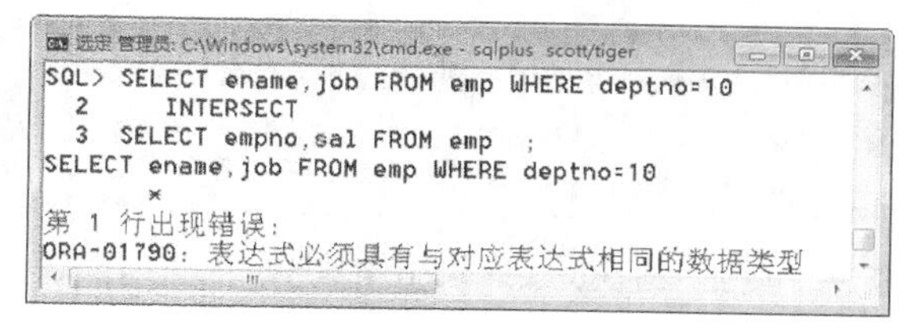

```
SQL> SELECT ename,job FROM emp WHERE deptno=10
  2    INTERSECT
  3  SELECT empno,sal FROM emp  ;
SELECT ename,job FROM emp WHERE deptno=10
       *
第 1 行出现错误:
ORA-01790: 表达式必须具有与对应表达式相同的数据类型
```

图 6–19

这个错误的出现是因为两个查询结果所返回的数据结构不相同。

## 6.5　综合范例——员工多表关联信息查询

前面介绍了多表查询，实际上就是在 FROM 子句之后增加新的数据表，每增加一张数据表都要消除笛卡儿积（没有关联字段的表不能够进行多表查询）。需要注意：不管怎么优化，笛卡儿积永远存在，数据量都会很大。本节将通过 3 个具体的范例来说明多表查询在实际开发中到底该如何分析，以加深读者对多表查询的理解。

**【范例 6-20】查询每个员工的编号、姓名、职位、基本工资、部门名称、部门位置。**

◎ 确定要使用的数据表。

emp 表：员工的编号、姓名、职位、基本工资。

dept 表：部门名称、部门位置。

◎ 确定已知的关联字段。

员工与部门：emp.deptno=dept.deptno。

第一步：查询出每个员工的编号、姓名、职位、基本工资。现在只需要使用 emp 一张数据表即可。

输入语句如下。

```
SELECT e.empno,e.ename,e.job,e.sal
FROM emp e;
```

显示结果如图 6-20 所示。此时数据表 emp 别名命名为 e，并显示出该表每个员工的编号、姓名、职位和基本工资。

```
管理员: C:\Windows\system32\cmd.exe - sqlplus scott/tiger
SQL> SELECT e.empno,e.ename,e.job,e.sal
  2  FROM emp e;

     EMPNO ENAME                JOB                       SAL
---------- -------------------- ------------------ ----------
      7369 SMITH                CLERK                     800
      7499 ALLEN                SALESMAN                 1600
      7521 WARD                 SALESMAN                 1250
      7566 JONES                MANAGER                  2975
      7654 MARTIN               SALESMAN                 1250
      7698 BLAKE                MANAGER                  2850
      7782 CLARK                MANAGER                  2450
      7788 SCOTT                ANALYST                  3000
      7839 KING                 PRESIDENT                5000
      7844 TURNER               SALESMAN                 1500
```

图 6-20

第二步：查询出每个员工对应的部门信息，需要引入 dept 表（引入表的时候一定要考虑关联）。这两张表直接可以利用 deptno 字段关联，利用 WHERE 子句来消除笛卡儿积。

输入语句如下。

```
SELECT e.empno,e.ename,e.job,e.sal,d.dname,d.loc
FROM emp e,dept d
WHERE e.deptno=d.deptno ;
```

显示结果如图 6-21 所示。两张表通过“e.deptno=d.deptno”进行关联，显示的数据字段增加了数据表 dept 中的 dname 和 loc 字段。

```
管理员: C:\Windows\system32\cmd.exe - sqlplus scott/tiger
SQL> SELECT e.empno,e.ename,e.job,e.sal,d.dname,d.loc
  2  FROM emp e,dept d
  3  WHERE e.deptno=d.deptno ;

     EMPNO ENAME                JOB                      SAL DNAME                          LOC
---------- -------------------- ------------------ ---------- ------------------------------ --------------------
-------
      7369 SMITH                CLERK                    800 RESEARCH                       DALLAS
      7499 ALLEN                SALESMAN                1600 SALES                          CHICAGO
      7521 WARD                 SALESMAN                1250 SALES                          CHICAGO
      7566 JONES                MANAGER                 2975 RESEARCH                       DALLAS
      7654 MARTIN               SALESMAN                1250 SALES                          CHICAGO
      7698 BLAKE                MANAGER                 2850 SALES                          CHICAGO
      7782 CLARK                MANAGER                 2450 ACCOUNTING                     NEW YORK
      7788 SCOTT                ANALYST                 3000 RESEARCH                       DALLAS
      7839 KING                 PRESIDENT               5000 ACCOUNTING                     NEW YORK
```

图 6–21

以上的操作属于对之前基本概念的加强，并且给出了明确的关联字段。很多查询是不会明确给出关联字段的。

**【范例 6–21】查询每个员工的编号、姓名、职位、基本工资、工资等级。**

本查询所使用的数据表 salgrade，如图 6–22 所示。

```
管理员: C:\Windows\system32\cmd.exe - ...
SQL> SELECT * FROM salgrade ;

     GRADE      LOSAL      HISAL
---------- ---------- ----------
         1        700       1200
         2       1201       1400
         3       1401       2000
         4       2001       3000
         5       3001       9999
```

图 6–22

◎ 确定要使用的数据表。

emp 表：员工的编号、姓名、职位、基本工资。

salgrade 表：工资等级。

◎ 确定已知的关联字段。

在这个范例中，尽管 emp 表中没有确定的字段与 salgrade 表中的字段一样，但仍然可以通过其他关系进行关联。通过 salgrade 表中的两个字段形成范围进行管理，即员工表的 sal 字段的值落在 salgrade 表中的两个字段形成范围中，这时关联关系可以写成 emp.sal BETWEEN salgrade.losal AND salgrade.hisal。

第一步：查询出每个员工的编号、姓名、职位、基本工资。现在只需要使用 emp 一张数据表即可。输入语句如下。

```
SELECT e.empno,e.ename,e.job,e.sal
FROM emp e;
```

显示结果如图 6–23 所示。

```
管理员: C:\Windows\system32\cmd.exe - sqlplus scott/tiger
SQL> SELECT e.empno,e.ename,e.job,e.sal
  2  FROM emp e;

     EMPNO ENAME                JOB                       SAL
---------- -------------------- ------------------ ----------
      7369 SMITH                CLERK                     800
      7499 ALLEN                SALESMAN                 1600
      7521 WARD                 SALESMAN                 1250
      7566 JONES                MANAGER                  2975
```

图 6–23

第二步：增加 salgrade 表，增加了数据表之后就需要引入 WHERE 子句消除笛卡儿积。

输入语句如下。

```
SELECT e.empno,e.ename,e.job,e.sal,s.grade
FROM emp e, salgrade s
WHERE e.sal BETWEEN s.losal AND s.hisal ;
```

显示结果如图 6-24 所示。两张表通过“emp.sal BETWEEN salgrade.losal AND salgrade.hisal”相关联。

```
SQL> SELECT e.empno,e.ename,e.job,e.sal,s.grade
  2  FROM emp e,salgrade s
  3  WHERE e.sal BETWEEN s.losal AND s.hisal ;

     EMPNO ENAME                JOB                       SAL      GRADE
---------- -------------------- ------------------ ---------- ----------
      7369 SMITH                CLERK                     800          1
      7900 JAMES                CLERK                     950          1
      7876 ADAMS                CLERK                    1100          1
```

图 6-24

**【范例 6-22】查询每个员工的编号、姓名、职位、基本工资、部门名称、工资等级。**

◎ 确定所需要的数据表。

emp 表：编号、姓名、职位、基本工资。

dept 表：部门名称。

salgrade 表：工资等级。

◎ 确定已知的关联字段。

员工与部门：emp.deptno=dept.deptno。

员工与工资等级：emp.sal BETWEEN salgrade.losal AND salgrade.hisal。

第一步：查询出每个员工的编号、姓名、职位、基本工资。

输入语句如下。

```
SELECT e.empno,e.ename,e.job,e.sal
FROM emp e ;
```

显示结果如图 6-25 所示。

```
SQL> SELECT e.empno,e.ename,e.job,e.sal
  2  FROM emp e ;

     EMPNO ENAME                JOB                       SAL
---------- -------------------- ------------------ ----------
      7369 SMITH                CLERK                     800
      7499 ALLEN                SALESMAN                 1600
      7521 WARD                 SALESMAN                 1250
      7566 JONES                MANAGER                  2975
```

图 6-25

第二步：加入部门名称，增加一张表就增加一个条件消除笛卡儿积。

输入语句如下。

```
SELECT e.empno,e.ename,e.job,e.sal,d.dname
FROM emp e ,dept d
WHERE e.deptno=d.deptno ;
```

显示结果如图 6-26 所示。此时增加了条件“e.deptno=d.deptno”。

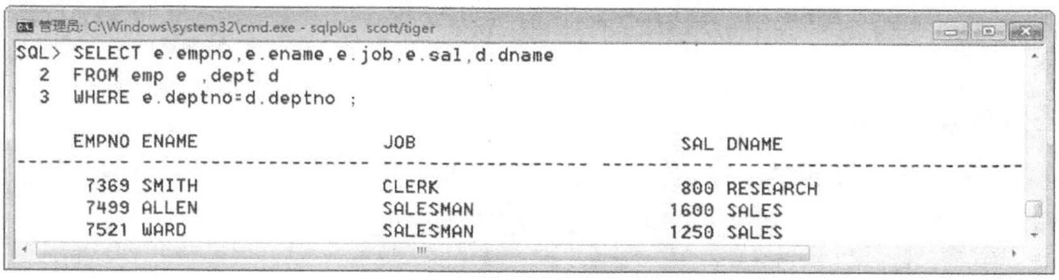

```
SQL> SELECT e.empno,e.ename,e.job,e.sal,d.dname
  2  FROM emp e ,dept d
  3  WHERE e.deptno=d.deptno ;

     EMPNO ENAME                JOB                       SAL DNAME
---------- -------------------- ------------------ ---------- --------------------------
      7369 SMITH                CLERK                     800 RESEARCH
      7499 ALLEN                SALESMAN                 1600 SALES
      7521 WARD                 SALESMAN                 1250 SALES
```

图 6-26

第三步：加入工资等级信息，应该同时满足原始的消除笛卡儿积条件，所以使用 AND 连接。输入语句如下。

```
SELECT e.empno,e.ename,e.job,e.sal,d.dname,s.grade
FROM emp e ,dept d,salgrade s
WHERE e.deptno=d.deptno AND e.sal BETWEEN s.losal AND s.hisal;
```

显示结果如图 6-27 所示，现在又增加了条件“e.sal BETWEEN s.losal AND s.hisal”。

```
SQL> SELECT e.empno,e.ename,e.job,e.sal,d.dname,s.grade
  2  FROM emp e ,dept d,salgrade s
  3  WHERE e.deptno=d.deptno AND e.sal BETWEEN s.losal AND s.hisal;

     EMPNO ENAME                JOB                       SAL DNAME                           GRADE
---------- -------------------- ------------------ ---------- ---------------------------- ----------
      7369 SMITH                CLERK                     800 RESEARCH                            1
      7900 JAMES                CLERK                     950 SALES                               1
      7876 ADAMS                CLERK                    1100 RESEARCH                            1
```

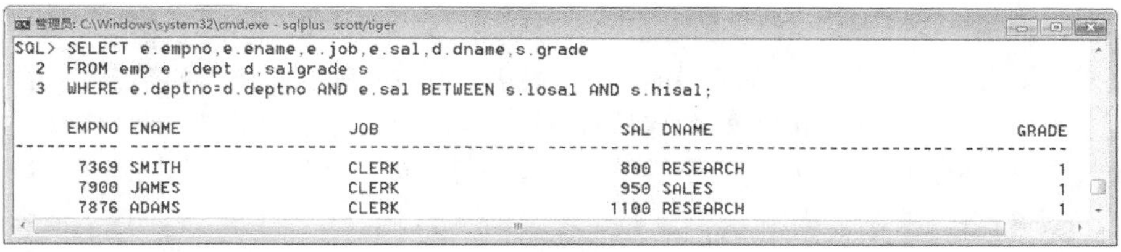

图 6-27

# 6.6 本章小结

本章主要介绍基于多个表的数据查询，数据来源于多个表。表与表之间主要依靠的连接模式有内连接和外连接，而外连接包含左外连接、右外连接、全外连接三种，使用的时候，如果处理不当，查询结果将非常庞大，要尽量加以避免。此外，还可以使用交集、并集、差集、补集计算多个表查询的结果。本章学习过程中，表与表之间的查询条件要反复推敲，当表数据很多的时候，可以先取表的子集进行测试，当结果无误再使用全部数据集。

# 6.7 疑难解答

**问：多表查询的时候如何避免笛卡儿积现象？**

**答：**要想消除笛卡儿积，必须通过关联字段，所谓关联字段，就是两个表中都具有的字段，然后利用关联字段消除笛卡儿积。

---

**问：多个表中如果存在相同字段名称，查询的时候如何知道字段是属于哪个表？**

**答：**在进行多表查询的时候往往都会为每个表起一个别名，然后通过别名.字段的方式进行查询。

这样就可以在查询的时候，知道用的是哪个表中的字段了。

**问：左右连接如何表示？**

**答：**左连接——左边的表是主表，右连接——右边的表是主表。如果（+）在右边，是左连接（左边的表是主表）；如果（+）在左边，是右连接（右边的表是主表）。

**问：UNION 与 UNION ALL 的区别？**

**答：**UNION 会自动去除多个结果集合中的重复结果，而 UNION ALL 则将所有的结果全部显示出来，不管是不是重复的。UNION 会对结果集进行默认规则的排序，而 UNION ALL 则不会进行排序。所以很明显效率方面 UNION ALL 要高于 UNION，因为它没有排序和去重的工作。

# 6.8 实战练习

(1) 要求查询出工资大于 3 000 的雇员的编号、姓名、职位、基本工资、部门名称、部门位置。

(2) 要求查询出部门代码是 10 或 20 的雇员的编号、姓名、职位、基本工资、部门名称、部门位置。

(3) 查询出每个员工的上级领导（查询内容：员工编号、员工姓名、员工部门编号、员工工资、领导编号、领导姓名、领导工资）。

(4) 在习题 3 的基础上查询员工所对应的部门。

(5) 查询出每个员工编号、姓名、部门名称、工资等级和他的上级领导的姓名、工资等级。

(6) 查询员工编号、员工姓名、职位、部门编号、部门名称、要求显示没有部门的员工信息，同时显示没有员工的部门。

(7) 查询 SMITH 所在的部门名称。

(8) 查询员工姓名和员工部门所处的位置。

# 第 7 章

# 分组统计查询

**本章导读**

上一章介绍了多表查询，实际上就是在 FROM 子句之后增加新的数据表，增加数据表时要消除笛卡儿积（没有关联字段的表不能够进行多表查询）。在实际使用过程中，多表连接的时候重点关注的是内连接（使用等值关联）、外连接；不过不管如何优化，笛卡儿积永恒存在，数据量永远都会很大。

本章将继续介绍在使用过程中用处非常大的统计函数，以及分组统计查询的实现和对分组的数据实现过滤。

**本章课时：理论 2 学时 + 实践 1 学时**

## 学习目标

- 统计函数（分组函数）
- 分组统计
- 多表查询与分组统计
- HAVING 子句

# 7.1　统计函数（分组函数）

之前介绍过 COUNT() 函数，这个函数的主要作用是统计一张数据表中数据的数量。与它功能类似的常用函数一共有 4 个。

◎ 求和：SUM()，是针对数字的统计。

◎ 平均值：AVG()，是针对数字的统计。

◎ 最小值：MIN()，各种数据类型都支持。

◎ 最大值：MAX()，各种数据类型都支持。

**【范例 7-1】验证各个函数。**

输入语句如下。

```
SELECT COUNT(*) 人数 ,AVG(sal) 员工平均工资 ,SUM(sal) 每月总支出 ,
    MAX(sal) 最高工资 ,MIN(sal) 最低工资
FROM emp ;
```

查询结果如图 7-1 所示。这个查询语句分别使用不同的统计函数给出了数据表 emp 中记录个数、员工平均工资、每月总支出、最高工资和最低工资。

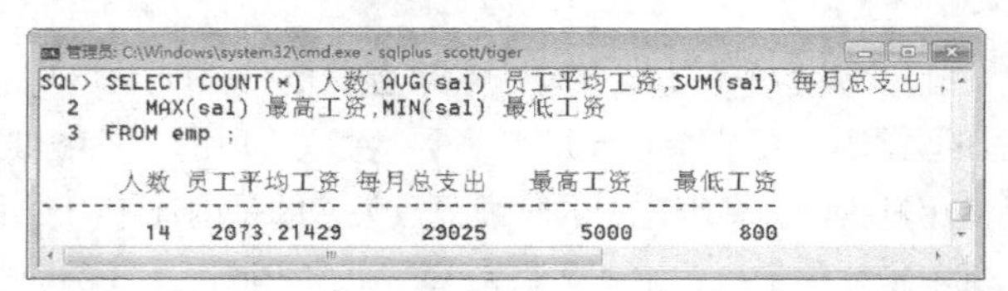


图 7-1

这些统计函数是允许和其他函数嵌套的。

**【范例 7-2】计算出公司员工的平均雇佣年限。**

输入语句如下。

```
SELECT AVG(MONTHS_BETWEEN(SYSDATE,hiredate)/12) FROM emp ;
```

查询结果如图 7-2 所示。这个查询中先使用 MONTHS_BETWEEN() 函数计算出每位员工的雇佣年限，再使用 AVG() 函数计算出平均值。

图 7-2

**【范例 7-3】求出最早和最晚的雇佣日期（找到公司最早雇佣的员工和最近雇佣的员工的雇佣日期）。**

输入语句如下。

```
SELECT MAX(hiredate) 最晚 ,MIN(hiredate) 最早 FROM emp ;
```

查询结果如图 7-3 所示，分别使用 MAX() 和 MIN() 函数计算出公司员工中最早和最晚的雇佣日期。

图 7-3

以上几个函数，在表中没有数据的时候，只有 COUNT() 函数会返回结果，其他都是 null。

**【范例 7-4】统计 bonus 表。**

输入语句如下。

```
SELECT COUNT(*) 人数 ,AVG(sal) 员工平均工资 ,SUM(sal) 每月总支出 ,
    MAX(sal) 最高工资 ,MIN(sal) 最低工资
FROM bonus ;
```

查询结果如图 7-4 所示。

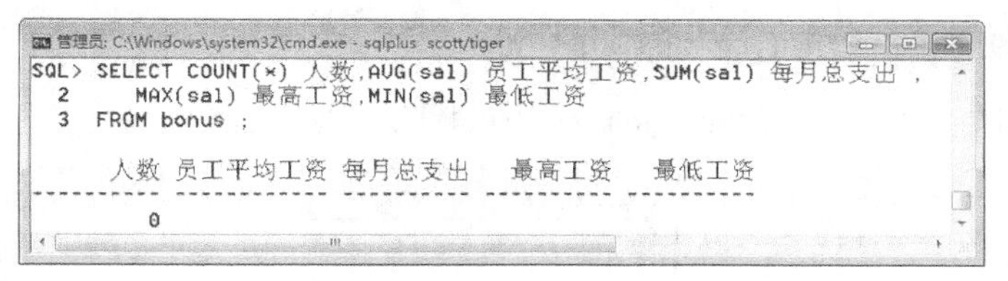


图 7-4

可以清楚地发现，此时只有 COUNT() 函数会返回最终的结果。即使没有数据也会返回 0，而其他统计函数返回的结果都是 null。

注意：（面试题）请解释 COUNT（*）、COUNT（字段）、COUNT（DISTINCT 字段）的区别？

实际上，COUNT() 函数有以下 3 种使用形式。

◎ COUNT（*）：可以准确地返回表中的全部记录数。

◎ COUNT（字段）：统计不为 null 的所有数据量。

◎ COUNT（DISTINCT 字段）：消除重复数据之后的结果。

下面看一些使用 count() 函数的范例，看看结果有何不同。首先看一下数据表 emp 的内容，共有 14 条记录、8 个字段，如图 7-5 所示。

SQL> SELECT * FROM emp ;

| EMPNO | ENAME | JOB | MGR | HIREDATE | SAL | COMM | DEPTNO |
|---|---|---|---|---|---|---|---|
| 7369 | SMITH | CLERK | 7902 | 17-12月-80 | 800 | | 20 |
| 7499 | ALLEN | SALESMAN | 7698 | 20-2月 -81 | 1600 | 300 | 30 |
| 7521 | WARD | SALESMAN | 7698 | 22-2月 -81 | 1250 | 500 | 30 |
| 7566 | JONES | MANAGER | 7839 | 02-4月 -81 | 2975 | | 20 |
| 7654 | MARTIN | SALESMAN | 7698 | 28-9月 -81 | 1250 | 1400 | 30 |
| 7698 | BLAKE | MANAGER | 7839 | 01-5月 -81 | 2850 | | 30 |
| 7782 | CLARK | MANAGER | 7839 | 09-6月 -81 | 2450 | | 10 |
| 7788 | SCOTT | ANALYST | 7566 | 19-4月 -87 | 3000 | | 20 |
| 7839 | KING | PRESIDENT | | 17-11月-81 | 5000 | | 10 |
| 7844 | TURNER | SALESMAN | 7698 | 08-9月 -81 | 1500 | 0 | 30 |
| 7876 | ADAMS | CLERK | 7788 | 23-5月 -87 | 1100 | | 20 |
| 7900 | JAMES | CLERK | 7698 | 03-12月-81 | 950 | | 30 |
| 7902 | FORD | ANALYST | 7566 | 03-12月-81 | 3000 | | 20 |
| 7934 | MILLER | CLERK | 7782 | 23-1月 -82 | 1300 | | 10 |

已选择14行。

图 7-5

【范例 7-5】统计查询一。

输入语句如下。

```
SELECT COUNT(*),COUNT(empno),COUNT(comm) FROM emp ;
```

查询结果如图 7-6 所示，可以看出 COUNT（字段）是统计不为 null 的所有数据量。例如，COUNT(empno) 每个记录都有数据，而 COUNT（comm）只有 4 个记录有数据。

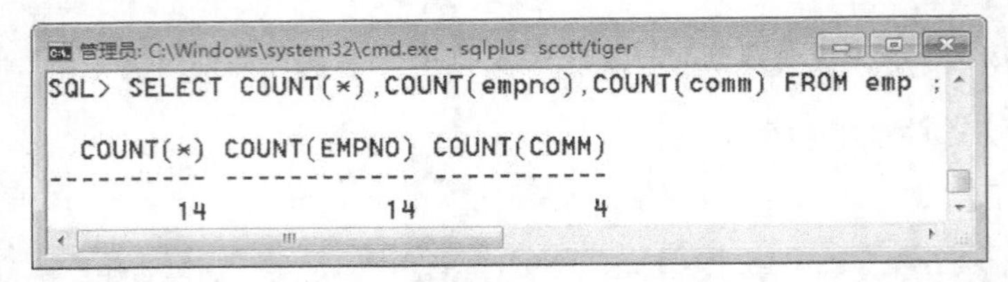


图 7-6

【范例 7-6】统计查询二。

输入语句如下。

```
SELECT COUNT(DISTINCT job) FROM emp ;
```

查询结果如图 7-7 所示，显示的是 job 字段消除重复数据之后的结果。

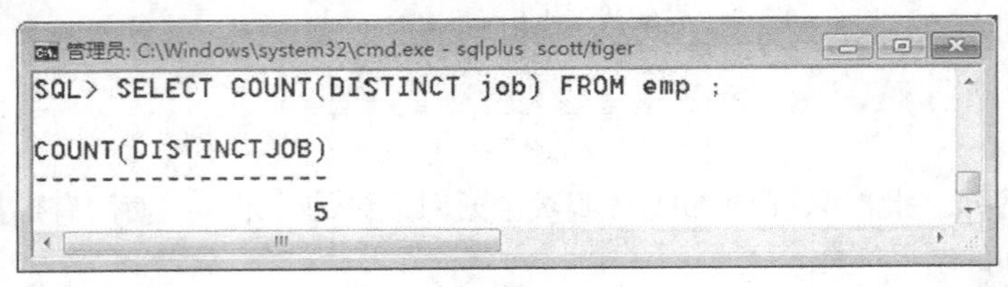


图 7-7

# 7.2 分组统计

下面介绍分组统计。什么是分组统计？什么情况下可以分组？来看下面的例子。

例如，部门之间进行拔河比赛，那么分组的依据就是部门，因为每个员工都有相同的部门编号。

例如，上厕所，男女各一边，实际上这也是一个分组。

那么也就证明了一点：分组的前提是存在重复。

如果要进行分组则应该使用 GROUP BY 子句完成，此时的 SQL 语法结构变为如下形式。

```
SELECT [DISTINCT] * | 分组列 [ 别名 ] , 分组列 [ 别名 ] …
FROM 表名称 [ 别名 ], 表名称 [ 别名 ],…
 [WHERE 限定条件 (s)]
 [GROUP BY 分组字段 , 分组字段 , 分组字段 ,…]
 [ORDER BY  排序字段 [ASC | DESC], 排序字段 [ASC | DESC],…]
```

这个语法格式是在前面语法格式基础上又增加了一行条件，即 group by 子句，主要实现对筛选的行分组。其他行的作用和以前的完全一样。下面通过范例介绍如何使用。

**【范例 7-7】根据部门编号分组，查询每个部门的编号、人数、平均工资。**

输入语句如下。

```
SELECT deptno,COUNT(*),AVG(sal)
FROM emp
GROUP BY deptno ;
```

查询结果如图 7-8 所示，按照部门统计各部门的人数和平均工资。

```
管理员: C:\Windows\system32\cmd.exe - sqlplus scott/tiger
SQL> SELECT deptno,COUNT(*),AVG(sal)
  2  FROM emp
  3  GROUP BY deptno ;

    DEPTNO   COUNT(*)   AVG(SAL)
---------- ---------- ----------
        30          6 1566.66667
        20          5       2175
        10          3 2916.66667
```

图 7-8

**【范例 7-8】根据职位分组，统计出每个职位的人数、最低工资与最高工资。**

输入语句如下。

```
SELECT job,COUNT(*),MIN(sal),MAX(sal)
FROM emp
GROUP BY job ;
```

查询结果如图 7-9 所示，按照职位统计各职位的人数以及最低工资与最高工资。

```
管理员: C:\Windows\system32\cmd.exe - sqlplus scott/tiger
SQL> SELECT job,COUNT(*),MIN(sal),MAX(sal)
  2  FROM emp
  3  GROUP BY job ;

JOB                  COUNT(*)   MIN(SAL)   MAX(SAL)
------------------ ---------- ---------- ----------
CLERK                       4        800       1300
SALESMAN                    4       1250       1600
PRESIDENT                   1       5000       5000
MANAGER                     3       2450       2975
ANALYST                     2       3000       3000
```

图 7-9

实际上，GROUP BY 子句之所以用着比较麻烦，是因为分组的时候有一些约束条件。

◎ 如果查询不使用 GROUP BY 子句，那么 SELECT 子句中只允许出现统计函数，其他任何字段不允许出现，如表 7-1 所示。

表 7-1　约束条件（一）

| 错误的代码 | 正确的代码 |
| --- | --- |
| SELECT empno,COUNT(*) FROM emp<br>*<br>第 1 行出现如下错误<br>ORA-00937：不是单组分组函数 | SELECT COUNT(*) FROM emp； |

◎ 如果查询中使用了 GROUP BY 子句，那么 SELECT 子句中只允许出现分组字段、统计函数，其他任何字段都不允许出现，如表 7-2 所示。

表 7-2　约束条件（二）

| 错误的代码 | 正确的代码 |
| --- | --- |
| SELECT ename,job,COUNT(*) FROM emp GROUP BY job<br>*<br>第 1 行出现如下错误<br>ORA-00979：不是 GROUP BY 表达式 | SELECT job,COUNT(*) FROM emp GROUP BY job； |

◎ 统计函数允许嵌套，但是嵌套之后的 SELECT 子句里面只允许出现嵌套函数，而不允许出现其他任何字段，包括分组字段，如表 7-3 所示。

表 7-3　约束条件（三）

| 错误的代码 | 正确的代码 |
| --- | --- |
| SELECT deptno,MAX(AVG(sal)) FROM emp GROUP BY deptno； | SELECT MAX(AVG(sal)) FROM emp GROUP BY deptno； |

# 7.3　多表查询与分组统计

GROUP BY 子句是在 WHERE 子句之后运行的，所以在使用时可以进行限定查询，也可以进行多表查询。

【范例 7-9】查询每个部门的名称、部门人数、平均工资。

◎ 确定要使用的数据表。

dept 表：部门名称。

emp 表：统计数据。

◎ 确定已知的关联字段。

员工与部门：emp.deptno=dept.deptno。

第一步：查询出每个部门的名称、员工编号、基本工资。

输入语句如下。

```
SELECT d.dname,e.empno,e.sal
FROM emp e,dept d
WHERE e.deptno=d.deptno ;
```

查询结果如图 7-10 所示，使用正常的多表查询语句给出了个部门的名称、员工编号、基本工资，连接条件是“e.deptno=d.deptno”。

```
管理员: C:\Windows\system32\cmd.exe - sqlplus scott/tiger
SQL> SELECT d.dname,e.empno,e.sal
  2  FROM emp e,dept d
  3  WHERE e.deptno=d.deptno ;

DNAME                              EMPNO        SAL
---------------------------- ---------- ----------
RESEARCH                            7369        800
SALES                               7499       1600
SALES                               7521       1250
RESEARCH                            7566       2975
SALES                               7654       1250
SALES                               7698       2850
ACCOUNTING                          7782       2450
RESEARCH                            7788       3000
ACCOUNTING                          7839       5000
SALES                               7844       1500
RESEARCH                            7876       1100
SALES                               7900        950
RESEARCH                            7902       3000
ACCOUNTING                          7934       1300

已选择14行。
```

图 7-10

第二步：此时的查询结果中，部门名称部分出现了重复的内容。按照分组来说，只要是出现了数据的重复，那么就可以进行分组，只不过此时的分组是针对临时表（查询结果）的。既然已经确定了 dname 上存在重复记录，那么就直接对 dname 分组即可。

输入语句如下。

```
SELECT d.dname,COUNT(e.empno),AVG(e.sal)
FROM emp e,dept d
WHERE e.deptno=d.deptno
GROUP BY d.dname;
```

查询结果如图 7-11 所示，可以发现有 3 个部门以及每个部门的人数和平均工资。

```
管理员: C:\Windows\system32\cmd.exe - sqlplus scott/tiger
SQL> SELECT d.dname,COUNT(e.empno),AVG(e.sal)
  2  FROM emp e,dept d
  3  WHERE e.deptno=d.deptno
  4  GROUP BY d.dname;

DNAME                        COUNT(E.EMPNO) AVG(E.SAL)
---------------------------- -------------- ----------
ACCOUNTING                                3 2916.66667
RESEARCH                                  5       2175
SALES                                     6 1566.66667
```

图 7-11

第三步：在 dept 表中实际上存在 4 个部门的信息，而此时的要求也是统计所有的部门名称，根据前面介绍的情况，如果发现数据不完整，立刻使用外连接。

输入语句如下。

```
SELECT d.dname,COUNT(e.empno),AVG(e.sal)
FROM emp e,dept d
WHERE e.deptno(+)=d.deptno
GROUP BY d.dname;
```

显示结果如图 7-12 所示，得到了想要的结果。

```
SQL> SELECT d.dname,COUNT(e.empno),AVG(e.sal)
  2  FROM emp e,dept d
  3  WHERE e.deptno(+)=d.deptno
  4  GROUP BY d.dname;

DNAME                        COUNT(E.EMPNO) AVG(E.SAL)
---------------------------- -------------- ----------
ACCOUNTING                                3 2916.66667
OPERATIONS                                0
RESEARCH                                  5       2175
SALES                                     6 1566.66667
```

图 7-12

**【范例 7-10】查询每个部门的编号、名称、位置、部门人数、平均工资。**

◎ 确定要使用的数据表。

dept 表：编号、名称、位置。

emp 表：统计信息。

◎ 确定已知的关联字段。

员工与部门：emp.deptno=dept.deptno。

第一步：查询出每个部门的编号、名称、位置、员工编号、工资。

输入语句如下。

```
SELECT d.deptno,d.dname,d.loc,e.empno,e.sal
FROM emp e,dept d
WHERE e.deptno(+)=d.deptno ;
```

查询结果如图 7-13 所示，给出了每个部门的编号、名称、位置、员工编号、工资，查询语句中使用了右外连接。

```
SQL> SELECT d.deptno,d.dname,d.loc,e.empno,e.sal
  2  FROM emp e,dept d
  3  WHERE e.deptno(+)=d.deptno ;

    DEPTNO DNAME                        LOC                          EMPNO        SAL
---------- ---------------------------- -------------------------- ---------- ----------
        20 RESEARCH                     DALLAS                        7369        800
        30 SALES                        CHICAGO                       7499       1600
        30 SALES                        CHICAGO                       7521       1250
        20 RESEARCH                     DALLAS                        7566       2975
        30 SALES                        CHICAGO                       7654       1250
        30 SALES                        CHICAGO                       7698       2850
        10 ACCOUNTING                   NEW YORK                      7782       2450
        20 RESEARCH                     DALLAS                        7788       3000
        10 ACCOUNTING                   NEW YORK                      7839       5000
        30 SALES                        CHICAGO                       7844       1500
        20 RESEARCH                     DALLAS                        7876       1100
        30 SALES                        CHICAGO                       7900        950
        20 RESEARCH                     DALLAS                        7902       3000
        10 ACCOUNTING                   NEW YORK                      7934       1300
        40 OPERATIONS                   BOSTON

已选择15行。
```

图 7-13

第二步：此时发现有 3 个列（dept 表）同时发生着重复，那么就可以进行多字段分组。

输入语句如下。

```
SELECT d.deptno,d.dname,d.loc,COUNT(e.empno),AVG(e.sal)
FROM emp e,dept d
WHERE e.deptno(+)=d.deptno
GROUP BY d.deptno,d.dname,d.loc ;
```

显示结果如图 7-14 所示，实现了预期要求。

```
SQL> SELECT d.deptno,d.dname,d.loc,COUNT(e.empno),AVG(e.sal)
  2  FROM emp e,dept d
  3  WHERE e.deptno(+)=d.deptno
  4  GROUP BY d.deptno,d.dname,d.loc ;

    DEPTNO DNAME                       LOC                          COUNT(E.EMPNO) AVG(E.SAL)
---------- --------------------------- ---------------------------- -------------- ----------
        20 RESEARCH                    DALLAS                                    5       2175
        40 OPERATIONS                  BOSTON                                    0
        10 ACCOUNTING                  NEW YORK                                  3 2916.66667
        30 SALES                       CHICAGO                                   6 1566.66667
```

图 7-14

# 7.4 HAVING 子句

现在要求查询出每个职位的名称、职位的平均工资，但是要求显示平均工资高于 2 000 的职位。

按照职位先进行分组，同时统计出每个职位的平均工资，随后要求只显示那些平均工资高于 2 000 的职位信息。既然现在要对显示的数据进行筛选，自然就会想到使用 WHERE 子句，于是就写了如下代码。

```
SELECT job,AVG(sal)
FROM emp
WHERE AVG(sal)>2000
GROUP BY job ;
```

```
WHERE AVG(sal)>2000
      *
第 3 行出现错误
ORA-00934: 此处不允许使用分组函数
```

此时直接提示，WHERE 子句上不允许出现统计函数（分组函数）。因为 GROUP BY 子句是在 WHERE 子句之后运行的，运行 WHERE 子句时还没有进行分组，自然就无法进行统计。在这样的情况下，就必须使用另外一个子句完成：HAVING 子句。而此时的 SQL 语法结构变为如下形式。

```
【确定要显示的数据列】SELECT [DISTINCT] * | 分组列 [ 别名 ] , 分组列 [ 别名 ] …
【确定数据来源（行与列的集合）】FROM 表名称 [ 别名 ], 表名称 [ 别名 ],…
【针对数据行进行筛选】[WHERE 限定条件 (s)]
【针对筛选的行分组】[GROUP BY 分组字段 , 分组字段 , 分组字段 ,…]
【针对筛选的行分组】[HAVING 分组过滤 ]
【对选定数据的行与列排序】[ORDER BY  排序字段 [ASC | DESC], 排序字段 [ASC | DESC],…]
```

该语法结构是在前面的语法基础上增加 HAVING 子句，实现筛选的行分组。

下面结合范例看一下这个子句的使用方法。

**【范例 7-11】使用 HAVING 子句。**

输入语句如下。

```
SELECT job,AVG(sal)
```

```
FROM emp
GROUP BY job
HAVING AVG(sal)>2000 ;
```

HAVING 是在 GROUP BY 分组之后才运行的，在 HAVING 里面可以直接使用统计函数。

WHERE 与 HAVING 的区别有如下两点。

◎ WHERE 子句是在 GROUP BY 分组之前进行筛选，选出那些可以参与分组的数据，并且 WHERE 子句之中不允许使用统计函数。

◎ HAVING 子句是在 GROUP BY 分组之后运行的，可以使用统计函数。

## 7.5 综合范例——不同部门员工工资信息统计

下面通过两个具体的范例来进行分组统计练习，以加深对分组统计的掌握。

**【范例 7-12】显示所有非销售人员的工作名称以及计算出从事同一工作的员工的月工资总和，并且筛选出从事同一工作的员工的月工资总和大于 5 000 的工作名称，显示的结果按照月工资总和进行升序排列。**

第一步：查询所有非销售人员的信息，使用 WHERE 子句进行限定查询。

输入语句如下。

```
SELECT *
FROM emp
WHERE job<>'SALESMAN' ;
```

显示结果如图 7-15 所示，给出了所有非销售人员的信息。

```
管理员: C:\Windows\system32\cmd.exe - sqlplus  scott/tiger
SQL> SELECT *
  2  FROM emp
  3  WHERE job<>'SALESMAN' ;

     EMPNO ENAME                JOB                       MGR HIREDATE              SAL       COMM     DEPTNO
---------- -------------------- ------------------ ---------- -------------- ---------- ---------- ----------
      7369 SMITH                CLERK                    7902 17-12月-80            800                    20
      7566 JONES                MANAGER                  7839 02-4月 -81           2975                    20
      7698 BLAKE                MANAGER                  7839 01-5月 -81           2850                    30
      7782 CLARK                MANAGER                  7839 09-6月 -81           2450                    10
      7788 SCOTT                ANALYST                  7566 19-4月 -87           3000                    20
      7839 KING                 PRESIDENT                     17-11月-81           5000                    10
      7876 ADAMS                CLERK                    7788 23-5月 -87           1100                    20
      7900 JAMES                CLERK                    7698 03-12月-81            950                    30
      7902 FORD                 ANALYST                  7566 03-12月-81           3000                    20
      7934 MILLER               CLERK                    7782 23-1月 -82           1300                    10

已选择10行。
```

图 7-15

第二步：按照职位进行分组，而后求出月工资的总支出。

输入语句如下。

```
SELECT job,SUM(sal)
FROM emp
WHERE job<>'SALESMAN'
GROUP BY job ;
```

显示结果如图 7-16 所示，使用 GROUP BY 子句对查询结果进行分组，并按照分组进行统计。

```
SQL> SELECT job,SUM(sal)
  2  FROM emp
  3  WHERE job<>'SALESMAN'
  4  GROUP BY job  ;

JOB                  SUM(SAL)
------------------ ----------
CLERK                    4150
PRESIDENT                5000
MANAGER                  8275
ANALYST                  6000
```

图 7-16

第三步：对分组后的数据进行再次的筛选，使用 HAVING 子句。

输入语句如下。

```
SELECT job,SUM(sal)
FROM emp
WHERE job<>'SALESMAN'
GROUP BY job
HAVING SUM(sal)>5000 ;
```

查询结果如图 7-17 所示，根据上一步的结果再使用 HAVING 子句筛选出月工资总和大于 5 000 的工作名称。

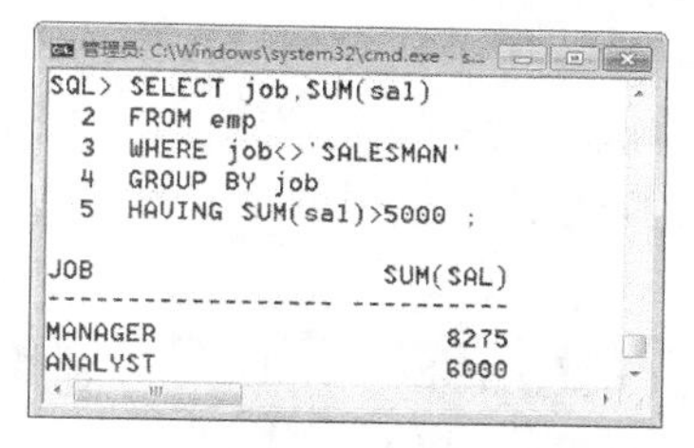

```
SQL> SELECT job,SUM(sal)
  2  FROM emp
  3  WHERE job<>'SALESMAN'
  4  GROUP BY job
  5  HAVING SUM(sal)>5000 ;

JOB                  SUM(SAL)
------------------ ----------
MANAGER                  8275
ANALYST                  6000
```

图 7-17

第四步：按照月工资的合计进行升序排列，使用 ORDER BY 子句。

输入语句如下。

```
SELECT job,SUM(sal) sum
FROM emp
WHERE job<>'SALESMAN'
GROUP BY job
HAVING SUM(sal)>5000
ORDER BY sum ;
```

查询结果如图 7-18 所示。

```
SQL> SELECT job,SUM(sal) sum
  2  FROM emp
  3  WHERE job<>'SALESMAN'
  4  GROUP BY job
  5  HAVING SUM(sal)>5000
  6  ORDER BY sum ;

JOB                       SUM
------------------ ----------
ANALYST                  6000
MANAGER                  8275
```

图 7-18

【范例 7-13】统计所有领取佣金和不领取佣金的人数、平均工资。

按照简单的思维模式，可以使用 comm 分组。

输入语句如下。

```
SELECT comm,COUNT(*),AVG(sal)
FROM emp
GROUP BY comm ;
```

显示结果如图 7-19 所示。

```
SQL> SELECT comm,COUNT(*),AVG(sal)
  2  FROM emp
  3  GROUP BY comm ;

      COMM   COUNT(*)   AVG(SAL)
---------- ---------- ----------
                   10     2342.5
      1400          1       1250
       500          1       1250
       300          1       1600
         0          1       1500
```

图 7-19

使用 GROUP BY 的时候会把每一个佣金（comm）的值当作一个分组，所以此时不可能直接使用 GROUP BY。

那么现在可以换一个思路，把问题拆分一下。

◎ 查询出所有领取佣金的员工的人数、平均工资。直接使用 WHERE 子句，不使用 GROUP BY。输入语句如下。

```
SELECT' 领取佣金 ' info, COUNT(*),AVG(sal)
FROM emp
WHERE comm IS NOT NULL ;
```

◎ 查询出所有不领取佣金的员工的人数、平均工资。直接使用 WHERE 子句，不使用 GROUP BY。输入语句如下。

```
SELECT ' 不领取佣金 ' info, COUNT(*),AVG(sal)
FROM emp
WHERE comm IS NULL ;
```

显示结果如图 7-20 所示。

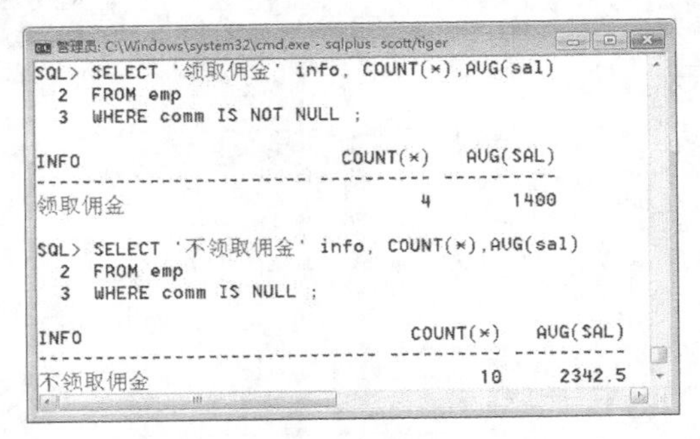


图 7-20

既然此时两个查询结果返回的结构完全相同，那么直接连接即可。

输入语句如下。

```
SELECT '领取佣金' info, COUNT(*),AVG(sal)
FROM emp
WHERE comm IS NOT NULL
    UNION
SELECT '不领取佣金' info, COUNT(*),AVG(sal)
FROM emp
WHERE comm IS NULL ;
```

显示结果如图 7-21 所示。

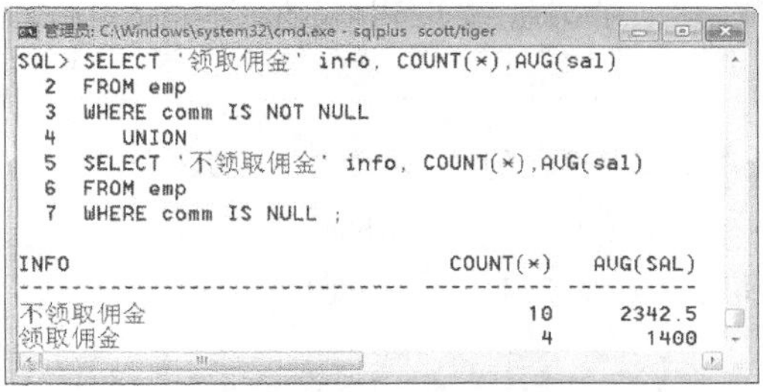

```
SQL> SELECT '领取佣金' info, COUNT(*),AVG(sal)
  2  FROM emp
  3  WHERE comm IS NOT NULL
  4      UNION
  5  SELECT '不领取佣金' info, COUNT(*),AVG(sal)
  6  FROM emp
  7  WHERE comm IS NULL ;

INFO                             COUNT(*)   AVG(SAL)
------------------------------ ---------- ----------
不领取佣金                              10     2342.5
领取佣金                                 4       1400
```

图 7-21

这个范例也说明，并不是什么时候都要使用分组统计函数，要根据具体要求灵活使用。

下面是使用分组统计查询的一些注意事项。

(1) Group by 子句经常和统计函数一起使用，在一起使用的时候，如果 select 语句中包含统计函数，则计算每组的汇总值。

(2) Having 子句对 Group by 子句选择出来的结果进行二次筛选，最后输出符合 Having 子句中条件的记录。

(3) Having 子句与 where 子句的语法类似，二者不同之处在于 Having 子句可以包含统计函数。

## 7.6　本章小结

本章主要介绍 Oracle 中的统计函数，以及如何使用这些函数进行分组统计查询和对数据实现过滤。其中统计函数包含求和、平均值、最大值、最小值和统计个数 5 种。在这些统计函数的基础上，详细介绍了如何使用 GROUP BY 子句计算分组统计查询，还介绍了如何使用 Having 子句过滤数据。并通过实际案例介绍了分组统计查询以及过滤数据使用过程中的注意事项。这些内容在统计计算中使用得非常广，读者需要多加练习。

## 7.7　疑难解答

问：WHERE 和 HAVING 的区别？

**答**：WHERE 是在执行 GROUP BY 操作之前进行的过滤，表示从全部数据之中筛选出部分的数据，在 WHERE 之中不能使用统计函数；HAVING 是在 GROUP BY 分组之后的再次过滤，可以在 HAVING 子句中使用统计函数。

---

**问：查询语句中间各个关键词的执行顺序是什么？**

**答**：查询语句中间各个关键词的执行顺序是先 FROM，再 WHERE，再 GRUOP BY，再 SELECT，最后 ORDER BY。

---

**问：GROUP BY 子句使用的时候有何限制？**

**答**：在使用 GROUP BY 子句分组的时候，SELECT 子句只允许出现分组字段和统计字段，其他字段不允许出现。例如 SELECT job,COUNT(empno),ename FROM emp GROUP BY job; 就是错误的语句。

---

**问：查询语句中没有使用 GROUP BY 子句，能否使用分组函数？**

**答**：SELECT 子句之中允许出现统计函数，但是函数的参数中不允许出现任何的其他字段。例如 SELECT COUNT(empno),ename FROM emp ; 就是错误的语句。

---

**问：GROUD BY 子句中的列是否必须包含在 SELECT 列表中？**

**答**：GROUD BY 子句中的列不必包含在 SELECT 列表中。

---

# 7.8 实战练习

⑴ 查询 emp 数据表，使用分组的方式计算每个部门的平均工资，然后过滤出平均工资大于 1 500 的记录信息。

⑵ 查询 emp 数据表，并按照部门编号、员工编号排序。

⑶ 显示非销售人员工作名称及从事同一工作雇员的月工资的总和，并且要满足从事同一工作的雇员的月工资合计大于 5 000，输出结果按月工资的合计升序排列。

⑷ 查询部门的员工人数大于 5 的部门编号。

⑸ 显示每个部门的每种岗位的平均工资与最高工资。

⑹ 统计公司所有领取佣金的雇员人数、平均工资。

⑺ 统计公司所有不领取佣金的雇员人数、平均工资。

⑻ 查询出每个部门的编号、名称、位置、部门人数、平均服务年限。

⑼ 显示部门编号不是 30 的部门详细信息（部门编号、部门名称、部门人数、部门月薪资总和），并要求部门月工资总和大于 1 000，输出结果按部门月薪资的总和降序排列。

# 第 8 章 子查询

## 本章导读

上一章重点介绍了分组统计查询，利用 GROUP BY 子句可以实现分组的操作，主要的统计函数有 COUNT()、AVG()、SUM()、MAX()、MIN()；并且介绍了对于分组统计查询的若干限制以及使用过程中应该主要的问题：如果不使用 GROUP BY 子句分组，则 SELECT 子句之中只能够出现统计函数；如果使用了 GROUP BY 子句，则 SELECT 子句里面可以使用分组字段或是统计函数；统计函数允许嵌套，嵌套之后的 SELECT 子句里面不允许出现任何字段，包括分组字段。GROUP BY 子句是在 WHERE 子句之后执行的，所以 WHERE 子句无法使用统计函数。对分组后的数据进行过滤，可以使用 HAVING 子句。本章将介绍子查询的概念，以及如何使用子查询。

**本章课时：理论 2 学时 + 实践 1 学时**

## 学习目标

- 子查询概念的引入
- 在 WHERE 子句中使用子查询
- 在 HAVING 子句中使用子查询
- 在 SELECT 子句中使用子查询
- 在 FROM 子句中使用子查询

# 8.1 子查询概念的引入

在整个 SQL 查询语句中，子查询并不是特殊的语法，也就是说在整个 SQL 查询操作里，SELECT、FROM、WHERE、GROUP BY、HAVING、ORDER BY 中都可以出现子查询。下面给出了子查询的大致语法。

```
SELECT [DISTINCT] * | 字段 [ 别名 ] | 统计函数 ,(
    SELECT [DISTINCT] * | 字段 [ 别名 ] | 统计函数
    FROM 表 [ 别名 ], 表 [ 别名 ],…
    [WHERE 条件 (s)]
    [GROUP BY 分组字段 , 分组字段 ,…]
    [HAVING 分组过滤 ]
    [ORDER BY 排序 [ASC | DESC], 排序 [ASC | DESC],…])
FROM 表 [ 别名 ], 表 [ 别名 ],…,(
    SELECT [DISTINCT] * | 字段 [ 别名 ] | 统计函数
    FROM 表 [ 别名 ], 表 [ 别名 ],…
    [WHERE 条件 (s)]
    [GROUP BY 分组字段 , 分组字段 ,…]
    [HAVING 分组过滤 ]
    [ORDER BY 排序 [ASC | DESC], 排序 [ASC | DESC],…])
[WHERE 条件 (s),(
    SELECT [DISTINCT] * | 字段 [ 别名 ] | 统计函数
    FROM 表 [ 别名 ], 表 [ 别名 ],…
    [WHERE 条件 (s)]
    [GROUP BY 分组字段 , 分组字段 ,…]
    [HAVING 分组过滤 ]
    [ORDER BY 排序 [ASC | DESC], 排序 [ASC | DESC],…])]
[GROUP BY 分组字段 , 分组字段 ,…]
[HAVING 分组过滤 ,(
    SELECT [DISTINCT] * | 字段 [ 别名 ] | 统计函数
    FROM 表 [ 别名 ], 表 [ 别名 ],…
    [WHERE 条件 (s)]
    [GROUP BY 分组字段 , 分组字段 ,…]
    [HAVING 分组过滤 ]
    [ORDER BY 排序 [ASC | DESC], 排序 [ASC | DESC],…])]
[ORDER BY 排序 [ASC | DESC], 排序 [ASC | DESC],…]
```

所有可能出现的子查询都需要使用“()”声明。所谓的子查询，实质上属于查询嵌套，而且从理论上来说，查询子句的任意位置上都可以出现子查询。但是出现子查询较多的位置是 WHERE、FROM。所以下面对子查询给出参考使用方案。

◎ WHERE 子句：子查询返回单行单列、单行多列、多行单列。

◎ HAVING 子句：子查询返回单行单列，而且要使用统计函数过滤。

◎ FROM 子句：子查询返回的是多行多列。

◎ SELECT 子句：一般返回单行单列，需要在某些查询的时候使用。

下面分别就几种情况给出范例，并介绍如何使用子查询。

# 8.2 在 WHERE 子句中使用子查询

WHERE 子句主要是进行数据的筛选。通过分析可以发现，单行单列、多行单列、单行多列都可以在 WHERE 子句中出现。

### 1. 子查询返回单行单列

**【范例 8-1】查询公司工资最低的员工信息。**

首先来看一下 emp 数据表的信息，如图 8-1 所示。

```
管理员: C:\Windows\system32\cmd.exe - sqlplus scott/tiger
SQL> SELECT * FROM emp ;

     EMPNO ENAME                JOB                      MGR HIREDATE              SAL       COMM     DEPTNO
---------- -------------------- ------------------ ---------- -------------- ---------- ---------- ----------
      7369 SMITH                CLERK                    7902 17-12月-80            800                    20
      7499 ALLEN                SALESMAN                 7698 20-2月 -81           1600        300         30
      7521 WARD                 SALESMAN                 7698 22-2月 -81           1250        500         30
      7566 JONES                MANAGER                  7839 02-4月 -81           2975                    20
      7654 MARTIN               SALESMAN                 7698 28-9月 -81           1250       1400         30
      7698 BLAKE                MANAGER                  7839 01-5月 -81           2850                    30
      7782 CLARK                MANAGER                  7839 09-6月 -81           2450                    10
      7788 SCOTT                ANALYST                  7566 19-4月 -87           3000                    20
      7839 KING                 PRESIDENT                     17-11月-81           5000                    10
      7844 TURNER               SALESMAN                 7698 08-9月 -81           1500          0         30
      7876 ADAMS                CLERK                    7788 23-5月 -87           1100                    20
      7900 JAMES                CLERK                    7698 03-12月-81            950                    30
      7902 FORD                 ANALYST                  7566 03-12月-81           3000                    20
      7934 MILLER               CLERK                    7782 23-1月 -82           1300                    10

已选择14行。
```

图 8-1

从图 8-1 可以看出，最低工资是 800，但是不可能直接使用 800 这个数据。因为这个数据需要统计出来，而要想知道这个内容，可以利用 MIN() 函数。

第一步：统计出公司的最低工资。输入语句如下。

```
SELECT MIN(sal) FROM emp ;
```

第二步：以上的查询会返回单行单列的数据，本质就是一个数值。如果现在给了数值，就可以直接利用 WHERE 子句筛选所需要的数据行。输入语句如下。

```
SELECT * FROM emp
WHERE sal=(SELECT MIN(sal) FROM emp) ;
```

显示结果如图 8-2 所示，在 where 子句中使用了子查询“(SELECT MIN(sal) FROM emp)”。

```
管理员: C:\Windows\system32\cmd.exe - sqlplus scott/tiger
SQL> SELECT * FROM emp
  2  WHERE sal=(SELECT MIN(sal) FROM emp) ;

     EMPNO ENAME                JOB                      MGR HIREDATE              SAL       COMM     DEPTNO
---------- -------------------- ------------------ ---------- -------------- ---------- ---------- ----------
      7369 SMITH                CLERK                    7902 17-12月-80            800                    20
```

图 8-2

【范例 8-2】查找公司雇佣最早的员工信息。

雇佣最早的员工一定是雇佣日期最小的，那么使用 MIN() 函数完成。输入语句如下。

```
SELECT MIN(hiredate) FROM emp ;
```

以上的查询会返回单行单列的数据，所以可以直接在 WHERE 子句中使用。输入语句如下。

```
SELECT * FROM emp
WHERE hiredate=(SELECT MIN(hiredate) FROM emp) ;
```

显示结果如图 8-3 所示。

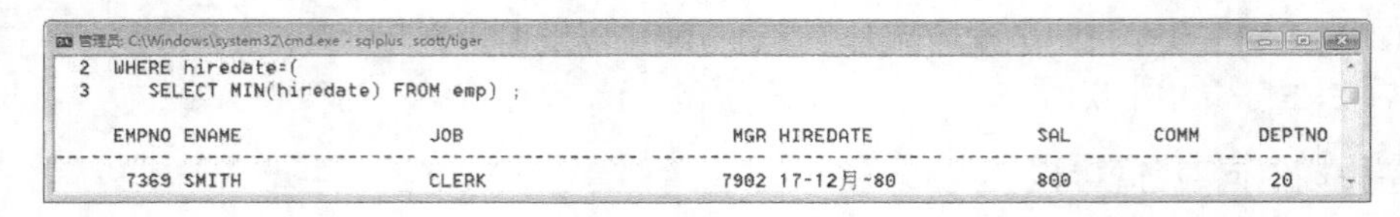

```
  2  WHERE hiredate=(
  3     SELECT MIN(hiredate) FROM emp) ;
```

| EMPNO | ENAME | JOB | MGR | HIREDATE | SAL | COMM | DEPTNO |
|---|---|---|---|---|---|---|---|
| 7369 | SMITH | CLERK | 7902 | 17-12月-80 | 800 |  | 20 |

图 8-3

### 2. 子查询返回单行多列

【范例 8-3】查询与 SCOTT 工资相同，职位相同的所有员工信息。

现在需要同时比较工资与职位，首先应该查询到 SCOTT 的工资与职位。输入语句如下。

```
SELECT sal,job FROM emp WHERE ename='SCOTT' ;
```

此时返回了单行两列的数据信息，而要进行比较的时候需要同时满足。输入语句如下。

```
SELECT * FROM emp
WHERE (sal,job)=(SELECT sal,job FROM emp WHERE ename='SCOTT')
    AND ename<>'SCOTT' ;
```

显示结果如图 8-4 所示，通过子查询获取最终的结果。

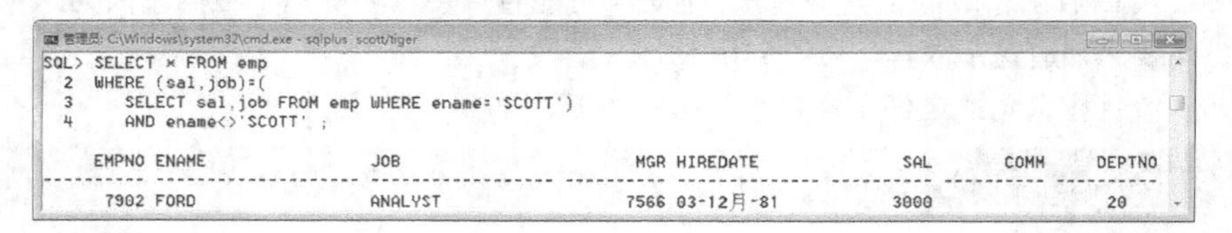

```
SQL> SELECT * FROM emp
  2  WHERE (sal,job)=(
  3     SELECT sal,job FROM emp WHERE ename='SCOTT')
  4     AND ename<>'SCOTT' ;
```

| EMPNO | ENAME | JOB | MGR | HIREDATE | SAL | COMM | DEPTNO |
|---|---|---|---|---|---|---|---|
| 7902 | FORD | ANALYST | 7566 | 03-12月-81 | 3000 |  | 20 |

图 8-4

### 3. 子查询返回多行单列

如果说子查询返回了多行单列的数据，实质上就相当于告诉用户数据的操作范围。而要想进行范围的判断，在 WHERE 子句里面主要提供 3 个运算符：IN、ANY、ALL。

(1) IN 操作。

IN 操作指的是内容在指定的范围内。

【范例 8-4】查询职位是“manager”的所有员工的薪水。

输入语句如下。

```
SELECT sal FROM emp WHERE job='MANAGER';
```

显示结果如图 8-5 所示。

```
SQL> SELECT sal FROM emp WHERE job='MANAGER' ;

       SAL
----------
      2975
      2850
      2450

SQL> _
```

图 8-5

返回的值是多行单列的记录，可以发现职位是“manager”的，员工的薪水有 3 种：2975、2850 和 2450。再来看下面这个查询语句。

```
SELECT * FROM emp
WHERE sal IN (SELECT sal FROM emp WHERE job='MANAGER') ;
```

上面这个查询语句实现了查询数据表 emp 中所有员工的薪水与职位是“manager”的员工的薪水相等的记录，因为有 3 种薪水，所以使用 IN 操作。实际上这个查询语句等价于下面的语句。

```
SELECT * FROM emp WHERE sal IN (2975, 2850, 2450) ;
```

查询结果如图 8-6 所示。

```
SQL> SELECT * FROM emp
  2  WHERE sal IN (
  3     SELECT sal FROM emp WHERE job='MANAGER') ;

     EMPNO ENAME                JOB                       MGR HIREDATE            SAL       COMM     DEPTNO
---------- -------------------- ------------------ ---------- -------------- ---------- ---------- ----------
      7566 JONES                MANAGER                  7839 02-4月 -81          2975                    20
      7698 BLAKE                MANAGER                  7839 01-5月 -81          2850                    30
      7782 CLARK                MANAGER                  7839 09-6月 -81          2450                    10
```

图 8-6

对 IN 操作还可以使用 NOT IN 进行，指的是内容不在指定的范围内。输入语句如下。

```
SELECT * FROM emp
WHERE sal NOT IN (SELECT sal FROM emp WHERE job='MANAGER') ;
```

查询结果如图 8-7 所示。

```
SQL> SELECT * FROM emp
  2  WHERE sal NOT IN (
  3     SELECT sal FROM emp WHERE job='MANAGER') ;

     EMPNO ENAME                JOB                       MGR HIREDATE            SAL       COMM     DEPTNO
---------- -------------------- ------------------ ---------- -------------- ---------- ---------- ----------
      7369 SMITH                CLERK                    7902 17-12月-80          800                     20
      7902 FORD                 ANALYST                  7566 03-12月-81         3000                     20
      7788 SCOTT                ANALYST                  7566 19-4月 -87         3000                     20
      7839 KING                 PRESIDENT                     17-11月-81         5000                     10
      7654 MARTIN               SALESMAN                 7698 28-9月 -81         1250       1400          30
      7521 WARD                 SALESMAN                 7698 22-2月 -81         1250        500          30
      7499 ALLEN                SALESMAN                 7698 20-2月 -81         1600        300          30
      7876 ADAMS                CLERK                    7788 23-5月 -87         1100                     20
      7900 JAMES                CLERK                    7698 03-12月-81          950                     30
      7934 MILLER               CLERK                    7782 23-1月 -82         1300                     10
      7844 TURNER               SALESMAN                 7698 08-9月 -81         1500          0          30

已选择11行。
```

图 8-7

在讲解 NOT IN 操作的时候曾经说过一个问题，即不能够为 null，这一概念在此处照样适用。输入语句如下。

```
SELECT * FROM emp
WHERE comm NOT IN (SELECT comm FROM emp) ;
```

查询结果将是没有任何记录，如图 8-8 所示。

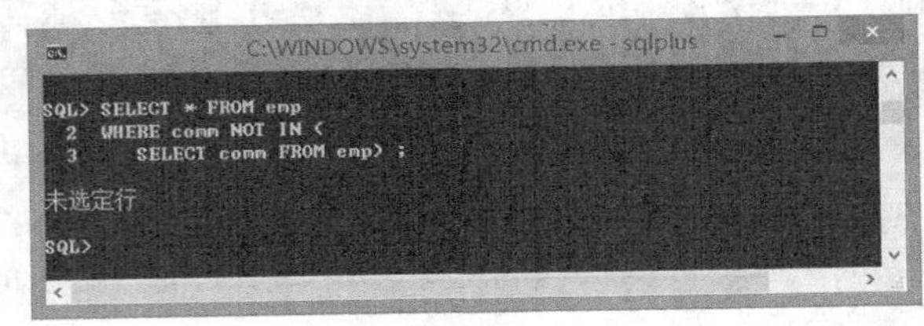


图 8–8

主要原因就是在子查询“（SELECT comm FROM emp）”中出现了 null。

(2) ANY 操作 。

ANY 操作实质上有 3 种子语法。

（a）=ANY：功能上与 IN 是没有任何区别的。

看下面这个查询。

```
SELECT * FROM emp
WHERE sal =ANY (SELECT sal FROM emp WHERE job='MANAGER') ;
```

查询结果如图 8–9 所示，与使用 IN 操作实现的效果一样。

```
管理员: C:\Windows\system32\cmd.exe - sqlplus  scott/tiger
SQL> SELECT * FROM emp
  2  WHERE sal =ANY (
  3    SELECT sal FROM emp WHERE job='MANAGER') ;

     EMPNO ENAME                JOB                     MGR HIREDATE              SAL       COMM     DEPTNO
---------- -------------------- ------------------ ---------- -------------- ---------- ---------- ----------
      7566 JONES                MANAGER                  7839 02-4月 -81           2975                    20
      7698 BLAKE                MANAGER                  7839 01-5月 -81           2850                    30
      7782 CLARK                MANAGER                  7839 09-6月 -81           2450                    10
```

图 8–9

（b）>ANY：比子查询返回的最小值要大。

来看下面这个查询。

```
SELECT * FROM emp
WHERE sal >ANY (SELECT sal FROM emp WHERE job='MANAGER') ;
```

显示结果如图 8–10 所示。因为子查询中有 3 个值：2975、2850 和 2450，最小的是 2450，所以，>ANY 操作返回所有比 2450 大的记录。

```
管理员: C:\Windows\system32\cmd.exe - sqlplus  scott/tiger
SQL> SELECT * FROM emp
  2  WHERE sal >ANY (
  3    SELECT sal FROM emp WHERE job='MANAGER') ;

     EMPNO ENAME                JOB                     MGR HIREDATE              SAL       COMM     DEPTNO
---------- -------------------- ------------------ ---------- -------------- ---------- ---------- ----------
      7839 KING                 PRESIDENT                     17-11月-81           5000                    10
      7902 FORD                 ANALYST                  7566 03-12月-81           3000                    20
      7788 SCOTT                ANALYST                  7566 19-4月 -87           3000                    20
      7566 JONES                MANAGER                  7839 02-4月 -81           2975                    20
      7698 BLAKE                MANAGER                  7839 01-5月 -81           2850                    30
```

图 8–10

（c）<ANY：比子查询返回的最大的值要小。

来看下面这个查询。

```
SELECT * FROM emp
WHERE sal <ANY (
    SELECT sal FROM emp WHERE job='MANAGER') ;
```

显示结果如图 8–11 所示。因为子查询中有 3 个值：2975、2850 和 2450，最大的是 2975，所以，<ANY 操作返回所有比 2975 小的记录。

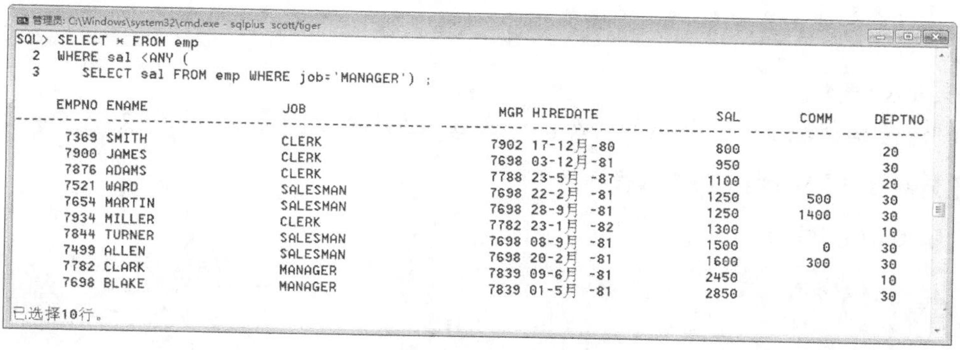

```
管理员: C:\Windows\system32\cmd.exe - sqlplus scott/tiger
SQL> SELECT * FROM emp
  2  WHERE sal <ANY (
  3      SELECT sal FROM emp WHERE job='MANAGER') ;

     EMPNO ENAME                JOB                    MGR HIREDATE             SAL       COMM     DEPTNO
---------- -------------------- ------------------ ---------- -------------- ---------- ---------- ----------
      7369 SMITH                CLERK                  7902 17-12月-80           800                    20
      7900 JAMES                CLERK                  7698 03-12月-81           950                    30
      7876 ADAMS                CLERK                  7788 23-5月 -87          1100                    20
      7521 WARD                 SALESMAN               7698 22-2月 -81          1250        500         30
      7654 MARTIN               SALESMAN               7698 28-9月 -81          1250       1400         30
      7934 MILLER               CLERK                  7782 23-1月 -82          1300                    10
      7844 TURNER               SALESMAN               7698 08-9月 -81          1500          0         30
      7499 ALLEN                SALESMAN               7698 20-2月 -81          1600        300         30
      7782 CLARK                MANAGER                7839 09-6月 -81          2450                    10
      7698 BLAKE                MANAGER                7839 01-5月 -81          2850                    30

已选择10行。
```

图 8–11

(3) ALL 操作。

ALL 操作有两种使用形式。

（a）>ALL：比子查询返回的最大值要大。

来看下面这个查询。

```
SELECT * FROM emp
WHERE sal >ALL (
    SELECT sal FROM emp WHERE job='MANAGER') ;
```

显示结果如图 8–12 所示。因为子查询中有 3 个值：2975、2850 和 2450，最大的是 2975，所以，>ALL 操作返回所有比 2975 大的记录。

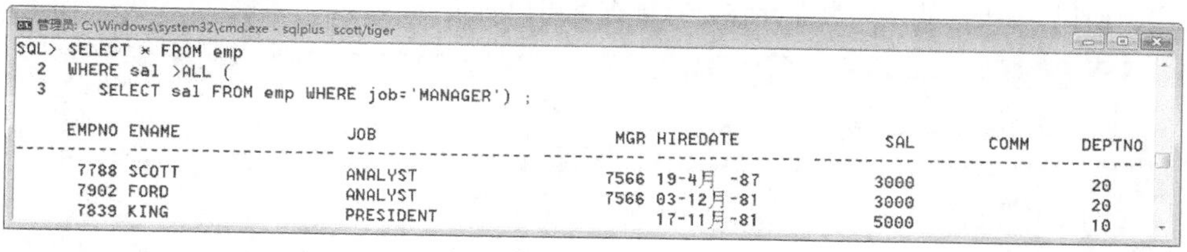

```
管理员: C:\Windows\system32\cmd.exe - sqlplus scott/tiger
SQL> SELECT * FROM emp
  2  WHERE sal >ALL (
  3      SELECT sal FROM emp WHERE job='MANAGER') ;

     EMPNO ENAME                JOB                    MGR HIREDATE             SAL       COMM     DEPTNO
---------- -------------------- ------------------ ---------- -------------- ---------- ---------- ----------
      7788 SCOTT                ANALYST                7566 19-4月 -87          3000                    20
      7902 FORD                 ANALYST                7566 03-12月-81          3000                    20
      7839 KING                 PRESIDENT                   17-11月-81          5000                    10
```

图 8–12

（b）<ALL：比子查询返回的最小值要小。输入语句如下。

```
SELECT * FROM emp
WHERE sal <ALL (
    SELECT sal FROM emp WHERE job='MANAGER') ;
```

显示结果如图 8–13 所示。因为子查询中有 3 个值：2975、2850 和 2450，最小的是 2450，所以，

>ALL 操作返回所有比 2450 小的记录。

```
管理员: C:\Windows\system32\cmd.exe - sqlplus  scott/tiger
SQL> SELECT * FROM emp
  2  WHERE sal <ALL (
  3     SELECT sal FROM emp WHERE job='MANAGER') ;

     EMPNO ENAME                JOB                      MGR HIREDATE              SAL       COMM     DEPTNO
---------- -------------------- ------------------ ---------- -------------- ---------- ---------- ----------
      7499 ALLEN                SALESMAN                7698 20-2月 -81           1600        300         30
      7844 TURNER               SALESMAN                7698 08-9月 -81           1500          0         30
      7934 MILLER               CLERK                   7782 23-1月 -82           1300                    10
      7521 WARD                 SALESMAN                7698 22-2月 -81           1250        500         30
      7654 MARTIN               SALESMAN                7698 28-9月 -81           1250       1400         30
      7876 ADAMS                CLERK                   7788 23-5月 -87           1100                    20
      7900 JAMES                CLERK                   7698 03-12月-81            950                    30
      7369 SMITH                CLERK                   7902 17-12月-80            800                    20

已选择8行。
```

图 8–13

(4) exists() 判断。

如果子查询有数据返回（不管什么数据），就表示条件满足，那么就显示出数据，否则不显示。

**【范例 8–5】观察 exists() 操作一。**

程序代码如下所示。

```
SELECT * FROM emp
WHERE EXISTS(
    SELECT * FROM emp WHERE deptno=99) ;
```

因为此时的子查询没有返回任何数据行，所以 exists() 就认为数据不存在，外部查询无法查询出内容。

**【范例 8–6】观察 exists() 操作二。**

程序代码如下所示。

```
SELECT * FROM emp
WHERE EXISTS(
    SELECT * FROM emp WHERE empno=7839) ;
```

查询结果如图 8–14 所示，因为子查询“（SELECT * FROM emp WHERE empno=7839）”有查询结果，所以 exists() 就认为数据存在，外部查询可以查询出内容。

```
管理员: C:\Windows\system32\cmd.exe - sqlplus  scott/tiger
SQL> SELECT * FROM emp
  2  WHERE EXISTS(
  3     SELECT * FROM emp WHERE empno=7839) ;

     EMPNO ENAME                JOB                      MGR HIREDATE              SAL       COMM     DEPTNO
---------- -------------------- ------------------ ---------- -------------- ---------- ---------- ----------
      7369 SMITH                CLERK                   7902 17-12月-80            800                    20
      7499 ALLEN                SALESMAN                7698 20-2月 -81           1600        300         30
      7521 WARD                 SALESMAN                7698 22-2月 -81           1250        500         30
      7566 JONES                MANAGER                 7839 02-4月 -81           2975                    20
      7654 MARTIN               SALESMAN                7698 28-9月 -81           1250       1400         30
      7698 BLAKE                MANAGER                 7839 01-5月 -81           2850                    30
      7782 CLARK                MANAGER                 7839 09-6月 -81           2450                    10
      7788 SCOTT                ANALYST                 7566 19-4月 -87           3000                    20
      7839 KING                 PRESIDENT                    17-11月-81           5000                    10
      7844 TURNER               SALESMAN                7698 08-9月 -81           1500          0         30
```

图 8–14

**【范例 8–7】观察 exists() 操作三。**

程序代码如下所示。

```
SELECT * FROM emp
WHERE EXISTS(
    SELECT 'hello' FROM dual WHERE 1=1) ;
```

exists() 只关心子查询里面返回的是否有数据行，至于是什么数据行，它不关心。因此，上面的查询语句实现的效果也是查询出数据表 emp 中全部记录。

**【范例 8-8】使用 NOT EXISTS()。**

程序代码如下所示。

```
SELECT * FROM emp
WHERE NOT EXISTS(
    SELECT 'hello' FROM dual WHERE 1=2) ;
```

IN 主要是进行数据的判断，EXISTS() 对是否存在数据行进行判断。很明显，EXISTS() 要比 IN 的效率更高，因为 EXISTS() 不关心具体的数据。

## 8.3 在 HAVING 子句中使用子查询

如果要使用 HAVING 子句，那么必须结合 GROUP BY 子句，而如果要使用 GROUP BY 子句，就一定要分组。

**【范例 8-9】统计出部门平均工资高于公司平均工资的部门编号、平均工资、部门人数。**

第一步：根据部门编号分组，统计出每个部门编号的平均工资、部门人数。输入语句如下。

```
SELECT deptno,COUNT(*),AVG(sal)
FROM emp
GROUP BY deptno ;
```

查询结果如图 8-15 所示，可以看出现在按照部门编号给出了每个部门编号的平均工资、部门人数。

```
SQL> SELECT deptno,COUNT(*),AVG(sal)
  2  FROM emp
  3  GROUP BY deptno ;

    DEPTNO   COUNT(*)   AVG(SAL)
---------- ---------- ----------
        30          6 1566.66667
        20          5       2175
        10          3 2916.66667
```

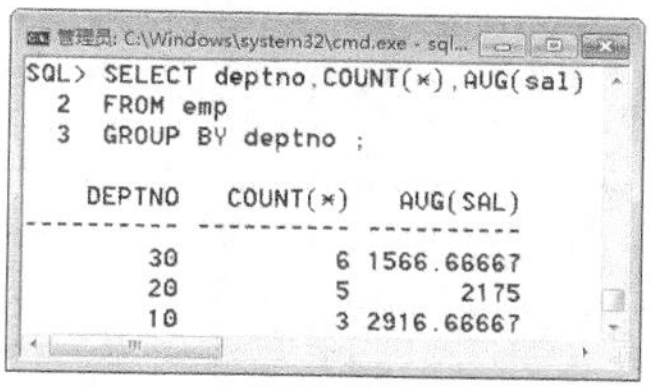

图 8-15

第二步：如果想知道哪些部门的平均工资高于公司的平均工资，则应该进行 emp 表的统计查询。输入语句如下。

```
SELECT AVG(sal) FROM emp ;
```

此时的子查询返回了单行单列的数据，那么肯定要在 HAVING 子句里面使用。

第三步：对数据过滤。输入语句如下。

```
SELECT deptno,COUNT(*),AVG(sal)
FROM emp
GROUP BY deptno
HAVING AVG(sal)>(
    SELECT AVG(sal) FROM emp);
```

查询结果如图8-16所示。在HAVING子句中使用了“( SELECT AVG(sal) FROM emp )”子查询。

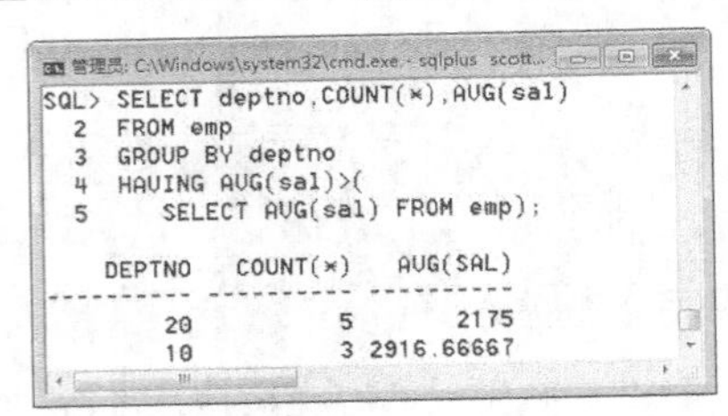


图 8-16

## 8.4 在 SELECT 子句中使用子查询

首先需要明确的是，这样操作的意义不大，而且效率不高。这里仅简单介绍一下它的使用方法。

**【范例 8-10】查询每个员工的编号、姓名、职位、部门名称。**

按照一般思路，可以使用多表查询，即下面的查询语句。

```
SELECT e.empno,e.ename,e.job,d.dname
FROM emp e,dept d
WHERE e.deptno=d.deptno ;
```

显示结果如图 8-17 所示。

```
SQL> SELECT e.empno,e.ename,e.job,d.dname
  2  FROM emp e,dept d
  3  WHERE e.deptno=d.deptno ;

     EMPNO ENAME                JOB                DNAME
---------- -------------------- ------------------ ------------------
      7369 SMITH                CLERK              RESEARCH
      7499 ALLEN                SALESMAN           SALES
      7521 WARD                 SALESMAN           SALES
      7566 JONES                MANAGER            RESEARCH
      7654 MARTIN               SALESMAN           SALES
      7698 BLAKE                MANAGER            SALES
      7782 CLARK                MANAGER            ACCOUNTING
      7788 SCOTT                ANALYST            RESEARCH
      7839 KING                 PRESIDENT          ACCOUNTING
      7844 TURNER               SALESMAN           SALES
      7876 ADAMS                CLERK              RESEARCH
      7900 JAMES                CLERK              SALES
      7902 FORD                 ANALYST            RESEARCH
      7934 MILLER               CLERK              ACCOUNTING

已选择14行。
```

图 8-17

现在可以利用子查询，在 SELECT 子句里面简化操作。输入语句如下。

```
SELECT e.empno,e.ename,e.job,
    (SELECT dname d FROM dept d WHERE d.deptno=e.deptno)
```

```
FROM emp e ;
```

查询结果如图 8-18 所示，这个查询语句实现了和上面查询语句等同的效果。

```
SQL> SELECT e.empno,e.ename,e.job,
  2     (SELECT dname d FROM dept d WHERE d.deptno=e.deptno)
  3  FROM emp e ;

     EMPNO ENAME                JOB                (SELECTDNAMEDFROMDEP
---------- -------------------- ------------------ --------------------
      7369 SMITH                CLERK              RESEARCH
      7499 ALLEN                SALESMAN           SALES
      7521 WARD                 SALESMAN           SALES
      7566 JONES                MANAGER            RESEARCH
      7654 MARTIN               SALESMAN           SALES
      7698 BLAKE                MANAGER            SALES
      7782 CLARK                MANAGER            ACCOUNTING
      7788 SCOTT                ANALYST            RESEARCH
      7839 KING                 PRESIDENT          ACCOUNTING
      7844 TURNER               SALESMAN           SALES
      7876 ADAMS                CLERK              RESEARCH
      7900 JAMES                CLERK              SALES
      7902 FORD                 ANALYST            RESEARCH
      7934 MILLER               CLERK              ACCOUNTING

已选择14行。
```

图 8-18

实际上，在 SELECT 子句里面出现子查询的核心目的在于行列转换。

## 8.5 在 FROM 子句中使用子查询

为了解释这种查询的作用，下面做一个简单的查询。

**【范例 8-11】查询每个部门的编号、名称、位置、部门人数、平均工资。**

这个范例在前面讲述外连接的时候已经讲过，使用的查询语句如下所示。

```
SELECT d.deptno,d.dname,d.loc ,COUNT(*),AVG(sal)
FROM emp e,dept d
WHERE e.deptno(+)=d.deptno
GROUP BY d.deptno,d.dname,d.loc ;
```

查询结果如图 8-19 所示，使用分组功能统计出不同部门的编号、名称、位置、部门人数、平均工资。

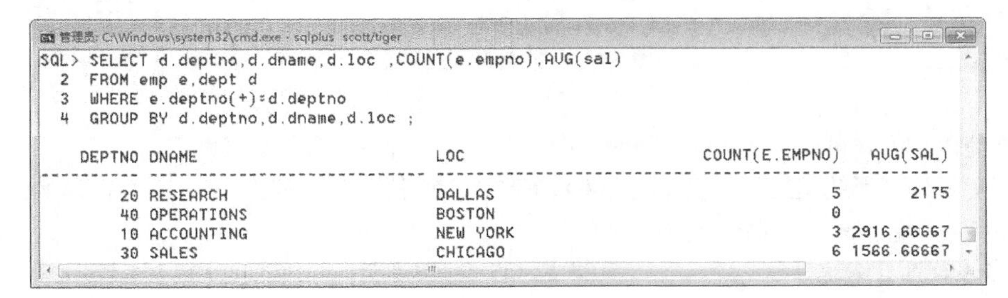

```
SQL> SELECT d.deptno,d.dname,d.loc ,COUNT(e.empno),AVG(sal)
  2  FROM emp e,dept d
  3  WHERE e.deptno(+)=d.deptno
  4  GROUP BY d.deptno,d.dname,d.loc ;

    DEPTNO DNAME                        LOC                          COUNT(E.EMPNO)   AVG(SAL)
---------- ---------------------------- ---------------------------- -------------- ----------
        20 RESEARCH                     DALLAS                                    5       2175
        40 OPERATIONS                   BOSTON                                    0
        10 ACCOUNTING                   NEW YORK                                  3 2916.66667
        30 SALES                        CHICAGO                                   6 1566.66667
```

图 8-19

除了以上的方式之外，也可以利用子查询完成。

首先 dept 是一张数据表，但是对于数据的统计查询，也可以将查询的结果定义为一张新的表。来看下面这个查询。

```
SELECT deptno,COUNT(empno),AVG(sal)
FROM emp
GROUP BY deptno ;
```

查询结果如图 8-20 所示，按照部门编号进行分组，给出每个部门人数和平均工资。

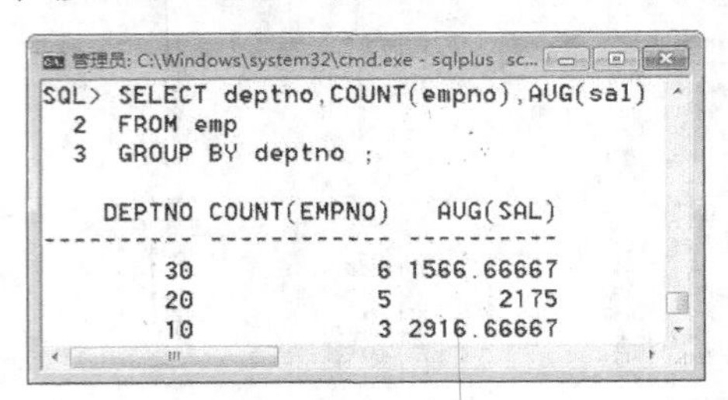

```
SQL> SELECT deptno,COUNT(empno),AVG(sal)
  2  FROM emp
  3  GROUP BY deptno ;

    DEPTNO COUNT(EMPNO)   AVG(SAL)
---------- ------------ ----------
        30            6 1566.66667
        20            5       2175
        10            3 2916.66667
```

图 8-20

此时，查询返回的是一个多行多列的数据。只要是多行多列，就可以把它看成是一个新的临时表，然后可以在 FROM 子句中使用。

输入语句如下。

```
SELECT d.deptno,d.dname,d.loc,temp.count,temp.avg
FROM dept d,(
    SELECT deptno,COUNT(empno) count,AVG(sal) avg
    FROM emp
    GROUP BY deptno) temp
WHERE d.deptno=temp.deptno(+) ;
```

显示结果如图 8-21 所示，实现了同样的效果。

```
SQL> SELECT d.deptno,d.dname,d.loc,temp.count,temp.avg
  2  FROM dept d,(
  3     SELECT deptno,COUNT(empno) count,AVG(sal) avg
  4     FROM emp
  5     GROUP BY deptno) temp
  6  WHERE d.deptno=temp.deptno(+) ;

    DEPTNO DNAME                        LOC                            COUNT        AVG
---------- ---------------------------- -------------------------- ---------- ----------
        30 SALES                        CHICAGO                             6 1566.66667
        20 RESEARCH                     DALLAS                              5       2175
        10 ACCOUNTING                   NEW YORK                            3 2916.66667
        40 OPERATIONS                   BOSTON
```

图 8-21

现在有两种方式可以实现同样功能的查询，那么这两种方式有什么区别呢？

为了更好地解释此类问题，现在假设将数据扩大 100 倍，即此时的 emp 表中有 1 400 条记录，dept 表中有 400 条记录，现在分析这两种方式。

◎ 多表查询分组统计。

数据量为 emp 表的 1 400 * dept 表的 400 = 640 000。

◎ 子查询分组统计。

FROM 子句的数据量为 1 400 行记录，最多会返回 400 行记录。

与 dept 表查询，dept 表的 400 * 最多返回的 400 = 160 000。

数据量为分组的 1 400 行 + 160 000 行 = 161 400。

多表查询都会存在性能问题，而子查询的主要目的就是为了解决多表查询的性能问题。

在子查询的使用中，应注意以下几点。

(1) 子查询必须用括号“（ ）”扩起来。

(2) 子查询中不能再包括 order by 子句。

(3) 如果需要对查询数据进行排序，只能在外查询语句中使用 order by 子句。

(4) 子查询允许嵌套，但是不能超过 255 层。

## 8.6 综合范例——多条件查询员工各项统计信息

现在给出几个范例，以帮助读者加深对子查询的理解。理解这些范例的关键是从思路入手。

**【范例 8-12】列出薪金高于部门 30 的所有员工薪金的员工姓名和薪金、部门名称、部门人数。**

◎ 确定要使用的数据表。

emp 表：员工姓名和薪金。

dept 表：部门名称。

emp 表：统计出部门人数。

◎ 确定已知的关联字段。

员工与部门：emp.deptno=dept.deptno。

第一步：找到部门 30 所有员工的薪金。输入语句如下。

```
SELECT sal FROM emp WHERE deptno=30 ;
```

查询结果如图 8-22 所示，给出了该部门所有员工的薪金。

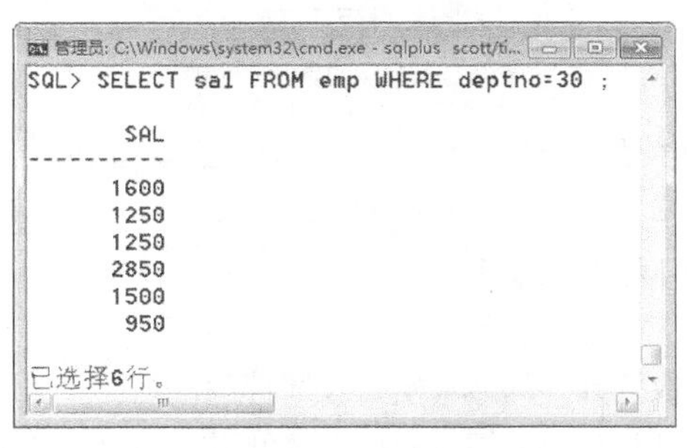


图 8-22

第二步：以上查询中返回的是多行单列的数据，此时可以使用 3 种判断符判断：IN、ANY、ALL。根据要求需要找到所有员工，因此使用“>ALL”。输入语句如下。

```
SELECT e.ename,e.sal
FROM emp e
WHERE e.sal >ALL (
    SELECT sal FROM emp WHERE deptno=30) ;
```

查询结果如图 8-23 所示，所返回的员工的薪金高出部门 30 最高的 2850。

```
SQL> SELECT e.ename,e.sal
  2  FROM emp e
  3  WHERE e.sal >ALL (
  4      SELECT sal FROM emp WHERE deptno=30) ;

ENAME                       SAL
-------------------- ----------
JONES                      2975
SCOTT                      3000
FORD                       3000
KING                       5000
```

图 8-23

第三步：要找到部门的信息，自然在 FROM 子句之后引入 dept 表，而后要消除笛卡儿积。用内连接。输入语句如下。

```
SELECT e.ename,e.sal,d.dname
FROM emp e, dept d
WHERE e.sal >ALL (
    SELECT sal FROM emp WHERE deptno=30)
    AND e.deptno=d.deptno;
```

显示结果如图 8-24 所示，给出了部门的信息。

```
SQL> SELECT e.ename,e.sal,d.dname
  2  FROM emp e,dept d
  3  WHERE e.sal >ALL (
  4      SELECT sal FROM emp WHERE deptno=30)
  5      AND e.deptno=d.deptno;

ENAME                       SAL DNAME
-------------------- ---------- ----------------------------
JONES                      2975 RESEARCH
SCOTT                      3000 RESEARCH
FORD                       3000 RESEARCH
KING                       5000 ACCOUNTING
```

图 8-24

第四步：需要统计出部门人数的信息。

思考过程如下。

◎ 如果要进行部门的人数统计，那么一定要按照部门分组。

◎ 在使用分组的时候，SELECT 子句只能够出现分组字段与统计函数。

此时就出现了一个矛盾，因为 SELECT 子句里面有其他字段，所以不可能直接使用 GROUP BY 分组。可以考虑利用子查询分组，即在 FROM 子句之后使用子查询先进行分组统计，而后对临时表继续采用多表查询操作。输入语句如下。

```
SELECT e.ename,e.sal,d.dname,temp.count
FROM emp e,dept d,(
    SELECT deptno dno,COUNT(empno) count
```

```
      FROM emp
      GROUP BY deptno) temp
  WHERE e.sal >ALL (
      SELECT sal FROM emp WHERE deptno=30)
      AND e.deptno=d.deptno
      AND d.deptno=temp.dno ;
```

显示结果如图 8-25 所示，实现了所要求的结果。

```
管理员: C:\Windows\system32\cmd.exe - sqlplus  scott/tiger
SQL> SELECT e.ename,e.sal,d.dname,temp.count
  2  FROM emp e,dept d,(
  3     SELECT deptno dno,COUNT(empno) count
  4     FROM emp
  5     GROUP BY deptno) temp
  6  WHERE e.sal >ALL (
  7     SELECT sal FROM emp WHERE deptno=30)
  8     AND e.deptno=d.deptno
  9     AND d.deptno=temp.dno ;

ENAME                       SAL DNAME                          COUNT
-------------------- ---------- ---------------------------- ----------
FORD                       3000 RESEARCH                           5
SCOTT                      3000 RESEARCH                           5
JONES                      2975 RESEARCH                           5
KING                       5000 ACCOUNTING                         3
```

图 8-25

【范例 8-13】列出与 SCOTT 从事相同工作的所有员工及他们的部门名称、部门人数、领导姓名。

◎ 确定要使用的数据表。

emp 表：员工信息。

dept 表：部门名称。

emp 表：领导信息。

◎ 确定已知的关联字段。

员工与部门：emp.deptno=dept.deptno。

员工与领导：emp.mgr=memp.empno。

第一步：没有 SCOTT 的工作就无法知道哪个员工满足条件，所以需要找到 SCOTT 的工作。输入语句如下。

```
SELECT job FROM emp WHERE ename='SCOTT' ;
```

查询结果如图 8-26 所示，得到了 SCOTT 的工作。

图 8-26

第二步：以上的查询返回的是单行单列，所以只能够在 WHERE 子句或是 HAVING 子句中使用，根据现在的需求需在 WHERE 子句中使用，对所有的员工信息进行筛选。输入语句如下。

```
SELECT e.empno,e.ename,e.job
FROM emp e
WHERE job=(
    SELECT job FROM emp WHERE ename='SCOTT') ;
```

显示结果如图 8-27 所示，筛选出所有与 SCOTT 工作相同的人员信息。

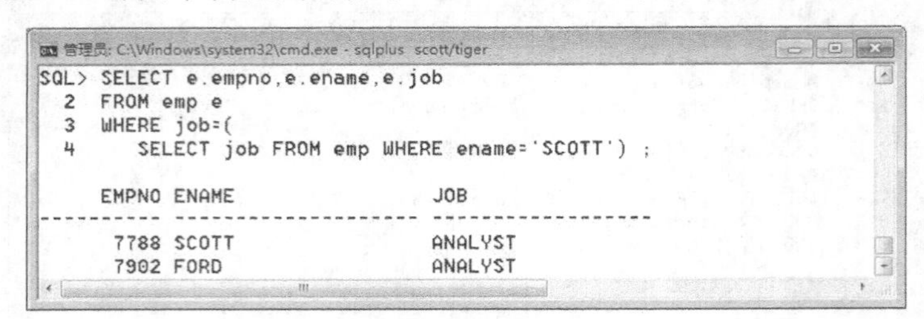

```
SQL> SELECT e.empno,e.ename,e.job
  2  FROM emp e
  3  WHERE job=(
  4     SELECT job FROM emp WHERE ename='SCOTT') ;

     EMPNO ENAME                JOB
---------- -------------------- ------------------
      7788 SCOTT                ANALYST
      7902 FORD                 ANALYST
```

图 8-27

第三步：如果不需要重复信息，可以删除 SCOTT。输入语句如下。

```
SELECT e.empno,e.ename,e.job
FROM emp e
WHERE job=(
    SELECT job FROM emp WHERE ename='SCOTT')
    AND e.ename<>'SCOTT' ;
```

查询结果如图 8-28 所示，因为上一步查询中含有 SCOTT，所以增加条件删除该人的信息。

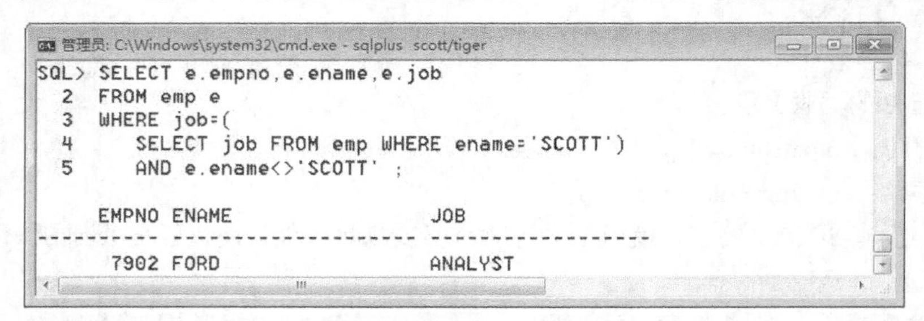

```
SQL> SELECT e.empno,e.ename,e.job
  2  FROM emp e
  3  WHERE job=(
  4     SELECT job FROM emp WHERE ename='SCOTT')
  5     AND e.ename<>'SCOTT' ;

     EMPNO ENAME                JOB
---------- -------------------- ------------------
      7902 FORD                 ANALYST
```

图 8-28

第四步：部门名称只需要加入 dept 表即可。输入语句如下。

```
SELECT e.empno,e.ename,e.job,d.dname
FROM emp e,dept d
WHERE job=(
    SELECT job FROM emp WHERE ename='SCOTT')
    AND e.ename<>'SCOTT'
    AND e.deptno=d.deptno ;
```

查询结果如图 8-29 所示，增加多表查询。

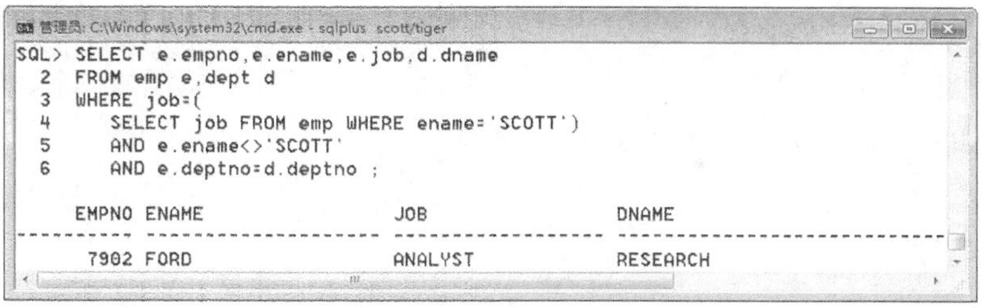

```
SQL> SELECT e.empno,e.ename,e.job,d.dname
  2  FROM emp e,dept d
  3  WHERE job=(
  4     SELECT job FROM emp WHERE ename='SCOTT')
  5     AND e.ename<>'SCOTT'
  6     AND e.deptno=d.deptno ;

     EMPNO ENAME                JOB                DNAME
---------- -------------------- ------------------ ----------------------------
      7902 FORD                 ANALYST            RESEARCH
```

图 8-29

第五步：此时的查询不可能直接使用 GROUP BY 进行分组，所以需要使用子查询实现分组。输入语句如下。

```
SELECT e.empno,e.ename,e.job,d.dname,temp.count
FROM emp e,dept d,(
    SELECT deptno dno,COUNT(empno) count
    FROM emp
    GROUP BY deptno) temp
WHERE job=(
    SELECT job FROM emp WHERE ename='SCOTT')
    AND e.ename<>'SCOTT'
    AND e.deptno=d.deptno
    AND d.deptno=temp.dno ;
```

查询结果如图 8-30 所示，利用子查询实现分组，显示每个部门的人数。

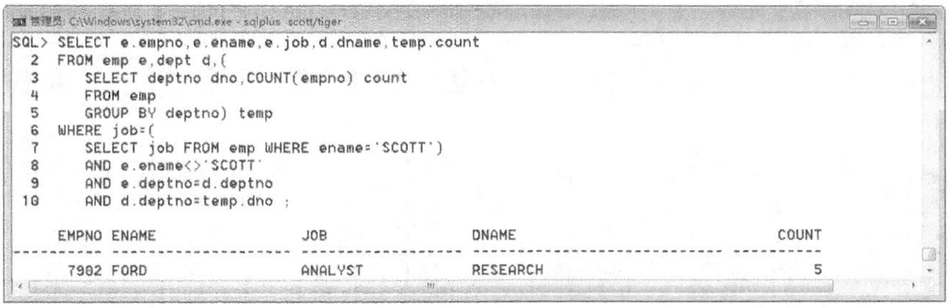

```
SQL> SELECT e.empno,e.ename,e.job,d.dname,temp.count
  2  FROM emp e,dept d,(
  3     SELECT deptno dno,COUNT(empno) count
  4     FROM emp
  5     GROUP BY deptno) temp
  6  WHERE job=(
  7     SELECT job FROM emp WHERE ename='SCOTT')
  8     AND e.ename<>'SCOTT'
  9     AND e.deptno=d.deptno
 10     AND d.deptno=temp.dno ;

     EMPNO ENAME                JOB                DNAME                          COUNT
---------- -------------------- ------------------ ---------------------------- ----------
      7902 FORD                 ANALYST            RESEARCH                          5
```

图 8-30

第六步：找到对应的领导信息，直接使用自身关联。输入语句如下。

```
SELECT e.empno,e.ename,e.job,d.dname,temp.count,m.ename
FROM emp e,dept d,(
    SELECT deptno dno,COUNT(empno) count
    FROM emp
    GROUP BY deptno) temp,emp m
WHERE e.job=(
    SELECT job FROM emp WHERE ename='SCOTT')
    AND e.ename<>'SCOTT'
    AND e.deptno=d.deptno
```

```
AND d.deptno=temp.dno
AND e.mgr=m.empno ;
```

查询结果如图 8-31 所示，最终给出要求的查询。

```
管理员: C:\Windows\system32\cmd.exe - sqlplus scott/tiger
SQL> SELECT e.empno,e.ename,e.job,d.dname,temp.count,m.ename
  2  FROM emp e,dept d,(
  3     SELECT deptno dno,COUNT(empno) count
  4     FROM emp
  5     GROUP BY deptno) temp,emp m
  6  WHERE e.job=(
  7     SELECT job FROM emp WHERE ename='SCOTT')
  8     AND e.ename<>'SCOTT'
  9     AND e.deptno=d.deptno
 10     AND d.deptno=temp.dno
 11     AND e.mgr=m.empno ;

     EMPNO ENAME                JOB                  DNAME                            COUNT ENAME
---------- -------------------- -------------------- ---------------------------- ---------- ------------------
-
      7902 FORD                 ANALYST              RESEARCH                             5 JONES
```

图 8-31

**【范例 8-14】列出薪金比 SMITH 或 ALLEN 多的所有员工的编号、姓名、部门名称、领导姓名、部门人数，以及所在部门的平均工资、最高和最低工资。**

◎ 确定要使用的数据表。

emp 表：员工的编号、姓名。

dept 表：部门名称。

emp 表：领导姓名。

emp 表：统计信息。

◎ 确定已知的关联字段。

员工与部门：emp.deptno=dept.deptno。

员工与领导：emp.mgr=memp.empno。

第一步：首先要知道 SMITH 或 ALLEN 的薪金，这个查询返回多行单列（WHERE 中使用）。输入语句如下。

```
SELECT sal
FROM emp
WHERE ename IN ('SMITH','ALLEN') ;
```

查询结果如图 8-32 所示，使用 IN 函数实现查询 SMITH 或 ALLEN 的薪金。

```
管理员: C:\Windows\system32\cmd.exe - sqlplus scott/tiger
SQL> SELECT sal
  2  FROM emp
  3  WHERE ename IN ('SMITH','ALLEN') ;

       SAL
----------
       800
      1600
```

图 8-32

第二步：应该比里面的任意一个多即可，但是要去掉这两个员工。由于是多行单列子查询，所以使用 >ANY 完成。输入语句如下。

```
SELECT e.empno,e.ename,e.sal
FROM emp e
```

```
WHERE e.sal>ANY(
    SELECT sal
    FROM emp
    WHERE ename IN ('SMITH','ALLEN'))
    AND e.ename NOT IN ('SMITH','ALLEN') ;
```

查询结果如图 8-33 所示，使用 >ANY 实现返回薪金比 800 多的所有员工的信息。

```
管理员: C:\Windows\system32\cmd.exe - sqlplus  scott/tiger
SQL> SELECT e.empno,e.ename,e.sal
  2  FROM emp e
  3  WHERE e.sal>ANY(
  4     SELECT sal
  5     FROM emp
  6     WHERE ename IN ('SMITH','ALLEN'))
  7     AND e.ename NOT IN ('SMITH','ALLEN') ;

     EMPNO ENAME                       SAL
---------- -------------------- ----------
      7839 KING                       5000
      7788 SCOTT                      3000
      7902 FORD                       3000
      7566 JONES                      2975
      7698 BLAKE                      2850
      7782 CLARK                      2450
      7844 TURNER                     1500
      7934 MILLER                     1300
      7654 MARTIN                     1250
      7521 WARD                       1250
      7876 ADAMS                      1100
      7900 JAMES                       950

已选择12行。
```

图 8-33

第三步：找到部门名称。输入语句如下。

```
SELECT e.empno,e.ename,e.sal,d.dname
FROM emp e,dept d
WHERE e.sal>ANY(
    SELECT sal
    FROM emp
    WHERE ename IN ('SMITH','ALLEN'))
    AND e.ename NOT IN ('SMITH','ALLEN')
    AND e.deptno=d.deptno ;
```

查询结果如图 8-34 所示，使用多表查询给出结果。

```
管理员: C:\Windows\system32\cmd.exe - sqlplus  scott/tiger
SQL> SELECT e.empno,e.ename,e.sal,d.dname
  2  FROM emp e,dept d
  3  WHERE e.sal>ANY(
  4     SELECT sal
  5     FROM emp
  6     WHERE ename IN ('SMITH','ALLEN'))
  7     AND e.ename NOT IN ('SMITH','ALLEN')
  8     AND e.deptno=d.deptno ;

     EMPNO ENAME                       SAL DNAME
---------- -------------------- ---------- ----------------------------
      7839 KING                       5000 ACCOUNTING
      7788 SCOTT                      3000 RESEARCH
      7902 FORD                       3000 RESEARCH
      7566 JONES                      2975 RESEARCH
      7698 BLAKE                      2850 SALES
      7782 CLARK                      2450 ACCOUNTING
      7844 TURNER                     1500 SALES
      7934 MILLER                     1300 ACCOUNTING
      7654 MARTIN                     1250 SALES
      7521 WARD                       1250 SALES
      7876 ADAMS                      1100 RESEARCH
      7900 JAMES                       950 SALES

已选择12行。
```

图 8-34

第四步：找到领导信息。输入语句如下。

```
SELECT e.empno,e.ename,e.sal,d.dname,m.ename
FROM emp e,dept d,emp m
WHERE e.sal>ANY(
    SELECT sal
    FROM emp
    WHERE ename IN ('SMITH','ALLEN'))
    AND e.ename NOT IN ('SMITH','ALLEN')
    AND e.deptno=d.deptno
    AND e.mgr=m.empno(+);
```

查询结果如图 8-35 所示，使用外连接给出查询结果。

```
管理员: C:\Windows\system32\cmd.exe - sqlplus scott/tiger
SQL> SELECT e.empno,e.ename,e.sal,d.dname,m.ename
  2  FROM emp e,dept d,emp m
  3  WHERE e.sal>ANY(
  4     SELECT sal
  5     FROM emp
  6     WHERE ename IN ('SMITH','ALLEN'))
  7     AND e.ename NOT IN ('SMITH','ALLEN')
  8     AND e.deptno=d.deptno
  9     AND e.mgr=m.empno(+);

     EMPNO ENAME                       SAL DNAME                        ENAME
---------- -------------------- ---------- ---------------------------- -------------
      7839 KING                       5000 ACCOUNTING
      7788 SCOTT                      3000 RESEARCH                     JONES
      7902 FORD                       3000 RESEARCH                     JONES
      7566 JONES                      2975 RESEARCH                     KING
      7698 BLAKE                      2850 SALES                        KING
      7782 CLARK                      2450 ACCOUNTING                   KING
      7844 TURNER                     1500 SALES                        BLAKE
      7934 MILLER                     1300 ACCOUNTING                   CLARK
      7654 MARTIN                     1250 SALES                        BLAKE
      7521 WARD                       1250 SALES                        BLAKE
      7876 ADAMS                      1100 RESEARCH                     SCOTT
      7900 JAMES                       950 SALES                        BLAKE

已选择12行。
```

图 8-35

第五步：得到部门人数，以及部门平均工资、最高和最低工资。整个查询里面不能够直接使用 GROUP BY，所以现在应该利用子查询实现统计操作。输入语句如下。

```
SELECT e.empno,e.ename,e.sal,d.dname,m.ename,temp.count,temp.avg,temp.max,temp.min
FROM emp e,dept d,emp m,(
    SELECT deptno dno,COUNT(empno) count,AVG(sal) avg,MAX(sal) max,MIN(sal) min
    FROM emp
    GROUP BY deptno) temp
WHERE e.sal>ANY(
    SELECT sal
    FROM emp
    WHERE ename IN ('SMITH','ALLEN'))
    AND e.ename NOT IN ('SMITH','ALLEN')
    AND e.deptno=d.deptno
    AND e.mgr=m.empno(+)
```

```
AND d.deptno=temp.dno;
```

查询结果如图 8-36 所示，最终给出所要求的查询。

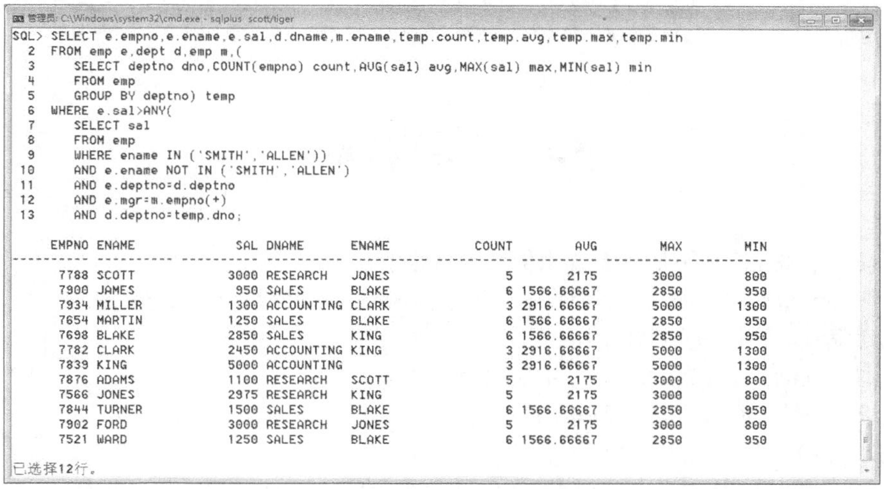

```
管理员: C:\Windows\system32\cmd.exe - sqlplus scott/tiger
SQL> SELECT e.empno,e.ename,e.sal,d.dname,m.ename,temp.count,temp.avg,temp.max,temp.min
  2  FROM emp e,dept d,emp m,(
  3     SELECT deptno dno,COUNT(empno) count,AVG(sal) avg,MAX(sal) max,MIN(sal) min
  4     FROM emp
  5     GROUP BY deptno) temp
  6  WHERE e.sal>ANY(
  7     SELECT sal
  8     FROM emp
  9     WHERE ename IN ('SMITH','ALLEN'))
 10     AND e.ename NOT IN ('SMITH','ALLEN')
 11     AND e.deptno=d.deptno
 12     AND e.mgr=m.empno(+)
 13     AND d.deptno=temp.dno;

     EMPNO ENAME             SAL DNAME      ENAME           COUNT        AVG        MAX        MIN
---------- ---------- ---------- ---------- ---------- ---------- ---------- ---------- ----------
      7788 SCOTT            3000 RESEARCH   JONES               5       2175       3000        800
      7900 JAMES             950 SALES      BLAKE               6 1566.66667       2850        950
      7934 MILLER           1300 ACCOUNTING CLARK               3 2916.66667       5000       1300
      7654 MARTIN           1250 SALES      BLAKE               6 1566.66667       2850        950
      7698 BLAKE            2850 SALES      KING                6 1566.66667       2850        950
      7782 CLARK            2450 ACCOUNTING KING                3 2916.66667       5000       1300
      7839 KING             5000 ACCOUNTING                     3 2916.66667       5000       1300
      7876 ADAMS            1100 RESEARCH   SCOTT               5       2175       3000        800
      7566 JONES            2975 RESEARCH   KING                5       2175       3000        800
      7844 TURNER           1500 SALES      BLAKE               6 1566.66667       2850        950
      7902 FORD             3000 RESEARCH   JONES               5       2175       3000        800
      7521 WARD             1250 SALES      BLAKE               6 1566.66667       2850        950

已选择12行。
```

图 8-36

# 8.7 本章小结

本章主要介绍子查询。所谓子查询，即 select 语句中嵌套了另外一个或多个 select 语句。子查询可以出现在很多位置，例如 WHERE 子查询、FROM 子查询、HAVING 子句使用子查询等。通过子查询，可以实现较为复杂的查询。相比前面介绍的多表查询，子查询更加灵活，功能更加强大，并且更容易理解。不过，子查询比起多表查询，速度稍微慢一些。

# 8.8 疑难解答

**问：子查询语句放在那里？**

**答：**子查询语句可以放到查询语句的任何位置，例如 select 后面，from 后面，where 后面，等等。

**问：如何区分是子查询呢？**

**答：**所有可能出现的子查询都需要使用“()”声明，因此通过括号就可以判别。

**问：是否允许子查询嵌套？**

**答：**子查询允许嵌套，但不能超过 255 层。

**问：子查询中是否可以使用任何查询关键词？**

**答：**子查询中不能包括 order by 子句。

**问：子查询可以再细分吗？**

**答：**子查询可以再分为单行子查询、多行子查询和关联子查询。单行子查询是指返回一行数据的子查询语句；多行子查询是指返回多行数据的子查询语句；当内层查询和外层查询相互关联时称为关联子查询。

# 8.9 实战练习

⑴ 查询 emp 数据表中不是销售部门的员工信息。

⑵ 查询 emp 数据表中工资既不是最高工资，也不是最低工资的员工信息。

⑶ 找到薪水大于本部门平均薪水的员工。

⑷ 找到工作表中工资最高的前 5 名的员工信息。

⑸ 要求每个员工后面显示他经理的工资。

⑹ 统计每个部门的信息和人数。

⑺ 统计每个部门工资在（500~1 000）/（1 000~3 500）/（3 500~7 000）的人数。

⑻ 查询每个部门最高工资的员工。

⑼ 查询每个部门最低工资的员工。

# 第 9 章

# Oracle 数据的基本操作

**本章导读**

上一章介绍了 SQL 查询中的各种子查询，这些查询属于 SQL 的 DQL 操作。要多加练习才能更好地掌握这些知识。本章将开始介绍 SQL 中的 DML 操作，即更新操作。更新操作主要分为三种：增加、修改、删除。

**本章课时：理论 2 学时 + 实践 2 学时**

## 学习目标

- 数据增加
- 数据修改
- 数据删除
- 事务处理
- 数据伪列

# 9.1 数据增加

由于 emp 表中的数据对日后的开发依然有用，所以在讲解更新之前，建议对 emp 表数据进行复制，将 emp 表复制为 myemp 表。输入语句如下。

```
create table myemp as select * from emp;
```

上面是 Oracle 数据表复制的代码，后面还会重点介绍。执行完上面的操作后，可以查询一下复制的新数据表，如图 9-1 所示，可以看出和原先的数据表 emp 内容完全一样。

```
管理员: C:\Windows\system32\cmd.exe - sqlplus  scott/tiger
SQL> SELECT * FROM myemp ;

     EMPNO ENAME                JOB                        MGR HIREDATE             SAL       COMM     DEPTNO
---------- -------------------- ------------------- ---------- -------------- ---------- ---------- ----------
      7369 SMITH                CLERK                     7902 17-12月-80            800                    20
      7499 ALLEN                SALESMAN                  7698 20-2月 -81           1600        300         30
      7521 WARD                 SALESMAN                  7698 22-2月 -81           1250        500         30
      7566 JONES                MANAGER                   7839 02-4月 -81           2975                    20
      7654 MARTIN               SALESMAN                  7698 28-9月 -81           1250       1400         30
      7698 BLAKE                MANAGER                   7839 01-5月 -81           2850                    30
      7782 CLARK                MANAGER                   7839 09-6月 -81           2450                    10
      7788 SCOTT                ANALYST                   7566 19-4月 -87           3000                    20
      7839 KING                 PRESIDENT                      17-11月-81           5000                    10
      7844 TURNER               SALESMAN                  7698 08-9月 -81           1500          0         30
      7876 ADAMS                CLERK                     7788 23-5月 -87           1100                    20
      7900 JAMES                CLERK                     7698 03-12月-81            950                    30
      7902 FORD                 ANALYST                   7566 03-12月-81           3000                    20
      7934 MILLER               CLERK                     7782 23-1月 -82           1300                    10

已选择14行。
```

图 9-1

数据表肯定需要新数据的加入，增加数据的操作，可以使用如下语法完成。

```
INSERT  INTO 表名称 [( 字段名称 , 字段名称 ,…)] VALUES ( 数据 , 数据 ,…);
```

对数据的增加操作需要注意一点，即关于数据的定义问题。

◎ 字符串：使用单引号“ ' ”声明。例如，' 你好 '。

◎ 数值：直接编写。例如，100。

◎ 日期：有 3 种方式可以选择。

(1) 可以设置为当前日期：SYSDATE。

(2) 根据日期的保存结构编写字符串：' 天 – 月 – 年 '。

(3) 可以利用 TO_DATE() 函数将字符串转换为 DATE 型数据。

**【范例 9-1】实现数据增加，保存新的内容。**

增加数据的语法有两种：一种是使用完整语法书写，此时要求所设计的字段名称与数据内容要完全对应；另一种是使用简化的语法格式，此时，字段名称可以省略，但此时默认向所有字段中插入新内容。

使用完整语法实现数据增加，要明确编写字段名称，如下所示。

```
INSERT INTO myemp(empno,job,sal,hiredate,ename,deptno,mgr,comm)
VALUES (6666,' 清洁工 ',2000,TO_DATE('1988-10-10','yyyy-mm-dd'),' 王二 ',40,7369,null) ;
```

上面这条语句是向该数据表中增加一条记录，为该记录字段“empno,job,sal,hiredate,ename,deptno,mgr,comm” 增加数据“6666,' 清洁工 ',2000,TO_DATE('1988-10-10','yyyy-mm-dd'),' 王二 ',40,7369,null”。

下面是向该数据库中再增加一条记录。但记录字段没有写 comm，同样后面的 values 中也不要写数据，即前面字段和后面的数据数量要对应。输入语句如下。

```
INSERT INTO myemp(empno,job,sal,hiredate,ename,deptno,mgr)
VALUES (6667,' 清洁工 ',2000,TO_DATE('1988-10-10','yyyy-mm-dd'),' 王二 ',40,7369) ;
```

使用简化的语法格式实现数据增加可以不写出字段名称，如下所示。

```
INSERT INTO myemp VALUES (6688,' 王三 ',' 清洁工 ',7369,TO_DATE('1988-10-10','yyyy-mm-dd'),2000,40,null) ;
```

使用上面这个简化的语法格式的时候，一定要注意，values 中数据内容的顺序一定要和数据表中字段的顺序一致，否则会出现错误。当字段较多的时候，对应每个顺序很是麻烦，因此在日后的开发中，一定要记住，不管代码怎么写，尽量用完整格式的数据增加语法。

# 9.2 数据修改

用户可以对数据表中的已有数据进行更新操作，这就是修改任务。数据修改可以使用如下的语法。

```
UPDATE 表名称 SET 字段 = 内容 , 字段 = 内容 ,… [WHERE 更新条件 (s)]
```

其中 where 语句是可选项，如果没有则更新所有记录。

**【范例 9-2】将员工编号的 7369 的员工工资修改为 810，佣金改为 100。**

输入语句如下。

```
UPDATE myemp SET sal=810,comm=100 WHERE empno=7369 ;
```

这个范例，使用 where 子句限制修改的记录为 empno=7369。

**【范例 9-3】将工资最低的员工工资修改为公司的平均工资。**

输入语句如下。

```
UPDATE myemp SET sal=(SELECT AVG(sal) FROM myemp)
WHERE sal=(SELECT MIN(sal) FROM myemp) ;
```

这个范例使用前面介绍的子查询“（SELECT MIN(sal) FROM myemp）”先查询出最低工资，然后再使用“（SELECT AVG(sal) FROM myemp）”把这些工资最低的员工的工资更改为平均工资。

通过使用 select 语句，查询更新结果，如图 9-2 所示，可以看到工资最低的员工的工资已经修改为平均工资。

```
管理员: C:\Windows\system32\cmd.exe - sqlplus  scott/tiger
SQL> SELECT * FROM myemp WHERE empno=7369 ;

     EMPNO ENAME                JOB                       MGR HIREDATE              SAL       COMM     DEPTNO
---------- -------------------- ------------------ ---------- -------------- ---------- ---------- ----------
      7369 SMITH                CLERK                    7902 17-12月-80        2060.88        100         20
```

图 9-2

**【范例 9-4】将所有在 1981 年雇用的员工的雇佣日期修改为今天，工资增长 20%。**

输入语句如下。

```
UPDATE myemp SET hiredate=SYSDATE,sal=sal*1.2
```

```
WHERE hiredate BETWEEN '01-1 月 -1981' AND '31-12 月 -1981' ;
```

这个范例中使用 BETWEEN…AND 函数实现过滤条件。更新结果如图 9-3 所示。

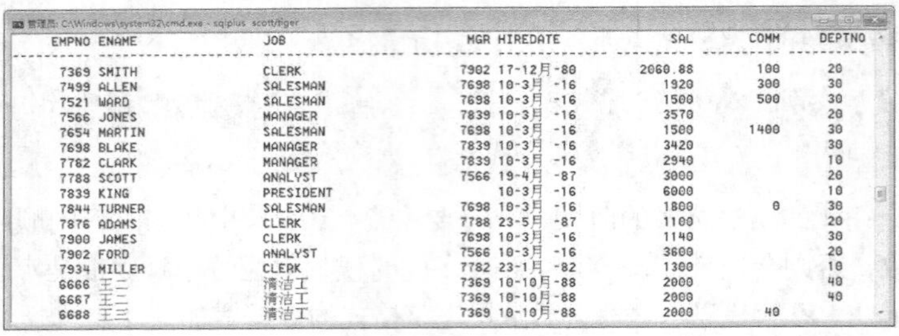

```
管理员: C:\Windows\system32\cmd.exe - sqlplus  scott/tiger
     EMPNO ENAME                JOB                       MGR HIREDATE            SAL       COMM     DEPTNO
---------- -------------------- ------------------ ---------- ------------ ---------- ---------- ----------
      7369 SMITH                CLERK                    7902 17-12月-80      2060.88        100         20
      7499 ALLEN                SALESMAN                 7698 10-3月 -16         1920        300         30
      7521 WARD                 SALESMAN                 7698 10-3月 -16         1500        500         30
      7566 JONES                MANAGER                  7839 10-3月 -16         3570                    20
      7654 MARTIN               SALESMAN                 7698 10-3月 -16         1500       1400         30
      7698 BLAKE                MANAGER                  7839 10-3月 -16         3420                    30
      7782 CLARK                MANAGER                  7839 10-3月 -16         2940                    10
      7788 SCOTT                ANALYST                  7566 19-4月 -87         3000                    20
      7839 KING                 PRESIDENT                     10-3月 -16         6000                    10
      7844 TURNER               SALESMAN                 7698 10-3月 -16         1800          0         30
      7876 ADAMS                CLERK                    7788 23-5月 -87         1100                    20
      7900 JAMES                CLERK                    7698 10-3月 -16         1140                    30
      7902 FORD                 ANALYST                  7566 10-3月 -16         3600                    20
      7934 MILLER               CLERK                    7782 23-1月 -82         1300                    10
      6666 王二                 清洁工                   7369 10-10月-88         2000                    40
      6667 王二                 清洁工                   7369 10-10月-88         2000                    40
      6688 王三                 清洁工                   7369 10-10月-88         2000         40
```

图 9-3

如果在更新的过程中并没有设置更新条件，那么将更新全部数据。

**【范例 9-5】数据的更新操作。**

输入语句如下。

```
UPDATE myemp SET comm=null ;
```

如果不增加更新条件，最终的结果就是表中的记录全都要被更新，但是不建议使用这种全部更新的操作。

## 9.3　数据删除

删除数据就是指删除不再需要的数据。对于删除操作，具体语法如下所示。

```
DELETE FROM 表名称 [WHERE 删除条件 (s)];
```

其中，where 子句指明删除的范围。

**【范例 9-6】删除员工编号为 7369 的员工信息。**

输入语句如下。

```
DELETE FROM myemp WHERE empno=7369 ;
```

上面代码中，where 子句限制删除的记录是员工编号为 7369 的员工信息。

**【范例 9-7】删除若干个数据。**

输入语句如下。

```
DELETE FROM myemp WHERE empno IN (7566,7788,7899) ;
```

上面代码中，在 where 子句中使用 IN 运算符指定多个删除记录。
此外，删除操作本身也可以结合子查询完成。

**【范例 9-8】删除公司中工资最高的员工。**

输入语句如下。

```
DELETE FROM myemp WHERE sal=(SELECT MAX(sal) FROM myemp) ;
```

上面代码中，在 where 子句中，使用子查询语句“（SELECT MAX(sal) FROM myemp）”，首先得到最高的工资，然后删除所有工资是最高工资的员工。

如果本身就想删除全部数据，那么就不设置删除条件。输入语句如下。

```
DELETE FROM myemp ;
```

# 9.4 事务处理

事务是保证数据完整性的一种手段。事务具备 ACID 原则（包括原子性、一致性、独立性及持久性），保证一个人更新数据的时候，其他人不能更新。在 Oracle 中，sql plus 是一个客户端。但是对于 Oracle 服务而言，每一个 sql plus 客户端都是独立的，都使用一个会话（session）描述；所有的更新都是暂存在缓冲区，直到提交为止。在提交之前，还可以使用回滚操作恢复数据到原始状态，如图 9-4 所示。

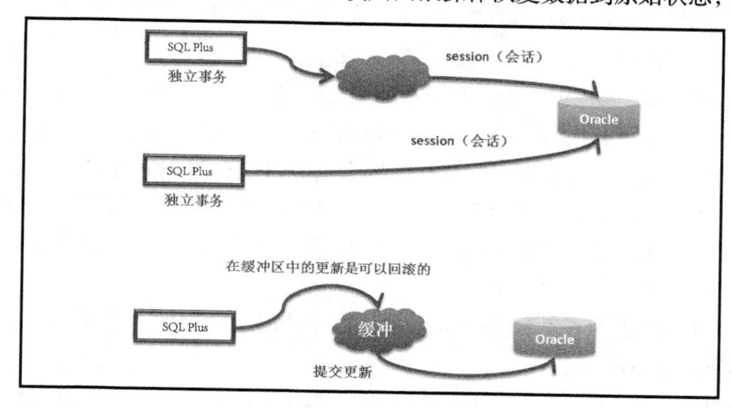


图 9-4

事务处理提供了两个核心命令。

◎ 提交事务：commit。

◎ 回滚事务：rollback。

真正使用 commit 提交后才表示更新已经正常完成。所有的更新操作都需要被事务所保护。

例如，小桃要给小李汇款。

(1) 从小桃的账户上减少 5 000 万元。

(2) 在小李的账户上增加 5 000 万元。

(3) 扣除转账手续费 50 元。

假如说现在第(2)步没有实现，小桃的账上应该恢复 5 000 万元，但是如果没有事务处理，现在更新金额，就表示数据已经正常提交了，不管小李的账户上是否增加，小桃的金额都会减少。所以事务的好处是在一组更新操作全部完成之后再进行提交处理，这样才可以保证数据的完整性。

概括起来，事务处理的概念就是整个操作要成功就一起成功，要失败就退回原点。

下面介绍一下在事务处理中事务锁的概念。

如果按照之前的讲解，每一个 session 都进行自己的事务处理，那么如果现在两个 session 同时操作了同一条数据该如何呢？

下面将通过一个具体范例来说明存在的问题。

【范例 9-9】第一个 session 更新员工编号为 7566 的员工信息。

输入语句如下。

```
UPDATE myemp SET sal=5000 WHERE empno=7566 ;
```

此时的 session 并没有提交或回滚事务。

【范例 9-10】第二个 session 更新员工编号为 7566 的员工信息。

输入语句如下。

```
UPDATE myemp SET comm=9000 WHERE empno=7566 ;
```

此时会发现更新操作并不能完成，因为两个不同的 session 更新了同一条数据，那么此时就会出现一种情况：锁。在第一个 session 没有提交或回滚之前，第二个 session 要一直等待第一个 session 更新完成才能进行自己的操作。所以在事务的处理过程中，存在行级锁定的概念，在提交或回滚更新之前，只能有一个 session 操作数据，这是事务的隔离性。

虽然这种事务的处理很方便，但是这种锁定就很麻烦了。

假设一个站点平均每秒在线人数有 300 人，并且假设这个站点的用户有 3 000 万个（这 3 000 万个用户如果要登录，还需要进行一些数据表的更新操作）。突然有一天，网站的老板让你把所有用户的某一个字段的内容统一更新为一个数据。那么这个时候有两个解决方案。

◎ 直接发出 UPDATE 更新全部指令，目的是让 3 000 万条数据一起完成更新。假设现在每更新 10 条数据需要 1 秒时间，总的更新时间为 3 000 000 秒（大约 34 天）。这就意味着在这 34 天之内，因为事务的隔离，所有的用户无法登录。

在整个程序的世界里面只有两种方法可以评价程序：时间复杂度、空间复杂度。现在发现，第一种方法实际上是拿时间换空间。

◎ 按照这个时间换空间的思路，可以利用一个周期来完成。不直接更新所有的用户信息，而是让每一个用户信息，在使用的时候才进行更新，虽然不是所有的用户立刻都发生了改变，但是慢慢地大部分活跃用户就都进行了修改，而那些僵尸用户，可以再集中进行处理。

## 9.5 数据伪列

之前学习过 SYSDATE 伪列，所谓的伪列指的是列本身虽然不存在，但却是可以使用的列。在 Oracle 里面有两个非常重要的伪列：ROWNUM、ROWID。

行号：ROWNUM。

如果在开发中使用了 ROWNUM，那么就会自动生成行号。

【范例 9-11】观察 ROWNUM 使用。

输入语句如下。

```
SELECT ROWNUM,empno,ename,job FROM emp ;
```

查询结果如图 9-5 所示，实际上数据表 emp 并没有 ROWNUM 这个列，但是仍然显示出

ROWNUM，它是一个伪列，只是使用它生成行号。

```
管理员: C:\Windows\system32\cmd.exe - sqlplus  scott/tiger
SQL> SELECT ROWNUM,empno,ename,job FROM emp ;

    ROWNUM      EMPNO ENAME                JOB
---------- ---------- -------------------- ------------------
         1       7369 SMITH                CLERK
         2       7499 ALLEN                SALESMAN
         3       7521 WARD                 SALESMAN
         4       7566 JONES                MANAGER
         5       7654 MARTIN               SALESMAN
         6       7698 BLAKE                MANAGER
         7       7782 CLARK                MANAGER
         8       7788 SCOTT                ANALYST
```

图 9-5

另一方面，可以发现ROWNUM在每一行显示的时候都会自动增加一个行号，但需要记住的是，ROWNUM生成的行号不是固定的，而是动态计算得来的。

**【范例 9-12】观察 ROWNUM。**

输入语句如下。

```
SELECT ROWNUM,empno,ename,job FROM emp WHERE deptno=10 ;
```

查询结果如图 9-6 所示。

```
管理员: C:\Windows\system32\cmd.exe - sqlplus  scott/tiger
SQL> SELECT ROWNUM,empno,ename,job FROM emp WHERE deptno=10 ;

    ROWNUM      EMPNO ENAME                JOB
---------- ---------- -------------------- ------------------
         1       7782 CLARK                MANAGER
         2       7839 KING                 PRESIDENT
         3       7934 MILLER               CLERK
```

图 9-6

此时，行号是根据查询结果动态计算出来的，所以每一个行号都不会与特定的记录捆绑。

在实际的开发过程之中，ROWNUM可以做两件事情。

◎ 取得第一行数据。

◎ 取得前N行数据。

**【范例 9-13】查询 emp 表中的记录并取得第一行数据。**

输入语句如下。

```
SELECT ROWNUM,empno,ename,job FROM emp WHERE deptno=10 AND ROWNUM=1 ;
```

查询结果如图 9-7 所示，取出了所有符合条件的第一行数据。

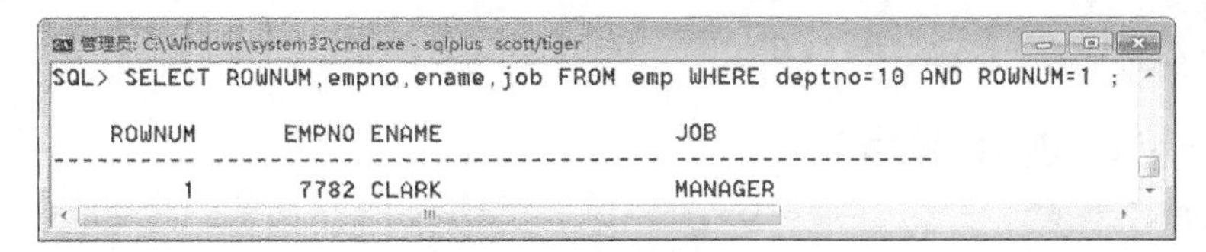

```
管理员: C:\Windows\system32\cmd.exe - sqlplus  scott/tiger
SQL> SELECT ROWNUM,empno,ename,job FROM emp WHERE deptno=10 AND ROWNUM=1 ;

    ROWNUM      EMPNO ENAME                JOB
---------- ---------- -------------------- ------------------
         1       7782 CLARK                MANAGER
```

图 9-7

注意：ROWNUM此时只能查询第一行的数据，如果把上面查询语句中“ROWNUM=1”修改为“ROWNUM=2”，则无法查询数据。

对 ROWNUM 而言，最为重要的一个特性是它可以取得前 N 行记录。

**【范例 9-14】取得 emp 表的前 5 行记录。**

输入语句如下。

```
SELECT ROWNUM,empno,ename FROM emp WHERE ROWNUM<=5 ;
```

查询结果如图 9-8 所示，使用“ROWNUM<=5”取出 emp 表的前 5 行记录。

```
SQL> SELECT ROWNUM,empno,ename FROM emp WHERE ROWNUM<=5 ;

    ROWNUM      EMPNO ENAME
---------- ---------- --------------------
         1       7369 SMITH
         2       7499 ALLEN
         3       7521 WARD
         4       7566 JONES
         5       7654 MARTIN
```

图 9-8

**行 ID：ROWID。**

ROWID 大部分情况下是在一些分析上使用的，而且在实际的开发过程中你也不会感受到 ROWID 存在。所谓的 ROWID 指的是每行数据提供的物理地址。

**【范例 9-15】查看 ROWID。**

输入语句如下。

```
SELECT ROWID,deptno,dname,loc FROM dept ;
```

查询结果如图 9-9 所示，可以看出现在增加了一列字段 ROWID。

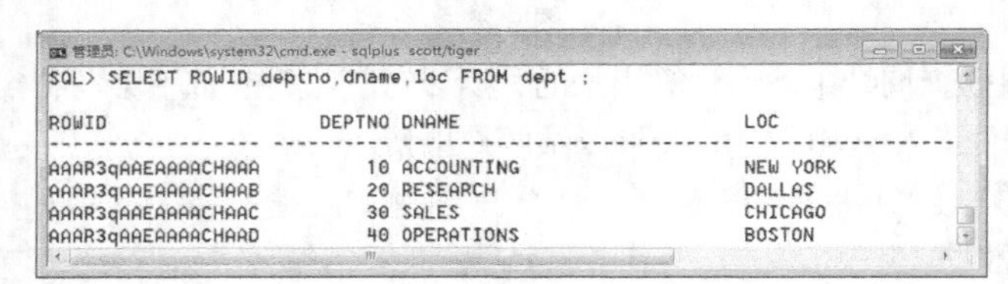


图 9-9

现在分析一下 ROWID 的组成，以“AAAR3qAAEAAAACHAAA”这个数据为例，ROWID 组成包含如下部分。

◎ 数据对象编号：AAAR3q。

◎ 数据文件编号：AAE。

◎ 数据保存的块号：AAAACH。

◎ 数据保存的行号：AAA。

**【范例 9-16】增加若干条数据。**

输入语句如下。

```
INSERT INTO mydept(deptno,dname,loc) VALUES (10,'ACCOUNTING','NEW YORK') ;
INSERT INTO mydept(deptno,dname,loc) VALUES (10,'ACCOUNTING','NEW YORK') ;
INSERT INTO mydept(deptno,dname,loc) VALUES (30,'SALES','CHICAGO') ;
INSERT INTO mydept(deptno,dname,loc) VALUES (20,'RESEARCH','DALLAS') ;
```

更新结果如图 9–10 所示，可以看出数据表中有很多重复的数据。

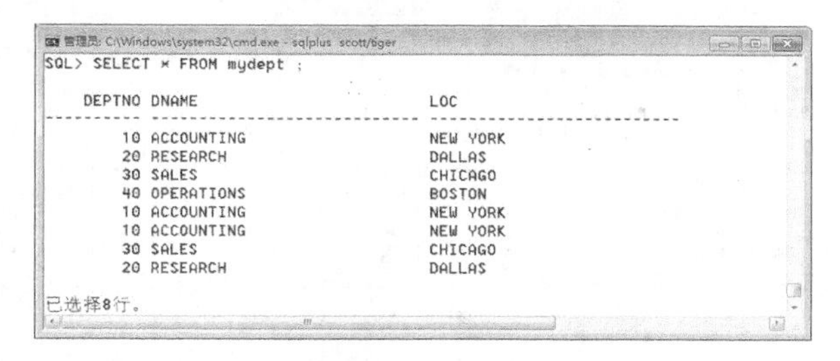

```
SQL> SELECT * FROM mydept ;

    DEPTNO DNAME                        LOC
---------- ---------------------------- ----------------------------
        10 ACCOUNTING                   NEW YORK
        20 RESEARCH                     DALLAS
        30 SALES                        CHICAGO
        40 OPERATIONS                   BOSTON
        10 ACCOUNTING                   NEW YORK
        10 ACCOUNTING                   NEW YORK
        30 SALES                        CHICAGO
        20 RESEARCH                     DALLAS

已选择8行。
```

图 9–10

现在的问题是表中的数据列的信息几乎都是一样的，所以如果按照已有的字段删除，那么最终的结果是都会被删除掉。即便数据重复了，在 Oracle 里面存在一个 ROWID，它的物理保存地址也是不可能重复的，如图 9–11 所示。

```
SQL> SELECT ROWID,deptno,dname,loc FROM mydept ;

ROWID                  DEPTNO DNAME                        LOC
------------------ ---------- ---------------------------- --------------------
AAASNZAAEAAAAIbAAA         10 ACCOUNTING                   NEW YORK
AAASNZAAEAAAAIbAAB         20 RESEARCH                     DALLAS
AAASNZAAEAAAAIbAAC         30 SALES                        CHICAGO
AAASNZAAEAAAAIbAAD         40 OPERATIONS                   BOSTON
AAASNZAAEAAAAIcAAA         10 ACCOUNTING                   NEW YORK
AAASNZAAEAAAAIcAAB         10 ACCOUNTING                   NEW YORK
AAASNZAAEAAAAIcAAC         30 SALES                        CHICAGO
AAASNZAAEAAAAIcAAD         20 RESEARCH                     DALLAS

已选择8行。
```

图 9–11

可以使用下面的代码删除其中重复的语句。

```
Delete from mydept where ROWID=' AAASNZAAEAAAIcAAA';
```

只需替换上面代码中要删除的 ROWID 记录即可。最终清除完无用数据的结果如下所示。

```
SELECT ROWID,deptno,dname,loc FROM mydept ;
```

查询结果如图 9–12 所示，和没有插入数据之前的内容完全相同。

```
SQL> SELECT ROWID,deptno,dname,loc FROM mydept ;

ROWID                  DEPTNO DNAME                        LOC
------------------ ---------- ---------------------------- --------------------
AAASNZAAEAAAAIbAAA         10 ACCOUNTING                   NEW YORK
AAASNZAAEAAAAIbAAB         20 RESEARCH                     DALLAS
AAASNZAAEAAAAIbAAC         30 SALES                        CHICAGO
AAASNZAAEAAAAIbAAD         40 OPERATIONS                   BOSTON
```

图 9–12

但是如果数据表中重复的数据太多，使用上面介绍的方法就不行了。此时，考虑到在程序中都会涉及累加的操作，所以理论上来说，最早保存数据的 ROWID 内容应该是最小的。如果要想确认最小，可以使用 MIN() 函数。

现在 mydept 表中的数据有重复，那么可以采用分组，按照重复内容分组之后统计出最小的 ROWID（最早的 ROWID）。输入语句如下。

```
SELECT deptno,dname,loc,MIN(ROWID)
FROM mydept
GROUP BY deptno,dname,loc ;
```

运行结果如图 9-13 所示，可以看到每组中最小的 ROWID。

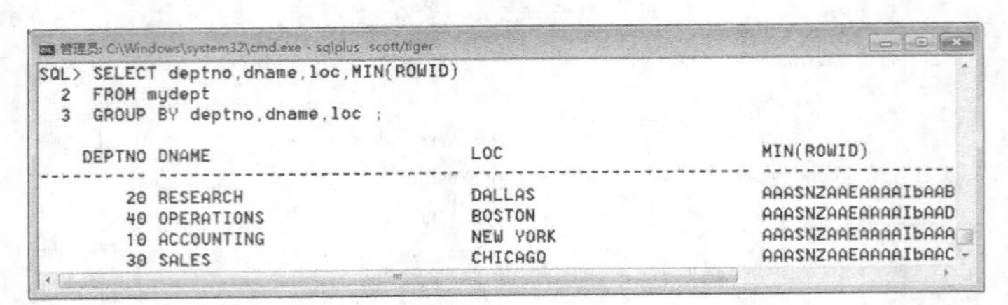


图 9-13

以上的查询返回了所有需要保留的数据，所有不需要保留的数据就可以删除了。输入语句如下。

```
DELETE FROM mydept WHERE ROWID NOT IN (
    SELECT MIN(ROWID)
    FROM mydept
    GROUP BY deptno,dname,loc) ;
```

不过这样的操作只是一个使用说明，在以后讲解索引的时候会讲到 ROWID 更多的使用方法。

## 9.6 综合范例——商店数据库构建

本章及下一章我们将使用同一数据库下的若干数据表分别进行实战练习，以帮助读者加深对所学知识的理解。

**【范例 9-17】现有一个商店的数据库，记录顾客及其购物情况。根据要求完成任务。**

此数据库由下面 3 个表组成。

◎ 商品 product（商品号 productid，商品名 productname，单价 unitprice，商品类别 category，供应商 provider）。

◎ 顾客 customer（顾客号 customerid，姓名 name，住址 location）。

◎ 购买 purcase（顾客号 customerid，商品号 productid，购买数量 quantity）。

每个顾客可以购买多件商品，每件商品可以被多个顾客购买。属于多对多的关系。

数据表的创建将在下一章介绍。假设这 3 个数据表已经创建，现在需要完成下面任务。

(1) 往表中插入数据。

商品（M01，牙膏一，8.00，牙膏，厂商一；
M02，牙膏二，6.50，牙膏，厂商二；
M03，牙膏三，5.00，牙膏，厂商三；
M04，香皂一，3.00，香皂，厂商一；
M05，香皂二，5.00，香皂，厂商三；
M06，洗衣粉一，2.50，洗衣粉，厂商四；
M07，牙膏四，3.50，牙膏，厂商三；
M08，洗衣粉二，3.00，洗衣粉，厂商一；
M09，洗衣粉三，4.00，洗衣粉，厂商一；）。

顾客（C01，Dennis，海淀；

C02，John，朝阳；
C03，Tom，东城；
C04，Jenny，东城；
C05，Rick，西城；）。

购买(C01，M01，3；
C01，M05，2；
C01，M08，2；
C02，M02，5；
C02，M06，4；
C03，M01，1；
C03，M05，1；
C03，M06，3；
C03，M08，1；
C04，M03，7；
C04，M04，3；
C05，M06，2；
C05，M07，8；）。

(2) 用 SQL 语句完成下列查询。

① 求购买了供应商“厂商一”产品的所有顾客。

② 求购买的商品包含了顾客“Dennis”所购买的所有商品的顾客（姓名）。

③ 求牙膏卖出数量最多的供应商。

(3) 将所有的牙膏商品单价增加 10%。

(4) 删除从未被购买的商品记录。

下面我们就来看看如何实现。

(1) 向数据表中输入数据。

增加商品信息的代码如下所示。

```
INSERT INTO product(productid,productname,unitprice,category,provider) VALUES ('M01',
' 牙膏一 ',8.00,' 牙膏 ',' 厂商一 ');
INSERT INTO product(productid,productname,unitprice,category,provider) VALUES ('M02',
' 牙膏二 ',6.50,' 牙膏 ',' 厂商二 ');
INSERT INTO product(productid,productname,unitprice,category,provider) VALUES ('M03',
' 牙膏三 ',5.00,' 牙膏 ',' 厂商三 ');
INSERT INTO product(productid,productname,unitprice,category,provider) VALUES ('M04',
' 香皂一 ',3.00,' 香皂 ',' 厂商一 ');
INSERT INTO product(productid,productname,unitprice,category,provider) VALUES ('M05',
' 香皂二 ',5.00,' 香皂 ',' 厂商三 ');
INSERT INTO product(productid,productname,unitprice,category,provider) VALUES ('M06',
' 洗衣粉一 ',2.50,' 洗衣粉 ',' 厂商四 ');
INSERT INTO product(productid,productname,unitprice,category,provider) VALUES ('M07',
' 牙膏四 ',3.50,' 牙膏 ',' 厂商三 ');
```

```
    INSERT INTO product(productid,productname,unitprice,category,provider) VALUES ('M08',
' 洗衣粉二 ',3.00,' 洗衣粉 ',' 厂商一 ') ;
    INSERT INTO product(productid,productname,unitprice,category,provider) VALUES ('M09',
' 洗衣粉三 ',4.00,' 洗衣粉 ',' 厂商一 ') ;
```

增加用户信息的代码如下所示。

```
INSERT INTO customer (customerid,name,location) VALUES ('C01','Dennis',' 海淀 ') ;
INSERT INTO customer (customerid,name,location) VALUES ('C02','John',' 朝阳 ') ;
INSERT INTO customer (customerid,name,location) VALUES ('C03','Tom',' 东城 ') ;
INSERT INTO customer (customerid,name,location) VALUES ('C04','Jenny',' 东城 ') ;
INSERT INTO customer (customerid,name,location) VALUES ('C05','Rick',' 西城 ') ;
```

增加购买记录的代码如下所示。

```
INSERT INTO purcase (customerid,productid,quantity) VALUES ('C01','M01',3) ;
INSERT INTO purcase (customerid,productid,quantity) VALUES ('C01','M05',2) ;
INSERT INTO purcase (customerid,productid,quantity) VALUES ('C01','M08',2) ;
INSERT INTO purcase (customerid,productid,quantity) VALUES ('C02','M02',5) ;
INSERT INTO purcase (customerid,productid,quantity) VALUES ('C02','M06',6) ;
INSERT INTO purcase (customerid,productid,quantity) VALUES ('C03','M01',1) ;
INSERT INTO purcase (customerid,productid,quantity) VALUES ('C03','M05',1) ;
INSERT INTO purcase (customerid,productid,quantity) VALUES ('C03','M06',3) ;
INSERT INTO purcase (customerid,productid,quantity) VALUES ('C03','M08',1) ;
INSERT INTO purcase (customerid,productid,quantity) VALUES ('C04','M03',7) ;
INSERT INTO purcase (customerid,productid,quantity) VALUES ('C04','M04',3) ;
INSERT INTO purcase (customerid,productid,quantity) VALUES ('C05','M06',2) ;
INSERT INTO purcase (customerid,productid,quantity) VALUES ('C05','M07',8) ;
```

最后一定要提交事务，代码如下。

```
COMMIT ;
```

如果事务不提交，那么 session 一旦关闭数据就消失了。

(2) 用 SQL 语句完成下列查询。

与之前的部门和员工不同的是，本次查询属于多对多的查询应用，这一点在某种程度上决定了查询的复杂度。

① 求购买了供应商“厂商一”产品的所有顾客。

◎ 确定要使用的数据表。

customer 表：可以取得顾客信息。

product 表：商品表中可以找到供应商信息。

purcase 表：保存顾客购买商品的记录。

第一步：找到供应商“厂商一”的所有商品编号，因为有了商品编号才可以查找到购买记录。输入语句如下。

```
SELECT productid
FROM product
WHERE provider=' 厂商一 ';
```

查询结果如图 9-14 所示。

```
管理员: C:\Windows\system32\cmd.exe - sqlplus scott/tiger
SQL> SELECT productid
  2  FROM product
  3  WHERE provider='厂商一';

PRODUCTID
----------
M01
M04
M08
M09
```

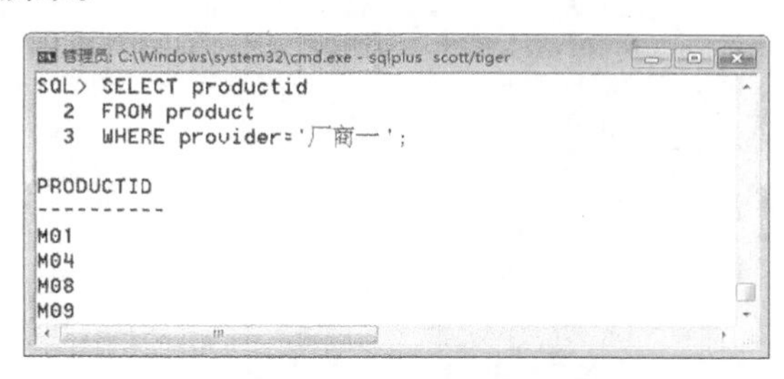

图 9-14

第二步：以上的查询返回多行单列，按照要求，应该在 WHERE 子句之中出现，现在又属于一个范围的匹配，那么可以使用 IN 进行判断，找出购买记录是为了找到顾客信息。输入语句如下。

```
SELECT customerid
FROM purcase
WHERE productid IN (
    SELECT productid
    FROM product
    WHERE provider=' 厂商一 ') ;
```

查询结果如图 9-15 所示。

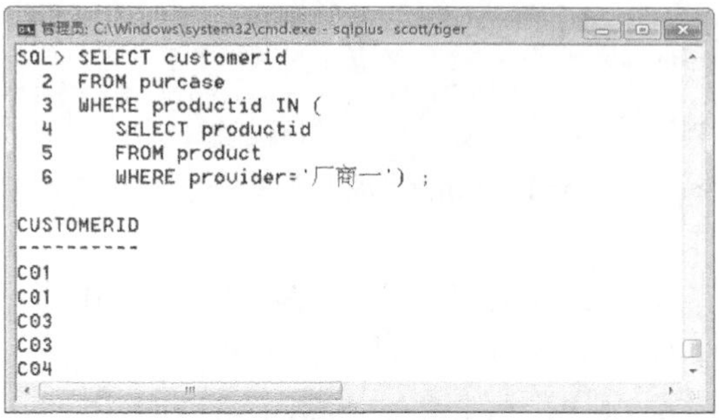

```
管理员: C:\Windows\system32\cmd.exe - sqlplus scott/tiger
SQL> SELECT customerid
  2  FROM purcase
  3  WHERE productid IN (
  4     SELECT productid
  5     FROM product
  6     WHERE provider='厂商一') ;

CUSTOMERID
----------
C01
C01
C03
C03
C04
```

图 9-15

第三步：以上返回了顾客的编号，直接利用 WHERE 子句过滤。输入语句如下。

```
SELECT *
FROM customer
WHERE customerid IN (
    SELECT customerid
    FROM purcase
    WHERE productid IN (
            SELECT productid
```

```
          FROM product
          WHERE provider='厂商一'));
```

查询结果如图 9–16 所示，实现了所要求的效果。

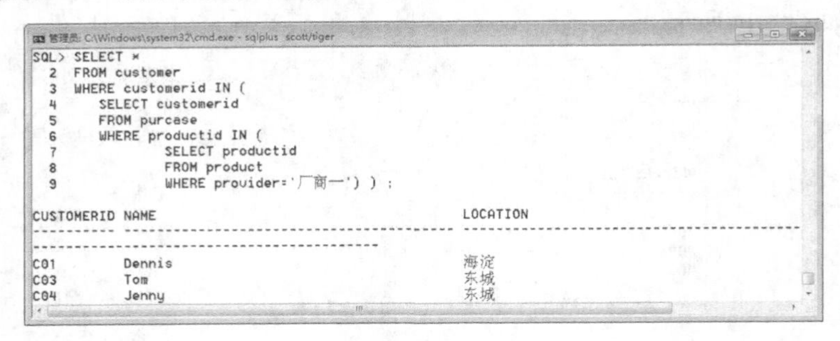


图 9–16

② 求购买的商品包含了顾客“Dennis”所购买的所有商品的顾客（姓名）。

◎ 确定要使用的数据表。

customer 表：顾客信息。

purcase 表：购买的商品记录。

首先需要知道“Dennis”购买了那些商品。所有的购买记录保存在了 purcase 表之中，而要想查购买记录，只需要知道顾客的编号即可。顾客编号通过 customer 表查询。

```
SELECT productid
FROM purcase
WHERE customerid=(
    SELECT customerid
    FROM customer
    WHERE name='Dennis' );
```

可以发现，此人购买了 M01、M05、M08，而其他用户必须包含这些内容才可以算是购买过此商品。

现在先不嵌套子查询，假设已经知道了购买的顾客编号为“C01”。

“C01”的购买记录：M01、M05、M08。

```
SELECT productid FROM purcase WHERE customerid='C01' ;
```

“C02”的购买记录：M02、M06。

```
SELECT productid FROM purcase WHERE customerid='C02' ;
```

“C03”的购买记录：M01、M05、M06、M08。

```
SELECT productid FROM purcase WHERE customerid='C03' ;
```

“C04”的购买记录：M03、M04。

```
SELECT productid FROM purcase WHERE customerid='C04' ;
```

“C05”的购买记录：M06、M07。

```
SELECT productid FROM purcase WHERE customerid='C05' ;
```

那么现在的问题就在于如何将 C03 保留，而其他编号删除。可以借助集合操作。

通过差集的计算可以找到规律。

C01 和 C02 顾客做差运算（M01、M05、M08），输入语句如下。

```
SELECT productid FROM purcase WHERE customerid='C01'
    MINUS
SELECT productid FROM purcase WHERE customerid='C02' ;
```

C01 和 C03 顾客做差运算（null），输入语句如下。

```
SELECT productid FROM purcase WHERE customerid='C01'
    MINUS
SELECT productid FROM purcase WHERE customerid='C03' ;
```

如果包含有 C01 的全部内容差的结果是 null，可以利用学过的运算符补充，这个运算符的特点是如果有数据则查询，如果没有数据则不查询。

```
SELECT *
FROM customer ca
WHERE NOT EXISTS(
    SELECT p1.productid
    FROM purcase p1
    WHERE customerid=(
                SELECT customerid
                FROM customer
                WHERE name='Dennis')
        MINUS
    SELECT p2.productid
    FROM purcase p2
    WHERE customerid=ca.customerid )
AND ca.name<>'Dennis' ;
```

执行操作，结果如图 9-17 所示。

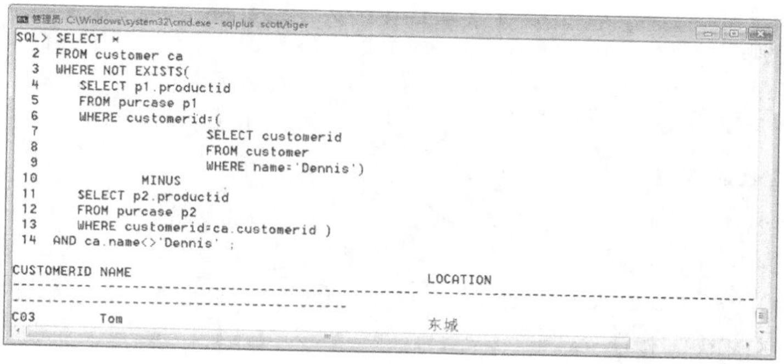

```
管理员: C:\Windows\system32\cmd.exe - sqlplus scott/tiger
SQL> SELECT *
  2  FROM customer ca
  3  WHERE NOT EXISTS(
  4      SELECT p1.productid
  5      FROM purcase p1
  6      WHERE customerid=(
  7                      SELECT customerid
  8                      FROM customer
  9                      WHERE name='Dennis')
 10              MINUS
 11      SELECT p2.productid
 12      FROM purcase p2
 13      WHERE customerid=ca.customerid )
 14  AND ca.name<>'Dennis' ;

CUSTOMERID NAME                                LOCATION
---------- ----------------------------------- ----------------------------------------
C03        Tom                                 东城
```

图 9-17

③ 求牙膏卖出数量最多的供应商。

◎ 确定要使用的数据表。

product 表：供应商信息。

product 表：商品分类以及出售的数量。

purcase 表：销售记录。

第一步：查找出牙膏的商品编号，如果没有编号就不可能知道购买记录。输入语句如下。

```
SELECT productid FROM product WHERE category=' 牙膏 ' ;
```

第二步：以上查询返回多行单列，把返回的结果在 WHERE 子句嵌套使用。根据 purcase 表找到所有牙膏的销售数量。输入语句如下。

```
SELECT productid,SUM(quantity)
FROM purcase
WHERE productid IN (
    SELECT productid FROM product WHERE category=' 牙膏 ')
GROUP BY productid;
```

第三步：因为要找牙膏的最高销售数量，所以需要进行统计函数嵌套，而一旦嵌套之后，统计查询的 SELECT 子句里面就不允许出现其他任何字段。输入语句如下。

```
SELECT productid,SUM(quantity)
FROM purcase
WHERE productid IN (
    SELECT productid FROM product WHERE category=' 牙膏 ')
GROUP BY productid
HAVING SUM(quantity)=(
    SELECT MAX(SUM(quantity))
    FROM purcase
    WHERE productid IN (
            SELECT productid FROM product WHERE category=' 牙膏 ')
    GROUP BY productid);
```

第四步：最后只是需要供应商的信息，所以只需要根据商品编号查找到供应商信息即可。输入语句如下。

```
SELECT provider
FROM product
WHERE productid=(
    SELECT productid
    FROM purcase
    WHERE productid IN (
            SELECT productid FROM product WHERE category=' 牙膏 ')
    GROUP BY productid
```

```
HAVING SUM(quantity)=(
        SELECT MAX(SUM(quantity))
        FROM purcase
        WHERE productid IN (
                SELECT productid FROM product WHERE category=' 牙膏 ')
        GROUP BY productid));
```

这就是多对多的查询分析。

(3) 将所有的牙膏商品单价增加10%。输入语句如下。

```
UPDATE product SET unitprice=unitprice*1.1 WHERE category=' 牙膏 ' ;
```

(4) 删除从未被购买的商品记录。

第一步：找出所有购买过的商品信息。输入语句如下。

```
SELECT productid FROM purcase ;
```

第二步：使用NOT IN就可以筛选未购买过的商品记录。输入语句如下。

```
DELETE FROM product WHERE productid NOT IN (SELECT productid FROM purcase) ;
```

# 9.7 本章小结

前面几章重点介绍SQL的数据查询操作，通过对数据库中数据进行多种组合查询（例如多表查询、子查询等），获得需要的结果。本章主要介绍SQL中的数据操纵知识，主要包括数据的插入、修改、删除等，以实现向数据表中增加数据，更新已有数据，删除已有数据。此外，还介绍了两个非常重要的伪列：ROWNUM、ROWID。对于数据操纵命令，应通过实例进行学习，理解使用过程中的主要事项，同时，通过后面习题加以锻炼。

# 9.8 疑难解答

**问：是否可以使用insert语句一次插入多条记录？**

**答**：可以结合Select子查询将查询结果批量插入到数据表中。

---

**问：在使用insert语句插入数据的时候，对于只插入部分列时，需要注意哪些事项？**

**答**：使用insert语句插入数据的时候，可以是数据表的全部列，也可以是部分列。当插入的是部分列的时候，要注意数据表中定义为非空的列，这些列必须被赋值，因此在插入的时候，这些列必须要一起插入数据，同时在对应的values中赋值，否则系统将会显示“无法将NULL插入”的错误信息。

---

**问：如何判断数据表中哪些字段为非空？**

**答**：可以使用“desc 数据表名”查看数据表中哪些列非空。

**问：使用 insert 语句结合 Select 子查询的时候需要注意哪些事项？**

**答**：在使用 insert 语句结合 Select 子查询的时候，insert 语句中指定的列名可以与 Select 子查询指定的列名不同，但数据类型必须是兼容的。

**问：使用 update 语句结合 Select 子查询的时候需要注意哪些事项？**

**答**： 使用 update 语句结合 Select 子查询的时候，必须保证 Select 子查询返回单一的值，否则会出现错误，导致数据更新失败。

**问：Delete 语句和 truncate 语句有什么区别？**

**答**：使用 delete 语句删除记录的时候，可以使用 rollback 语句来撤销；而使用 truncate 语句进行删除的操作则无法使用 rollback 语句来撤销。

**问：事务具有哪些重要的属性？**

**答**：事务具有 4 种重要的属性，即原子性、一致性、隔离性和持久性，简称为 ACID，分别是这 4 个属性英文单词第一个字母的缩写。

**问：什么时候系统会自动执行 commit 语句？**

**答**：执行 commit 语句即提交事务，当执行数据定义语句，例如 create,、drop、alter 等语句的时候系统会自动执行 commit 语句；执行数据控制指令，例如 grant、revole 等控制命令时，系统也会自动执行 commit 语句；当正常地断开数据库连接的时候，正常退出 sql 环境的时候，系统也会自动执行 commit 语句。

# 9.9 实战练习

(1) 创建数据表，其中包含 emp 数据表中的员工号、员工姓名和工资信息，并复制 emp 中对应数据。

(2) 将上面创建的数据表中所有员工工资增加 20%。

(3) 将上面创建的数据表中员工工资低于 2 000 的增加 100 元。

(4) 将上面创建的数据表中员工工资大于 3 000 的工资修改为 emp 表中职称为 MANAGER 的平均工资。

(5) 向上面创建的数据表中追加数据，数据来源于 emp 表中职称为 SALESMAN 的人员。

(6) 将上面创建的数据表中工资小于 2 000 的员工删除。

(7) 将上面创建的数据表中记录彻底删除。

# 第 10 章

# Oracle 的表创建与管理

**本章导读**

前面几章分别介绍了数据的查询、数据更新等内容，然而这些内容都是基于数据表而完成的。本章将介绍如何创建数据表和对其进行管理，主要包括常用数据类型、表的创建操作、表的删除操作、表的修改操作。

**本章课时：理论 3 学时 + 实践 2 学时**

## 学习目标

- 常用数据类型
- 创建数据表
- 复制表
- 截断表
- 为表重命名
- 删除数据表
- 闪回技术
- 修改表结构

# 10.1　常用数据类型

表本质上属于数据集合，那么数据的集合里面必然有要保存的集合类型。在数据库开发的过程中，每一个数据库都有许多自己支持的数据类型，但是不管扩展了多少种数据类型，常用的类型有以下几种。

◎ 字符串：使用 VARCHAR2 描述（其他数据库使用 VARCHAR），200 个字符以内的都使用此类型，例如姓名、地址、邮政编码、电话、性别。

◎ 数字：在 Oracle 中使用 NUMBER 来描述数字，如果描述小数使用“NUMBER(m,n)”，其中 n 为小数位，而 m–n 为整数位。但是 Oracle 也考虑程序员的习惯，有简化形式——整数，使用 INT；小数，使用 FLOAT。

◎ 日期：使用 DATE 是最为常见的做法之一，但是在 Oracle 里面 DATE 包含有日期和时间；其他的数据库里面 DATE 可能只包含日期，DATETIME 才表示日期时间。

◎ 大文本数据：使用 CLOB 描述，最多可以保存 4GB 的文字信息。

◎ 大对象数据：使用 BLOB 描述，保存图片、音乐、电影、文字，最多可以保存 4GB 的信息。

从实际开发来说，比较常用的数据类型是 VARCHAR2、NUMBER、DATE、CLOB 类型。

# 10.2　创建数据表

如果要进行数据表的创建，可以使用如下语法完成。

```
CREATE TABLE 表名称 (
    列名称          类型          [DEFAULT 默认值 ] ,
    列名称          类型          [DEFAULT 默认值 ] ,
    列名称          类型          [DEFAULT 默认值 ] ,
…
    列名称          类型          [DEFAULT 默认值 ]
) ;
```

DEFAULT 默认值指的是当这个字段没有赋值时，用默认值代替。

**【范例 10-1】创建一张成员表，该成员表共有 4 个字段，其中 mid 字段是 NUMBER 类型；name 字段是 VARCHAR2 类型，长度是 20，默认值是“无名氏”；birthday 字段是 DATE 类型，默认值是当前日期；note 字段是 CLOB 类型。**

输入语句如下。

```
CREATE TABLE member(
    mid             NUMBER ,
    name            VARCHAR2(20)  DEFAULT  ' 无名氏 ' ,
    birthday DATE           DEFAULT  SYSDATE ,
    note            CLOB
) ;
```

创建完成之后就可以向表中保存数据。使用上一章介绍的 insert 语句向该数据表中插入数据，输入语句如下。

```
INSERT INTO member(mid,name,birthday,note) VALUES (1,' 张三 ',TO_DATE('1890-10-10','yyyy-mm-dd'),' 还活着吗？ ') ;
INSERT INTO member(mid) VALUES (2) ;
INSERT INTO member(mid,name) VALUES (2,null) ;
```

默认值指的是如果没有使用字段进行设置，而字段明确出现了 null，那么内容就是 null。

## 10.3　复制表

严格来说，复制表不是复制操作，而是将一个子查询的返回结果变为了一张表的形式保存。对于复制表的操作，可以使用如下语法完成。

```
CREATE TABLE 表名称 AS 子查询;
```

下面通过几个范例，来练习如何使用复制。

**【范例 10-2】将部门 30 的所有员工信息保存在 emp30 表中。**

输入语句如下。

```
CREATE TABLE emp30 AS SELECT * FROM emp WHERE deptno=30 ;
```

如上面代码所示，as 后面的子查询中返回查询结果，这个结果保存在新的数据表 emp30 中。如果现在是一个复杂查询，那么也可以将这个最终结果保存在数据表中。

**【范例 10-3】将复杂查询结果创建为表。**

输入语句如下。

```
SELECT d.deptno,d.dname,temp.count,temp.avg
FROM dept d,(
    SELECT deptno dno,COUNT(*) count,AVG(sal) avg
    FROM emp
    GROUP BY deptno) temp
WHERE d.deptno=temp.dno(+) ;
```

把上面的复杂查询结果保存到数据表 deptstat 中。输入语句如下。

```
CREATE TABLE deptstat
    AS
SELECT d.deptno,d.dname,temp.count,temp.avg
FROM dept d,(
    SELECT deptno dno,COUNT(*) count,AVG(sal) avg
    FROM emp
```

```
    GROUP BY deptno) temp
WHERE d.deptno=temp.dno(+) ;
```

此时的统计查询结果保存在 deptstat 表里面。

除了可以将数据保存在数据表之中，还可以将表结构进行复制，即只复制表结构而不复制表内容。

【范例 10-4】只将 emp 表的结构复制为 empnull 表。

输入语句如下。

```
CREATE TABLE empnull
    AS
SELECT * FROM emp WHERE 1=2 ;
```

只需要设置一个绝对不可能满足的条件即可。例如上面这个例子中，条件"1=2"是不能满足的，所以不会有数据，但是通过这种方法可以复制表的结构。

# 10.4 截断表

事务处理本身是保护数据完整性的手段，但是在使用事务处理的过程之中需要注意一点：在用户更新数据后还未进行事务提交时，如果发生了 DDL 操作，所有的事务都会自动提交。

假如说现在有一张表中的所有数据不再需要了，那么首先想到的是将数据表中的全部数据使用 DELETE 删除。在这样的删除过程中就会出现以下情况。

由于事务的控制，所以导致数据不会立刻被删除。同时这些数据所占用的资源不会立刻消失。也就是说在一段时间之内，此数据是依然会存在的。但是如果这个时候执行了一个表创建之类的数据定义操作，该事务会被自动提交，即这时数据表内容会自动被删除，即使使用 rollback 也无法恢复。

所以如果使用 DELETE 删除，那么就有可能出现资源被占用的情况。为此，Oracle 提供了一种称为截断表的概念，如果表被截断，数据表所占用的资源将全部释放，同时将无法使用事务进行恢复。可使用如下语法完成。

```
TRUNCATE TABLE 表名称。
```

【范例 10-5】截断 myemp 表。

输入语句如下。

```
TRUNCATE TABLE myemp ;
```

上面的代码实现数据表 myemp 中所有记录被删除。

这个时候才属于彻底的资源释放。也就是说，即使这时再使用 rollback 也无法恢复数据。

# 10.5 为表重命名

DDL 属于数据对象定义语言，主要功能是创建对象，所以表创建单词是 CREATE。但问题是，这些对象被谁记录着呢？当用户进行对象操作的时候，Oracle 中提供一个数据字典用于记录所有的对象状态。也就是说每当用户创建表之后，会自动在数据字典里面增加一行信息，表示表创建了。删除表也会自动在数据字典里面执行删除操作。但是整个过程是由 Oracle 自己维护的，用户不能直接操作数据字典。

用户常用的数据字典分为以下 3 类。

◎ USER_*：用户的数据字典信息。

◎ DBA_*：管理员的数据字典。

◎ ALL_*：所有人都可以看的数据字典。

在之前使用过如下语句。

```
SELECT * FROM tab ;
```

这个查询语句查询当前用户的全部数据表。严格来说，此时可以使用数据字典完成，既然是用户的查询，那么可以使用“user_tables”。输入语句如下。

```
SELECT * FROM user_tables ;
```

查询结果如图 10-1 所示。

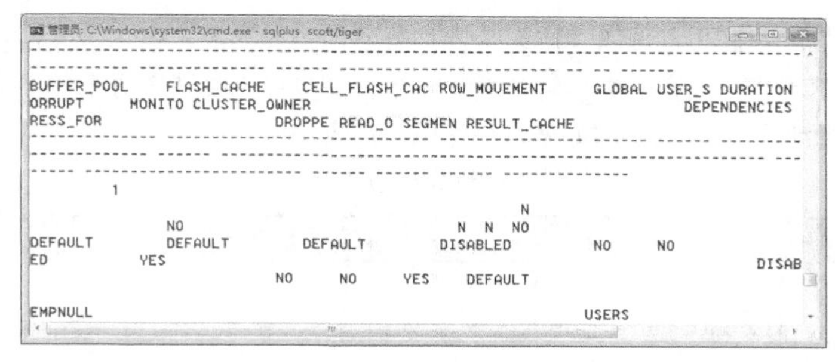

图 10-1

在这个数据字典中记录了数据的存储情况、占用资源情况等信息。不过对于开发者来说，并不需要关心这些信息。

实际上，表的重命名就属于更新数据字典的过程。可使用如下语法完成。

```
RENAME 旧的表名称 TO 新的表名称。
```

**【范例 10-6】将 member 表更名为 person 表。**

输入语句如下。

```
RENAME member TO person ;
```

表重命名后，原先数据表 member 将不再存在，被更名为 person 表。作为 Oracle 自己的特点，这个命令知道即可，尽量不要使用，因为有可能许多程序都是基于这张表创建的，如果更改了表名字，那么所有基于该表的程序都需要更改。

# 10.6 删除数据表

删除数据表属于数据库对象的操作，所使用的语法如下所示。

```
DROP TABLE 表名称;
```

【范例 10-7】删除 emp30 表。

输入语句如下。

```
DROP TABLE emp30 ;
```

上面这个语句运行后，就会把数据表 emp30 删除。

在最早的时候，如果运行了删除语句，那么数据表就会直接进行删除，但是从 oracle 10g 开始，删除操作出现了一次挽救的机会，类似于 windows 回收站，如果没有其他说明，这个时候会将表暂时保存在回收站中，如果用户删除出现了问题可以进行恢复，或者彻底删除，这个技术称为闪回技术（Flash Back）。

在任何数据库里面都不可能提供有批量删除数据表的操作，而且在以后的工作中，尽量不要删除表。

# 10.7 闪回技术

Flash Back 给予用户最为直接的支持之一就是给了用户后悔的机会。但是现在如果用户想去操作这个回收站，那么对用户而言，要了解查看、恢复、清空、彻底删除功能。

如果想去查看回收站，可以使用如下命令完成，如表 10-1 所示。

表 10-1　查看回收站命令

| 古老命令（不支持了） | 通过数据字典 |
| --- | --- |
| SHOW RECYCLEBIN ; | COL object_name FOR A35 ;<br>COL original_name FOR A35 ;<br>COL type FOR A15 ;<br>SELECT object_name,original_name,type,droptime FROM user_recyclebin ; |

查询结果如图 10-2 所示。

```
管理员: C:\Windows\system32\cmd.exe - sqlplus scott/tiger
SQL> SELECT object_name,original_name,type,droptime FROM user_recyclebin ;

OBJECT_NAME                        ORIGINAL_NAME                      TYPE            DROPTIME
---------------------------------- ---------------------------------- --------------- -------------------
----------------
BIN$H9fOhZY8TkmPoUU1UbguWA==$0     DEPTSTAT                           TABLE           2016-03-10:13:37:10
BIN$CH2WnsAuS1ybyUBhauxU3Q==$0     MYDEPT                             TABLE           2016-03-10:13:37:13
BIN$XTOnSSybT+qfpe8lDaFtrw==$0     EMP30                              TABLE           2016-03-10:13:36:11
BIN$NALyQf6YSE2Zj4dtp3p9jQ==$0     EMPNULL                            TABLE           2016-03-10:13:36:49
SYS_IL0000074586C00004$$           SYS_IL0000074586C00004$$           LOB INDEX       2016-03-10:13:37:15
SYS_LOB0000074586C00004$$          SYS_LOB0000074586C00004$$          LOB             2016-03-10:13:37:15
BIN$H1ddPRfZQ0iZTB918Lx9hw==$0     PERSON                             TABLE           2016-03-10:13:37:15
BIN$Jbg1JYUjRkqheyNtyt9G/Q==$0     MYEMP                              TABLE           2016-03-10:13:37:20

已选择8行。
```

图 10-2

可以看到，所有被删除的对象原先的名字、类型以及删除的时间。

如果 person 表删除错误，不应该进行删除操作，而是要闪回。

【范例 10-8】恢复 person 表。

输入语句如下。

```
FLASHBACK TABLE person TO BEFORE DROP ;
```

但是有读者认为，这样删除太麻烦了，希望可以像 Windows 中那样彻底删除，这个时候可以在删除表中使用“PURGE”选项。

**【范例 10-9】彻底删除 person 表。**

输入语句如下。

```
DROP TABLE person PURGE ;
```

删除回收站中的一张表，如下所示。

```
PURGE TABLE emp30 ;
```

运行结果如图 10-3 所示，此时 emp30 数据表彻底被删除。

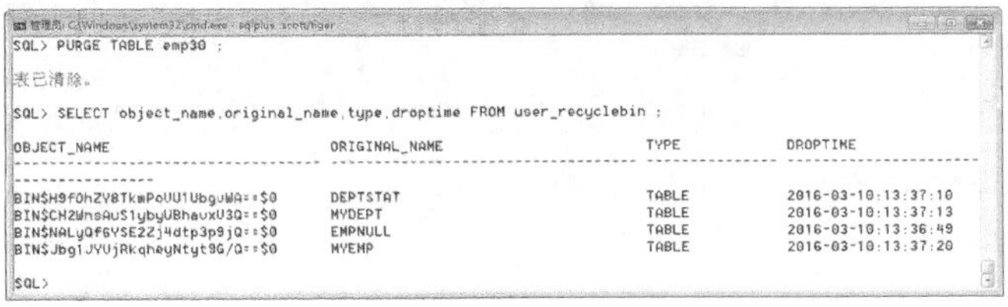

```
SQL> PURGE TABLE emp30 ;

表已清除。

SQL> SELECT object_name,original_name,type,droptime FROM user_recyclebin ;

OBJECT_NAME                      ORIGINAL_NAME                    TYPE          DROPTIME
-------------------------------- -------------------------------- ------------- -------------------
----------------
BIN$H9fOhZY8TkmPoUU1UbguWA==$0   DEPTSTAT                         TABLE         2016-03-10:13:37:10
BIN$CH2WnsAuS1ybyUBhauxU3Q==$0   MYDEPT                           TABLE         2016-03-10:13:37:13
BIN$NALyQf6YSE2Zj4dtp3p9jQ==$0   EMPNULL                          TABLE         2016-03-10:13:36:49
BIN$Jbg1JYUjRkqheyNtyt9G/Q==$0   MYEMP                            TABLE         2016-03-10:13:37:20

SQL>
```

图 10-3

**【范例 10-10】清空回收站。**

输入语句如下。

```
PURGE RECYCLEBIN ;
```

该语句运行后，回收站中所有内容都被清空。回收站功能只有 Oracle 数据库提供，其他数据库还没有此类的支持，所以对于此部分的功能会使用即可。

## 10.8 修改表结构

当已经正常建立一张数据表，但后来发现表列设计不合理，表出现了少列，或者多列等情况，因此才有了表的修改操作。但是从开发来说，并不提倡数据表的修改操作。

如果要修改数据表，首先需要有一张表。在实际的开发中，为了方便数据库的使用，设计人员往往会给出一个数据库的脚本。这个脚本的后缀一般是“.sql”。开发人员可以利用这个脚本对数据库进行快速恢复。所以一般这个脚本会包含如下内容。

◎ 删除原有的数据表。

◎ 创建新的数据表。

◎ 创建测试数据。

◎ 进行事务提交。

**【范例 10-11】创建数据表，插入数据。**

输入语句如下。

```
-- 删除数据表
DROP TABLE member PURGE ;
-- 清空回收站
PURGE RECYCLEBIN ;
```

```
-- 创建数据表
CREATE TABLE member(
    mid             NUMBER ,
    name            VARCHAR2(20)
) ;
-- 测试数据
INSERT INTO member(mid,name) VALUES (1,' 张三 ') ;
INSERT INTO member(mid,name) VALUES (2,' 李四 ') ;
-- 提交事务
COMMIT ;
```

下面就基于这个脚本实现数据表的修改操作。

**1. 修改已有列**

例如，现在在 name 字段上没有设置默认值，这样，当增加的新数据不指定 name 的时候，内容就是 null，所以希望可以有默认值。输入语句如下。

```
INSERT INTO member(mid) VALUES (3) ;
```

**【范例 10-12】修改 member 表的 name 列的定义。**

输入语句如下。

```
ALTER TABLE member MODIFY(name VARCHAR2(30) DEFAULT ' 无名氏 ') ;
```

**2. 为表增加列**

如果发现表中的列不足，那么就需要为其增加新的列。其语法如下所示。

```
ALTER TABLE 表名称 ADD( 列名称 类型 [DEFAULT 默认值 ], 列名称 类型 [DEFAULT 默认值 ],…)
```

**【范例 10-13】增加一个 address 列，这个列上不设置默认值。**

输入语句如下。

```
ALTER TABLE member ADD(address VARCHAR2(30)) ;
```

上面代码修改数据表 member，增加了一个字段 address。

**【范例 10-14】增加一个 sex 列，这个列上设置默认值。**

输入语句如下。

```
ALTER TABLE member ADD(sex VARCHAR2(10) DEFAULT ' 男 ') ;
```

上面代码修改数据表 member，增加了 sex 字段，同时设置默认值。

**3. 删除表中的列**

任何情况下，删除这种操作都是极其危险的。其语法如下所示。

```
ALTER TABLE 表名称 DROP COLUMN 列名称 ;
```

【范例 10-15】删除 sex 列。

输入语句如下。

```
ALTER TABLE member DROP COLUMN sex ;
```

以上的操作，知道就行了，建议尽量不要使用。

## 10.9 综合范例——多表复杂数据管理

在上一章的综合范例中我们假设几个数据表已经存在，然后执行相应的操作。现在就使用本章所学的知识创建这些数据表。

【范例 10-16】编写数据库脚本。

输入语句如下。

```
-- 删除数据表
DROP TABLE purcase PURGE ;
DROP TABLE product PURGE ;
DROP TABLE customer PURGE ;

-- 创建数据表
CREATE TABLE product(
    productid          VARCHAR2(5) ,
    productname        VARCHAR2(20)   NOT NULL ,
    unitprice              NUMBER ,
    category               VARCHAR2(50) ,
    provider           VARCHAR2(50) ,
    ) ;
CREATE TABLE customer (
    customerid         VARCHAR2(5) ,
    name               VARCHAR2(20)   NOT NULL ,
    location           VARCHAR2(50) ,
    ) ;
CREATE TABLE purcase (
    customerid         VARCHAR2(5) ,
    productid          VARCHAR2(5) ,
    quantity           NUMBER ,
    ) ;
```

接下来继续通过一个范例复习一下前面所学的复杂查询。

【范例 10-17】列出受雇日期早于其直接上级的所有员工的编号、姓名、部门名称、部门位置、部门人数。

◎ 确定要使用的数据表。

emp 表：员工的编号、姓名。

dept 表：部门名称、部门位置。

emp 表：人数。

emp 表：领导。

◎ 确定已知的关联字段。

员工与领导：emp.mgr=memp.empno。

员工与部门：emp.deptno = dept.deptno。

第一步：emp 表进行自身关联，而后除了设置消除笛卡儿积的条件，还要判断受雇日期。输入语句如下。

```
SELECT e.empno,e.ename
FROM emp e,emp m
WHERE e.mgr=m.empno(+) AND e.hiredate<m.hiredate ;
```

查询结果如图 10-4 所示，使用两个查询条件过滤数据。

```
SQL> SELECT e.empno,e.ename
  2  FROM emp e,emp m
  3  WHERE e.mgr=m.empno(+) AND e.hiredate<m.hiredate ;

     EMPNO ENAME
---------- ----------
      7521 WARD
      7499 ALLEN
      7782 CLARK
      7698 BLAKE
      7566 JONES
      7369 SMITH

已选择6行。
```

图 10-4

第二步：找到部门信息。输入语句如下。

```
SELECT e.empno,e.ename,d.dname,d.loc
FROM emp e,emp m,dept d
WHERE e.mgr=m.empno(+) AND e.hiredate<m.hiredate
    AND e.deptno=d.deptno ;
```

查询结果如图 10-5 所示，继续增加过滤条件。

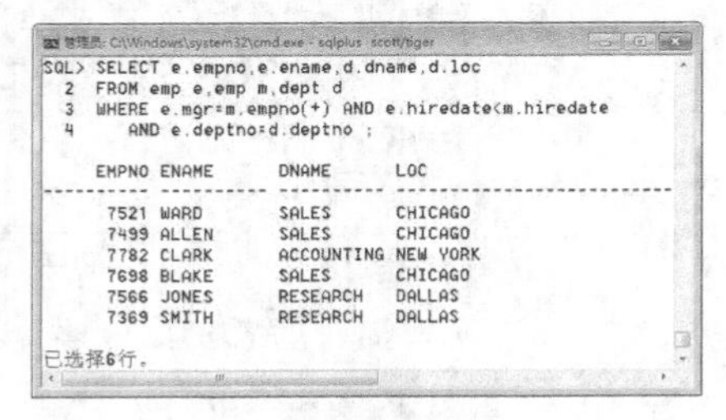

```
SQL> SELECT e.empno,e.ename,d.dname,d.loc
  2  FROM emp e,emp m,dept d
  3  WHERE e.mgr=m.empno(+) AND e.hiredate<m.hiredate
  4     AND e.deptno=d.deptno ;

     EMPNO ENAME      DNAME          LOC
---------- ---------- -------------- -------------
      7521 WARD       SALES          CHICAGO
      7499 ALLEN      SALES          CHICAGO
      7782 CLARK      ACCOUNTING     NEW YORK
      7698 BLAKE      SALES          CHICAGO
      7566 JONES      RESEARCH       DALLAS
      7369 SMITH      RESEARCH       DALLAS

已选择6行。
```

图 10-5

第三步：统计部门人数。输入语句如下。

```
SELECT e.empno,e.ename,d.dname,d.loc,temp.count
FROM emp e,emp m,dept d,(
    SELECT deptno dno,COUNT(empno) count
```

```
    FROM emp
    GROUP BY deptno) temp
WHERE e.mgr=m.empno(+) AND e.hiredate<m.hiredate
    AND e.deptno=d.deptno
    AND d.deptno=temp.dno ;
```

查询结果如图 10–6 所示，使用分组函数进行数据统计。

```
管理员: C:\Windows\system32\cmd.exe - sqlplus scott/tiger
SQL> SELECT e.empno,e.ename,d.dname,d.loc,temp.count
  2  FROM emp e,emp m,dept d,(
  3     SELECT deptno dno,COUNT(empno) count
  4     FROM emp
  5     GROUP BY deptno) temp
  6  WHERE e.mgr=m.empno(+) AND e.hiredate<m.hiredate
  7     AND e.deptno=d.deptno
  8     AND d.deptno=temp.dno ;

     EMPNO ENAME      DNAME      LOC                           COUNT
---------- ---------- ---------- ------------------------- ----------
      7566 JONES      RESEARCH   DALLAS                            5
      7521 WARD       SALES      CHICAGO                           6
      7369 SMITH      RESEARCH   DALLAS                            5
      7698 BLAKE      SALES      CHICAGO                           6
      7499 ALLEN      SALES      CHICAGO                           6
      7782 CLARK      ACCOUNTING NEW YORK                          3

已选择6行。
```

图 10–6

**【范例 10–18】列出所有“CLERK”（办事员）的姓名及其部门名称、部门人数、工资等级。**

◎ 确定要使用的数据表。

emp 表：姓名。

dept 表：部门名称。

emp 表：统计部门人数。

salgrade 表：得到工资等级。

◎ 确定已知的关联字段。

员工与部门：emp.deptno=dept.deptno。

员工与工资等级：emp.sal BETWEEN salgrade.losal AND salgrade.hisal。

第一步：找到所有办事员的信息。输入语句如下。

```
SELECT e.ename
FROM emp e
WHERE e.job='CLERK' ;
```

查询结果如图 10–7 所示，给出所有“CLERK”（办事员）的姓名。

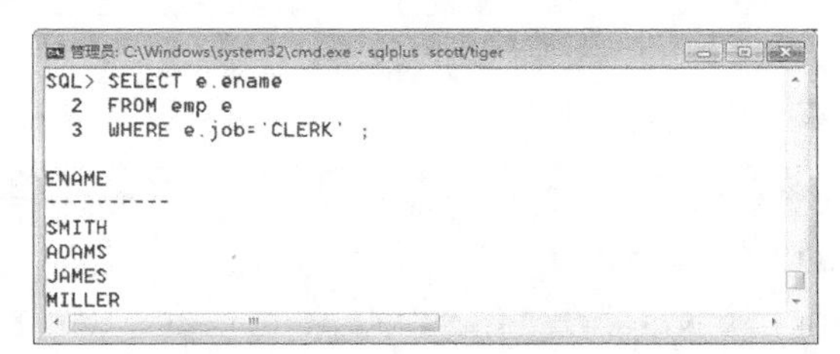

```
管理员: C:\Windows\system32\cmd.exe - sqlplus scott/tiger
SQL> SELECT e.ename
  2  FROM emp e
  3  WHERE e.job='CLERK' ;

ENAME
----------
SMITH
ADAMS
JAMES
MILLER
```

图 10–7

第二步：找到部门名称。输入语句如下。

```
SELECT e.ename,d.dname
FROM emp e ,dept d
WHERE e.job='CLERK' AND e.deptno=d.deptno ;
```

查询结果如图 10-8 所示，通过关联给出员工所在部门名称。

```
管理员: C:\Windows\system32\cmd.exe - sqlplus  scott/tiger
SQL> SELECT e.ename,d.dname
  2  FROM emp e ,dept d
  3  WHERE e.job='CLERK' AND e.deptno=d.deptno ;

ENAME      DNAME
---------- ----------
MILLER     ACCOUNTING
ADAMS      RESEARCH
SMITH      RESEARCH
JAMES      SALES
```

图 10-8

第三步：统计出部门人数。输入语句如下。

```
SELECT e.ename,d.dname,temp.count
FROM emp e ,dept d,(
    SELECT deptno dno,COUNT(empno) count
    FROM emp
    GROUP BY deptno) temp
WHERE e.job='CLERK' AND e.deptno=d.deptno
    AND d.deptno=temp.dno;
```

查询结果如图 10-9 所示，通过分组函数给出数据统计。

```
管理员: C:\Windows\system32\cmd.exe - sqlplus  scott/tiger
SQL> SELECT e.ename,d.dname,temp.count
  2  FROM emp e ,dept d,(
  3     SELECT deptno dno,COUNT(empno) count
  4     FROM emp
  5     GROUP BY deptno) temp
  6  WHERE e.job='CLERK' AND e.deptno=d.deptno
  7     AND d.deptno=temp.dno;

ENAME      DNAME           COUNT
---------- ---------- ----------
JAMES      SALES               6
SMITH      RESEARCH            5
ADAMS      RESEARCH            5
MILLER     ACCOUNTING          3
```

图 10-9

第四步：找到工资等级。输入语句如下。

```
SELECT e.ename,d.dname,temp.count,s.grade
FROM emp e ,dept d,(
    SELECT deptno dno,COUNT(empno) count
    FROM emp
    GROUP BY deptno) temp,salgrade s
WHERE e.job='CLERK' AND e.deptno=d.deptno
    AND d.deptno=temp.dno
    AND e.sal BETWEEN s.losal AND s.hisal;
```

查询结果如图 10-10 所示，实现了最终要求。

```
SQL> SELECT e.ename,d.dname,temp.count,s.grade
  2  FROM emp e ,dept d,(
  3     SELECT deptno dno,COUNT(empno) count
  4     FROM emp
  5     GROUP BY deptno) temp,salgrade s
  6  WHERE e.job='CLERK' AND e.deptno=d.deptno
  7     AND d.deptno=temp.dno
  8     AND e.sal BETWEEN s.losal AND s.hisal;

ENAME      DNAME           COUNT      GRADE
---------- ---------- ---------- ----------
SMITH      RESEARCH            5          1
ADAMS      RESEARCH            5          1
MILLER     ACCOUNTING          3          2
JAMES      SALES               6          1
```

图 10-10

# 10.10　本章小结

数据表是数据库中最常用的数据对象，主要用于存储数据，后面章节介绍的视图、触发器等对象都是基于数据表实现的。本章主要介绍如何创建数据表和对其进行管理。首先介绍了数据表中字段常见的数据类型，然后重点介绍如何创建数据表、如何删除表、如何修改表结构。数据表创建是学习数据查询、更新以及后续课程的基础，应多加练习，读者可以结合前面所学查询命令和操纵命令假设，巩固和强化所学知识。

# 10.11　疑难解答

**问：数据表创建的时候，都有哪些数据类型？**

**答：**Oracle 提供了很多内置的数据类型，不过在实际使用的时候，经常用到的有数值类型、字符类型、日期时间类型、LOB 类型，当然用户也可以自己定义数据类型。

**问：字符类型中有两类 CHAR 类型和 VARCHAR2 类型，二者之间有什么区别？**

**答：**CHAR 类型用于存储固定长度的字符串，即使为该字段赋值较短的字符串，系统也会填充空格；而 VARCHAR2 类型用于存储变长即非固定长度的字符串，该字段的长度根据实际输入字符的长度进行自动调整，当小于定义的长度的时候，系统也不会补充空格。大多数情况下，都使用 VARCHAR2 类型定义字符型字段。

**问：LOB 类型如何使用？**

**答：**LOB 类型主要用于存储大型的、未被结构化的数据，例如图片文件等。LOB 类型的数据可以直接存储在数据库内部，也可以存储在外部文件中；当存储在外部文件中的时候，需要将指向数据的指针存储在数据库中。LOB 类型又可以进一步分为 BLOB、CLOB 和 BFILE 类型，其中 BLOB 类型主要用于存储二进制对象，例如图像、视频文件等；CLOB 类型主要应用存储字符格式的对象，能够存储最大 128MB 的数据；BFILE 类型用于存储二进制格式的文件，主要保存的是二进制文件的指针。

---

**问：使用 CREATE TABLE 创建数据表的时候，是否可以使用嵌套子查询？**

**答：**在使用 CREATE TABLE 创建数据表的时候，可以使用嵌套子查询，基于其他数据表或视图创建新表，并且不需要为新创建的表定义字段。此时，查询结果中包含的字段即为新创建数据表所定义的字段，并且查询到的记录会同时添加到新创建的数据表中。

---

**问：能否使用修改字段 ALTER TABLE 命令把数据表中字段都删除？**

**答：**使用 ALTER TABLE…DELETE 命令删除数据表中字段的时候，不能把所有字段都删除。因为这个时候表结构已经不存在，表也就不存在了，可以直接使用删除数据表的命令。

---

**问：能否使用 ALTER TABLE…DELETE 命令同时删除多个字段？**

**答：**删除多个字段的时候使用 ALTER TABLE…DELETE 命令不行，此时可以使用 ALTER TABLE…DROP 命令。例如，用 ALTER TABLE student drop(dname, dno) 删除数据表 student 中 dname、dno 两个字段。

---

**问：修改数据字段的时候，能否修改类型？**

**答：**用户在修改字段的时候，一定要注意，不可以随便修改，例如，把数据的长度由大到小修改的时候，将会出现数据溢出的情况，影响原先数据的精度。建议尽量不要修改数据表的结构，在事先创建数据表的时候认真分析各个字段的结构。此外，修改数据表字段的时候，最好先把原数据表进行备份，以免修改数据表的时候出错。

---

**问：删除数据表的时候如何同时删除和该数据表相关联的其他数据对象？**

**答：**使用 DROP TABLE 删除数据表的时候，可以增加参数 Cascade Constraints，此时可以把所有引用该数据表的视图、约束、触发器等对象都删除。

---

## 10.12　实战练习

⑴ 创建一个数据表，其中包含 empno number(4) not null, ename varchar(10), sal number(7,2), 并向上表中插入数据，数据来源于 emp 表。

⑵ 为上一章实战练习中创建的数据表增加一个 deptno 字段、一个 job 字段。

⑶ 将刚刚增加的两个字段分别删除。

⑷ 把上面数据表中 ename 字段长度扩充为 12。

⑸ 将上一章实战练习中创建的数据表重命名。

⑹ 使用子查询的方法复制一个表，表结构类似于习题 1。

⑺ 把上面创建的表截断。

⑻ 删除上面创建的数据表。

# 第 11 章 Oracle 的数据完整性

**本章导读**

到目前为止，已经介绍表的创建、数据的插入、更新、删除等操作，这些都是 Oracle 的基本操作。在实际使用过程中，还要对数据表进行进一步的处理，以保证数据表的数据完整性。本章将介绍数据完整性的含义以及为保证数据完整性所采用的策略。

**本章课时：理论 2 学时 + 实践 2 学时**

## 学习目标

- 数据完整性
- 非空约束
- 唯一约束
- 主键约束
- 检查约束
- 外键约束
- 修改约束

# 11.1　数据完整性

数据完整性是关系数据库的一个重要特征，一般包含实体完整性、参照完整性和用户自定义完整性 3 种。

实体完整性：规定表中的每一条记录在表中都是唯一的，主要通过主键来实现。

参照完整性：指一个表的主键和另外一个表的外键应该对应一致。这确保了有主键的表中包含的数据，都在其对应的外键表中有对应的数据存在，即保证表之间的数据一致性，防止数据丢失或无意义的数据在数据库中传播。

用户自定义完整性：针对某一具体情况给出的约束条件，反映某一具体应用所涉及的数据必须满足的语义要求。例如，学生考试的成绩一般取值范围在 0~100。

数据表本身只支持数据的存储操作，不过这些数据一般都是从外部获取的，由于种种原因，会产生无效数据的输入或者错误数据的输入等情况。在数据库上为了保证数据表中的数据完整性，特别增加了约束，即数据需要满足若干条件之后才可以进行操作，例如，某些数据不能够重复。假设定义用户信息，身份证编号绝对不可能重复。数据库中的约束一共 6 种：数据类型、非空约束、唯一约束、主键约束、检查约束、外键约束。

但是约束是一把双刃剑，约束的确可以保证数据合法后再进行保存，但是如果在一张表中设置了过多的约束，那么更新的速度一定会比较慢。所以在实际开发中，某些验证的操作还是强烈建议交给程序完成。

# 11.2　非空约束

所谓的非空约束，指的是表中的某一个字段的内容不允许为空。如果要使用非空约束，只需要在每个列的后面利用“NOT NULL”声明即可。

**【范例 11-1】使用非空约束。**

输入语句如下。

```
-- 删除数据表
DROP TABLE member PURGE ;
-- 创建数据表
CREATE TABLE member(
    mid             NUMBER ,
    name            VARCHAR2(20)          NOT NULL
) ;
```

上面添加的约束表示 name 这个列上的数据不允许为 null。

现在测试一下这个约束的作用，向数据表中增加数据。下面是正确的增加语句。

```
INSERT INTO member(mid,name) VALUES (1,' 张三 ') ;
```

而下面是错误的增加语句，因为该表 name 字段不允许为空。

```
INSERT INTO member(mid,name) VALUES (3,null) ;
```

```
INSERT INTO member(mid) VALUES (3) ;
```

运行上面错误的语句之后会出现如下的错误提示信息。

```
ORA-01400: 无法将 NULL 插入 ("SCOTT"."MEMBER"."NAME")
```

在设置了非空约束之后，如果出现了违反非空约束的操作，系统会自动准确地定位到那个模式、那张表、那个字段，这样在进行错误排查的时候就很方便。

## 11.3 唯一约束

唯一约束的特点是在某一个列上的内容不允许出现重复。例如，现在要收集用户的信息，假设包含编号（mid）、姓名（name）、E–mail（email），很明显 email 的数据不可能重复，所以就可以使用 UNIQUE 约束完成。

**【范例 11–2】使用唯一约束。**

输入语句如下。

```
-- 删除数据表
DROP TABLE member PURGE ;
-- 创建数据表
CREATE TABLE member(
    mid            NUMBER ,
    name           VARCHAR2(20)   NOT NULL ,
    email          VARCHAR2(20)  UNIQUE
) ;
```

上面数据表中添加了 email 字段为唯一约束。下面来看一下这个约束的作用。
首先向该表添加一个数据，输入语句如下。

```
INSERT INTO member(mid,name,email) VALUES (3,' 张三 ','hello@hello.hello') ;
```

此时该行数据被正确地添加到数据表中，然后再继续添加下面这条语句，可以看出 email 这个字段的值仍然是 hello@hello.hello，这就违反了唯一约束的限制。

```
INSERT INTO member(mid,name,email) VALUES (1,' 李四 ','hello@hello.hello') ;
```

此时的代码出现了错误，而错误提示如下所示。

```
ORA-00001: 违反唯一约束条件 (SCOTT.SYS_C0011055)
```

在 Oracle 中约束本身也称为一个对象，也就是说，只要设置了约束，Oracle 就会自动创建与之相关的约束对象信息，而这些过程都是自动完成的。既然是对象，所有的对象都会在数据字典中进行保存，用户的约束数据字典应该使用 user_constraints。

**【范例 11–3】查询 user_constraints 数据字典。**

输入语句如下。

```
COL owner FOR A30 ;
COL constraint_name FOR A30 ;
COL table_name FOR A30 ;
SELECT owner,constraint_name,table_name FROM user_constraints ;
```

程序运行结果如图 11–1 所示。

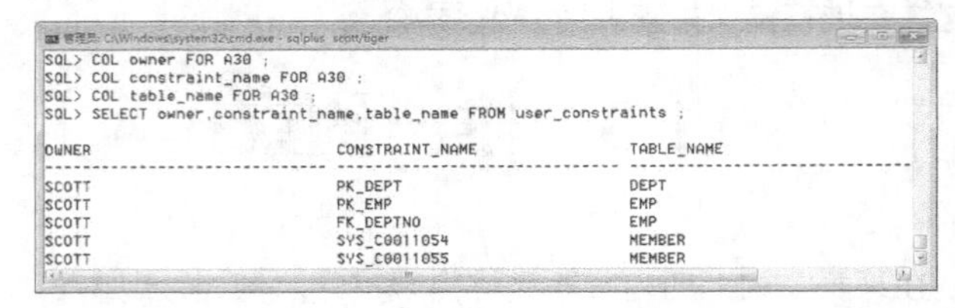


图 11–1

可以发现，“user_constraints”数据字典只是告诉用户约束属于哪张表，但是并没有告诉用户约束具体是哪个列上的，所以此时可以利用另外一个数据字典 user_cons_columns。

**【范例 11–4】查询 user_cons_columns 数据字典。**

输入语句如下。

```
COL owner FOR A30 ;
COL constraint_name FOR A20 ;
COL table_name FOR A20 ;
COL column_name FOR A30 ;
SELECT owner,constraint_name,table_name,column_name FROM user_cons_columns ;
```

程序运行结果如图 11–2 所示。

```
SQL> COL owner FOR A30 ;
SQL> COL constraint_name FOR A20 ;
SQL> COL table_name FOR A20 ;
SQL> COL column_name FOR A30 ;
SQL> SELECT owner,constraint_name,table_name,column_name FROM user_cons_columns ;

OWNER                          CONSTRAINT_NAME      TABLE_NAME           COLUMN_NAME
------------------------------ -------------------- -------------------- ------------------------------
SCOTT                          PK_DEPT              DEPT                 DEPTNO
SCOTT                          FK_DEPTNO            EMP                  DEPTNO
SCOTT                          PK_EMP               EMP                  EMPNO
SCOTT                          SYS_C0011055         MEMBER               EMAIL
SCOTT                          SYS_C0011054         MEMBER               NAME
```

图 11–2

通过范例 11–2 可以发现，唯一约束并不像非空约束那样，可以很明确地告诉用户是哪个列上出现问题。为了解决这样的错误，可以采用“约束简写 _ 字段”来定义这个约束，例如唯一约束的简写是“UK”，现在是在 email 字段上设置了唯一约束，所以可以使用“uk_email”来作为此约束的名字。如果要指定名字，则必须在约束创建的时候完成，利用 CONSTRAINT 关键字定义。

**【范例 11–5】创建唯一约束，同时设置约束名称。**

输入语句如下。

```
-- 删除数据表
DROP TABLE member PURGE ;
-- 创建数据表
CREATE TABLE member(
```

```
    mid              NUMBER ,
    name             VARCHAR2(20)  NOT NULL ,
    email            VARCHAR2(20)  ,
    CONSTRAINT uk_email UNIQUE(email)
) ;
```

此时如果出现了唯一约束的问题，则提示如下信息。

```
ORA-00001: 违反唯一约束条件 (SCOTT.UK_EMAIL)
```

从现在开始，只要是进行数据表创建，约束一定要设置名字。约束的名字绝对不能够重复。

如果现在设置了唯一约束，但是保存的是 null 呢？

null 并不在唯一约束的判断范畴之中。也就是说，当保存的是 null 的时候，不认为违反了唯一约束条件。

# 11.4　主键约束

主键约束可以看成是非空约束再加上唯一约束，也就是说设置为主键的列，不能为空，不能重复。例如，一般用户编号是不可能重复的，也不可能为空的。

**【范例 11-6】定义主键约束。**

输入语句如下。

```
-- 删除数据表
DROP TABLE member PURGE ;
-- 创建数据表
CREATE TABLE member(
    mid              NUMBER                    ,
    name             VARCHAR2(20)  NOT NULL ,
    CONSTRAINT pk_mid PRIMARY KEY(mid)
) ;
```

在上面这个范例中，在数据表中添加了主键约束。

下面测试这个主键约束的作用，首先向数据表中添加一行数据。输入语句如下。

```
INSERT INTO member(mid,name) VALUES (1,' 张三 ') ;
```

继续向该数据表中增加下面的数据，这行代码将主键内容设置为 null。

```
INSERT INTO member(mid,name) VALUES (null,' 李四 ') ;
```

代码运行后，出现错误信息："ORA-01400: 无法将 NULL 插入 ("SCOTT"."MEMBER"."MID")"。说明把 null 数据添加到主键字段中是不允许的。

继续添加数据，这次添加的数据是主键信息重复。输入语句如下。

```
INSERT INTO member(mid,name) VALUES (1,' 李四 ') ;
```

代码运行后，出现错误信息：“ORA-00001: 违反唯一约束条件 (SCOTT.PK_MID)”。因为前面 mid 字段已经有“1”这个值，现在新添加的记录的 mid 字段的值仍然是“1“，不符合主键唯一的限制。

通过这两个错误信息就已经可以确定，主键就是两个约束的集合体，即非空约束和唯一约束。在绝大多数情况下，一张表只能够定义一个主键信息，当然，从 SQL 语法的角度来说是允许定义多个列为主键的，这样的操作往往称为复合主键。如果是复合主键，则表示这若干个列的内容完全重复的时候才称为违反约束。下面来看一个范例。

**【范例 11-7】复合主键定义。**

输入语句如下。

```
-- 删除数据表
DROP TABLE member PURGE ;
-- 创建数据表
CREATE TABLE member(
    mid              NUMBER              ,
    name             VARCHAR2(20) ,
    CONSTRAINT pk_mid PRIMARY KEY(mid,name)
) ;
```

此时将 mid 与 name 两个字段同时定义为主键，所以当两个字段完全重复时才表示违反约束。下面向该表中添加如下数据。

```
INSERT INTO member(mid,name) VALUES (1,' 张三 ') ;
INSERT INTO member(mid,name) VALUES (1,' 李四 ') ;
INSERT INTO member(mid,name) VALUES (2,' 李四 ') ;
```

此时，mid 与 name 两个字段内容都重复才违反约束，只有一个字段内容重复不违反约束。数据库设计的第一原则：不要使用复合主键，即，一张表就一个主键。

## 11.5 检查约束

检查约束指的是在数据列上设置一些过滤条件，当过滤条件满足的时候才可以进行保存，如果不满足则出现错误。例如，设置年龄的信息，年龄范围是 0 ~ 100 岁。

**【范例 11-8】设置检查约束，年龄范围是 0~100 岁。**

输入语句如下。

```
-- 删除数据表
DROP TABLE member PURGE ;
-- 创建数据表
CREATE TABLE member(
    mid              NUMBER ,
    name             VARCHAR2(20) ,
    age              NUMBER(3) ,
```

```
    CONSTRAINT pk_mid PRIMARY KEY(mid) ,
    CONSTRAINT ck_age CHECK (age BETWEEN 0 AND 100)
) ;
```

上面的代码中建立检查约束“ck_age”，年龄范围是 0~100 岁。

向该表添加数据，验证该检查约束。输入语句如下。

```
INSERT INTO member(mid,name,age) VALUES (1,' 张三 ',30) ;
```

上面代码添加的数据年龄为 30，在 0 ~ 100 岁，符合要求，可以插入。

下面继续插入一条数据。

```
INSERT INTO member(mid,name,age) VALUES (1,' 张三 ',989) ;
```

此时，出现错误信息：“ORA-02290: 违反检查约束条件 (SCOTT.CK_AGE)”。这是因为插入的数据年龄是 989 岁，超出了约束设置的范围“0~100 岁”。

从实际开发来说，往往不设置检查约束，检查都通过程序完成。

# 11.6 外键约束

外键约束主要是在父子表关系中体现的一种约束操作。下面通过一个具体的操作来观察为什么会有外键约束的存在。例如，两个人有多本书，如果要设计表就需要设计两张数据表，则初期的设计如下。

**【范例 11-9】对数据表进行初期设计，暂时不使用外键。**

输入语句如下。

```
-- 删除数据表
DROP TABLE member PURGE ;
DROP TABLE book PURGE ;
-- 创建数据表
CREATE TABLE member(
    mid             NUMBER ,
    name            VARCHAR2(20) ,
    CONSTRAINT pk_mid PRIMARY KEY(mid)
) ;
CREATE TABLE book(
    bid             NUMBER ,
    title           VARCHAR2(20) ,
    mid             NUMBER
) ;
```

上面这段代码创建两个数据表：member 和 book 数据表。下面分别向这两张表增加一些数据。

```
INSERT INTO member(mid,name) VALUES (1,' 张三 ') ;
INSERT INTO member(mid,name) VALUES (2,' 李四 ') ;
```

```
INSERT INTO book(bid,title,mid) VALUES (10,'Java 开发 ',1) ;
INSERT INTO book(bid,title,mid) VALUES (11,'Oracle 开发 ',1) ;
INSERT INTO book(bid,title,mid) VALUES (12,'Android 开发 ',2) ;
INSERT INTO book(bid,title,mid) VALUES (13,'Object-C 开发 ',2) ;
```

查询两张表的内容，运行结果如图 11-3 所示。

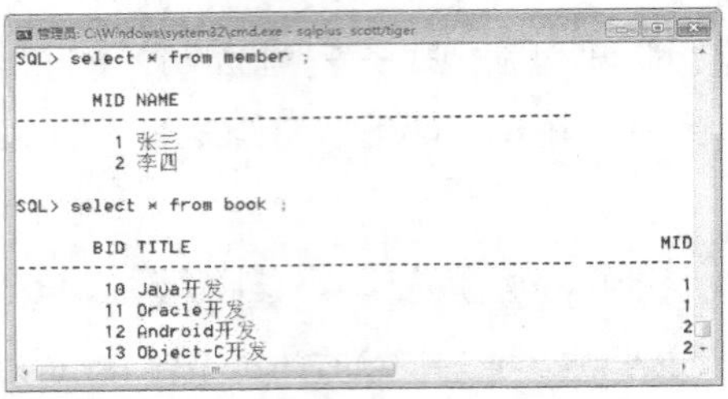

```
SQL> select * from member ;

       MID NAME
---------- ----------------------------------------
         1 张三
         2 李四

SQL> select * from book ;

       BID TITLE                                           MID
---------- ---------------------------------------- ----------
        10 Java开发                                          1
        11 Oracle开发                                        1
        12 Android开发                                       2
        13 Object-C开发                                      2
```

图 11-3

但是此时，也有可能会增加如下信息。

```
INSERT INTO book(bid,title,mid) VALUES (20,' 精神病防治 ',9) ;
```

此时 member 表中并没有编号为 9 的成员信息。但是由于此时没有设置所谓的约束，所以即使现在父表（member）中不存在对应的编号，那么子表也可以使用，这就是一个错误。

实际上也就发现了，book 表中的 mid 列的内容的取值应该由 member 表中的 mid 列所决定，所以现在就可以利用外键约束来解决此类问题。在设置外键约束的时候，必须要设置指定的外键列（book.mid 列）需要与哪张表的哪个列有关联。

```
-- 删除数据表
DROP TABLE member PURGE ;
DROP TABLE book PURGE ;
-- 创建数据表
CREATE TABLE member(
    mid              NUMBER ,
    name             VARCHAR2(20) ,
    CONSTRAINT pk_mid PRIMARY KEY(mid)
) ;
CREATE TABLE book(
    bid              NUMBER ,
    title            VARCHAR2(20) ,
    mid              NUMBER ,
    CONSTRAINT fk_mid FOREIGN KEY(mid) REFERENCES member(mid)
) ;
```

上面的代码中，在 member 表中创建了一个主键字段 mid，在 book 表中 mid 字段创建了外键，这个外键和 member 数据表中字段 mid 建立关联，此时 book.mid 列的内容取值范围由 member.mid 列所决定。如果内容正确，则可以保存。此时可以和前面所述一样，分别向两个表中插入数据。输入语句如下。

```
INSERT INTO member(mid,name) VALUES (1,' 张三 ') ;
INSERT INTO member(mid,name) VALUES (2,' 李四 ') ;
INSERT INTO book(bid,title,mid) VALUES (10,'Java 开发 ',1) ;
INSERT INTO book(bid,title,mid) VALUES (11,'Oracle 开发 ',1) ;
INSERT INTO book(bid,title,mid) VALUES (12,'Android 开发 ',2) ;
INSERT INTO book(bid,title,mid) VALUES (13,'Object-C 开发 ',2) ;
```

如果此时增加错误的数据，来看一下会出现什么情况。

向数据表 book 中增加错误的数据，member.mid 没有为 9 的数据，输入语句如下。

```
INSERT INTO book(bid,title,mid) VALUES (20,' 精神病防治 ',9) ;
```

那么此时会出现如下错误信息。

```
ORA-02291: 违反完整约束条件 (SCOTT.FK_MID) - 未找到父项关键字
```

所谓的外键，就相当于子表中的某一个字段的内容由父表来决定其具体的数据范围。

对外键而言，比较麻烦的是它存在许多限制。

**限制一：在删除父表时，需要先删除掉它所对应的全部子表。**

member 是父表，book 是子表，如果现在 book 表没有删除，那么 member 表就无法删除。

```
DROP TABLE member ;
```

使用上面代码会出现如下错误信息。

```
ORA-02449: 表中的唯一 / 主键被外键引用
```

所以需要改变删除顺序，输入语句如下。

```
DROP TABLE book ;
DROP TABLE member ;
```

但是有些时候，一些数据库设计者，将 A 表作为 B 表的父表，B 表也同时设置为 A 表的父表，于是就都删不掉了。为此，在 Oracle 里面专门提供了一个强制删除父表的操作，删除之后不关心子表，如下所示。

```
DROP TABLE member CASCADE CONSTRAINT ;
```

此时将强制删除 member 表，但子表不会被删除。从实际开发来说，应尽量按照先后顺序 删除。

**限制二：如果要作为子表外键的父表列，那么这个列必须设置唯一约束或主键约束。**

例如，上面的范例中 member 表中 mid 列被设置成主键约束。

**限制三：如果现在主表中某一行数据有对应的子表数据，那么必须先删除子表中的全部数据之后才可以删除父表中的数据。**

下面通过一个范例，来理解这个限制的真实意义。

**【范例 11-10】验证限制三。**

首先运行下面代码，建立数据表，并向数据表中插入数据。

```
-- 删除数据表
DROP TABLE book PURGE ;
DROP TABLE member PURGE ;
-- 创建数据表
CREATE TABLE member(
    mid                NUMBER          ,
    name               VARCHAR2(20) ,
    CONSTRAINT pk_mid PRIMARY KEY(mid)
) ;
CREATE TABLE book(
    bid                NUMBER ,
    title              VARCHAR2(20) ,
    mid                NUMBER  ,
    CONSTRAINT fk_mid FOREIGN KEY(mid) REFERENCES member(mid)
) ;
INSERT INTO member(mid,name) VALUES (1,' 张三 ') ;
INSERT INTO member(mid,name) VALUES (2,' 李四 ') ;
INSERT INTO book(bid,title,mid) VALUES (10,'Java 开发 ',1) ;
INSERT INTO book(bid,title,mid) VALUES (11,'Oracle 开发 ',1) ;
INSERT INTO book(bid,title,mid) VALUES (12,'Android 开发 ',2) ;
INSERT INTO book(bid,title,mid) VALUES (13,'Object-C 开发 ',2) ;
```

运行上面的代码后，可以观察到，member 和 book 数据表中都有 mid 为 1 的数据，即 member 和 book 表中有对应的关联。

运行下面的删除语句。

```
DELETE FROM member WHERE mid=1 ;
```

这时会出现如下错误信息。

```
ORA-02292: 违反完整约束条件 (SCOTT.FK_MID) - 已找到子记录
```

发生这种错误是由于 book 表中有子记录，所以父表的记录就无法删除了。

如果现在不想受到子记录的困扰，可以使用级联操作。级联的关系有两种：级联删除、级联更新。

**级联删除：在父表数据已经被删除的情况下，自动删除其对应子表的数据。在定义外键的时候使用 ON DELETE CASCADE 即可。**

**【范例 11-11】验证级联删除。**

输入语句如下。

```
-- 删除数据表
DROP TABLE book PURGE ;
DROP TABLE member PURGE ;
-- 创建数据表
```

```
CREATE TABLE member(
    mid              NUMBER         ,
    name             VARCHAR2(20) ,
    CONSTRAINT pk_mid PRIMARY KEY(mid)
) ;
CREATE TABLE book(
    bid              NUMBER ,
    title            VARCHAR2(20) ,
    mid              NUMBER  ,
    CONSTRAINT fk_mid FOREIGN KEY(mid) REFERENCES member(mid) ON DELETE
CASCADE
) ;

INSERT INTO member(mid,name) VALUES (1,' 张三 ') ;
INSERT INTO member(mid,name) VALUES (2,' 李四 ') ;
INSERT INTO book(bid,title,mid) VALUES (10,'Java 开发 ',1) ;
INSERT INTO book(bid,title,mid) VALUES (11,'Oracle 开发 ',1) ;
INSERT INTO book(bid,title,mid) VALUES (12,'Android 开发 ',2) ;
INSERT INTO book(bid,title,mid) VALUES (13,'Object-C 开发 ',2) ;
```

在上面代码中，在 book 数据表中定义外键的时候，使用了“ON DELETE CASCADE”。运行下面的删除语句。

```
DELETE FROM member WHERE mid=1 ;
```

可以看到，此时当删除了父表数据之后，子表数据会同时被删除掉。

**级联更新：如果删除父表数据的时候，不想子表含有关联数据的记录也同时被删除掉，但是这时外键字段的值没有对应的关联数据了，那么对应的子表数据的外键字段就可以设置为 null。这种结果可以使用 ON DELETE SET NULL 设置。**

下面来看一个范例。

**【范例 11-12】设置级联更新。**

输入语句如下。

```
-- 删除数据表
DROP TABLE book PURGE ;
DROP TABLE member PURGE ;
-- 创建数据表
CREATE TABLE member(
    mid              NUMBER         ,
    name             VARCHAR2(20) ,
    CONSTRAINT pk_mid PRIMARY KEY(mid)
) ;
```

```
CREATE TABLE book(
    bid              NUMBER ,
    title            VARCHAR2(20) ,
    mid              NUMBER  ,
    CONSTRAINT fk_mid FOREIGN KEY(mid) REFERENCES member(mid) ON DELETE SET
NULL
) ;

INSERT INTO member(mid,name) VALUES (1,' 张三 ') ;
INSERT INTO member(mid,name) VALUES (2,' 李四 ') ;
INSERT INTO book(bid,title,mid) VALUES (10,'Java 开发 ',1) ;
INSERT INTO book(bid,title,mid) VALUES (11,'Oracle 开发 ',1) ;
INSERT INTO book(bid,title,mid) VALUES (12,'Android 开发 ',2) ;
INSERT INTO book(bid,title,mid) VALUES (13,'Object-C 开发 ',2) ;
```

此时如果运行语句“DELETE FROM member WHERE mid=1”，那么 member 中所有符合条件“mid=1”的行都会被删除掉，但是对应子表 book 中原先对应的 mid=1 都会更新为 null，如图 11-4 所示。

```
       MID NAME
---------- ----------------------------------------
         2 李四

SQL> SELECT * FROM book ;

       BID TITLE                                           MID
---------- ---------------------------------------- ----------
        10 Java开发
        11 Oracle开发
        12 Android开发                                       2
        13 Object-C开发                                      2

SQL> _
```

图 11-4

# 11.7 修改约束

如果说表结构的修改还在可以容忍的范畴之内，那么约束的修改是绝对 100% 禁止的。所有的约束一定要在表创建的时候就设置完整。

实际上约束可以进行后期的添加以及后期的删除操作。如果想进行这样的维护，那么必须保证有约束名称。下面通过一个范例，来看一下增加约束、删除约束的方法。

**【范例 11-13】创建数据库。**

输入语句如下。

```
-- 删除数据表
DROP TABLE member PURGE ;
-- 创建数据表
CREATE TABLE member(
    mid              NUMBER         ,
    name             VARCHAR2(20)
```

```
);
INSERT INTO member(mid,name) VALUES (1,' 张三 ');
INSERT INTO member(mid,name) VALUES (1,' 李四 ');
INSERT INTO member(mid,name) VALUES (2,null);
```

**1. 增加约束**

其语法如下所示。

```
ALTER TABLE 表名称 ADD CONSTRAINT 约束名称 约束类型 ( 字段 ) 选项…
```

下面就为 member 表增加主键约束，输入语句如下。

```
ALTER TABLE member ADD CONSTRAINT pk_mid PRIMARY KEY(mid);
```

运行结果如图 11-5 所示。

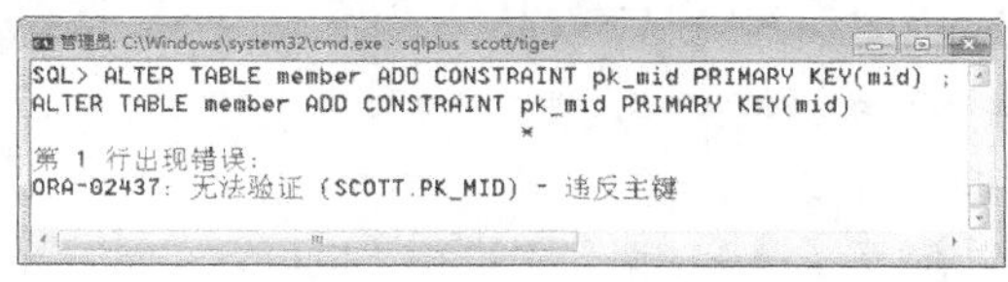

```
SQL> ALTER TABLE member ADD CONSTRAINT pk_mid PRIMARY KEY(mid) ;
ALTER TABLE member ADD CONSTRAINT pk_mid PRIMARY KEY(mid)
                                                          *
第 1 行出现错误:
ORA-02437: 无法验证 (SCOTT.PK_MID) - 违反主键
```

图 11-5

因为此时表中已经存在相同的 ID 编号了，所以这个时候约束是不可能创建成功的。如果想创建成功这个约束，就必须把数据表中对应列中重复的数据删除。例如，上面这个范例中就必须运行下面的删除语句。

```
delete from member where mid=1;
```

运行完这条删除语句后，再运行原先的修改约束语句，就可以成功修改。

利用以上的语法可以实现 4 种约束的增加：主键、唯一、检查、外键，但是不包含非空。例如，运行下面的语句将会出现错误，如图 11-6 所示。

```
SQL> ALTER TABLE member ADD CONSTRAINT nk_name NOT NULL(name) ;
ALTER TABLE member ADD CONSTRAINT nk_name NOT NULL(name)
                                                *
第 1 行出现错误:
ORA-00904: : 标识符无效
```

图 11-6

要想为字段增加非空约束，只能依靠修改表结构的方式完成。

下面代码增加非空约束。

```
ALTER TABLE member MODIFY (name VARCHAR2(20) NOT NULL);
```

但是需要保证此时 name 列上没有 null 值。例如，如果要修改的表中有 null 列，会出现图 11-7 所示的情况。

```
SQL> ALTER TABLE member MODIFY (name VARCHAR2(20) NOT NULL) ;
ALTER TABLE member MODIFY (name VARCHAR2(20) NOT NULL)
*
第 1 行出现错误:
ORA-02296: 无法启用 (SCOTT.) - 找到空值
```

图 11-7

此时，必须先把有 null 列的行删除才能继续增加非空约束，如图 11-8 所示。

图 11-8

**2. 删除约束**

其语法如下所示。

```
ALTER TABLE 表名称 DROP CONSTRAINT 约束名称 ;
```

下面代码删除主键约束。

```
ALTER TABLE member DROP CONSTRAINT pk_mid ;
```

综合来说，不要去修改表结构，约束一定要和数据表一起创建。

在使用约束的时候，需要注意以下问题。

◎ 对约束的定义既可以在 create table 语句中进行，也可以在 alter table 语句中进行。在实际应用中，通常是先定义表的字段，然后再根据需要通过 alter table 语句为表添加约束。当然，最好是在数据库创建之前，对每个数据表中字段规划好是否需要约束，在创建表的同时创建约束。

◎ 一个数据表只能有一个主键约束，如果一个表已经存在主键约束，此时如果再添加主键约束，系统会提示错误信息。

## 11.8 综合范例——带约束的商店数据库构建

同样，还是用前几章的综合范例，创建包含约束的表结构。

**【范例 11-14】编写包含约束的数据库。**

输入语句如下。

```
-- 删除数据表
DROP TABLE purcase PURGE ;
DROP TABLE product PURGE ;
DROP TABLE customer PURGE ;

-- 创建数据表
CREATE TABLE product(
    productid                VARCHAR2(5) ,
    productname              VARCHAR2(20)  NOT NULL ,
    unitprice                NUMBER ,
    category                 VARCHAR2(50) ,
    provider                 VARCHAR2(50) ,
```

```
        CONSTRAINT pk_productid PRIMARY KEY(productid) ,
        CONSTRAINT ck_unitprice CHECK (unitprice>0)
    ) ;
    CREATE TABLE customer (
        customerid                    VARCHAR2(5) ,
        name                          VARCHAR2(20)  NOT NULL ,
        location                      VARCHAR2(50) ,
        CONSTRAINT pk_customerid PRIMARY KEY(customerid)
    ) ;
    CREATE TABLE purcase (
        customerid                    VARCHAR2(5) ,
        productid                     VARCHAR2(5) ,
        quantity                      NUMBER ,
        CONSTRAINT fk_customerid FOREIGN KEY(customerid) REFERENCES customer
(customerid) ON DELETE CASCADE ,
        CONSTRAINT fk_productid FOREIGN KEY(productid) REFERENCES product(productid)
ON DELETE CASCADE ,
        CONSTRAINT ck_quantity CHECK (quantity BETWEEN 0 AND 20)
    ) ;
```

分析代码，可以看出，这段代码共创建了 3 个数据表，其中 product 数据表在 productid 字段上创建了主键约束，在 unitprice 字段上创建了检查约束，在 productname 字段上创建了非空约束；在 customer 数据表 customerid 字段上创建了主键约束，在 name 字段上创建了非空约束；在 purcase 数据表 customerid 字段上创建了外键约束，与 customer 数据表的 customerid 字段建立关联，在 productid 字段上也建立外键约束，与 product 数据表的 productid 字段建立关联，此外在 quantity 字段上建立检查约束。

# 11.9　本章小结

在对数据表进行操作的时候，不仅需要在数据表中存储数据，同时还要保证数据的正确性和完整性，并且数据不存在冗余，这些都需要通过在数据表创建的时候增加约束实现。本章分别介绍了非空约束、主键约束、唯一约束、外键约束、检查约束和默认约束。通过合理使用约束，可以保证数据的完整性。

# 11.10　疑难解答

**问：约束在什么时候进行定义？**

**答：**约束的定义既可以在创建数据表的时候进行，也可以在数据表创建后通过修改表结构的方法进行定义。可以根据自身实际情况灵活掌握。

**问：非空约束使用中需要注意什么事项？**

**答：**给数据表中字段定义非空约束后，当向数据表中插入数据的时候，必须确保相应的字段有数值，否则将会产生错误信息。

**问：创建主键约束是否必须是一个字段？**

**答：**创建主键约束的时候可以是一个字段，也可以是多个字段。如果是多个字段，字段与字段之间使用逗号进行分隔。

**问：定义主键约束是否同时还要定义为非空约束？**

**答：**不需要，因为主键约束本身就要求非空，所以不需要再额外定义为非空约束。

**问：唯一性约束是否必须是非空约束？**

**答：**唯一性约束要求所在的列不允许存在相同的值，但是并没要求必须是非空，即可以插入多个 NULL。如果不想这种情况发生，可以同时定义该列为非空约束。

**问：外键约束创建的时候需要注意哪些情况？**

**答：**外键约束相比其他约束来说更为复杂，因为外键约束要关联两个表，而且必须保证被引用的列具有主键约束或唯一性约束。一般情况下，当删除被引用表中的数据的时候，该数据不能出现在外键表中的外键列中，否则将会产生错误信息。

# 11.11 实战练习

⑴ 创建一个图书销售数据表，并使用图书编号创建主键约束。
⑵ 为上面的数据表中图书名称添加唯一性约束。
⑶ 为上面的数据表中作者姓名增加非空约束。
⑷ 先创建图书销售数据表，然后增加主键约束。
⑸ 在上面创建的图书销售数据表上面对图书价格增加检查约束，要求范围在 0 ~ 100。
⑹ 删除刚刚创建的图书价格检查约束。
⑺ 向数据表中尝试插入数据，如果数据不符合唯一性约束，验证是否出现错误，如图 11-9 所示。

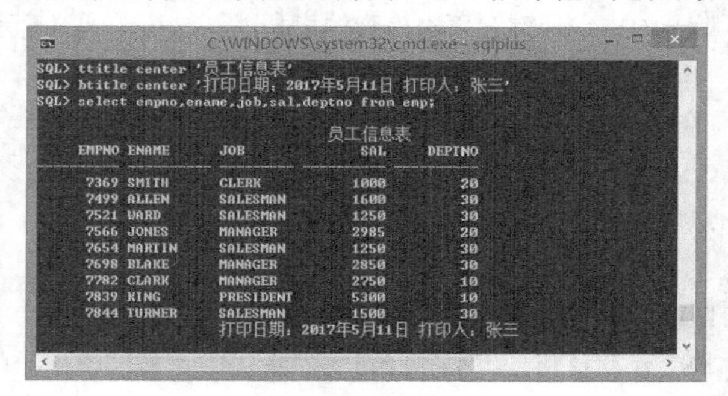


图 11-9

# 第 12 章

# Oracle 的数据库对象

**本章导读**

表是数据库系统中使用最多的对象，也是数据库中存储数据的基本单位。前面几章重点介绍了数据表的创建、查询、更新以及约束，除了这些对象之外，本章将介绍其他一些经常使用的数据库对象，例如序列、同义词、视图、索引。这些数据库对象可以简化数据库的查询，提高数据查询及有关操作的效率。

**本章课时：理论 2 学时 + 实践 1 学时**

## 学习目标

- 序列的概念及使用方法
- 同义词的作用
- 视图的定义及使用方法
- 索引的定义及使用方法

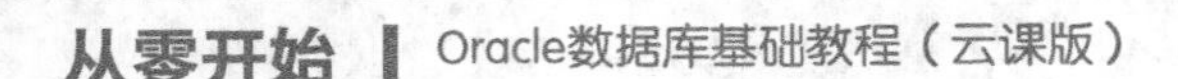


# 12.1 序列的概念及使用方法

在许多数据库中都会存在一种数据类型——自动增长列，它能够创建流水号。如果想在 Oracle 中实现这样的自动增长列，可以使用序列完成。

**1. 序列的创建**

如果想使用序列，可以采用如下语法完成创建。

```
CREATE SEQUENCE 序列名称
[MAXVALUE 最大值 | NOMAXVALUE]
[MINVALUE 最小值 | NOMINVALUE]
[INCREMENT BY 步长 ] [START WITH 开始值 ]
[CYCLE | NOCYCLE]
[CACHE 缓存个数 | NOCACHE] ;
```

语法的具体说明如下。

◎ MAXVALUE：可选项，定义序列的最大值。

◎ MINVALUE：可选项，定义序列的最小值。

◎ START WITH 开始值：可选项，定义序列的开始值。

◎ INCREMENT BY 步长：可选项，定义序列每次增加值。

◎ CYCLE：可选项，表示当序列增加到最大值或减少到最小值的时候，重新从开始值继续。

◎ CACHE：可选项，表示是否产生序列号预分配，并存储在内存中。

序列属于数据库对象的创建过程，属于 DDL 的分类范畴。对于序列而言，创建之后一定会在数据字典中保存。

**【范例 12-1】创建序列。**

输入语句如下。

```
CREATE SEQUENCE myseq ;
```

上面代码创建一个序列，名字为 myseq，所有参数都取默认值。

既然序列的对象信息会在数据字典中保存，那么现在就可以查询序列的数据字典。

**【范例 12-2】查询 user_sequences 数据字典。**

输入语句如下。

```
SELECT * FROM user_sequences ;
```

返回结果如图 12-1 所示。

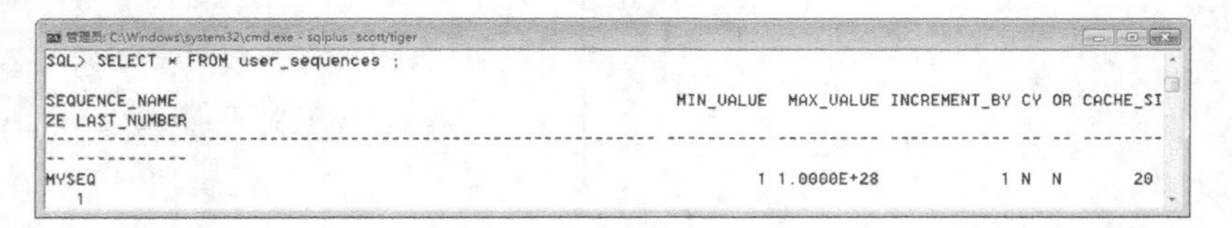


图 12-1

对于以上数据字典的返回结果分析如下。

◎ SEQUENCE_NAME：序列名称，本次为MYSEQ。

◎ MIN_VALUE：当前序列的最小值，本次为1。

◎ MAX_VALUE：当前序列的最大值，本次为“1.0000E+28”。

◎ INCREMENT_BY：每次序列增长的步长内容。

◎ CY：是否为循环序列，本次为“N”。

◎ OR：是否需要排序。

◎ CACHE_SIZE：缓存个数，默认为20个。

◎ LAST_NUMBER：最后的数值。

现在序列已经创建成功了，如果想要使用序列则可以使用如下的两个伪列完成。

◎ nextval：取得序列下一个内容，每一次调用序列的值都会增长。

◎ currval：表示取得序列的当前内容，每一次调用序列不会增长，要想使用此伪列，在使用之前必须首先使用nextval取得内容。只有运行了nextval之后才表示内容真正可以使用。

### 2. 序列的使用

如果在实际开发之中使用序列进行开发操作，必须手工在数据增加的时候进行处理。数据表的定义与之前没有任何区别。

**【范例 12-3】序列的使用。**

首先按照下面的语句创建一张表。

```
CREATE TABLE mytab(
    id                  NUMBER ,
    name     VARCHAR2(50) ,
    CONSTRAINT pk_id PRIMARY KEY(id)
) ;
```

此时的数据表与原始相比没有任何区别，但是在数据增加的时候，由于id属于一个主键列，所以可以利用序列来生成id的内容。

```
INSERT INTO mytab(id,name) VALUES (myseq.nextval,'HELLO') ;
```

以上的操作是序列在实际开发中使用得最多的一种情况，但是从序列的创建语法来讲，并不是这么简单，所以下面需要对序列进行进一步的分析。

首先来解决缓存的作用是什么。

在序列的操作过程中，为了保证序列操作的性能问题，会利用缓存在用户未使用到指定的序列值时自动将内容创建好，这样用户在使用序列中就不是一起创建的了，从而达到性能的提升。

但是缓存本身会存在一个丢号的问题，如果数据库关闭了，那么序列的内容就可能无法连续了，这就是丢号问题。

但是以上所创建的只是标准的序列，而实际上也可以创建一些特殊序列。

**【范例 12-4】改变序列的步长。**

输入语句如下。

```
DROP SEQUENCE myseq ;
```

```
CREATE SEQUENCE myseq
INCREMENT BY 2 ;
```

上面代码中，“DROP SEQUENCE myseq ”表示删除序列的代码，然后创建一个新的序列，步长为2。

**【范例 12-5】改变序列的开始值。**

输入语句如下。

```
DROP SEQUENCE myseq ;
CREATE SEQUENCE myseq
INCREMENT BY 2
START WITH 100000 ;
```

上面代码中，创建的序列开始值为 100000，增加的步长为 2。

在序列的使用过程中还可以创建一个循环序列，例如，希望序列可以在 1、3、5、7、9 之间循环显示，此时就需要设置序列的最大值 9、最小值 1，而且设置为循环。

**【范例 12-6】创建循环序列。**

输入语句如下。

```
DROP SEQUENCE myseq ;
CREATE SEQUENCE myseq
INCREMENT BY 2 START WITH 1
MINVALUE 1 MAXVALUE 9
CYCLE NOCACHE;
```

从实际情况来说，序列的使用往往不需要这么复杂，生成一个流水号就够了。

# 12.2　同义词的作用

同义词本质上属于近义词的概念，它是表、索引、视图等模式对象的一个别名。通过为模式对象创建同义词，可以隐藏对象的实际名称和所有者信息，这样可以为对象提供一定的安全性保证。

在之前使用过这样一种查询，如下所示。

```
SELECT SYSDATE FROM dual ;
```

此时的程序就是查询日期时间，但是在之前说过，dual 属于一张临时表，那么这张临时表到底是属于谁的呢？

通过一系列的查询可以发现，dual 数据表是属于 sys 用户的。

既然 dual 属于 sys，那么按照之前的概念来说，不同的用户要进行表的互相访问，前面需要使用模式名，也就是说如果 scott 用户要使用 dual，则应该使用 sys.dual 才对。而这个操作就属于同义词的定义范畴，也就是说 dual 是 sys.dual 的同义词。如果想创建同义词，则可以使用如下语法。

```
CREATE [PUBLIC] SYNONYM 同义词名称 FOR 模式 . 表名称
```

其中，PUBLIC 表示创建的同义词是公用的，数据库中所有用户都可以使用。

**【范例 12-7】将 scott.emp 数据表映射为 semp，连接 sys 用户。**

运行下列语句。

```
CONN sys/change_on_install AS SYSDBA ;
CREATE SYNONYM semp FOR scott.emp ;
```

同义词创建完成之后就可以直接利用同义词进行数据查询。输入语句如下。

```
SELECT * FROM semp ;
```

但是现在的问题是，此同义词无法被其他用户使用，它只能够被 sys 使用。

如果想让一个同义词被所有用户使用，应该将其创建为公共同义词。

**【范例 12-8】切换回 sys 用户，重新创建同义词。**

输入语句如下。

```
CONN sys/change_on_install AS SYSDBA ;
DROP SYNONYM semp ;
CREATE PUBLIC SYNONYM semp FOR scott.emp ;
```

上面代码中“DROP SYNONYM semp ”为删除同义词的语句。虽然同义词可以被其他用户访问了，但是对开发的意义不大。

> 注意：如果在当前模式中创建私有同义词，要求数据库用户必须具有 CREATE SYNONYM 的系统权限；如果要在其他模式中创建私有同义词，要求数据库用户必须具有 CREATE ANY SYNONYM 的系统权限。

# 12.3 视图的定义及使用方法

在所有的 SQL 语句中，查询是最复杂的操作之一，而且查询还和具体的开发要求有关。在开发过程中，程序员完成的并不是与数据库相关的所有内容，而应该更多地考虑到程序的设计结构。可是没有一个项目里面会不包含复杂查询，那么程序员如何从复杂查询中解脱出来呢？

这种情况下就提出了视图的概念。利用视图可以实现复杂 SQL 语句的封装操作。从实际开发来说，一个优秀的数据库设计人员，除了要给出合理的数据表结构，还应该将所有可能使用到的查询封装成视图，一并交给开发者。

视图可以看成是一张虚拟表，由存储的查询组成。视图和真实的数据表一样，都包含若干行和列。但是，在视图中并不存储数据，其数据仍然来源于视图定义时所使用的数据表，数据库只在数据字典中存储视图的定义信息。

### 1. 视图的定义及使用

视图依然属于 DDL 的定义范畴，所以视图的创建需要使用如下语法完成。

```
CREATE [OR REPLACE] VIEW 视图名称 AS 子查询 ;
```

下面来看一下视图的创建和使用方法。

【范例 12-9】创建视图。

输入语句如下。

```
CREATE VIEW myview AS SELECT * FROM emp WHERE deptno=10 ;
```

这个语句实现将部门 10 的所有员工信息保存在视图中。

在 Oracle 10g 及以前的版本中，scott 是可以直接进行视图创建的，但是从 Oracle 10g R2 版本开始，如果想创建视图，就需要单独分配创建视图的权限。

【范例 12-10】为 scott 分配创建视图的权限。

输入语句如下。

```
CONN sys/change_on_install AS SYSDBA ;
GRANT CREATE VIEW TO scott ;
CONN scott/tiger ;
```

权限分配完成之后就可以进行视图的创建操作了。视图本身属于数据库对象，所以查看视图的信息可以使用“user_views”数据字典完成。在这个数据字典里面可以查询到视图的具体语法。

视图可以像普通的数据表那样直接进行查询。

【范例 12-11】查询视图。

输入语句如下。

```
SELECT * FROM myview ;
```

返回的结果如图 12-2 所示。

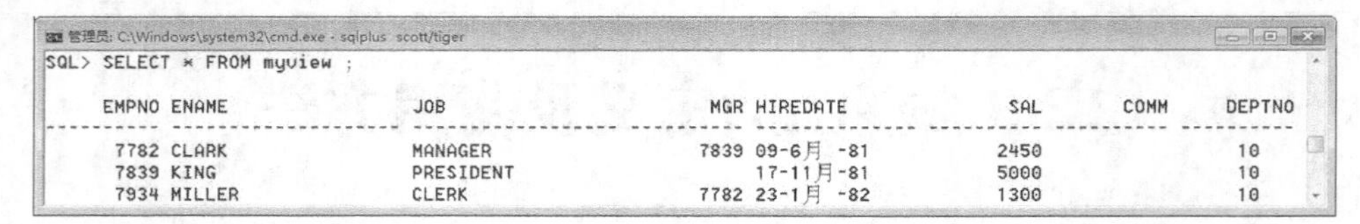


图 12-2

可以发现，查询视图与之前直接使用 SELECT 查询语句所得到的结果是完全相同的，所以视图就封装了 SQL 语句，而开发者可以通过视图简单地查询到所需要的数据。

下面继续利用视图封装一个复杂的 SQL。

【范例 12-12】复杂视图的创建。

输入语句如下。

```
DROP VIEW myview ;
CREATE VIEW myview
    AS
SELECT d.deptno,d.dname,d.loc,temp.count
FROM dept d,(
    SELECT deptno dno,COUNT(*) count
    FROM emp
```

```
    GROUP BY deptno) temp
WHERE d.deptno=temp.dno(+) ;
```

由于 myview 视图的名称已经被占用，所以理论上应该先删除，而后再创建一个新的视图，可是删除和创建之间有可能产生时间间隔。其中，drop view 是删除视图的语句。所以在实际开发中，由于视图使用频率较高，而且直接与开发有关系，一般情况下不会选择删除后再重新创建，而是选择进行视图的替换，利用新的查询替换掉旧的查询。

输入语句如下。

```
CREATE OR REPLACE VIEW myview
    AS
SELECT d.deptno,d.dname,d.loc,temp.count
FROM dept d,(
    SELECT deptno dno,COUNT(*) count
    FROM emp
    GROUP BY deptno) temp
WHERE d.deptno=temp.dno(+) ;
```

上面这个语句表示，如果视图存在则进行替换，如果视图不存在则进行删除。操作结果如图 12-3 所示，并且可以继续进行视图内容的查询。

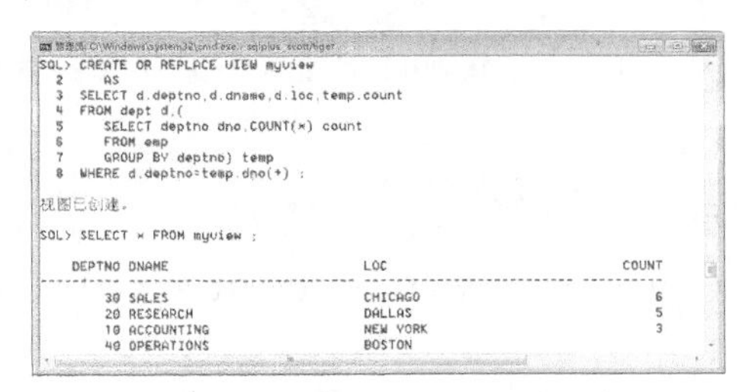

```
SQL> CREATE OR REPLACE VIEW myview
  2      AS
  3  SELECT d.deptno,d.dname,d.loc,temp.count
  4  FROM dept d,(
  5      SELECT deptno dno,COUNT(*) count
  6      FROM emp
  7      GROUP BY deptno) temp
  8  WHERE d.deptno=temp.dno(+) ;

视图已创建。

SQL> SELECT * FROM myview ;

    DEPTNO DNAME                LOC                       COUNT
---------- -------------------- -------------------- ----------
        30 SALES                CHICAGO                       6
        20 RESEARCH             DALLAS                        5
        10 ACCOUNTING           NEW YORK                      3
        40 OPERATIONS           BOSTON
```

图 12-3

从开发分工来说，此部分的操作应该是由数据库开发人员进行的，但是从现实来说，基本上除了大的开发团队，大部分的中小开发团队都会由开发人员自己编写。

### 2. 视图更新的限制问题

视图中只是包含查询语句的临时数据，并不是真实存在的，可是在默认情况下，创建的视图是可以直接进行修改操作的。

**【范例 12-13】更新视图中数据的部门编号（视图的存在条件）。**

首先创建下面的视图。

```
CREATE OR REPLACE VIEW myview
    AS
SELECT * FROM emp WHERE deptno=20 ;
```

此时在创建的 myview 视图中，deptno=20 是视图数据的存在依据，但是在默认情况下，可以通过视图修改原数据表中的信息。下面修改其中一行数据的部门编号，代码如下所示。

```
UPDATE myview SET deptno=30 WHERE empno=7369 ;
```

运行结果如图 12-4 所示。

```
管理员: C:\Windows\system32\cmd.exe - sqlplus scott/tiger
SQL> SELECT * FROM myview ;

     EMPNO ENAME                JOB                      MGR HIREDATE            SAL       COMM     DEPTNO
---------- -------------------- ------------------ ---------- -------------- ---------- ---------- ----------
      7369 SMITH                CLERK                   7902 17-12月-80           800                    20
      7566 JONES                MANAGER                 7839 02-4月 -81          2975                    20
      7788 SCOTT                ANALYST                 7566 19-4月 -87          3000                    20
      7876 ADAMS                CLERK                   7788 23-5月 -87          1100                    20
      7902 FORD                 ANALYST                 7566 03-12月-81          3000                    20

SQL> UPDATE myview SET deptno=30 WHERE empno=7369 ;

已更新 1 行。

SQL> SELECT * FROM emp WHERE empno=7369 ;

     EMPNO ENAME                JOB                      MGR HIREDATE            SAL       COMM     DEPTNO
---------- -------------------- ------------------ ---------- -------------- ---------- ---------- ----------
      7369 SMITH                CLERK                   7902 17-12月-80           800                    30
```

图 12-4

可以发现此时更新了视图，结果导致 emp 数据表中的内容也发生了变化。

为了保证视图的创建条件不能够被更新，可以在创建视图的时候使用 WITH CHECK OPTION 子句。

**【范例 12-14】限制通过视图修改数据表内容。**

首先创建视图，输入语句如下所示。

```
CREATE OR REPLACE VIEW myview
    AS
SELECT * FROM emp WHERE deptno=20
WITH CHECK OPTION ;
```

此时使用了 WITH CHECK OPTION 子句，可以保证视图的创建条件不被更新。如果使用了更新，输入语句如下。

```
UPDATE myview SET deptno=30 WHERE empno=7566 ;
```

将出现"提示信息：ORA-01402: 视图 WITH CHECK OPTION where 子句违规"，即视图创建条件的字段不能修改。

但是视图中不仅仅存在有创建条件的字段，还可能会包含其他字段。在现实操作中，可以修改视图中的其他字段内容。

输入语句如下。

```
UPDATE myview SET sal=80000 WHERE empno=7369 ;
```

此时更新操作成功了，结果如图 12-5 所示。

```
管理员: C:\Windows\system32\cmd.exe - sqlplus scott/tiger
SQL> UPDATE myview SET sal=80000 WHERE empno=7369 ;

已更新 1 行。

SQL> SELECT * FROM emp ;

     EMPNO ENAME                JOB                      MGR HIREDATE            SAL       COMM     DEPTNO
---------- -------------------- ------------------ ---------- -------------- ---------- ---------- ----------
      7369 SMITH                CLERK                   7902 17-12月-80         80000                    20
      7499 ALLEN                SALESMAN                7698 20-2月 -81          1600        300         30
      7521 WARD                 SALESMAN                7698 22-2月 -81          1250        500         30
      7566 JONES                MANAGER                 7839 02-4月 -81          2975                    20
      7654 MARTIN               SALESMAN                7698 28-9月 -81          1250       1400         30
      7698 BLAKE                MANAGER                 7839 01-5月 -81          2850                    30
      7782 CLARK                MANAGER                 7839 09-6月 -81          2450                    10
      7788 SCOTT                ANALYST                 7566 19-4月 -87          3000                    20
      7839 KING                 PRESIDENT                    17-11月-81          5000                    10
      7844 TURNER               SALESMAN                7698 08-9月 -81          1500          0         30
      7876 ADAMS                CLERK                   7788 23-5月 -87          1100                    20
```

图 12-5

可以发现，视图更新时改变的是数据表中的数据，这样的做法同样也不合理。

所以一般在创建视图的时候，由于里面都属于映射的数据，因而本质上就不建议对其进行修改，最好就是使用 WITH READ ONLY 子句创建一个只读视图。

**【范例 12-15】创建只读的视图。**

输入语句如下。

```
CREATE OR REPLACE VIEW myview
    AS
SELECT * FROM emp WHERE deptno=20
WITH READ ONLY ;
```

现在就创建好了一个只读视图，再次发出修改操作时，会出现“ORA-42399: 无法对只读视图运行 DML 操作”，这样就避免了通过视图的临时数据修改数据表的真实数据。

前面介绍了视图的创建，然而实际上如果是单张表的查询，建立视图并没有太大的作用，视图主要用来封装复杂查询，例如来源于多个表。下面是一个复杂查询的封装。

**【范例 12-16】复杂视图创建。**

输入语句如下。

```
CREATE OR REPLACE VIEW myview
    AS  SELECT e.empno,e.ename ename,e.job,d.dname,e.sal,m.ename mname
FROM emp  e,dept d,emp m
WHERE e.deptno=d.deptno AND e.mgr=m.empno(+) ;
```

运行结果如图 12-6 所示。

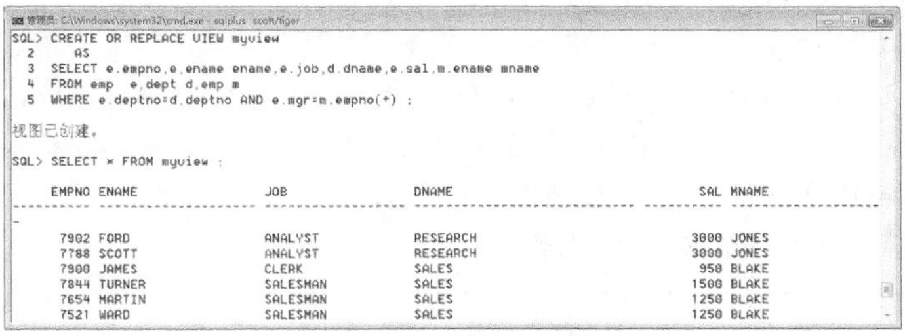

```
SQL> CREATE OR REPLACE VIEW myview
  2      AS
  3  SELECT e.empno,e.ename ename,e.job,d.dname,e.sal,m.ename mname
  4  FROM emp  e,dept d,emp m
  5  WHERE e.deptno=d.deptno AND e.mgr=m.empno(+) ;

视图已创建。

SQL> SELECT * FROM myview ;

     EMPNO ENAME                JOB                DNAME                          SAL MNAME
---------- -------------------- ------------------ ---------------------------- --------- --------------------

      7902 FORD                 ANALYST            RESEARCH                      3000 JONES
      7788 SCOTT                ANALYST            RESEARCH                      3000 JONES
      7900 JAMES                CLERK              SALES                          950 BLAKE
      7844 TURNER               SALESMAN           SALES                         1500 BLAKE
      7654 MARTIN               SALESMAN           SALES                         1250 BLAKE
      7521 WARD                 SALESMAN           SALES                         1250 BLAKE
```

图 12-6

直接进行下面的更新操作。

```
UPDATE myview SET sal=8000,dname='SALES',mname='KING'
WHERE empno=7902 ;
```

此时没有增加“WITH CHECK OPTION、WITH READ ONLY”等限制条件，但是运行时出现错误信息“ORA-01776: 无法通过连接视图修改多个基表”。如果真的需要修改数据表的内容，可以使用替代触发器完成。

# 12.4 索引的定义及使用方法

在引入索引的概念之前，先看一下索引能够做什么事情，以及为什么需要有索引。

现在来观察如下程序代码。

```
SELECT * FROM emp WHERE sal>1500 ;
```

这是一条非常简单的查询语句。下面就通过此语句来分析数据库做了什么。为了观察方便，下面打开追踪器，切换到 sys 用户。输入语句如下。

```
CONN sys/chage_on_install AS SYSDBA ;
SET AUTOTRACE ON  ;
```

打开之后直接在 sys 用户中进行性能信息的查询，此时的查询除了会返回结果之外，还会返回分析信息，如图 12-7 所示。

```
管理员: C:\Windows\system32\cmd.exe - sqlplus  scott/tiger
执行计划
----------------------------------------------------------
Plan hash value: 3956160932

--------------------------------------------------------------------------
| Id  | Operation          | Name | Rows  | Bytes | Cost (%CPU)| Time     |
--------------------------------------------------------------------------
|   0 | SELECT STATEMENT   |      |    14 |  1218 |     3   (0)| 00:00:01 |
|   1 |  TABLE ACCESS FULL| EMP  |    14 |  1218 |     3   (0)| 00:00:01 |
--------------------------------------------------------------------------
```

图 12-7

其中“TABLE ACCESS FULL”直接描述的是要进行全表扫描，属于逐行扫描。而且最为关键的问题在于，如果说现在 emp 表的数据有 500 000 条，可能在第 20 920 条之后就没有任何员工记录可以满足于此条件，那么这个时候以上的语句还会继续向后查询。很明显，这就是一种浪费，这时候的性能一定不可能变快的。

已经知道了问题，那么该如何解决这样的查询呢？第一个想法就是需要知道明确的数据排序。如果直接使用 ORDER BY 排序，但是 ORDER BY 子句是整个查询语句之中最后运行的，也就是说此时还没到 ORDER BY 发挥作用的时候。所以在这种情况下，建议数据的排列是根据树排列。

树的排列原则：选取一个数据作为根节点，比此节点大的数据放在右子树，比节点小的数据放在左子树。这样就可以实现排序。但是现在的问题是，选什么数据来操作呢？本程序使用的是 sal 字段，所以就应该利用 sal 来操作索引，如图 12-8 所示。

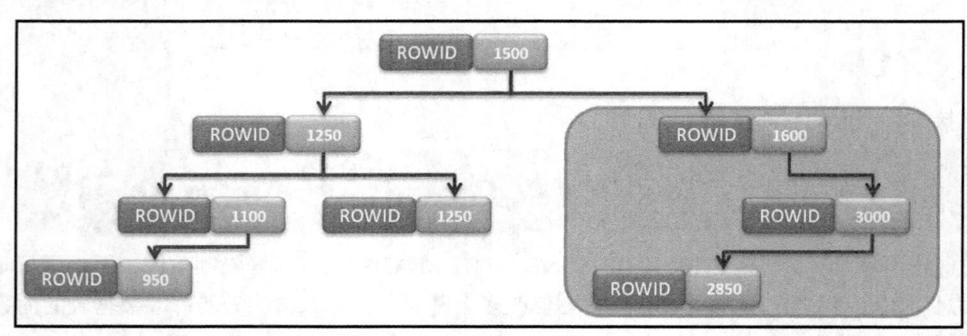


图 12-8

这个时候就可以进行索引的创建来实现以上的操作结构。在整个操作过程中，如果想创建索引，必须设置一个指定的字段。

创建索引的语法如下所示。

```
Create index 索引名称 on 数据表名称（字段名称 [ASCIDESC]，…）[reverse]
```

其中可选项 reverse 表示建立反向键索引。

下面这个范例建立一个索引。

**【范例 12-17】为 scott.emp 表在 sal 字段上创建索引。**

输入语句如下。

```
CREATE INDEX emp_sal_ind ON scott.emp(sal) ;
```

索引创建完成之后，重新发出一次查询的指令，结果如图 12-9 所示。

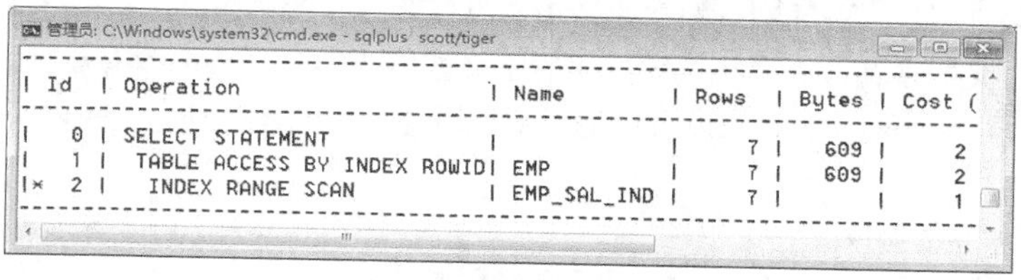

```
管理员: C:\Windows\system32\cmd.exe - sqlplus  scott/tiger
-----------------------------------------------------------------------------------
| Id  | Operation                    | Name        | Rows  | Bytes | Cost (
-----------------------------------------------------------------------------------
|   0 | SELECT STATEMENT             |             |     7 |   609 |     2
|   1 |  TABLE ACCESS BY INDEX ROWID | EMP         |     7 |   609 |     2
|*  2 |   INDEX RANGE SCAN           | EMP_SAL_IND |     7 |       |     1
-----------------------------------------------------------------------------------
```

图 12-9

通过查询分析器可以发现，此时的查询不再使用全表扫描。输入语句如下。

```
TABLE ACCESS BY INDEX ROWID
INDEX RANGE SCAN
```

此时进行查询的时候不是全部数据都查询，而是只查询了所需要的范围的内容。

虽然利用索引可以提高查询速度，但是需要明确一个问题所在，索引的关键在于索引树。如果说在数据表中，sal 字段的内容都在重复改变，那么这棵树将非常难操作。

树的维护操作是需要花费时间的，如果数据小，那么可以在很短时间内进行树的生成，但是如果数据量大呢？时间花费会巨大。如果不想重复地进行树的维护，那么就必须保证数据的不可更改与唯一性，所以默认情况下会在主键约束上自动追加一个索引。

在现实的开发中还会出现以下问题。

◎ 保证用户的回应速度快，没有延迟。

◎ 能够承受用户大量的更新操作。

如果想查询速度快，就必须使用索引；然而如果要想保证更新速度，就不能使用索引。

这个时候最好的做法是牺牲实时性。使用两个数据库，一个数据库专门负责用户查询使用，另外一个数据库专门给用户更新操作使用。查询的数据库可以在每天凌晨 2 ~ 3 点的时候进行信息的统一保存或者是在统一的分析后保存。

# 12.5 本章小结

本章主要介绍 Oracle 常用的一些数据库对象，包括序列、同义词、视图、索引，其中视图可以使用一种新的逻辑结构访问数据，隔离用户对原数据表的访问；同义词可以简化应用程序的开发工作；序列可以自动产生递增的数值；而索引可以加快数据的查询速度。灵活使用这些数据对象，可以改善数据查询速度，简化代码，提高数据查询的效率，等等。学习的时候应加以对比，例如索引的使用，读者可以对比没有使用索引和使用索引前后查询速度。这样可以加深对这些数据对象的使用的认识。

## 12.6 疑难解答

**问：视图中有数据吗？**

**答：**在创建视图的时候，只是将视图的定义信息存放在数据字典中，不会执行所定义的查询语句。在此后查询视图的时候，系统才会根据视图的定义从所关联的数据表中获得数据。

**问：视图是基于数据表创建的，如果后期相关数据表的定义被修改了，会发生什么情况？**

**答：**对于所定义的视图，如果相关数据表的定义被修改了，则该视图将被标记为无效状态，当用户再次访问这个视图的时候，Oracle 会自动重新编译这个视图。此外，也可以使用 alter view 语句手工编译这个视图。

**问：同义词被删除后，所依赖的对象是否会受到影响？**

**答：**当删除同义词后，同义词的基础对象不受任何影响，但是所有引用这个同义词的其他对象将处于无效状态。

**问：索引如何发挥快速查询的作用？**

**答：**当没有索引的时候，查询数据表中指定记录必须遍历整个数据表，使用索引的时候，只需在索引中找到符合条件的索引字段值，然后通过索引中对应的 ROWID 快速找到表中对应的记录。索引的作用类似于一本书的目录，帮助用户找到所需要的内容。

**问：建立索引需要注意什么？**

**答：**建立索引需要考虑下面几点，应建立在经常需要查询或者排序的列上；应该建立在 where 子句频繁引用的列上；限制表的索引个数，索引过多会影响数据更新和插入的速度；不要在数据量较小的表上建立索引。

**问：视图上是否可以创建索引？**

**答：**一般视图上不用建立索引，因为对视图的操作最终会转化为对表的操作。

## 12.7 实战练习

(1) 在 emp 数据表上为字段 sname 建立索引。

(2) 在 emp 数据表上创建一个视图，包含所有工资大于 2 000 的员工编号、姓名和工资。

(3) 创建一个序列，初始值为 1 000，每次增加 2，最大值为 9 999，自动循环。

(4) 创建一个复杂视图，汇总不同部门的最少工资、最多工资和平均工资。

(5) 创建一个视图，能够查询每个部门的工资情况。

(6) 将前面创建的视图分别删除。

(7) 将前面创建的索引分别删除。

# 第 13 章

# PL/SQL 编程

**本章导读**

SQL 是结构化的查询语句，是整个数据库操作的灵魂所在，所有的数据库都支持 SQL 语法，用户可以利用它使用几乎同样的语句在不同的数据库系统中完成相同的操作。本章将介绍 PL/SQL 的基础知识、语言特点、程序结构等，这部分内容的学习有助于后面章节中介绍的触发器、过程等的编写。

**本章课时：理论 4 学时 + 实践 3 学时**

## 学习目标

- PL/SQL 程序结构
- 变量与常量
- 条件语句
- 循环语句
- 异常处理

# 13.1 PL/SQL 程序结构

## 13.1.1 PL/SQL 概述

PL/SQL（Procedural Language extension to SQL）是 Oracle 对标准 SQL 语言的扩充，是专门用于各种环境下对 Oracle 数据库进行访问和开发的语言。

由于 SQL 语言将用户操作与实际的数据结构和算法等分离，无法对一些复杂的业务逻辑进行处理，因此，Oracle 数据库对标准的 SQL 语言进行了扩展，吸收了近年来高级编程语言的特点，例如数据封装性、信息隐藏性和重载等。在 PL/SQL 语言中，既可以通过 SQL 语言实现对数据库的操作，也可以通过过程化语言中复杂逻辑结构完成复杂的业务逻辑。

PL/SQL 语言具有如下特点。

⑴ 模块化的程序结构：PL/SQL 程序以块为单位，每个块就是一个完整的程序，实现特定的功能。块与块之间相互独立，应用程序可以通过接口从客户端调用数据库服务器端的程序块。

⑵ 流程控制：条件、循环和分支语句可以用来控制程序的执行过程，以决定是否或何时执行 SQL 或其他行动。

⑶ 可移植性：PL/SQL 程序可以移植到任何平台的 Oracle 数据库上运行。

⑷ 集成性：与 SQL 语言紧密集成，所有的 SQL 语句在 PL/SQL 中都可以得到支持。

⑸ 改进的性能：PL/SQL 的使用可以帮助改进应用程序的性能。在 PL/SQL 中，一个块内部可以包括若干个 SQL 语句，当客户端应用程序与数据库服务器交互时，可以一次将包含若干个 SQL 语句的块发送到服务器端，这样可以降低网络流量，提高应用程序的性能。

## 13.1.2 程序结构

PL/SQL 程序的基本单元是语句块，所有的 PL/SQL 程序都是由语句块组成的，语句块之间可以相互嵌套，每个语句块完成特定的功能。

一个完整的 PL/SQL 语句块一般由 3 个部分组成。

⑴ 声明部分（Declaration Section）：以关键字 Declare 开始，主要用于声明变量、常量、数据类型、游标、异常处理名称和本地（局部）子程序定义等。如果不需要声明变量或常量等，也可以省略。

⑵ 执行部分（Executable Section）：以关键字 Begin 开始，是 PL/SQL 块的功能实现部分，通过变量赋值、流程控制、数据查询、数据操纵、数据定义、事务控制、游标处理等操作实现块的功能。

⑶ 异常处理部分（Exception Section）：以关键字 Exception 开始，以 End 结束，主要用于处理执行过程中产生的异常。如果不需要处理异常，也可以没有这一部分。

PL/SQL 块的定义形式如下所示。

```
Declare
      声明部分
    Begin
      执行部分
    Exception
      异常处理部分
    End
```

其中，执行部分是必需的，而声明部分和异常处理部分是可选的。可以在一个块的执行部分或异常处理部分嵌套其他 PL/SQL 块。

**【范例 13-1】一个简单的 PL/SQL 程序，查询数据表 emp 中编号是 7369 的员工的姓名。**

程序代码及运行结果如图 13-1 所示。

```
C:\WINDOWS\system32\cmd.exe - SQLPLUS
SQL> SET SERVEROUTPUT ON
SQL> DECLARE
  2     V_name VARCHAR2(20);
  3  BEGIN
  4     SELECT ename INTO v_name FROM emp WHERE empno='7369';
  5     DBMS_OUTPUT.PUT_LINE(V_name);
  6     EXCEPTION
  7     WHEN no_data_found THEN
  8        DBMS_OUTPUT.PUT_LINE('There is not such an employee');
  9  END;
 10  /
SMITH

PL/SQL 过程已成功完成。
```

图 13-1

这个简单的 PL/SQL 程序就由 3 部分组成：在 Declare 中声明一个 V_name 变量，类型是 Varchar2；执行部分通过查询把结果放到声明的变量 V_name 中，然后输出；如果没有查询到相应数据，就在异常处理部分中显示没有该员工的信息。

### 13.1.3 PL/SQL 的词法单元

PL/SQL 块中的每一条语句都必须以分号结束。一个 SQL 语句可以跨多行，但分号表示该语句的结束，一行中也可以有多条 SQL 语句，各语句之间以分号分割。所有的 PL/SQL 程序都是由词法单元组成，主要包括字符集、标识符、分隔符、注释等。下面分别介绍。

#### 1. 字符集

PL/SQL 的字符集不区分大小写，主要包括下列几种。

(1) 所有大小写字母：A~Z，a~z。

(2) 数字：0~9。

(3) 空白符：包括空格、制表符和回车符。

(4) 符号：包括 +、−、*、/,<,>,@ 、%、&、(、),[、]、{、}、；、 “、：,?,| 等。

#### 2. 标识符

标识符主要用于定义 PL/SQL 中各种变量、常量、参数、子程序名称和其他程序单元名称等。Oracle 标识符的规则如下。

(1) 变量必须以字母开头，后面可以跟字母、数字、美元符号、井号或下画线。

(2) 最大长度为 30 个字符。

(3) 不区分大小写。

(4) 不允许有空格和特殊字符。

例如，X、X_$、V_name 等都是有效的标识符，2008、X+y、_temp 等是非法的标识符。

### 3. 分隔符

分隔符是指有特定意义的单个符号或组合符号，如表 13-1 所示。

表 13-1　　　　　　　　　　分隔符

| 符号 | 含义 | 符号 | 含义 | 符号 | 含义 |
|---|---|---|---|---|---|
| + | 算术加或者正数 | = | 等于 | > | 大于 |
| – | 算术减或者负数 | >= | 大于等于 | > | 小于 |
| * | 算术乘 | <= | 小于等于 | <> | 不等于 |
| / | 算术除 | ( | 括号开始 | ) | 括号结束 |
| : = | 赋值 | ; | 语句结束 | ‘ | 字符串标识 |
| /* | 多行注释开始 | */ | 多行注释结束 | -- | 单行注释 |
| @ | 数据库链接 | \|\| | 字符串连接 | ** | 幂运算 |
| _ | 代表一个字符的通配符 | % | 代表任意一个字符的通配符 | .. | 范围操作符 |

### 4. 注释

PL/SQL 程序中的注释分为单行注释和多行注释两种。单行注释可以在一行的任何地方开始，以“--”开始，直到该行结尾；多行以“/*”开始，以“*/”结束，可以跨越多行。

# 13.2　变量与常量

在编程过程中，经常会使用各种变量和常量，并且会考虑数据的类型，本节就分别介绍这些知识。

## 13.2.1　基本数据类型

数据类型是一种用于描述数据存储格式的结构。PL/SQL 和其他编程语言一样也有多种数据类型，PL/SQL 语言中的常用数据类型和 Oracle 数据库中内置的数据类型基本相似。这些类型可以用于定义变量和常量的类型。下面就来看一下这些基本的数据类型。

### 1. 数值类型

PL/SQL 语言中数值类型有几种，其中常用的是 Number 类型，以十进制形式存储整数或浮点数。其格式为 Number(p,s)，其中，p 为精度，即有效的数字位数；s 表示刻度范围，即小数位数。例如，Number（8,2）表示定义一个有效位数是 8 位，小数位数是 2 位的数值类型。

### 2. 字符类型

PL/SQL 语言中经常使用的类型是 Varchar2 和 Char 两种，用来存储字符串或字符数据。其中 Varchar2 用于存储可变长度的字符串，最大长度为 32 767 字节，而数据库中的 Varchar2 类型的最大长度是 4 000 字节，所以一个最大长度的 PL/SQL 语言中的 Varchar2 类型变量不能赋值给数据库中的 Varchar2 类型变量；Char 类型表示指定长度的字符串，最大长度为 32 767 字节，如果赋值给 Char 类型变量的值不足所定义的最大长度，则在其后面用空格补全。

### 3. 日期类型

日期类型包括 DATE 和 TIMESTAMP 两种类型。DATA 类型存储日期和时间信息，其存储空间是 7 个字节，分别使用一个字节存储世纪、年、月、日、小时、分钟和秒，但不包括秒的小数部分；TIMESTAMP 类型与 DATA 类型类似，但包括秒的小数部分。

### 4. 布尔类型

布尔类型即 BOOLEAN 类型，其取值包括 TRUE、FALSE 和 NULL。该类型数据主要用于程序的流程控制和逻辑判断。

### 5. LOB 类型

LOB 类型主要包括 BLOB、CLOB、NCLOB 和 BFILE 等 4 种类型。经常使用 CLOB、NCLOB 存放文本数据，BLOB 存放二进制数据，BFILE 存放指向操作系统文件的指针。

## 13.2.2 特殊数据类型

除了以上几种基本的数据类型外，PL/SQL 语言还提供了 3 种特殊的数据类型，不过这 3 种特殊类型是在基本数据类型基础上建立的。

### 1. 记录类型

记录类型是一种结构化的数据类型，包含若干个成员分量的复合类型。类似于 C 语言中的结构，由用户自定义形成，记录类型提供了一种可以作为整体单元考虑的变量机制，整体单元内包含若干成员分量，其基本语法格式如下所示。

```
Type record_type IS RECORD(
Field1 datatype [not null][:=default value],
Field2 datatype [not null][:=default value],
……
Fieldn datatype [not null][:=default value]);
```

其中，record_type 是要定义的记录类型的名称，Field1…Fieldn 是记录类型的成员分量名称，datatype 是成员变量的数据类型。这种记录类型需要在声明部分定义。

**【范例 13-2】定义一个记录类型 myrecord_type，用于存储 emp 数据表中的员工姓名和职务。**

程序代码及运行结果如图 13-2 所示。

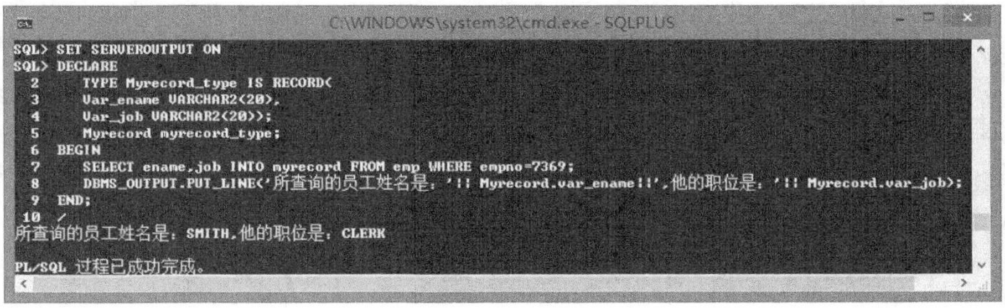

```
C:\WINDOWS\system32\cmd.exe - SQLPLUS
SQL> SET SERVEROUTPUT ON
SQL> DECLARE
  2     TYPE Myrecord_type IS RECORD(
  3     Var_ename VARCHAR2(20),
  4     Var_job VARCHAR2(20));
  5     Myrecord myrecord_type;
  6  BEGIN
  7     SELECT ename,job INTO myrecord FROM emp WHERE empno=7369;
  8     DBMS_OUTPUT.PUT_LINE('所查询的员工姓名是：'|| Myrecord.var_ename||'，他的职位是：'|| Myrecord.var_job);
  9  END;
 10  /
所查询的员工姓名是：SMITH，他的职位是：CLERK

PL/SQL 过程已成功完成。
```

图 13-2

### 2. %TYPE 类型

在 PL/SQL 语言中经常要用到 Oracle 数据库中的某些数据表的字段内容，这时必须要保证所定义的变量类型和数据表中字段的类型一致，这时可以使用 %TYPE 关键字来声明一个与指定字段相同的数据类型，使用的时候直接紧跟在指定字段的后面。

例如，声明一个与 emp 数据表中用户名 ename 字段的数据类型一样的变量 var_name。输入语句如下。

```
Var_name emp.ename%type
```

因为 emp 数据表中用户名 ename 字段的数据类型是 Varchar2(10)，所以 %type 此时声明的变量 var_name 的数据类型也为 Varchar2(10)。

使用 %TYPE 类型来声明变量，用户不用查看数据表中各个字段的数据类型，就可以确保所定义的变量可以存储数据表中的数据，可以大大节省用户定义变量的时间，提高编程的效率，而且不会发生错误；通过这种定义变量的数据类型，可以理解为将数据变量与数据表中的字段绑定，如果数据表字段的定义经过修改，但是程序并不需要修改。

**【范例 13-3】定义一个变量，存储数据表 emp 中编号为 7369 的员工姓名，并且显示出结果。**

程序代码及运行结果如图 13-3 所示。

```
C:\WINDOWS\system32\cmd.exe - SQLPLUS
SQL> SET SERVEROUTPUT ON
SQL> DECLARE
  2     Var_ename emp.ename%TYPE;
  3   BEGIN
  4     SELECT ename INTO var_ename FROM emp WHERE empno=7369;
  5     DBMS_OUTPUT.PUT_LINE('所查询的员工姓名是：'||Var_ename);
  6   END;
  7   /
所查询的员工姓名是：SMITH

PL/SQL 过程已成功完成。
```

图 13-3

上面这个范例就是在声明部分定义了一个变量 Var_ename，其类型通过使用 %type 来获取，与数据表中字段的类型一样，然后在程序中通过查询语句使用 into 子句将查询结果存储到 Var_ename。

### 3. %ROWTYPE 类型

%type 类型可以使变量获得数据表中字段的数据类型，使用 %ROWTYPE 类型可以使变量获得整个数据表记录的数据类型。实际上可以把 %ROWTYPE 类型看成 %type 类型与 RECORD 记录类型的结合，具有二者的优点，可以根据数据表中每行记录的结构定义一种特殊的记录数据类型，用来存储数据表中一行数据中各个字段的数据类型。它的定义也是使用 %ROWTYPE 关键字来声明一个与指定数据表记录相同的数据类型，使用的时候直接紧跟在指定字段的后面。

例如，声明一个用于存储 emp 数据表中每行记录的变量 var_row。输入语句如下。

```
Var_row emp %ROWTYPE
```

此时，使用 %ROWTYPE 类型所声明的变量 var_row 可以存储数据表 emp 中的一行数据。

**【范例 13-4】声明一个用于存储 emp 数据表中每行记录的变量 var_row，并使用该变量显示员工的基本信息。**

程序代码及运行结果如图 13-4 所示。

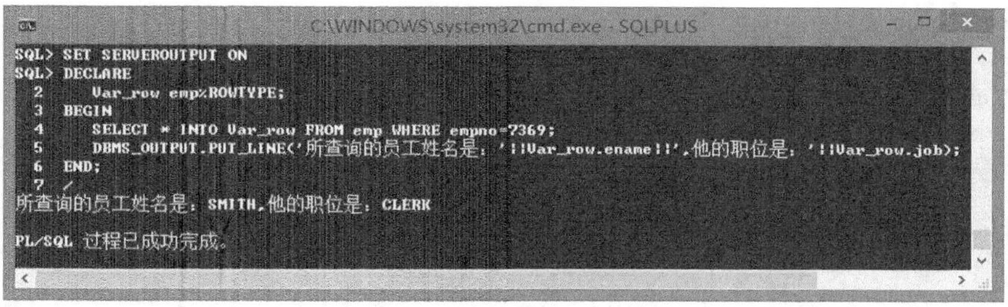

```
C:\WINDOWS\system32\cmd.exe - SQLPLUS
SQL> SET SERVEROUTPUT ON
SQL> DECLARE
  2     Var_row emp%ROWTYPE;
  3  BEGIN
  4     SELECT * INTO Var_row FROM emp WHERE empno=7369;
  5     DBMS_OUTPUT.PUT_LINE('所查询的员工姓名是：'||Var_row.ename||',他的职位是：'||Var_row.job);
  6  END;
  7  /
所查询的员工姓名是：SMITH,他的职位是：CLERK

PL/SQL 过程已成功完成。
```

图 13-4

#### 4. 记录表类型

前面介绍的记录类型变量里面每个分量只能存储一个数据，当把该记录类型变量用于存储查询语句的返回结果时，只能存储一条查询结果，如果查询语句返回多条记录，就会出现错误。因此，需要另外一种数据类型——记录表类型，用于存储返回的多行数据。声明记录表类型的语法格式如下所示。

```
Type 记录表类型名称 is table of 类型 index by binary_integer
```

记录表类型不会存储在数据库中，关键字 index by binary_integer 指示系统创建一个主索引，以引用表变量中的特定行。

在使用的时候，要先定义记录表类型的变量，语法格式如下。

```
记录表类型变量名 记录表类型名称
```

**【范例 13-5】定义一个记录表类型用于存储 emp 数据表中的数据，并显示。**

程序代码及运行结果如图 13-5 所示。

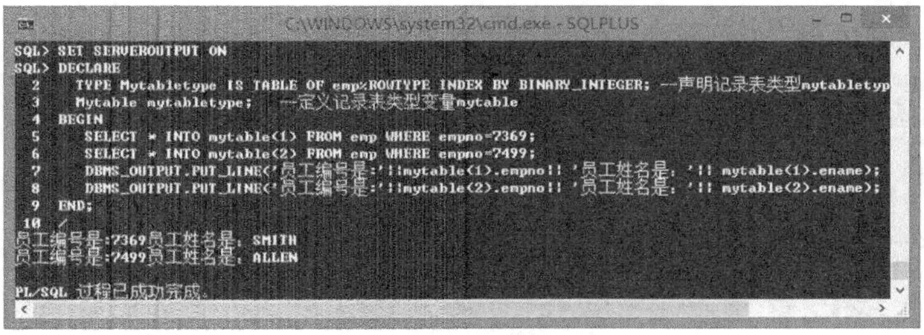

```
C:\WINDOWS\system32\cmd.exe - SQLPLUS
SQL> SET SERVEROUTPUT ON
SQL> DECLARE
  2    TYPE Mytabletype IS TABLE OF emp%ROWTYPE INDEX BY BINARY_INTEGER; --声明记录表类型mytabletyp
  3    Mytable mytabletype;   --定义记录表类型变量mytable
  4  BEGIN
  5     SELECT * INTO mytable(1) FROM emp WHERE empno=7369;
  6     SELECT * INTO mytable(2) FROM emp WHERE empno=7499;
  7     DBMS_OUTPUT.PUT_LINE('员工编号是:'||mytable(1).empno|| '员工姓名是：'|| mytable(1).ename);
  8     DBMS_OUTPUT.PUT_LINE('员工编号是:'||mytable(2).empno|| '员工姓名是：'|| mytable(2).ename);
  9  END;
 10  /
员工编号是:7369员工姓名是：SMITH
员工编号是:7499员工姓名是：ALLEN

PL/SQL 过程已成功完成。
```

图 13-5

在上面的程序中，声明部分定义了一个记录表类型，然后定义记录表类型变量 mytable，在程序主体部分，使用查询语句将查询的结果分别赋值到 mytable 记录表中，然后显示。

### 13.2.3 变量

变量是用来存储数据的存储结构，可以存储不同类型的数据，其值在程序运行过程中是可以改变的。

### 1. 变量的定义

必须先在声明部分定义该变量。与其他编程语言不同，PL/SQL 语言中要求变量名在前，数据类型在后面，定义变量的语法如下所示。

```
变量名 数据类型 [ 默认值 |: = 初始值 ]
```

例如下面的代码所示。

```
var_name  varchar2(20):=' 张三 '
```

上面的语句定义一个变量 var_name，类型为 varchar2，该变量的最大长度为 20，变量的初始值为“张三”。

```
var_name  varchar2(20) default ' 张三 '
```

上面的语句定义一个变量 var_name，类型为 varchar2，该变量的最大长度为 20，变量的默认值为“张三”。

### 2. 变量的赋值

变量也可以在程序运行过程中给予赋值，主要有以下 3 种方式。

(1) 直接赋值。

例如下面的代码所示。

```
Name:=' 张三 ';
Salary:=salary+100;
```

(2) 交互赋值。

例如下面的代码所示。

```
Name:=&temp;
```

运行此代码的时候会提示输入 temp 的值，然后把输入的值赋给 name 变量。

(3) 使用 select 查询语句中的 into 子句。

例如下面的代码所示。

```
Select ename into name from emp where eno=7369;
```

此代码表示将 emp 数据表中编号为 7369 的员工信息中姓名赋值给变量 name。

### 3. 变量的作用域

变量的作用域表示变量的作用范围。在一般的 PL/SQL 块中，变量的作用域从声明开始，一直到块的结束。如果存在块嵌套，则外部块中声明的变量是全局变量，既可以在外部块中使用，也可以在内部块中使用；而在内部块中声明的变量是局部的，只能在内部块中使用。

**【范例 13-6】变量作用域验证。**

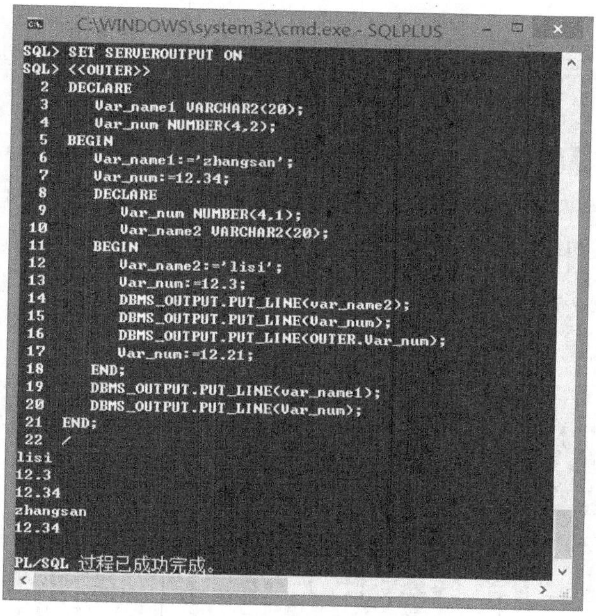

```
C:\WINDOWS\system32\cmd.exe - SQLPLUS
SQL> SET SERVEROUTPUT ON
SQL> <<OUTER>>
  2  DECLARE
  3     Var_name1 VARCHAR2(20);
  4     Var_num NUMBER(4,2);
  5  BEGIN
  6     Var_name1:='zhangsan';
  7     Var_num:=12.34;
  8     DECLARE
  9        Var_num NUMBER(4,1);
 10        Var_name2 VARCHAR2(20);
 11     BEGIN
 12        Var_name2:='lisi';
 13        Var_num:=12.3;
 14        DBMS_OUTPUT.PUT_LINE(var_name2);
 15        DBMS_OUTPUT.PUT_LINE(Var_num);
 16        DBMS_OUTPUT.PUT_LINE(OUTER.Var_num);
 17        Var_num:=12.21;
 18     END;
 19     DBMS_OUTPUT.PUT_LINE(var_name1);
 20     DBMS_OUTPUT.PUT_LINE(Var_num);
 21  END;
 22  /
lisi
12.3
12.34
zhangsan
12.34

PL/SQL 过程已成功完成。
```

图 13-6

如图 13-6 所示，这个程序是嵌套程序，外面块声明了两个变量，内部块声明了两个变量，其中内外块都声明了一个相同名字的变量 var_num。在内部块中为 var_num 分别赋值，可以看出当在内部块中给 var_num 赋值的时候，并不影响外部 var_num 的值，例如程序 15 行，显示的是内部块 var_num 变量的值。要想在内部块中访问外部块中 var_num 变量，需要在变量前面加上外部块的名字，例如程序 16 行。如果要在外部块中显示内部块的变量，程序将会出现错误。

### 13.2.4 常量的定义

常量的值在程序运行过程中保持不变，常量的声明方式与变量类似，但要包括关键字 CONSTANT，常量定义的同时要赋予初值，如下所示。

```
Pi constant number:=3.1415;
```

此代码定义一个常量 Pi，其值为圆周率 3.1415，数据类型为 number。

## 13.3 条件语句

条件语句又称选择语句，在很多程序设计语言中都有选择语句，根据设定条件是否满足而决定程序如何执行。Oracle 中主要有两大类条件语句，即 IF 语句和 CASE 语句。

### 13.3.1 IF 语句

Oracle 提供了 3 种形式的 IF 条件分支语句：IF…THEN 语句、IF…THEN…ELSE 语句和 IF…THEN…ELSIF 语句。

1. IF…THEN 语句

基本语法格式如下所示。

```
IF 条件表达式 THEN
  语句序列;
End IF;
```

这是选择语句中最基本的一种，当条件表达式的结果是 TRUE 时，程序运行 then 下面的语句序列；如果条件表达式的结果是 FALSE，则跳过 then 语句下面的内容，运行 End IF 后面的语句。

**【范例 13-7】数字大小的比较。**

程序范例及运行结果如图 13-7 所示。

```
C:\WINDOWS\system32\cmd.exe - SQLPLUS
SQL> DECLARE
  2      a NUMBER;
  3      b NUMBER;
  4  BEGIN
  5      a:=20;
  6      b:=10;
  7      IF a>b THEN
  8         DBMS_OUTPUT.PUT_LINE(a||'>'||b);
  9      END IF;
 10  END;
 11  /
20>10

PL/SQL 过程已成功完成。
```

图 13-7

通过程序可以看出，两个变量赋值后，a 的值大于 b 的值，因此条件符合，运行 IF 语句体内的语句，显示“a>b”。但如果把所赋值内容修改，例如“a:=5”，则条件不成立，程序就不运行 IF 语句体内的语句，直接结束。

### 2. IF…THEN…ELSE 语句

基本语法格式如下所示。

```
IF 条件表达式 THEN
  语句序列 1;
ELSE
  语句序列 2;
End IF;
```

当条件表达式的结果是 TRUE 时，程序运行语句序列 1；如果条件表达式的结果是 FALSE，则运行语句序列 2。

**【范例 13-8】比较两个数字的大小。**

程序代码及运行结果如图 13-8 所示。

```
C:\WINDOWS\system32\cmd.exe - SQLPLUS
SQL> SET SERVEROUTPUT ON
SQL> DECLARE
  2      a NUMBER;
  3      b NUMBER;
  4  BEGIN
  5      a:=&a;
  6      b:=10;
  7      IF a>b THEN
  8        DBMS_OUTPUT.PUT_LINE('你输入的数大于10');
  9      ELSE
 10        DBMS_OUTPUT.PUT_LINE('你输入的数小于10');
 11      END IF;
 12  END;
 13  /
输入 a 的值:  5
原值     5:     a:=&a;
新值     5:     a:=5;
你输入的数小于10

PL/SQL 过程已成功完成。
```

图 13-8

当输入的变量的值小于 10 的时候，IF 语句的条件不成立，显示 else 后面的语句，如果输入的变量的值大于 10，则 IF 语句的条件成立，显示 then 后面的语句，如图 13-9 所示。

```
C:\WINDOWS\system32\cmd.exe - sqlplus
SQL> SET SERVEROUTPUT ON
SQL> DECLARE
  2      a NUMBER;
  3      b NUMBER;
  4  BEGIN
  5      a:=&a;
  6      b:=10;
  7      IF a>b THEN
  8        DBMS_OUTPUT.PUT_LINE('你输入的数大于10');
  9      ELSE
 10        DBMS_OUTPUT.PUT_LINE('你输入的数小于10');
 11      END IF;
 12  END;
 13  /
输入 a 的值:  20
原值     5:     a:=&a;
新值     5:     a:=20;
你输入的数大于10

PL/SQL 过程已成功完成。
```

图 13-9

### 3. IF…THEN…ELSIF 语句

相比前两种 IF 语句，这一种是最为复杂的，可以实现多分支选择，其基本语法格式如下所示。

```
IF 条件表达式 1 THEN
  语句序列 1;
ELSIF 条件表达式 2
  语句序列 2;
…
ELSE
  条件表达式 n
End IF;
```

当条件表达式 1 成立时，执行语句序列 1；若其值为 FALSE，则继续判断条件表达式 2，若其值为 TRUE，则执行语句序列 2；如其值为 FALSE，则继续判断后面的 ELSIF 语句，否则执行 ELSE 后面的语句序列。

**【范例 13-9】根据输入的数字大小，判断学生成绩范围（优：90~100；良：80~89；中：70~79；及格：60~69 和不及格：0~59）。**

程序代码及运行结果如图 13-10 所示。

```
C:\WINDOWS\system32\cmd.exe - SQLPLUS
SQL> SET SERVEROUTPUT ON
SQL> DECLARE
  2      a NUMBER;
  3  BEGIN
  4      a:=&a;
  5      IF a>=0 AND a<60 THEN
  6        DBMS_OUTPUT.PUT_LINE('你的成绩是不及格');
  7      ELSIF a>=60 AND a<69 THEN
  8        DBMS_OUTPUT.PUT_LINE('你的成绩是及格');
  9      ELSIF a>=70 AND a<79 THEN
 10        DBMS_OUTPUT.PUT_LINE('你的成绩是中');
 11      ELSIF a>=80 AND a<89 THEN
 12        DBMS_OUTPUT.PUT_LINE('你的成绩是良');
 13      ELSIF a>=90 AND a<=100 THEN
 14        DBMS_OUTPUT.PUT_LINE('你的成绩是优');
 15      ELSE
 16        DBMS_OUTPUT.PUT_LINE('你输入的成绩是不符合要求');
 17      END IF;
 18  END;
 19  /
输入 a 的值:  67
原值    4:     a:=&a;
新值    4:     a:=67;
你的成绩是及格

PL/SQL 过程已成功完成。
```

图 13-10

可以看出，当输入不同的考试成绩的时候，程序会判断成绩范围，然后给出最终的结果。

### 13.3.2 CASE 语句

CASE 语句的执行方式与 IF…THEN…ELSIF 语句的执行方式类似，但它是通过一个表达式的值来决定执行哪个分支。基本语法如下所示。

```
CASE 选择器表达式
  When 条件 1 then 语句序列 1;
When 条件 2 then 语句序列 2;
…
When 条件 n then 语句序列 n;
Else 语句序列 n+1;
End case;
```

CASE 语句根据选择器表达式的值来判断符合下面 when 后面哪个条件，若是成立，则执行其后的语句序列；若是不成立，则执行 else 后面的语句。

【范例 13-10】输入 1~7 的整数，屏幕输出它代表的是星期几。

```
C:\WINDOWS\system32\cmd.exe - SQLPLUS
SQL> SET SERVEROUTPUT ON
SQL> DECLARE
  2     a NUMBER;
  3  BEGIN
  4     a:=&a;
  5     CASE a
  6     WHEN 1 THEN
  7       DBMS_OUTPUT.PUT_LINE('今天是星期一');
  8     WHEN 2 THEN
  9       DBMS_OUTPUT.PUT_LINE('今天是星期二');
 10     WHEN 3 THEN
 11       DBMS_OUTPUT.PUT_LINE('今天是星期三');
 12     WHEN 4 THEN
 13       DBMS_OUTPUT.PUT_LINE('今天是星期四');
 14     WHEN 5 THEN
 15       DBMS_OUTPUT.PUT_LINE('今天是星期五');
 16     WHEN 6 THEN
 17       DBMS_OUTPUT.PUT_LINE('今天是星期六');
 18     WHEN 7 THEN
 19       DBMS_OUTPUT.PUT_LINE('今天是星期日');
 20     ELSE
 21       DBMS_OUTPUT.PUT_LINE('你输入的数字不符合要求');
 22     END CASE;
 23  END;
 24  /
输入 a 的值:  3
原值    4:     a:=&a;
新值    4:     a:=3;
今天是星期三

PL/SQL 过程已成功完成。
```

图 13-11

如图 13-11 所示，程序根据输入的 a 的值，来判断和哪个 when 后面的值相等，如果相等，则输出其后面的语句。

【范例 13-11】将 IF…THEN…ELSIF 语句的范例修改成 CASE 语句。

```
C:\WINDOWS\system32\cmd.exe - SQLPLUS
SQL> SET SERVEROUTPUT ON
SQL> DECLARE
  2     a NUMBER;
  3  BEGIN
  4     a:=&a;
  5     CASE
  6     WHEN a>=0 AND a<60 THEN
  7       DBMS_OUTPUT.PUT_LINE('你的成绩是不及格');
  8     WHEN a>=60 AND a<69 THEN
  9       DBMS_OUTPUT.PUT_LINE('你的成绩是及格');
 10     WHEN a>=70 AND a<79 THEN
 11       DBMS_OUTPUT.PUT_LINE('你的成绩是中');
 12     WHEN a>=80 AND a<89 THEN
 13       DBMS_OUTPUT.PUT_LINE('你的成绩是良');
 14     WHEN a>=90 AND a<=100 THEN
 15       DBMS_OUTPUT.PUT_LINE('你的成绩是优');
 16     ELSE
 17       DBMS_OUTPUT.PUT_LINE('你输入的成绩是不符合要求');
 18     END CASE;
 19  end;
 20  /
输入 a 的值:  98
原值    4:     a:=&a;
新值    4:     a:=98;
你的成绩是优

PL/SQL 过程已成功完成。
```

图 13-12

如图 13-12 所示，在这个范例中，CASE 后面没有选择器表达式，这种情况下就根据 when 后面的条件，哪个条件成立，就执行哪个后面的语句。

# 13.4 循环语句

循环语句和条件语句一样都可以控制程序的执行顺序，而循环语句能让一段程序重复执行。PL/SQL 语言主要支持 3 种类型的循环：LOOP 循环、WHILE 循环和 FOR 循环。

## 13.4.1 LOOP 循环

这种循环将循环条件包含在循环体内，LOOP 循环会先执行一次循环体，然后判断是否满足设定的条件来决定循环是否继续执行。具体语法如下所示。

```
LOOP
 语句序列;
 Exit when 条件表达式
End LOOP
```

程序首先执行语句序列，然后根据条件表达式的值来判断下一步的操作，如果条件表达式的值为 TRUE，则退出循环体；如果条件表达式的值为 FALSE，则继续执行循环体。

**【范例 13-12】计算 100 以内的奇数之和，并输出到屏幕。**

程序代码及运行结果如图 13-13 所示。

```
C:\WINDOWS\system32\cmd.exe - SQLPLUS
SQL> SET SERVEROUTPUT ON
SQL> DECLARE
  2      var_sum INT;
  3      i    INT;
  4  BEGIN
  5      var_sum:=0;
  6      i:=1;
  7      LOOP
  8        var_sum:= var_sum + i;
  9        i:=i+2;
 10        exit when i>=100;
 11      END LOOP;
 12      DBMS_OUTPUT.PUT_LINE('100之内的奇数之和是：'||var_s
 13  END;
 14  /
100之内的奇数之和是：2500

PL/SQL 过程已成功完成。
```

图 13-13

在上面的代码中，每次循环 i 的值增加 2，然后判断 i 值是否超过 100，若没有超过，继续执行循环体，累加变量 i，如果超过了 100，则退出循环。

## 13.4.2 WHILE 循环

WHILE 循环是先判断条件，如果条件成立就执行循环体；如果不成立，就退出循环。其基本语法格式如下所示。

```
WHILE 条件表达式 LOOP
  语句序列;
END LOOP
```

运行的时候，首先判断条件表达式，如果结果是 TRUE，则运行循环体内的语句序列；如果运行结果为 FALSE，则退出循环。

**【范例 13-13】计算 100 之内的偶数之和。**

程序代码及运行结果如图 13-14 所示。

```
C:\WINDOWS\system32\cmd.exe - SQLPLUS
SQL> SET SERVEROUTPUT ON
SQL> DECLARE
  2     var_sum INT;
  3     i INT;
  4  BEGIN
  5     var_sum:=0;
  6     i:=0;
  7     WHILE i<=100 LOOP
  8       var_sum:= var_sum + i;
  9       i:=i+2;
 10     END LOOP;
 11     DBMS_OUTPUT.PUT_LINE('100之内的偶数之和是：'||var_s
 12  END;
 13  /
100之内的偶数之和是：2550

PL/SQL 过程已成功完成。
```

图 13-14

在上面的代码中，首先判断 i 的值是否超过 100，如果条件为真，累加变量 i，每次循环 i 的值增加 2，继续执行循环体；然后再判断条件是否成立，如果超过了 100，则退出循环。

### 13.4.3 FOR 循环

前面两种循环都要根据条件是否成立而确定循环体的执行，具体循环体执行多少次事先并不知道。FOR 循环可以控制循环执行的次数，由循环变量控制循环体的执行。具体语法格式如下所示。

```
FOR 循环变量 IN [REVERSE] 开始数值…结束数值 LOOP
  语句序列;
END LOOP;
```

当循环变量在大于开始数值，小于结束数值的时候，执行语句序列，否则退出循环。默认情况下循环变量是循环递增的，如果使用了 REVERSE 参数，则循环递减。

**【范例 13-14】计算 100 以内的自然数之和。**

程序代码及运行结果如图 13-15 所示。

```
C:\WINDOWS\system32\cmd.exe - SQLPLUS
SQL> SET SERVEROUTPUT ON
SQL> DECLARE
  2     var_sum INT;
  3     i  INT;
  4  BEGIN
  5     var_sum:=0;
  6     FOR i IN 1..100 LOOP
  7       var_sum:= var_sum + i;
  8     END LOOP;
  9     DBMS_OUTPUT.PUT_LINE('100之内的自然数之和是：'||var
 10  END;
 11  /
100之内的自然数之和是：5050

PL/SQL 过程已成功完成。
```

图 13-15

在上面的代码中，循环变量的值每次增加 1，并判断是否在 1 和 100 之间，如果条件为

TRUE，继续执行循环体；然后再判断条件是否成立，如果超过了100，则退出循环。

# 13.5 异常处理

一个完整的PL/SQL语句块一般由3个部分组成，其中第3部分是异常处理部分。为什么要用到这一部分呢？大家在编程的时候都知道，即使再好的程序员在编程的时候也会遇到错误或未预料到的事件。一个优秀的程序都应该能够正确处理各种出错情况，并尽可能从错误中恢复。Oracle提供异常情况（EXCEPTION）和异常处理（EXCEPTION HANDLER）来实现错误处理。一个错误对应一个异常，当出现错误的时候，异常处理器会捕获对应的异常，由异常处理器来处理运行时的错误。

## 13.5.1 异常的种类

Oracle运行时错误可以分为Oracle错误和用户自定义错误，与此对应，根据异常产生的机制和原理，可将Oracle的系统异常分为3种。

(1) 预定义异常：对应于Oracle错误，是Oracle系统自身提供的，用户可以在PL/SQL异常处理部分使用名称对它们进行标识。对这些异常情况的处理，用户无须在程序中定义，Oracle会自动触发。

(2) 非预定义异常：即其他标准的Oracle错误。对这种异常情况的处理，需要用户在程序中定义，然后由Oracle自动将其引发。

(3) 用户定义异常：程序执行过程中，出现编程人员认为的非正常情况。对这种异常情况的处理，需要用户在程序中定义，然后显式地在程序中将其引发。

表13-2所示为Oracle预定义的异常与Oracle错误之间的对应关系。

表13-2　　Oracle预定义的异常与Oracle错误的关系

| Oracle错误 | 预定义异常 | 说明 |
|---|---|---|
| ORA-00001 | Dup_val_on_index | 违反了唯一性限制 |
| ORA-00051 | Timeout-on-resource | 在等待资源时发生超时 |
| ORA-00061 | Transaction-backed-out | 由于发生死锁事务被撤销 |
| ORA-01001 | Invalid-CURSOR | 试图使用一个无效的游标 |
| ORA-01012 | Not-logged-on | 没有连接到Oracle |
| ORA-01017 | Login-denied | 无效的用户名 / 口令 |
| ORA-01403 | No_data_found | SELECT INTO没有找到数据 |
| ORA-01414 | SYS_INVALID_ROWID | 转换成ROWID失败 |
| ORA-01422 | Too_many_rows | SELECT INTO返回多行 |
| ORA-01476 | Zero-divide | 试图被零除 |
| ORA-01722 | Invalid-NUMBER | 转换一个数字失败 |
| ORA-06500 | Storage-error | 内存不够引发的内部错误 |
| ORA-06501 | Program-error | 内部错误 |
| ORA-06502 | Value-error | 转换或截断错误 |

续表

| Oracle 错误 | 预定义异常 | 说明 |
| --- | --- | --- |
| ORA-06504 | Rowtype-mismatch | 宿主游标变量与 PL/SQL 变量有不兼容行类型 |
| ORA-06511 | CURSOR-already-OPEN | 试图打开一个已处于打开状态的游标 |
| ORA-06530 | Access-INTO-null | 试图为 NULL 对象的属性赋值 |
| ORA-06531 | Collection-is-null | 试图将 EXISTS 以外的集合（collection）方法应用于一个 NULL PL/SQL 表上或 VARRAY 上 |
| ORA-06532 | Subscript-outside-limit | 对嵌套或 VARRAY 索引的引用超出声明范围以外 |
| ORA-06533 | Subscript-beyond-count | 对嵌套或 VARRAY 索引的引用大于集合中元素的个数 |
| ORA_06592 | CASE_NOT_FOUND | 没有匹配的 WHEN 子句 |
| ORA_30625 | SELF_IS_NULL | 调用空对象实例的方法 |

### 13.5.2 异常处理过程

在 PL/SQL 程序中，错误处理的基本步骤如下。

#### 1. 异常定义

在声明部分定义错误异常，其中预定义异常系统已经定义，其他两种异常需要用户定义。基本语法如下所示。

```
异常变量 EXCPTION
```

如果是非预定义的异常，还需要为错误编号关联这个异常变量，基本语法如下所示。

```
PRAMA EXCPTION_INIT( 异常变量 ,-######)
```

其中，“#####”为 Oracle 的错误编号。

#### 2. 异常关联

在执行部分当错误发生的时候，关联与错误对应的异常。

由于系统可以自动识别 Oracle 内部错误，所以当错误发生时系统会自动关联与之对应的预定义异常或非预定义异常。但是，用户定义的错误，系统无法自动识别，需要用户编程用于关联。关联的语法如下所示。

```
RAISE USER_DEFINE_RECPTION
```

#### 3. 异常捕获与处理

当错误产生的时候，在异常处理部分通过异常处理器捕获异常并进行异常处理。其基本语法如下所示。

```
EXCEPTION
```

```
 WHEN 异常 1 [OR 异常……] THEN 处理序列语句 1;
WHEN 异常 2 [OR 异常……] THEN 处理序列语句 2;
…
WHEN 异常 n [OR 异常……] THEN 处理序列语句 n;
END;
```

注意：一个异常只能被一个异常处理器捕获，并进行处理。一个处理器可以捕获多个异常，此时通过 OR 连接。

### 13.5.3 异常处理范例

下面来看几个异常处理的范例，以加深对异常处理的认识。

**【范例 13-15】查询 emp 数据表中工作岗位是 MANAGER 的员工信息，如果不存在这个员工，则输出“没有数据记录返回”；如果存在多个记录，则输出“返回数据记录超过一行”。**

分析：这个范例属于预定义异常的情况，在查询数据记录的时候，如果出现多行记录或者没有记录时，Oracle 系统内部对这些情况有对应的处理，用户无须在程序中定义，由 Oracle 自动触发。

程序代码及运行结果如图 13-16 所示。

```
C:\WINDOWS\system32\cmd.exe - SQLPLUS
SQL> SET SERVEROUTPUT ON
SQL> DECLARE
  2    var_name emp.ename%TYPE;
  3    var_empno emp.empno%TYPE;
  4  BEGIN
  5    SELECT ename,empno INTO var_name,var_empno FROM emp WHERE job='MANAGER';
  6    IF sql%found THEN                       --如果是一行，就显示结果
  7      DBMS_OUTPUT.PUT_LINE('雇员编号：'||var_empno||',雇员姓名：'||var_name);
  8    END IF;
  9  EXCEPTION
 10    WHEN too_many_rows THEN                  --捕获异常
 11      DBMS_OUTPUT.PUT_LINE('返回数据记录超过一行');
 12    WHEN no_data_found THEN
 13      DBMS_OUTPUT.PUT_LINE('没有数据记录返回');
 14  END;
 15  /
返回数据记录超过一行

PL/SQL 过程已成功完成。
```

图 13-16

可以看到，在异常处理部分，根据捕获的异常情况，执行不同的操作。

**【范例 13-16】更新数据表 emp 中部门编号，由于该部门编号与 dept 数据表中字段 deptno 相关联，因此会出现错误“ORA-02291: 违反完整约束条件 (SCOTT.FK_DEPTNO) - 未找到父项关键字”，编程进行这种异常处理。**

分析：这属于非预定义异常，由于预定义异常只是与一部分 Oracle 错误相连的异常，所以如果要处理没有与预定义异常对应的 Oracle 错误时，则需要为这些 Oracle 错误声明相应的非预定义异常。声明这样的异常需要使用 exception_init 编译指令。

程序代码及运行结果如图 13-17 所示。

```
C:\WINDOWS\system32\cmd.exe - SQLPLUS
SQL> SET SERVEROUTPUT ON
SQL> DECLARE
  2     e_inte EXCEPTION; --定义
  3     pragma EXCEPTION_INIT(e_inte,-02291); --关联Oracle错误ORA-2291
  4  BEGIN
  5     UPDATE emp SET deptno=&dno WHERE empno=&eno;
  6  EXCEPTION
  7     WHEN e_inte THEN
  8        DBMS_OUTPUT.PUT_LINE('部门不存在');
  9  END;
 10  /
输入 dno 的值:  12
输入 eno 的值:  7369
原值    5:     UPDATE emp SET deptno=&dno WHERE empno=&eno;
新值    5:     UPDATE emp SET deptno=12 WHERE empno=7369;
新更新数据的员工工号是: 7369,姓名是: SMITH,原先的工资是1000,修改后的工资是1000
部门不存在

PL/SQL 过程已成功完成。
```

图 13-17

可以看到，通过 exception_init，一个自定义异常只能和一个 Oracle 错误相连，在异常处理语句中，捕获这个异常，显示指定提示信息。

前面介绍的预定义异常和非预定义异常，都有 Oracle 系统判断的错误。下面这个范例是自定义异常的处理，自定义异常由 raise 语句产生，当一个异常产生时，控制权立即转交给块的异常处理部分。其中 raise 抛出异常有以下 3 种方法。

(1) Raise exception：用于抛出当前程序中定义的异常或在 standard 中的系统异常。

(2) Raise package.exception：用于抛出定义在非标准包中的一些异常，如 UTL_FILE、DBMS_SQL 以及程序员创建的包中异常。

(3) Raise：不带任何参数，这种情况只出现在希望将当前的异常传到外部程序时。

**【范例 13-17】更新 emp 表中的信息，如果没有发现记录，则进行异常处理。**

程序代码及运行结果如图 13-18 所示。

```
C:\WINDOWS\system32\cmd.exe - SQLPLUS
SQL> SET SERVEROUTPUT ON
SQL> DECLARE
  2     e_integrity EXCEPTION; --定义自定义异常
  3     e_no_rows EXCEPTION;
  4     pragma EXCEPTION_INIT(e_integrity,-02291);
  5     name emp.ename%TYPE:='zhangsan';
  6     dno emp.deptno%TYPE:=80;
  7  BEGIN
  8     UPDATE emp SET deptno=dno WHERE ename=name;
  9     IF SQL%NOTFOUND THEN
 10         RAISE e_no_rows; --显示抛出异常
 11     END IF;
 12  EXCEPTION
 13     WHEN e_integrity THEN
 14         DBMS_OUTPUT.PUT_LINE('该部门不存在');
 15     WHEN e_no_rows THEN
 16         DBMS_OUTPUT.PUT_LINE('该雇员不存在');
 17  END;
 18  /
该雇员不存在

PL/SQL 过程已成功完成。
```

图 13-18

可以看到，通过 Raise 抛出异常，然后在异常处理部分显示自定义结果。

## 13.6 综合范例——100 之内奇数之和，三个不同的数比较大小，工资调整

本节将通过 3 个综合范例，来加深对 PL/SQL 语言编程的学习，其中用到了条件语句和循环语句，也用到了程序的嵌套。

**【范例 13-18】根据输入变量的值进行判断，如果输入的是偶数，则计算 100 以内偶数之和，如果输入的是奇数，则计算 100 以内奇数之和。**

分析：这个范例中包含两个循环程序，前面介绍循环程序的时候已经讲过。在这个范例中，这两个程序是否执行，取决于输入变量的值是奇数还是偶数，因此应该使用条件语句进行判断。其中判断是奇数还是偶数利用 mod() 函数实现。

程序代码及运行结果如图 13-19 所示。

```
C:\WINDOWS\system32\cmd.exe - SQLPLUS
SQL> SET SERVEROUTPUT ON
SQL> DECLARE
  2     var_sum INT;
  3     i INT;
  4     a INT;
  5  BEGIN
  6     a:=&a;
  7     IF MOD(a,2)=0 THEN
  8         var_sum:=0;
  9         i:=0;
 10         WHILE i<=100 LOOP
 11            var_sum:= var_sum + i;
 12            i:=i+2;
 13         END LOOP;
 14         DBMS_OUTPUT.PUT_LINE('100之内的偶数之和是：'||var_sum);
 15     ELSE
 16         var_sum:=0;
 17         i:=1;
 18         WHILE i<=100 LOOP
 19            var_sum:= var_sum + i;
 20            i:=i+2;
 21         END LOOP;
 22         DBMS_OUTPUT.PUT_LINE('100之内的奇数之和是：'||var_sum);
 23     END IF;
 24  END;
 25  /
输入 a 的值:  5
原值    6:     a:=&a;
新值    6:     a:=5;
100之内的奇数之和是：2500

PL/SQL 过程已成功完成。
```

图 13-19

在上面的代码中，第 7 行判断输入的变量值是否是偶数，如果是偶数，则执行第 8~14 行的代码，使用 WHILE 循环计算 100 以内偶数之和；如果输入的变量值是奇数，则执行第 16~22 行之间的代码，使用 WHILE 循环计算 100 以内奇数之和。

**【范例 13-19】输入 3 个不同的数，按照从大到小的顺序输出。**

分析：要实现两个变量互换，必须通过第 3 个变量进行周转才能完成。例如，要 a 与 b 互换，此时可以引入第 3 个变量 t，先将 a 的值赋予 t，然后再将 b 的值赋予 a，最后再将 t 的值赋予 a，最终实现这两个变量互换数据。

程序代码如图 13-20 所示。

```
C:\WINDOWS\system32\cmd.exe - SQLPLUS
SQL> SET SERVEROUTPUT ON
SQL> DECLARE
  2     a INT;
  3     b INT;
  4     c INT;
  5     t INT;
  6  BEGIN
  7     a:=&a;
  8     b:=&b;
  9     c:=&c;
 10     IF a<b THEN  --经过比较交换后，a中存放a与b之中最大的
 11        t:=a;
 12        a:=b;
 13        b:=t;
 14     END IF;
 15     IF a<c THEN  --经过比较交换后，a中存放a与c之中最大的
 16        t:=a;
 17        a:=c;
 18        c:=t;
 19     end if;
 20     IF b<c THEN  --经过比较交换后，b中存放b与c之中最大的
 21        t:=b;
 22        b:=c;
 23        c:=t;
 24     END IF;
 25  DBMS_OUTPUT.PUT_LINE('最大的数是：'||a||',然后是：'||b||',最小的数是：'||c);
 26  END;
 27  /
```

图 13-20

运行结果如图 13-21 所示。

```
C:\WINDOWS\system32\cmd.exe - sqlplus
输入 a 的值:  5
原值    7:     a:=&a;
新值    7:     a:=5;
输入 b 的值:  9
原值    8:     b:=&b;
新值    8:     b:=9;
输入 c 的值:  2
原值    9:     c:=&c;
新值    9:     c:=2;
最大的数是：9,然后是：5,最小的数是：2

PL/SQL 过程已成功完成。

SQL>
```

图 13-21

**【范例 13-20】从 emp 数据表创建一个新的员工表，该表包含所有工作岗位 clerk、salesman 和 manager 的信息，然后编程实现根据工作不同调整工资，clerk 工资增加 10%，salesman 工资增加 15%，manager 工资增加 20%。**

分析：这个练习主要是通过编程实现数据表内容的修改，由于涉及不同的工作岗位，因此可以用条件语句实现，根据不同的工作岗位得到不同的工资增加比率，最后统一在数据库中修改。另外，还要从数据表中获取工作岗位的数据类型，可以使用 %type 类型。

步骤 1：创建数据表。由于要获取 3 个部门的员工，所以在 where 子句中使用 in 操作符，输入语句如下所示。

```
Create table emp1 as select * from emp where job in ('CLERK','SALESMAN','MANAGER');
```

查询结果如图 13-22 所示。

```
SQL> SELECT * FROM EMP1;

     EMPNO ENAME      JOB              MGR HIREDATE          SAL       COMM     DEPTNO
---------- ---------- --------- ---------- ---------- ---------- ---------- ----------
      7369 SMITH      CLERK           7902 17-12月-80       1000                    20
      7499 ALLEN      SALESMAN        7698 20-2月 -81       2496        300         30
      7521 WARD       SALESMAN        7698 22-2月 -81       1950        500         30
      7566 JONES      MANAGER         7839 02-4月 -81       3582                    20
      7654 MARTIN     SALESMAN        7698 28-9月 -81       1950       1400         30
      7698 BLAKE      MANAGER         7839 01-5月 -81       3420                    30
      7782 CLARK      MANAGER         7839 09-6月 -81       3300                    10
      7844 TURNER     SALESMAN        7698 08-9月 -81       2340          0         30
      7900 JAMES      CLERK           7698 03-12月-81        950                    30
      7934 MILLER     CLERK           7782 23-1月 -82       1600                    10

已选择10行。
```

图 13-22

步骤 2：编写程序。定义变量 var_job，其类型使用 %type 根据 emp 表中 job 字段类型确定，其值根据输入的工作岗位确定；然后使用 IF…THEN…ELSIF 语句为 var_increment 赋值；最后使用 update 语句修改相应工作岗位员工的工资，如图 13-23 所示。

```
SQL> SET SERVEROUTPUT ON
SQL> DECLARE
  2     var_job emp.job%TYPE;
  3     var_increment NUMBER(4,2);
  4  BEGIN
  5     var_job:=UPPER('&var_job');
  6     IF var_job='CLERK' THEN
  7        var_increment:=1.1;
  8     ELSIF var_job='SALESMAN' THEN
  9        var_increment:=1.15;
 10     ELSIF var_job='MANAGER' THEN
 11        var_increment:=1.2;
 12     END IF;
 13     UPDATE emp1 SET sal=sal*var_increment WHERE job=var_job;
 14  END;
 15  /
输入 var_job 的值:  CLERK
原值    5:     var_job:=UPPER('&var_job');
新值    5:     var_job:=UPPER('CLERK');

PL/SQL 过程已成功完成。
```

图 13-23

运行程序，输入工作岗位“clerk”，程序会根据工作岗位修改他的工资。最后查询该表，发现工作岗位是 clerk 的工资已经按照要求修改，如图 13-24 所示。

```
SQL> SELECT * FROM EMP1;

     EMPNO ENAME      JOB              MGR HIREDATE          SAL       COMM     DEPTNO
---------- ---------- --------- ---------- ---------- ---------- ---------- ----------
      7369 SMITH      CLERK           7902 17-12月-80       1100                    20
      7499 ALLEN      SALESMAN        7698 20-2月 -81       2496        300         30
      7521 WARD       SALESMAN        7698 22-2月 -81       1950        500         30
      7566 JONES      MANAGER         7839 02-4月 -81       3582                    20
      7654 MARTIN     SALESMAN        7698 28-9月 -81       1950       1400         30
      7698 BLAKE      MANAGER         7839 01-5月 -81       3420                    30
      7782 CLARK      MANAGER         7839 09-6月 -81       3300                    10
      7844 TURNER     SALESMAN        7698 08-9月 -81       2340          0         30
      7900 JAMES      CLERK           7698 03-12月-81       1045                    30
      7934 MILLER     CLERK           7782 23-1月 -82       1760                    10

已选择10行。
```

图 13-24

# 13.7 本章小结

PL/SQL是一种过程化的结构语言，无论是在Oracle数据库中，还是其他数据库中都是一种基本的程序设计方法。本章分别从基础知识、语言特点、各种程序结构等方面介绍了如何使用PL/SQL进行编程，并通过实际应用帮助读者理解使用PL/SQL中使用的各种基本的程序元素，例如数据类型、变量、控制语句等。读者可通过课后练习强化各个知识点。

# 13.8 疑难解答

**问：PL/SQL块结构中的语句有什么具体要求？**

**答：**每一条PL/SQL语句必须以分号结束，当语句写在多行的时候，同样必须使用分号结束；如果一行中写多条PL/SQL语句，多条语句之间必须以分号分隔。

**问：PL/SQL语言中字符类型Varchar2和Char有什么区别？**

**答：**PL/SQL语言中Varchar2用于存储可变长度的字符串，Char类型用于存储指定长度的字符串。它们与数据库表中的字符类型Varchar2和Char类似，但最大长度不一样。例如，数据库中字符类型Varchar2的最大长度是4 000个字节，而PL/SQL语言中Varchar2类型最大长度为32 767字节；数据库中字符类型Char的最大长度是2 000个字节，而PL/SQL语言中Char类型最大长度为32 767字节。

**问：使用select…into子句的时候，将查询结果赋值给into后面的变量，需要注意什么？**

**答：**使用select…into子句的时候，可以将查询结果赋值给into后面的变量，由于into子句中的变量只能存储一个单独的值，因此select查询语句只能返回一行数据，可以通过where子句进行限定。如果select子句返回多行数据，系统就会给出错误信息提示。

**问：PL/SQL语言中变量定义与其他高级语言有何区别？**

**答：**PL/SQL语言中变量定义的时候，要求变量名在数据类型的前面，而不是后面，这一点和很多其他高级语言不同，一定要注意。

**问：%TYPE类型的变量有什么好处？**

**答：**在使用%TYPE类型的变量的时候，用户不必事先查看表中每个列的数据类型，而是系统自动根据对应列的类型自动分配，即使用户修改了已有列的数据类型，程序也不需要修改。

**问：%ROWTYPE类型的变量使用的时候需要注意什么？**

**答：**%ROWTYPE类型的变量可以用来存储从数据表中检索到的一行数据，使用select…into子句的时候，select查询语句只能返回一行数据，可以通过where子句进行限定。

# 13.9　实战练习

⑴ 指定一个月份数值，判断它所属的季节，并输出对应季节的信息。

⑵ 编制程序，求前 10 个自然数的积，并输出结果。

⑶ 指定一个月份，判断是那个季节（提示：可以使用 if…then…elsif…语句）。

⑷ 指定一个季度，给出这个季度包含的月份信息（提示：可以使用 case 语句）。

⑸ 声明一个记录类型变量，然后使用这个类型的变量存储从 emp 数据表中查询的一条记录信息，同时输出。

⑹ 编程比较两个字符串变量的长度。

⑺ 使用 if…then…if 语句查询 emp 表的工资，输入员工编号，根据编号查询工资，如果工资高于 3 000 元，则显示高工资；如果工资大于 2 000 元，则显示中等工资；如果工资小于 2 000 元，则显示低工资。

⑻ 使用 CASE 语句实现上题。

⑼ 编程实现异常处理，当返回数据结果过多的时候，给出提示信息。

⑽ 使用 PL/SQL 语言编程增加部门信息，如果部门已经存在则提示“此部门编号已存在，请重新输入！”，否则增加该部门信息。

# 第 14 章 游标

## 本章导读

当在 PL/SQL 块中执行查询语句 SELECT 和数据操纵语句 DML 时，Oracle 会返回一个记录集合，游标是指向该记录集合的指针。通过该指针可以访问返回记录集合中的每一行数据，并且可以对该行数据执行特定操作，方便处理数据。本章将介绍游标的基本概念、游标的类型、游标的创建和使用。

**本章课时：理论 2 学时 + 实践 1 学时**

## 学习目标

- 游标的定义和类型
- 游标的创建及使用
- 游标 FOR 循环

# 14.1 游标的定义和类型

### 14.1.1 游标的基本概念

游标从字面上可理解为游动的光标，可以使用 Excel 表格来想象游标的作用，游标指向每一行，通过游标访问每行数据。在 Oracle 数据库中，为了处理 SQL 语句，在内存中会分配一个区域，又叫上下文区，整个区域是 SQL 语句返回的数据集合，而游标就是指向这个上下文的指针。

使用游标，可以处理从数据库中返回的多行记录，逐个遍历和处理检索返回的记录集合。

### 14.1.2 游标的基本类型

游标分为两大类：静态游标和动态游标。其中静态游标又分为显式游标和隐式游标两种类型。

**1. 显式游标**

显式游标是用户定义和操作的游标，用于处理使用 SELECT 查询语句返回的多行的查询结果。使用显式游标处理数据分为如下步骤：声明游标、打开游标、读取游标和关闭游标。

**2. 隐式游标**

系统自动进行操作，用于处理 DML 语句的执行结果或者 SELECT 查询返回的单行数据。使用时不需要进行声明、打开和关闭。

**3. 动态游标**

显式游标在定义时与特定的查询绑定，其结构是不变的。而动态游标也称为游标变量，是一个指向多行查询结果集的指针，不与特定的查询绑定，可以在打开游标变量时定义查询，可以返回不同结构的结果集。

### 14.1.3 静态游标属性

在静态游标中，不管是显式游标还是隐式游标，都具有 %found、%notfound、%isopen 和 %rowcount 等 4 个属性，可以通过这些属性获取 SQL 语句的执行结果以及游标的状态信息。这 4 个属性及含义如下。

◎ %found：布尔型，判断是否检索到数据，如果检索到，属性值为 TRUE，否则为 FALSE。

◎ %notfound：布尔型，与 %found 功能相反。

◎ %isopen：布尔型，判断游标是否打开，如果打开，则返回属性值为 TRUE，否则为 FALSE。

◎ %rowcount：数字型，返回受 SQL 语句影响的行数。

隐式游标的这 4 个属性在使用的时候，需要在属性前加入隐式游标的默认名称 SQL，即 SQL%found、SQL%notfound、SQL%isopen 和 SQL%rowcount。

# 14.2 游标的创建及使用

### 14.2.1 显式游标的创建与使用

前面已经提到过使用显式游标需要 4 个步骤：声明游标、打开游标、读取游标和关闭游标。下面就来说明显式游标如何创建和使用。

### 1. 声明游标

游标声明的基本语法如下所示。

```
cursor 游标名称 [ 参数列表 ] is <select 语句 >
```

其中，参数列表是可选项，如果需要参数，其形式如下所示。

```
参数名称 [in] 数据类型 [{:=|default} 参数值 ]
```

需要注意的是，参数只能定义数据类型，但是不能有大小，可以给参数设定一个默认值，调用的时候如果没有参数数值传递给游标时，就使用这个默认值。参数可以有多个。

此外，定义游标的时候还要注意以下几点。

◎ 游标必须在 PL/SQL 数据库的声明部分中定义。

◎ 定义游标时并没有生成数据，只是将定义信息保存到数据字典中。

◎ Select 语句不能包含 INTO 子句。

例如，下面的语句定义一个游标 cur_emp，该游标用来读取 emp 数据表中所有员工的员工号和姓名信息。

```
cursor cur_emp is select empno,ename from emp;
```

上面这个例子没有使用参数，下面这个例子使用了参数。

```
Cursor cur_emp(var_job in varchar2:='clerk') is select empno,ename from emp where
job=var_job;
```

在上面这个例子中，游标定义了一个输入参数 var_job，数据类型为 varchar2，但是要注意此时并没有定义长度，如果定义长度就错了。这个参数用来接受外部传来的值，如果调用游标时没有传入参数，则使用默认值“clerk”， 游标实现查询 emp 表中部门参数 var_job 中的所有员工的信息。

### 2. 打开游标

游标定义完成后，还不能直接使用，在使用之前，必须先打开。打开游标的基本语法如下所示。

```
Open 游标名称 [ 参数值 ]
```

其中，参数值是可选项。如果在游标声明的时候定义了参数，并有初始化值，但打开的时候没有使用参数，则游标就使用定义时参数的初始值；如果打开的时候指定了参数值，则游标就使用这个参数值。同样，这里和声明时参数可以有多个一样，参数值也可以有多个。

游标打开后，系统将分配缓冲区，执行游标中 select 语句，把查询结果在缓冲区中缓存，游标指针指向缓冲区中返回结果集的第一个记录。

例如，下面语句打开游标 cur_emp。

```
Open cur_emp;
```

如果带参数值，可以使用下面的语句。

```
Open cur_emp('SALESMAN')
```

上面这个带参数值的游标打开时，将“SALESMAN”赋值给游标的输入参数 var_job。当然，如果调用时没有输入参数值，则 var_job 还是用定义时默认的“clerk”。

#### 3. 读取游标

游标打开后，缓冲区中是查询结果，此时可以使用游标把查询结果集合中的记录分别读取出来，基本语法如下所示。

```
FETCH 游标名称 INTO < 变量列表 >|< 记录变量 >
```

游标刚打开时，游标指针指向查询结果集合中的第一条记录，使用fetch…into…语句读取数据后，游标指针自动指向下一条记录。因此，可以把fetch…into…语句与循环结构相结合，读取缓冲区中所有数据，可以使用上一节介绍的游标属性判断是否还有数据，数据个数等。

注意，游标指针只能增加，不能减少，即只能向下移动，不能后退。

此外，INTO子句中变量个数、顺序、数据类型都必须与缓冲区中每个记录的字段变量、顺序和数据类型一致，或者说与游标定义时select语句中的一样。也可以定义一个记录变量，来存储游标指向记录中的数据，比如下面这个形式。

```
Fetch cur_emp into v_id,v_name;
```

上面语句将游标当前指向的记录中员工编号和员工姓名分别送到v_id和v_name变量中。

#### 4. 关闭游标

游标使用完后，要记得关闭，释放缓冲区所占用的系统资源，基本语法如下所示。

```
Close 游标名称
```

例如，下面语句将关闭游标cur_emp。

```
Close sur_emp;
```

下面通过范例，来学习游标的使用方法。

**【范例 14-1】使用游标查询 emp 数据表中所有工资大于 2 000 的员工基本信息。**

分析：这个范例中可以创建一个游标，在select语句中给出条件——工资大于2 000，由于检索到的数据有多个，因此使用fetch…into…结合循环语句显示结果。程序代码及显示结果如图14-1所示。

```
C:\WINDOWS\system32\cmd.exe - SQLPLUS
SQL> SET SERVEROUTPUT ON
SQL> DECLARE
  2    var_id emp.empno%TYPE;      --定义变量
  3    var_name emp.ename%TYPE;
  4    var_sal emp.sal%TYPE;
  5    CURSOR cur_sal IS SELECT empno,ename,sal FROM emp
  6                 WHERE sal>2000;   --定义游标
  7  BEGIN
  8    OPEN cur_sal;                    --打开游标
  9    FETCH cur_sal INTO var_id,var_name,var_sal; -- 读取游标
 10    WHILE cur_sal%FOUND LOOP                   --使用游标属性判断是否还有数据
 11        DBMS_OUTPUT.PUT_LINE('工资大于2000的员工如下：');
 12        DBMS_OUTPUT.PUT_LINE('员工工号：'||var_id||',员工姓名：'
 13                    ||var_name||',工资是：'||var_sal);  --显示结果
 14        FETCH cur_sal INTO var_id,var_name,var_sal;
 15    END LOOP;
 16    CLOSE cur_sal;                   --关闭游标
 17  END;
 18  /
工资大于2000的员工如下：
员工工号：7499,员工姓名：ALLEN,工资是：2496
工资大于2000的员工如下：
员工工号：7566,员工姓名：JONES,工资是：3582
工资大于2000的员工如下：
员工工号：7698,员工姓名：BLAKE,工资是：3420
工资大于2000的员工如下：
员工工号：7782,员工姓名：CLARK,工资是：3300
工资大于2000的员工如下：
员工工号：7844,员工姓名：TURNER,工资是：2340

PL/SQL 过程已成功完成。
```

图 14-1

可以看到，程序中第 5~6 行定义游标，在第 8 行打开游标，第 9 行读取游标，然后使用循环过程显示所有结果，最后关闭游标。其中，在循环条件中使用了游标的 %found 属性，判断缓冲区中记录是否使用完。

**【范例 14-2】创建游标，检索员工信息，使用参数显示不同职务的员工信息，默认是 clerk 员工信息。**

分析：这个需求可以在定义游标的时候输入参数，并为输入参数赋予默认值，然后在打开游标的时候输入不同职务以显示对应信息。程序代码如图 14-2 所示。

```
C:\WINDOWS\system32\cmd.exe - SQLPLUS
SQL> SET SERVEROUTPUT ON
SQL> DECLARE
  2      job_temp emp.job%TYPE;               --定义变量
  3      TYPE record_emp IS RECORD            --声明记录类型
  4      (
  5       var_empno emp.empno%TYPE,
  6       var_name emp.ename%TYPE,
  7       var_sal emp.sal%TYPE);
  8       var_row record_emp;                --声明记录类型变量
  9      CURSOR cur_emp(var_job IN VARCHAR2:='CLERK')
 10       IS SELECT empno,ename,sal FROM emp
 11          WHERE job=var_job;              --游标声明
 12  BEGIN
 13     job_temp:='&请输入员工职务';
 14     OPEN cur_emp(job_temp);             --打开游标
 15     FETCH cur_emp INTO var_row; -- 读取游标
 16     WHILE cur_emp%FOUND LOOP                          --使用游标属性判断是否还有数据
 17        DBMS_OUTPUT.PUT_LINE('员工职务是：'||job_temp||'的员工信息如下：');
 18        DBMS_OUTPUT.PUT_LINE('员工工号：'||var_row.var_empno||',员工姓名：'
 19                            ||var_row.var_name||',工资是：'||var_row.var_sal);  --显示结果
 20        FETCH cur_emp INTO var_row;
 21     END LOOP;
 22     CLOSE cur_emp;                      --关闭游标
 23  END;
 24  /
输入 请输入员工职务 的值:  MANAGER
原值   13:     job_temp:='&请输入员工职务';
新值   13:     job_temp:='MANAGER';
员工职务是：MANAGER的员工信息如下：
员工工号：7566,员工姓名：JONES,工资是：3582
员工职务是：MANAGER的员工信息如下：
员工工号：7698,员工姓名：BLAKE,工资是：3420
员工职务是：MANAGER的员工信息如下：
员工工号：7782,员工姓名：CLARK,工资是：3300

PL/SQL 过程已成功完成。
```

图 14-2

可以看到，在程序中声明一个记录类型变量用于存放游标指向记录的数据，在程序体中使用"&"符号提示用户录入参数值，然后使用 fetch…into…结合循环语句显示结果，并使用游标的 %found 属性，判断 WHILE 条件是否成立。

## 14.2.2 隐式游标的创建与使用

和显式游标不同，隐式游标是系统自动创建的，用于处理 DML 语句（例如 insert、update、delete 等指令）的执行结果或者 SELECT 查询返回的单行数据，这时隐式游标是指向缓冲区的指针。使用时不需要进行声明、打开和关闭，因此不需要诸如 open、fetch、close 这样的操作指令。隐式游标也有前述介绍的 4 种属性，使用时需要在属性前面加上隐式游标的默认名称 SQL，因此隐式游标也叫 SQL 游标。

下面通过一个范例来说明隐式游标的使用方法。

**【范例 14-3】将 emp 数据表中部门 10 的员工工资增加 100 元，然后使用隐式游标的 %rowcount 属性输出涉及的员工数量。**

分析：范例要实现的功能可以通过 update 语句实现，然后使用 %rowcount 给出所涉及的员工数量。具体程序代码及运行结果如图 14-3 所示。

```
C:\WINDOWS\system32\cmd.exe - SQLPLUS
SQL> SET SERVEROUTPUT ON
SQL> BEGIN
  2     UPDATE emp SET sal=sal+100 --部门是10的员工工资增加100元
  3     WHERE deptno=10;
  4     IF SQL%NOTFOUND THEN        --看是否有符合条件的记录
  5         DBMS_OUTPUT.PUT_LINE('没有符合条件的员工');
  6     ELSE
  7         DBMS_OUTPUT.PUT_LINE('符合条件的员工数量为：'||SQL%ROWCOUNT);
  8     END IF;
  9  END;
 10  /
符合条件的员工数量为：2

PL/SQL 过程已成功完成。
```

图 14-3

### 14.2.3 动态游标的创建与使用

显式游标在定义时与特定的查询绑定，其结构是不变的，反映的是在显式游标打开的时刻当时的状态，此后如果再对数据库进行更新、删除或者插入，不会影响已经打开的游标。而动态游标也称为游标变量，是一个指向多行查询结果集的指针，不与特定的查询绑定，可以在打开游标变量时定义查询，如果打开，用户所做的修改、更新或删除在动态游标中都会有反应。

下面就介绍动态游标定义、声明、检索以及关闭的方法。

**1. 动态游标的定义**

基本语法如下所示。

```
Type 动态游标名称 is ref cursor [return 返回类型 ]
```

其中，返回类型是可选项。

**2. 声明游标变量**

基本语法如下所示。

```
变量名字 动态游标名称
```

使用前面定义的动态游标名称声明游标变量。

例如，下面两条语句分别定义了一个动态游标 emp_cursor，其返回类型是 emp 数据表的行记录类型，然后使用所定义的动态游标声明了一个游标变量。

```
Type emp_cursor is ref cursor return emp%rowtype;
Var_cursor emp_cursor;
```

**3. 打开游标变量**

和前面显式游标一样，使用之前要打开的游标，不过由于在动态游标定义的时候并没有对应的查询语句，因此在打开游标变量的时候要同时指定游标变量所对应的查询语句，当执行打开游标操作时，系统会执行对应的查询语句，将查询结果放入游标变量对应的缓冲区中。其对应语法如下所示。

```
Open 游标变量 for < select 语句 >
```

例如，游标变量对应查询语句如下所示。

```
Open var_cursor for select * from emp;
```

### 4. 检索游标变量

和前面介绍的显式游标检索的方法一样，都是使用 fetch…into…语句存储当前游标指向的记录值，并结合简单循环结构显示查询结果中的记录。

### 5. 关闭游标变量

游标变量使用完，应及时关闭以释放缓冲区空间。具体语法如下所示。

```
Close 游标变量
```

下面就通过一个范例来看一下动态游标的使用方法。

**【范例 14-4】定义动态游标，输出 emp 中部门 10 的所有员工的工号和姓名。**

分析：可以按照上面介绍的动态游标定义的方法，逐步实现要求的功能。程序代码如图 14-4 所示。

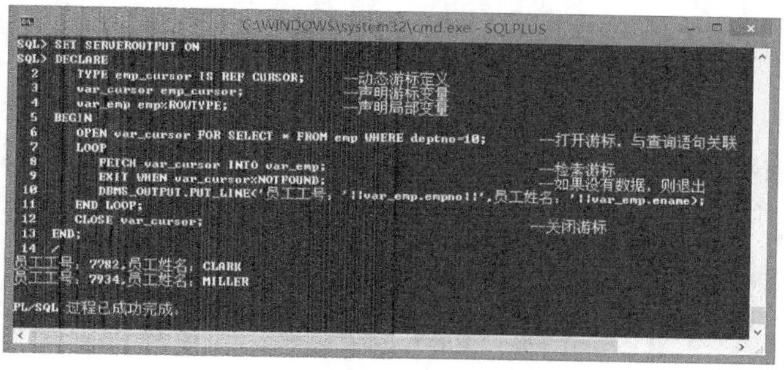

```
C:\WINDOWS\system32\cmd.exe - SQLPLUS
SQL> SET SERVEROUTPUT ON
SQL> DECLARE
  2     TYPE emp_cursor IS REF CURSOR;          --动态游标定义
  3     var_cursor emp_cursor;                  --声明游标变量
  4     var_emp emp%ROWTYPE;                    --声明局部变量
  5  BEGIN
  6     OPEN var_cursor FOR SELECT * FROM emp WHERE deptno=10;      --打开游标，与查询语句关联
  7     LOOP
  8        FETCH var_cursor INTO var_emp;                           --检索游标
  9        EXIT WHEN var_cursor%NOTFOUND;                           --如果没有数据，则退出
 10        DBMS_OUTPUT.PUT_LINE('员工工号：'||var_emp.empno||',员工姓名：'||var_emp.ename);
 11     END LOOP;
 12     CLOSE var_cursor;                                           --关闭游标
 13  END;
 14  /
员工工号：7782,员工姓名：CLARK
员工工号：7934,员工姓名：MILLER

PL/SQL 过程已成功完成。
```

图 14-4

可以看到，在声明部分定义了游标变量 var_cursor，在程序主体部分打开游标变量的时候与查询语句建立关联，使用 fetch…into…语句和 loop 循环结构显示符合条件的每一条记录，在循环结构中，使用 %notfound 属性判断，当查询结构使用完后退出循环。

## 14.3 游标 FOR 循环

由于使用游标定义的查询或者操作返回多个记录集合到缓冲区，因此要想通过游标访问每条记录，需要结合循环结果使用。前面一节中的范例 14-1 和范例 14-4 分别使用了两种循环结构显示结果，这两种循环结构概况如下。

(1) 使用基本的 loop 循环结构，其语法如下所示。

```
Loop
  Fetch … into…
  Exit when 游标名称 %notfound
  ……
End loop;
```

例如上一节的范例 14-4 所示。

(2) 使用 WHILE 循环检索游标，其基本语法格式如下所示。

```
Fetch … into …
While 游标名称 %found loop
  Fetch … into …;
  ……
End loop;
```

例如上一节的范例 14–1 所示。

前面这两种使用 Fetch…into…语句结合循环结构显示记录的时候，在使用游标之前要打开游标，使用结束后要关闭游标，同时在使用过程中还要判断数据记录缓冲区中是否还有数据。此外，我们可以使用 FOR 循环结合游标检索数据，即游标 FOR 循环，这种方式不需要打开游标和关闭游标，也不需要使用 Fetch…into …语句检索数据。其语法格式如下所示。

```
For 循环变量 in 游标名称 loop
  语句序列;
End loop;
```

其中，循环变量可以使用任意合法的变量名称，系统会隐含地定义该变量的数据类型为游标名称 %rowtype，然后自动打开游标，从缓冲区中取出当前游标指向的记录并放入循环变量中，并判断 %found 属性，以确定是否存在数据，如果数据已经检索完，则结束循环，并自动关闭游标。

**【范例 14–5】输出 emp 中部门 10 的所有员工的工号和姓名。**

分析：这个范例在上一节使用游标变量已经实现，这一节用 for 循环游标来实现。程序代码如图 14–5 所示。

```
C:\WINDOWS\system32\cmd.exe - SQLPLUS
SQL> SET SERVEROUTPUT ON
SQL> DECLARE
  2     CURSOR cur_emp IS SELECT * FROM emp WHERE deptno=10;    --定义游标
  3  BEGIN
  4     FOR var_emp IN cur_emp LOOP                             --for循环游标
  5          DBMS_OUTPUT.PUT_LINE('员工工号：'||var_emp.empno||
  6                            ',员工姓名：'||var_emp.ename);    --显示结果
  7     END LOOP;
  8  END;
  9  /
员工工号：7782,员工姓名：CLARK
员工工号：7934,员工姓名：MILLER

PL/SQL 过程已成功完成。
```

图 14–5

可以看到，在声明部分定义了游标，但是在使用过程中并没有看到打开游标、检索数据和关闭游标的语句，这些都隐含在 FOR 循环游标中，由系统自动完成。

此外，还有一种特殊的游标 FOR 循环的使用方法，在循环中直接使用 select 查询来代替游标名称，并且在声明阶段不需要定义游标，基本语法如下所示。

```
For 变量名 in （select 查询）
 loop
  语句序列；
End loop
```

例如，上面这个范例如果使用这种方法，其程序代码如图 14-6 所示。

```
C:\WINDOWS\system32\cmd.exe - SQLPLUS
SQL> SET SERVEROUTPUT ON
SQL> BEGIN
  2     FOR var_emp IN (SELECT * FROM emp WHERE deptno=10) LOOP                 --for循环游标
  3         DBMS_OUTPUT.PUT_LINE('员工工号：'||var_emp.empno||
  4                             ',员工姓名：'||var_emp.ename);  --显示结果
  5     END LOOP;
  6  END;
  7  /
员工工号：7782,员工姓名：CLARK
员工工号：7934,员工姓名：MILLER

PL/SQL 过程已成功完成。
```

图 14-6

可以看出，这种方法更为简洁。

# 14.4 综合范例——部门信息统计 1

现在通过几个范例加强对游标的理解。

**【范例 14-6】使用游标，检索是否存在对应所输入员工工号的基本信息，如果存在，则显示该员工的基本信息。**

分析：由于要输入员工工号，然后在游标中使用，因此需要定义含有参数的游标，并且在程序中使用 %found 属性判断是否存在对应记录，如果存在则显示。程序代码及结果如图 14-7 所示。

```
C:\WINDOWS\system32\cmd.exe - SQLPLUS
SQL> SET SERVEROUTPUT ON
SQL> DECLARE
  2     var_ename emp.ename%TYPE;           --定义变量
  3     var_job emp.job%TYPE;
  4     var_sal emp.sal%TYPE;
  5     CURSOR cur_emp(var_eno VARCHAR2) IS SELECT ename,job,sal FROM emp
  6         WHERE empno=var_eno;          --游标声明
  7     var_temp emp.empno%TYPE;
  8  BEGIN
  9     var_temp:='&请输入员工工号';
 10     OPEN cur_emp(var_temp);        --打开游标
 11     FETCH cur_emp INTO var_ename,var_job,var_sal; -- 读取游标
 12     IF cur_emp%FOUND THEN                       --使用游标属性判断是否存在数据
 13        DBMS_OUTPUT.PUT_LINE('对应员工工号'||var_temp||'的员工信息如下：');
 14        DBMS_OUTPUT.PUT_LINE(',员工姓名：'||var_ename||',工作是：'
 15                            ||var_job||',工资是：'||var_sal);  --显示结果
 16     ELSE
 17        DBMS_OUTPUT.PUT_LINE('没有这个员工的信息');
 18     END IF;
 19     CLOSE cur_emp;                 --关闭游标
 20  END;
 21  /
输入 请输入员工工号 的值：  7499
原值    9:     var_temp:='&请输入员工工号';
新值    9:     var_temp:='7499';
对应员工工号7499的员工信息如下：
,员工姓名：ALLEN,工作是：SALESMAN,工资是：2496

PL/SQL 过程已成功完成。
```

图 14-7

可以看到，第 5、6 行定义了游标，其中输入参数 var_eno 在程序中作为输入变量，接收用户输入的值，然后在第 11 行使用 fetch…into…检索数据，在第 12 行使用 %found 属性判断是否存在记录。

**【范例 14-7】使用游标计算 emp 各个部门的薪水总和。**

分析：这个范例是要查询 emp 各个部门的薪水总和，因此应该首先获取共有多少部门。这可以利用 dept 数据表中基本信息获取，因为该数据表中以 deptno 为关键字，保证该部门编号不重复。相反，

如果使用 emp 中 deptno 字段就不可以，因为在这个数据表中，有多个员工存在同一部门。因此首先建立游标，然后使用游标获取不同部门编号，最后使用查询将返回结果送到一个变量中，并显示结果。程序代码及结果如图 14-8 所示。

```
C:\WINDOWS\system32\cmd.exe - SQLPLUS
SQL> SET SERVEROUTPUT ON
SQL> DECLARE
  2     CURSOR cur_deptno IS SELECT * FROM dept ORDER BY deptno;  --定义游标
  3     var_dept dept%ROWTYPE;
  4     var_sal NUMBER;
  5  BEGIN
  6     OPEN cur_deptno;                          --打开游标
  7     LOOP
  8        FETCH cur_deptno INTO var_dept;  --检索数据
  9        EXIT WHEN cur_deptno%NOTFOUND;  --判断是否有记录
 10        SELECT SUM(sal) INTO var_sal FROM emp WHERE deptno=var_dept.deptno;  --记录薪水汇总
 11        IF var_sal IS NOT NULL THEN
 12           DBMS_OUTPUT.PUT_LINE('部门'||var_dept.dname||'的薪水总额是：');  --显示结果
 13           DBMS_OUTPUT.PUT_LINE(var_sal);
 14        END IF;
 15     END LOOP;
 16  CLOSE cur_deptno;       --关闭游标
 17  END;
 18  /
部门ACCOUNTING的薪水总额是：
5460
部门RESEARCH的薪水总额是：
4682
部门SALES的薪水总额是：
13201

PL/SQL 过程已成功完成。
```

图 14-8

可以看到，在声明部分，第 2 行代码中定义游标，在第 6 行打开游标，然后使用 fetch…into…检索游标，获取当前游标指向的记录信息。

可以使用游标 for 循环修改上面的程序，具体代码如图 14-9 所示。

```
C:\WINDOWS\system32\cmd.exe - SQLPLUS
SQL> SET SERVEROUTPUT ON
SQL> DECLARE
  2     CURSOR cur_deptno IS SELECT * FROM dept ORDER BY deptno;  --定义游标
  3     var_sal NUMBER;
  4  begin
  5     FOR var_dept IN cur_deptno LOOP               --建立游标for循环
  6        SELECT SUM(sal) INTO var_sal  FROM emp WHERE deptno=var_dept.deptno;  --记录薪水汇总
  7        IF var_sal IS NOT NULL THEN
  8           DBMS_OUTPUT.PUT_LINE('部门'||var_dept.dname||'的薪水总额是：');  --显示结果
  9           DBMS_OUTPUT.PUT_LINE(var_sal);
 10        END IF;
 11     END LOOP;
 12  end;
 13  /
部门ACCOUNTING的薪水总额是：
5460
部门RESEARCH的薪水总额是：
4682
部门SALES的薪水总额是：
13201

PL/SQL 过程已成功完成。
```

图 14-9

通过比较可以发现，在游标 for 循环中，并不需要事先定义循环变量，系统会自动定义为记录类型，同时也不需要打开游标和关闭游标的步骤。

**【范例 14-8】按照部门分别显示该部门的员工信息。**

分析：这个范例可以从两部分考虑，首先获取部门信息，然后再根据部门信息获取该部门的员工信息。因此可以定义两个游标，一个游标是获取部门的信息，另一个游标是获取该部门的员工信息，两个游标嵌套使用。程序代码如图 14-10 所示。

```
SQL> SET SERVEROUTPUT ON
SQL> DECLARE
  2     CURSOR cur_deptno IS SELECT * FROM dept ORDER BY deptno;  --定义部门游标
  3     CURSOR cur_emp(dept_id IN NUMBER) IS SELECT * FROM emp WHERE deptno=dept_id;  --定义员工游标
  4     var_dept dept%ROWTYPE;
  5     var_emp emp%ROWTYPE;
  6  BEGIN
  7     OPEN cur_deptno;                         --打开部门游标
  8     LOOP
  9        FETCH cur_deptno INTO var_dept;  --检索数据
 10        EXIT WHEN cur_deptno%NOTFOUND;  --判断是否有记录
 11        DBMS_OUTPUT.PUT_LINE('部门'||var_dept.dname||'的员工如下：');  --显示结果
 12        DBMS_OUTPUT.PUT_LINE('------------------------------------------');
 13           OPEN cur_emp(var_dept.deptno);   --打开员工游标
 14           LOOP
 15              FETCH cur_emp INTO var_emp;    --检索数据
 16              EXIT WHEN cur_emp%NOTFOUND;
 17              DBMS_OUTPUT.PUT_LINE('员工号'||var_emp.empno||',姓名：'||var_emp.ename);  --显示结果1
 18           END LOOP;
 19           CLOSE cur_emp;    --关闭游标
 20     END LOOP;
 21  CLOSE cur_deptno;      --关闭游标
 22  END;
 23  /
```

图 14-10

可以看到，两层嵌套实现信息获取，外层游标是部门信息，然后使用外层游标得到的部门号作为内层游标的参数，获取部门信息。显示结果如图 14-11 所示。

```
部门ACCOUNTING的员工如下：
------------------------------------------
员工号7782,姓名：CLARK
员工号7839,姓名：KING
员工号7934,姓名：MILLER
部门RESEARCH的员工如下：
------------------------------------------
员工号7369,姓名：SMITH
员工号7566,姓名：JONES
员工号7902,姓名：FORD
部门SALES的员工如下：
------------------------------------------
员工号7499,姓名：ALLEN
员工号7521,姓名：WARD
员工号7654,姓名：MARTIN
员工号7698,姓名：BLAKE
员工号7844,姓名：TURNER
员工号7900,姓名：JAMES

PL/SQL 过程已成功完成。
```

图 14-11

上面这个范例如果修改成游标 for 循环，则程序代码和结果如图 14-12 所示。

```
SQL> SET SERVEROUTPUT ON
SQL> DECLARE
  2     CURSOR cur_deptno IS SELECT * FROM dept ORDER BY deptno;  --定义部门游标
  3     CURSOR cur_emp(dept_id IN NUMBER) IS SELECT * FROM emp WHERE deptno=dept_id;  --定义员工游标
  4  BEGIN
  5     FOR var_dept IN cur_deptno LOOP      --外层游标
  6        DBMS_OUTPUT.PUT_LINE('部门'||var_dept.dname||'的员工如下：');  --显示结果
  7        DBMS_OUTPUT.PUT_LINE('------------------------------------------');
  8        FOR var_emp IN cur_emp(var_dept.deptno) LOOP    --内层游标
  9            DBMS_OUTPUT.PUT_LINE('员工号'||var_emp.empno||',姓名：'||var_emp.ename);  --显示结果
 10        END LOOP;
 11     END LOOP;
 12  END;
 13  /
```

图 14-12

可以看出，程序更加简洁。

# 14.5　本章小结

游标是一种从数据表中检索数据并进行操作的方法，通过游标可以访问返回记录集合中的每一

行数据，并且可以对该行数据执行特定操作，方便处理数据。本章重点介绍了游标的基本概念、游标的类型、游标的创建和使用方法，并通过实例介绍了如何应用游标检索数据表及处理检索到的数据。

## 14.6 疑难解答

**问：显式游标处理数据的基本步骤是什么？**

**答：**显式游标处理数据的基本步骤有声明游标、打开游标、读取游标和关闭游标 4 个步骤。

**问：游标每次读取多少数据？**

**答：**游标每次只能读取一行数据，可以通过反复读取游标，直到游标读取不到数据位置，每次游标就像指针一样，指向一行数据。

**问：什么是隐式游标？**

**答：**在执行一个 SQL 语句的时候，Oracle 会自动创建一个隐式游标，隐式游标主要是处理数据操作语句的执行结果，也可以处理执行 Select 语句的查询结果。

**问：游标的基本属性都有哪些？**

**答：**无论是显式游标还是隐式游标，一般都具有 %found、%notfound、%isopen 和 %rowcount 4 种属性。隐式游标前面要加上 SQL 的默认名称。

**问：通过 FOR 语句循环游标的过程中，需要注意哪些事项？**

**答：**在使用 FOR 语句循环游标的过程中，可以声明游标，但不用打开游标、读取游标和关闭游标的操作，系统内部会自动完成。

## 14.7 实战练习

⑴ 将数据表 emp 中员工职务是销售员的工资上调 30%，并显示上调工资员工的数量。

⑵ 将数据表 emp 中员工职务是管理人员并且部门编号是 30 的工资上调 20%，并显示上调工资员工的数量。

⑶ 使用隐式游标检索出职务是 SALESMAN 的员工信息并输出。

⑷ 使用显式游标检索出部门编号是 10 和 20 的员工信息并输出。

⑸ 将 emp 数据表中 MANAGER 的工资下调 10%，并使用隐式游标输出这些员工的数量。

⑹ 接收用户输入的部门编号，用 for 循环和游标，打印出此部门的所有雇员的所有信息（使用循环游标）

⑺ 对名字以“A”或“S”开始的所有员工，按他们的基本薪水（sal）的 10% 给他们加薪。

⑻ 将每位员工工作了多少年零多少月零多少天输出出来 。

# 第 15 章

# 存储过程与函数

**本章导读**

上一章介绍了 PL/SQL 的编程，每个 PL/SQL 块一般都由 3 部分组成：声明部分、执行部分和异常处理部分。编辑这些 PL/SQL 块的时候都是直接在 SQL 环境下直接输入代码的，PL/SQL 块并没有名字，下次再使用的时候还要重新编写。如果能给这些 PL/SQL 块一个名称，保存在 Oracle 数据库中，那么就可以随时调用。

本章及下一章将分别介绍存储过程、函数、触发器和程序包。它们都是可以命名的程序块，并可以保存在 Oracle 数据库中。

**本章课时：理论 1 学时 + 实践 1 学时**

## 学习目标

▶ 存储过程

▶ 函数

# 15.1 存储过程

存储过程是一种命了名的 PL/SQL 数据块，存储在 Oracle 数据库中，可以被用户调用。存储过程可以包含参数，也可以没有参数，它一般没有返回值。存储过程是事先编译好的代码，再次调用的时候不需再次编译，因此程序的运行效率非常高。

## 15.1.1 存储过程的创建

存储过程的创建和上一章所介绍的 PL/SQL 块类似，其基本语法格式如下所示。

```
CREATE [OR REPLACE] 过程名
[< 参数 1> IN|OUT|IN OUT < 参数类型 >[ 默认值 |:= 初始值 ]]
[,< 参数 2> IN|OUT|IN OUT < 参数类型 >[ 默认值 |:= 初始值 ],…]
Is|as
 [ 局部变量声明 ]
BEGIN
  程序语句序列
[EXCEPTION]
  异常处理语句序列
END 过程名
```

其中的参数说明如下。

⑴ OR REPLACE 为可选参数，表示如果数据库中已经存在要创建的过程，则先把原先过程删除，再重新建立过程，或者说覆盖原先的过程。

⑵ 如果过程中存在参数，则需要在参数后面用“IN|OUT|IN OUT”关键字。如果是输入参数，则参数后面用“IN”关键字，表示接受外部过程传递来的值；如果是输出参数，则参数后面用“OUT”关键字，表示此参数将在过程中被复制，并传递给过程体外；如果是“IN OUT”关键字则表示该参数既具有输入参数特性，又具有输出参数的特性。默认是 IN 参数，即如果不写就默认为 IN 参数。

⑶ 参数类型不能指定长度，只需给出类型即可。

⑷ 局部变量声明中所定义的变量只在该过程中有效。

⑸ 局部变量声明，程序语句序列和异常处理语句序列定义和使用同第 14 章中的 PL/SQL 块。

## 15.1.2 存储过程的调用及删除

存储过程创建后，以编译的形式存在于 Oracle 数据库中，可以在 SQL Plus 或 PL/SQL 块中调用。

⑴ 在 SQL Plus 中调用存储过程。

在 SQL Plus 中，调用存储过程的语句如下。

```
EXECUTE 过程名 [ 参数序列 ]
```

其中，EXECUTE 可以简写成 EXEC。

⑵ 在 PL/SQL 块中调用存储过程。

直接把过程名写到其他 PL/SQL 块中即可调用，此时不需使用 EXECUTE 命令。

⑶ 存储过程的删除。

存储过程的删除和表的删除类似，基本语法如下所示。

```
DROP PROCDURE 过程名
```

### 15.1.3 存储过程的使用

前面已经介绍了存储过程的创建及调用方法，下面就通过范例来学习存储过程的使用方法。

#### 1. 不带参数的存储过程

不带参数的存储过程相对比较简单，在存储过程中执行某一指定动作序列。下面看一个范例。

**【范例 15-1】创建一个存储过程，向数据表 dept 中插入一条记录。**

分析：这个范例不需要参数，只需在存储过程体中添加一个插入语句即可。过程创建代码如图 15-1 所示。

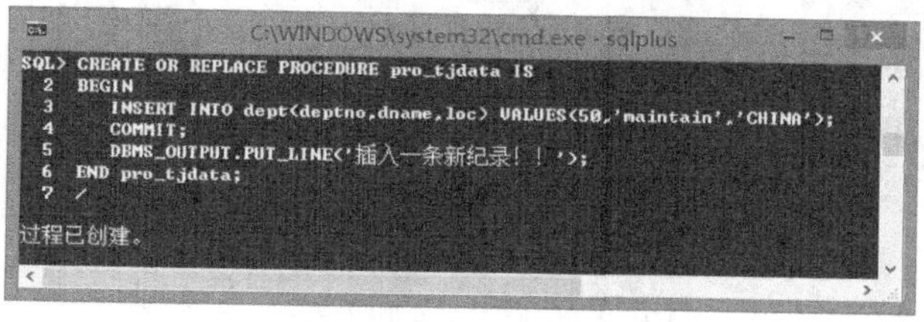

C:\WINDOWS\system32\cmd.exe - sqlplus
SQL> CREATE OR REPLACE PROCEDURE pro_tjdata IS
2 BEGIN
3 INSERT INTO dept(deptno,dname,loc) VALUES(50,'maintain','CHINA');
4 COMMIT;
5 DBMS_OUTPUT.PUT_LINE('插入一条新纪录！！');
6 END pro_tjdata;
7 /
过程已创建。

图 15-1

可以看到，存储过程 pro_tjdata 成功创建，尽管过程已经成功创建，但是并没有执行。如果想要执行这个过程，使用 EXEC 命令执行该过程，执行代码如图 15-2 所示。

C:\WINDOWS\system32\cmd.exe - sqlplus
SQL> EXEC pro_tjdata
PL/SQL 过程已成功完成。

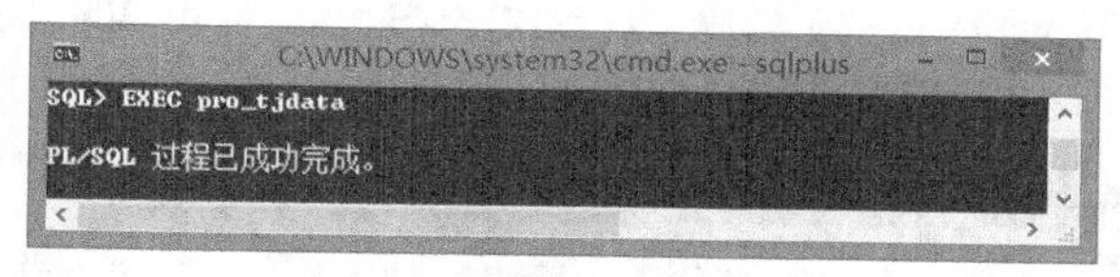

图 15-2

如前所述，也可以在 PL/SQL 块中直接调用，如图 15-3 所示。

C:\WINDOWS\system32\cmd.exe - sqlplus
SQL> SET SERVEROUTPUT ON
SQL> BEGIN
2 pro_tjdata;
3 END;
4 /

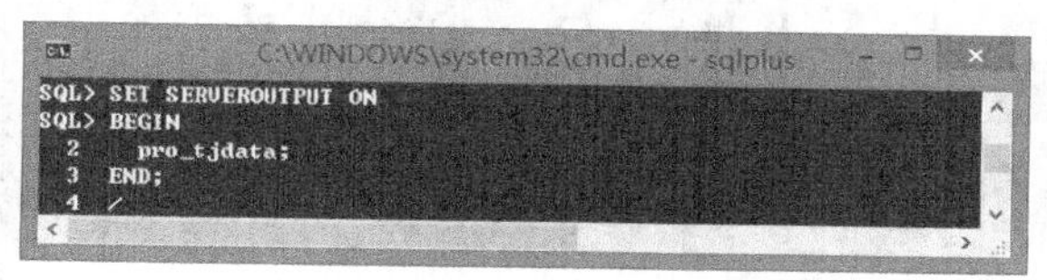

图 15-3

#### 2. 带 IN 参数的存储过程

使用 IN 参数可以向存储过程中的程序单元输入数据，在调用的时候提供参数值，被存储过程读取。这种模式是默认的参数模式。下面就来看一个范例。

**【范例 15-2】在存储过程中接受来自外部的数值，在存储过程中判断该数值是否大于零并显示。**

分析：这个存储过程可以使用 IN 参数接受来自外部的数值，进而在存储过程中进行判断。过程代码如图 15-4 所示。

```
C:\WINDOWS\system32\cmd.exe - sqlplus
SQL> CREATE OR REPLACE PROCEDURE  pro_decide(
  2      var_num IN NUMBER
  3  ) IS
  4  BEGIN
  5      IF var_num>=0 THEN
  6          DBMS_OUTPUT.PUT_LINE('传递进来的参数大于等于0');
  7      ELSE
  8          DBMS_OUTPUT.PUT_LINE('传递进来的参数小于0');
  9      END IF;
 10  END pro_decide;
 11  /

过程已创建。
```

图 15-4

下面来测试一下存储过程是否可用，使用 exec 命令，如图 15-5 所示。

```
C:\WINDOWS\system32\cmd.exe - sqlplus
SQL> EXEC pro_decide(6)
传递进来的参数大于等于0

PL/SQL 过程已成功完成。

SQL> EXEC pro_decide(-3)
传递进来的参数小于0

PL/SQL 过程已成功完成。
```

图 15-5

可以看出，存储过程接受外面调用传来的值，进行判断，实现最终要求。

**【范例 15-3】输入一个编号，查询数据表 emp 中是否有这个编号，如果有则显示对应员工姓名；如果没有，则提示没有对应员工。**

分析：输入编号可以对应一个 IN 参数，然后在存储过程中使用 Where 语句查询，使用 Into 子句把结果赋予一个变量。存储过程如图 15-6 所示。

```
C:\WINDOWS\system32\cmd.exe - sqlplus
SQL> CREATE OR REPLACE PROCEDURE  pro_show(
  2      var_empno IN emp.empno%TYPE          --定义IN参数
  3  ) IS
  4      var_ename emp.ename%TYPE;  --定义存储过程内部变量
  5      no_result EXCEPTION;
  6  BEGIN
  7      SELECT ename INTO var_ename FROM emp WHERE empno=var_empno;  --取值
  8      IF SQL%FOUND THEN
  9          DBMS_OUTPUT.PUT_LINE('所查询的员工姓名是：'||var_ename);     --显示
 10      END IF;
 11  EXCEPTION
 12      WHEN NO_DATA_FOUND THEN
 13          DBMS_OUTPUT.PUT_LINE('没有对应此编号的员工');            --错误处理
 14  END pro_show;
 15  /

过程已创建。
```

图 15-6

存储过程创建后，下面来测试一下是否符合要求，仍然使用 exec 命令执行，如图 15-7 所示。

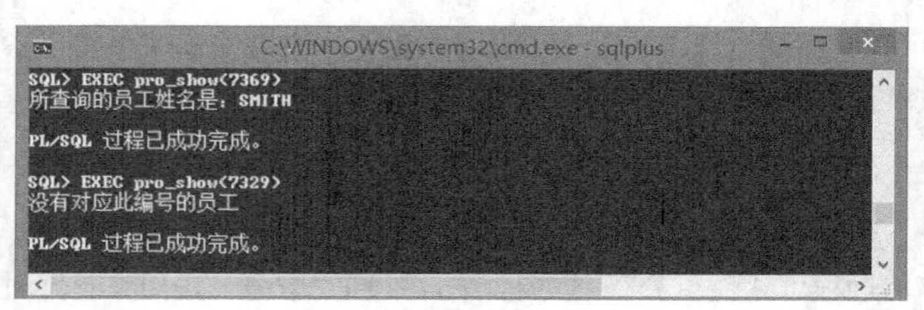


图 15-7

可以看到，当输入编号为“7369”时，可以在数据表中找到对应记录，并显示结果；如果查询编号为“7320”时，此时数据表中没有对应记录，则显示无此员工。

前面两个例子中 IN 参数只有一个，下面来看一个有多个 IN 参数的情况。可以使用无参数存储过程部分的范例。

**【范例 15-4】创建一个存储过程，向数据表 dept 中插入一条记录。**

分析：这次使用 IN 参数来实现这个范例，可以定义 3 个 IN 参数，分别接收来自外部调用的值。存储过程如图 15-8 所示。

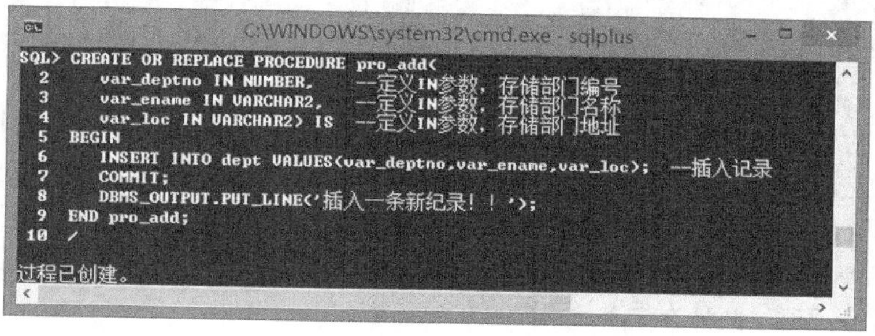

```
C:\WINDOWS\system32\cmd.exe - sqlplus
SQL> CREATE OR REPLACE PROCEDURE pro_add(
  2     var_deptno IN NUMBER,      --定义IN参数，存储部门编号
  3     var_ename IN VARCHAR2,     --定义IN参数，存储部门名称
  4     var_loc IN VARCHAR2) IS    --定义IN参数，存储部门地址
  5  BEGIN
  6     INSERT INTO dept VALUES(var_deptno,var_ename,var_loc);  --插入记录
  7     COMMIT;
  8     DBMS_OUTPUT.PUT_LINE('插入一条新纪录！！');
  9  END pro_add;
 10  /

过程已创建。
```

图 15-8

过程创建后，可以通过调用向过程中传递参数，如图 15-9 所示。

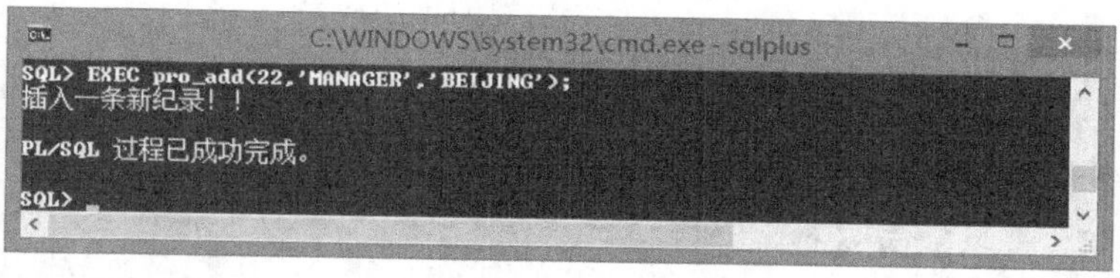

```
C:\WINDOWS\system32\cmd.exe - sqlplus
SQL> EXEC pro_add(22,'MANAGER','BEIJING');
插入一条新纪录！！

PL/SQL 过程已成功完成。

SQL>
```

图 15-9

调用的时候需要注意，调用时参数的书写顺序应该与存储过程中 IN 参数的顺序一样，如图 15-9 所示，“22”对应“var_deptno”，“MANAGER”对应“var_ename”，“BEIJING”对应“var_loc”。如果顺序不一样，应明确指明，例如上面的指令可以修改为如下形式。

```
Exec pro_add(var_ename=>'MANAGER',var_deptno=>22,var_loc=>'BEIJING')
```

### 3. 带 OUT 参数的存储过程

前面介绍的是使用 IN 参数可以向存储过程中的程序单元输入数据，在调用的时候提供参数值，被存储过程读取，然而有的时候程序单元运行的结果可以传递到外部，例如查询数据表内容从程序中送到外部调用。这个时候可以使用 OUT 参数，在存储过程中定义这种参数时，关键字 OUT 写在参数名称之后。下面通过具体范例来看一下如何使用。

**【范例 15-5】输入一个编号，查询数据表 emp 中是否有这个编号，如果有，返回对应员工姓名，如果没有，则提示没有对应员工。**

分析：这个示例在上一部分中是使用 IN 参数定义一个输入，然后定义局部变量，查询的结果是送到局部变量中，在程序体中显示。现在使用 OUT 参数，将结果从程序中送到外部调用处。

存储过程代码如图 15-10 所示。

```
C:\WINDOWS\system32\cmd.exe - sqlplus
SQL> CREATE OR REPLACE PROCEDURE pro_show1(
  2     var_empno IN emp.empno%TYPE,        --定义IN参数
  3     var_ename OUT emp.ename%TYPE        --定义OUT参数
  4  ) IS
  5     no_result EXCEPTION;
  6  BEGIN
  7     SELECT ename INTO var_ename FROM emp WHERE empno=var_empno;   --取值
  8  EXCEPTION
  9     WHEN NO_DATA_FOUND THEN
 10         DBMS_OUTPUT.PUT_LINE('没有对应此编号的员工');           --错误处理
 11  END pro_show1;
 12  /

过程已创建。
```

图 15-10

可以看到，在存储过程中定义了两个参数，参数 var_empno 是 IN 参数，接收来自外部的数值，参数 var_ename 是 out 参数，在程序内接收查询的结果，然后通过这个参数传递到调用者。

前面介绍了 OUT 参数的使用，那么如何调用含有 OUT 参数的存储过程呢？它不像不含参数和包含 IN 参数的存储过程，无法直接调用。含有 OUT 参数的存储过程在调用之前，必须定义一个相应类型的变量。下面通过两种方法演示调用的方法。

(1) 使用 EXEC 命令或 PRINT 执行含有 OUT 参数的存储过程。

在使用命令之前，必须使用 variable 关键字声明对应变量，来存储 OUT 参数相应的返回值。例如，上面这个过程中有一个 OUT 参数 var_name，应先定义对应的变量，如图 15-11 所示。

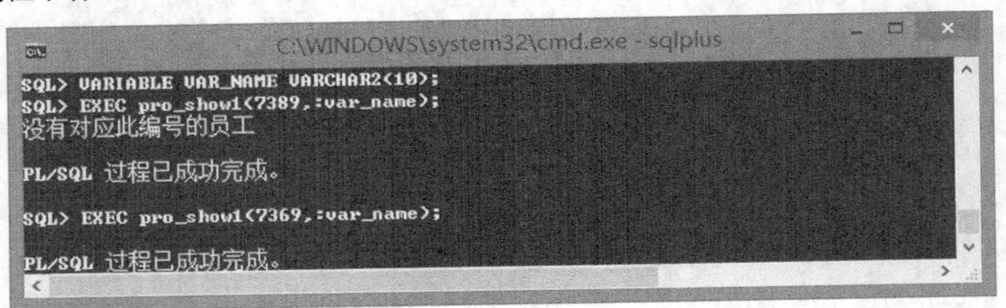


图 15-11

可以看到，调用的时候，“：”后面紧跟变量名。可以看出，当输入的 IN 参数数值是“7389”的时候，提示“没有对应此编号的员工”；当输入的 IN 参数数值是“7369”的时候，数据表中是存在这条记录的，因此返回所查询的结果。但是我们看到程序并没有显示结果，而是显示“PL/SQL 过程已成功完成”。那么如何显示结果呢？使用如下方式：

```
Select :var_name from dual;
```

即可以显示出所返回 OUT 参数对应变量的结果。

此外，还可以使用 print 命令打印变量的内容，如下所示。

```
Print var_name
```

程序运行结果如图 15-12 所示。

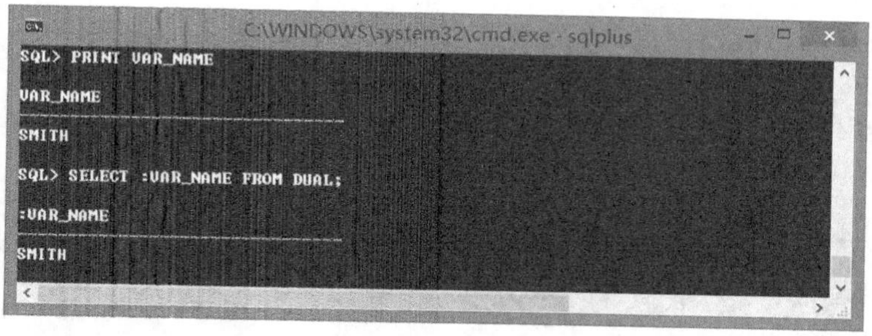

```
C:\WINDOWS\system32\cmd.exe - sqlplus
SQL> PRINT VAR_NAME

VAR_NAME
--------------------------------------------
SMITH

SQL> SELECT :VAR_NAME FROM DUAL;

:VAR_NAME
--------------------------------------------
SMITH
```

图 15-12

(2) 使用 PL/SQL 块编辑程序调用含有 OUT 参数的存储过程。

因为存储过程中还有 OUT 参数，因此调用之前要定义相应的变量，以接收调用后传送过来的运行结果。程序代码及结果如图 15-13 所示。

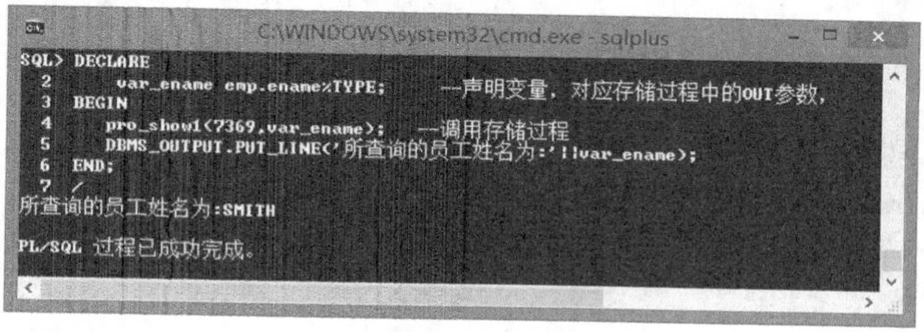

```
C:\WINDOWS\system32\cmd.exe - sqlplus
SQL> DECLARE
  2      var_ename emp.ename%TYPE;      --声明变量，对应存储过程中的OUT参数，
  3  BEGIN
  4      pro_show1(7369,var_ename);    --调用存储过程
  5      DBMS_OUTPUT.PUT_LINE('所查询的员工姓名为:'||var_ename);
  6  END;
  7  /
所查询的员工姓名为:SMITH

PL/SQL 过程已成功完成。
```

图 15-13

可以看到，在调用的 PL/SQL 块中，定义了变量以获取返回的 OUT 参数的查询结果，然后在程序中显示。

### 4. 带 IN OUT 参数的存储过程

通过前面的范例可以看出，IN 参数接收来自外部调用的数值，在程序内部不能修改；而 OUT 参数在存储过程中获得运行结果，通过外部调用把结果送出，但不能接收来自外部的值。IN OUT 参数同时具有 IN 参数和 OUT 参数的特点，既可以接收来自外部的值，也可以在存储过程中被修改，把获取的内容传递到外部调用的变量中。下面通过一个范例来看一下它的使用方法。

**【范例 15-6】使用 IN OUT 参数，创建一个存储过程，计算传入数值的绝对值。**

分析: 可以在存储过程中只定义一个参数，设置该参数为 IN OUT 参数，接收来自外部调用的值，然后在存储过程中计算其绝对值并把结果放到该参数中。程序代码及运行结果如图 15-14 所示。

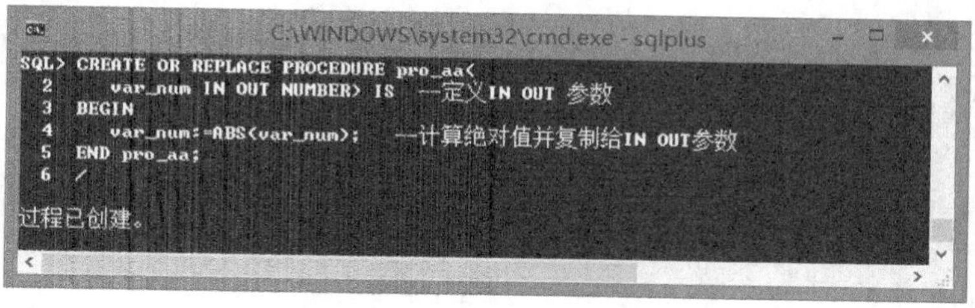

```
C:\WINDOWS\system32\cmd.exe - sqlplus
SQL> CREATE OR REPLACE PROCEDURE pro_aa(
  2      var_num IN OUT NUMBER) IS  --定义IN OUT 参数
  3  BEGIN
  4      var_num:=ABS(var_num);    --计算绝对值并复制给IN OUT参数
  5  END pro_aa;
  6  /
过程已创建。
```

图 15-14

可以看到，存储过程内容很简单，定义了一个 IN OUT 参数 var_num 变量，该变量接收来自外部的变量值，然后在存储过程中计算绝对值，再把结果返回到该参数中。

调用的方法也有两种，分别来看一下。

(1) 使用 EXEC 命令或 PRINT 执行含有 IN OUT 参数的存储过程。

同样，在使用 EXEC 命令或 PRINT 之前，要定义一个变量以对应存储过程中的 IN OUT 参数。调用代码如图 15–15 所示。

```
C:\WINDOWS\system32\cmd.exe - sqlplus
SQL> VARIABLE var_temp NUMBER;
SQL> EXEC :var_temp:=-5;

PL/SQL 过程已成功完成。

SQL> EXEC pro_aa(:var_temp)

PL/SQL 过程已成功完成。

SQL> SELECT :var_temp FROM dual;

 :VAR_TEMP
----------
         5
```

图 15–15

可以看到，实现了在存储过程中计算传入数值的绝对值并通过同一参数把结果传回。

(2) 使用 PL/SQL 块编辑程序调用含有 IN OUT 参数的存储过程

同样，在 PL/SQL 块中要定义对应于 IN OUT 参数的变量，然后再调用该存储过程。程序代码如图 15–16 所示。

```
C:\WINDOWS\system32\cmd.exe - sqlplus
SQL> DECLARE
  2    var_temp NUMBER;
  3  BEGIN
  4    var_temp:=-5;
  5    pro_aa(var_temp);
  6    DBMS_OUTPUT.PUT_LINE('所计算数的绝对值是：'||var_temp);
  7  end;
  8  /
所计算数的绝对值是：5

PL/SQL 过程已成功完成。

SQL>
```

图 15–16

### 15.1.4 存储过程的查询

在实际使用中，经常会需要查询数据库中已有的存储过程或某一个存储过程的内容。下面介绍如何查询存储过程。这需要用到数据字典 user_source，使用的查询语句如下所示。

```
select distinct name from user_source where type=upper('procedure');
```

上面这个语句查询当前用户下所有的存储过程的名字。

此外，还可以查询存储过程的内容，查询语句如下所示。

```
select text from user_source where name=upper('pro_aa');
```

返回结果如图 15–17 所示。可以看到存储过程的程序代码。

```
C:\WINDOWS\system32\cmd.exe - sqlplus
SQL> SELECT TEXT FROM USER_SOURCE WHERE  NAME=UPPER('pro_aa') AND TYPE=UPPER('PROCEDURE');

TEXT
--------------------------------------------------------------------------------
PROCEDURE pro_aa(
   var_num IN OUT NUMBER) IS   --定义IN OUT 参数
BEGIN
   var_num:=ABS(var_num);    --计算绝对值并复制给IN OUT参数
END pro_aa;

SQL>
```

图 15-17

# 15.2 函数

上一节介绍的存储过程有输入参数和输出参数，但是没有返回值。函数和存储过程非常类似，也是可以存储在 Oracle 数据库中的 PL/SQL 代码块，但是有返回值。可以把经常使用的功能定义为函数，就像系统自带的函数（例如前面章节中介绍的大小写转换、求绝对值等函数）一样使用。

## 15.2.1 函数的创建

函数创建的基本语法格式如下所示。

```
Create or replace function 函数名
[< 参数 1> IN|OUT|IN OUT < 参数类型 >[ 默认值 |:= 初始值 ]]
[,< 参数 2> IN|OUT|IN OUT < 参数类型 >[ 默认值 |:= 初始值 ],…]
Return 返回数据类型
Is|as
[ 局部变量声明 ]
BEGIN
  程序语句序列
[EXCEPTION]
  异常处理语句序列
END 过程名
```

其中的参数说明如下。

(1) OR REPLACE 为可选参数，表示如果数据库中已经存在要创建的函数，则先把原先函数删除，再重新建立函数，或者说覆盖原先的函数。

(2) 如果过程中存在参数，则需要在参数后面使用“IN|OUT|IN OUT”关键字。如果是输入参数，则参数后面用“IN”关键字，表示接受外部过程传递来的值；如果是输出参数，则参数后面用“OUT”关键字，表示此参数将在过程中被复制，并传递给过程体外；如果是“IN OUT”关键字，则表示该参数既具有输入参数特性，又具有输出参数的特性。默认是 IN 参数，即如果不写就默认为 IN 参数。

(3) 参数类型不能指定长度，只需给出类型即可。

(4) 函数的返回类型是必选项。

(5) 局部变量声明中所定义的变量只在该函数中有效。

(6) 局部变量声明、程序语句序列和异常处理语句序列定义以及使用同第 14 章中的 PL/SQL 块。

在函数的主程序段中，必须使用 return 语句返回最终的函数值，并且返回值的数据类型要和声明的时候说明的类型一样。

### 15.2.2 函数的调用与删除

函数的调用基本上与系统内置函数的调用方法相同。可以直接在 SQL Plus 中使用，也可以在存储过程中使用。后面将通过范例来介绍如何调用。

函数的删除与存储过程的删除类似，基本语法格式如下所示。

```
Drop function 函数名
```

### 15.2.3 函数的使用

前面已经介绍了函数的创建以及调用，下面就通过范例学习函数的使用。

**【范例 15-7】创建一个函数，如果是偶数则计算其平方，如果是奇数则计算其平方根。**

分析：这个函数要接收一个输入参数，然后在函数体内使用 if…then…else 判断奇偶，然后分别执行不同的操作，最后将计算结果通过函数返回。程序代码及运行结果如图 15-18 所示。

```
C:\WINDOWS\system32\cmd.exe - sqlplus
SQL> SET SERVEROUTPUT ON
SQL> CREATE OR REPLACE FUNCTION fun_cal
  2     (var_num NUMBER)                 --声明函数参数
  3     RETURN NUMBER                    --声明函数返回类型
  4  IS
  5  i INT:=2;
  6  BEGIN
  7     IF MOD(var_num,2)=0 THEN         --判断奇偶性
  8         RETURN POWER(var_num,i);     --返回平方
  9     ELSE
 10         RETURN ROUND(SQRT(var_num),2);  --返回平方根
 11     END IF;
 12  END fun_cal;
 13  /

函数已创建。
```

图 15-18

可以看到，在函数声明中声明了函数返回类型，这一点和存储过程不一样，然后根据输入参数的不同来执行不同的条件操作，最后使用 return 把结果返回。

下面来看一下调用的方法。先看一下在 SQL Plus 中直接调用，如图 15-19 所示。

```
C:\WINDOWS\system32\cmd.exe - sqlplus
SQL> SELECT fun_cal(8) FROM DUAL;

FUN_CAL(8)
----------
        64

SQL> SELECT fun_cal(7) FROM DUAL;

FUN_CAL(7)
----------
      2.65
```

图 15-19

可以看到，函数实现了输入偶数的时候计算其平方，奇数的时候计算其平方根。

此外，还可以在 PL/SQL 数据块中使用，这时需要实现定义一个对应变量以存储函数结果，如图 15-20 所示。

```
C:\WINDOWS\system32\cmd.exe - sqlplus
SQL> SET SERVEROUTPUT ON
SQL> DECLARE
  2    var_num NUMBER;
  3  BEGIN
  4    var_num:=fun_cal(4);
  5    DBMS_OUTPUT.PUT_LINE('4的平方是'||var_num);
  6  END;
  7  /
4的平方是16

PL/SQL 过程已成功完成。
```

图 15-20

**【范例 15-8】输入一个编号，查询数据表 emp 中是否有这个编号，如果有返回对应员工姓名；如果没有，则提示没有对应员工。**

分析：这个范例在前面介绍存储过程的时候演示过，当时是把查询结果放到一个 OUT 参数中传递给调用语句，现在我们使用函数的方法实现。程序代码及运行结果如图 15-21 所示。

```
C:\WINDOWS\system32\cmd.exe - sqlplus
SQL> SET SERVEROUTPUT ON
SQL> CREATE OR REPLACE FUNCTION fun_show(
  2     var_empno emp.empno%TYPE          --定义输入参数
  3    )
  4  RETURN emp.ename%TYPE                --定义函数类型
  5  IS
  6     var_temp emp.ename%TYPE;          --定义局部变量
  7     no_result EXCEPTION;
  8  BEGIN
  9     SELECT ename INTO var_temp FROM emp WHERE empno=var_empno;  --取值
 10     RETURN var_temp;               --返回结果
 11  EXCEPTION
 12     WHEN NO_DATA_FOUND THEN
 13         DBMS_OUTPUT.PUT_LINE('没有对应此编号的员工');            --错误处理
 14         RETURN NULL;
 15  END fun_show;
 16  /

函数已创建。
```

图 15-21

可以看到，分别定义了函数参数以及函数返回类型，然后在程序体内执行查询语句，并把结果通过 return 语句返回。

下面来看一下调用这个函数的方法，首先看一下在 SQL Plus 中的使用。

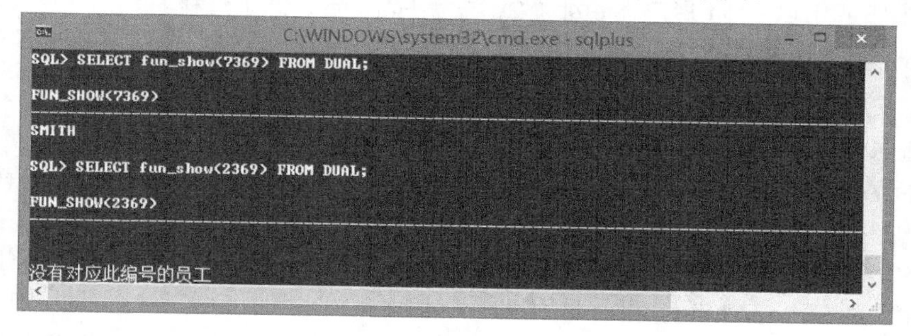


图 15-22

如图 15-22 所示，当输入编号“7369”时，可以查询出此员工的姓名，如果输入的编号数据表中没有，则输出“没有对应此编号的员工”。

### 15.2.4　函数的查询

在实际使用中经常会需要查询数据库中已有的函数或者某一个函数的内容，下面就介绍一下如

何查询函数。和存储过程类似，这也需要用到数据字典 user_source，使用的查询语句如下所示。

```
select distinct name from user_source where type=upper('function');
```

上面这个语句查询当前用户下所有的用户定义的函数名字。

此外，还可以查询存储过程的内容，查询语句如下所示。

```
select text from user_source where name=upper('fun_cal') and type=upper('function')
```

上面查询语句的返回结果如图 15-23 所示。

```
C:\WINDOWS\system32\cmd.exe - sqlplus
SQL> SET LINESIZE 100
SQL> SELECT TEXT FROM USER_SOURCE WHERE NAME=UPPER('fun_cal') AND TYPE=UPPER('function');

TEXT
--------------------------------------------------------------------------------
FUNCTION fun_cal
   (var_num NUMBER)                --声明函数参数
   RETURN NUMBER                   --声明函数返回类型
IS
i INT:=2;
BEGIN
   IF MOD(var_num,2)=0 THEN        --判断奇偶性
       RETURN POWER(var_num,i);     --返回平方
   ELSE
       RETURN ROUND(SQRT(var_num),2);  --返回平方根
   END IF;
END fun_cal;

已选择12行。
```

图 15-23

可以看到该函数的程序代码。

# 15.3　综合范例——部门信息统计 2

下面通过一些实战练习加深对存储过程和函数的认识。

**【范例 15-9】以 scott 用户下 emp 数据表为基础，创建如下过程。**

⑴ 以部门编号为输入参数，查询该部门的平均工资和人数。

⑵ 以部门编号为输入参数，查询高出该部门平均工资的员工姓名。

⑶ 检查当前操作是否在工作时间（周一到周五 9:00~17:00）。

分析: 因为emp数据表中有3个部门，当输入部门编号的时候，可以把其当成存储过程的IN参数。对于第一个要求，可以把存储过程中计算的平均工资和人数作为 OUT 参数返回；对于第二个要求，可以在程序体中实现内容的输出；对于第三个需求，可以不使用任何参数，直接在存储过程中进行判断。下面依次来看一下如何实现。

⑴ 第一个存储过程因为需要查询指定部门的平均工资和人数，直接使用查询语句将查询结果传递给两个 OUT 参数。程序代码如图 15-24 所示。

```
SQL> SET SERVEROUTPUT ON
SQL> CREATE OR REPLACE PROCEDURE pro_result1(
  2      var_deptno emp.deptno%TYPE,          --定义输入参数
  3      var_avgsal OUT emp.sal%TYPE,         --定义输出参数
  4      var_count OUT NUMBER
  5  ) IS
  6  BEGIN
  7      SELECT AVG(sal),COUNT(*) INTO var_avgsal, var_count FROM emp
  8          WHERE deptno=var_deptno;              --执行查询
  9  EXCEPTION
 10      WHEN NO_DATA_FOUND THEN
 11          DBMS_OUTPUT.PUT_LINE('没有发现这个部门');
 12  END pro_result1;
 13  /

过程已创建。
```

图 15-24

可以看到，首先定义一个 IN 参数，用于接收调用时出入的部门编号，同时定义两个输出参数，用于向调用传出结果。在程序体中使用 INTO 子句把结果放到两个 OUT 参数中。

(2) 由于要查询高出该部门平均工资的员工姓名，因此要使用复杂查询。首先要查询平均工资，然后再给出高于平均工资的员工。程序代码如图 15-25 所示。

```
SQL> SET SERVEROUTPUT ON
SQL> CREATE OR REPLACE PROCEDURE pro_result2(
  2      var_deptno emp.deptno%TYPE)   --定义IN参数
  3  IS
  4      var_sal emp.sal%TYPE;      --定义局部变量
  5      var_iter emp%rowTYPE;      --定义局部变量
  6  BEGIN
  7      SELECT AVG(sal) INTO var_sal FROM emp WHERE deptno=var_deptno;  --得到平均工资
  8      DBMS_OUTPUT.PUT_LINE('部门'||var_deptno||'的平均工资是：'||var_sal);
  9      FOR v_iter IN (SELECT * FROM emp WHERE deptno=var_deptno AND sal>var_sal) LOOP  --使用复合查询显示结果
 10          DBMS_OUTPUT.PUT_LINE('超过平均工资的员工是：'||v_iter.ename);
 11      END LOOP;
 12  END pro_result2;
 13  /

过程已创建。
```

图 15-25

可以看到，首先定义一个 IN 参数，用于接收传送过来的部门编码，然后定义两个局部变量用于程序中存储平均工资和作为循环变量获取查询结果，最后显示结果。

(3) 由于要根据查询时间确定操作情况，因此不需要传递参数，可以创建无参数的存储过程。程序代码如图 15-26 所示。

```
SQL> SET SERVEROUTPUT ON
SQL> CREATE OR REPLACE PROCEDURE pro_result3
  2  IS
  3  BEGIN
  4      IF TO_CHAR(SYSDATE,'HH24:MI') BETWEEN '09:00' AND '17:00'   --给出判断条件的工作时间
  5          AND TO_CHAR(SYSDATE,'DY','NLS_date_LANGUAGE=AMERICAN') IN ('MON','THU','WED','TUE','FRI') THEN
  6          DBMS_OUTPUT.PUT_LINE('在正常的工作时间内');     --符合条件显示的结果
  7      ELSE
  8          DBMS_OUTPUT.PUT_LINE('不是正常的工作时间');     --不符合条件执行的结果
  9      END IF;
 10  END;
 11  /

过程已创建。
```

图 15-26

可以看到，在存储过程中，使用条件语句判断当前时间和星期，然后给出是否在正常的工作时间。

**【范例 15-10】创建函数，分别实现如下功能。**

⑴ 以部门编号为输入参数，返回部门最高工资或最低工资。

⑵ 以员工编号为输入参数，返回该员工的工资。

⑶ 以员工编号为输入参数，返回其所在部门的平均工资。

分析：函数与储存过程的不同是函数具有返回值，这个范例中有 3 个功能，分别根据不同输入，返回指定结果，可以定义输入 IN 参数用于接收输入，然后将函数的类型定义为接收输出的类型。具体实现如下所示。

⑴ 定义 IN 参数接收部门编号，再定义一个 IN 参数用于提供查询最高工资或最低工资的标志，同时定义函数输出类型用于存放工资。程序代码如图 15-27 所示。

```
C:\WINDOWS\system32\cmd.exe - SQLPLUS
SQL> SET SERVEROUTPUT ON
SQL> CREATE OR REPLACE FUNCTION fun_result1(
  2     var_deptno emp.deptno%TYPE,     --定义输入参数
  3     flag NUMBER)                    --定义输入参数
  4  RETURN emp.sal%TYPE                --定义函数类型
  5  IS
  6     var_temp emp.sal%TYPE;          --定义局部变量
  7  BEGIN
  8     CASE flag                      --判断最高工资还是最低工资
  9        WHEN 1 THEN
 10           SELECT MAX(sal) INTO var_temp FROM emp WHERE deptno=var_deptno;
 11           RETURN var_temp;       --返回结果
 12        WHEN 0 THEN
 13           SELECT MIN(sal) INTO var_temp FROM emp WHERE deptno=var_deptno;
 14           RETURN var_temp;        --返回结果
 15        ELSE
 16           DBMS_OUTPUT.PUT_LINE('代码错误');
 17           RETURN NULL;
 18      END CASE;
 19  END;
 20  /

函数已创建。
```

图 15-27

可以看到，使用 Flag 标志来判断是返回最高工资还是返回最低工资，然后在条件语句中将查询结果暂存到局部变量中，最后使用 return 返回结果。

⑵ 这个实现起来更为简单，输入参数用于接收员工编号，然后在程序中查询对应的工资，最后返回。程序代码如图 15-28 所示。

```
C:\WINDOWS\system32\cmd.exe - SQLPLUS
SQL> SET SERVEROUTPUT ON
SQL> CREATE OR REPLACE FUNCTION fun_result2(
  2     var_empno emp.empno%TYPE    --定义输入参数
  3     )
  4  RETURN emp.sal%TYPE               --定义函数类型
  5  IS
  6     var_temp emp.sal%TYPE;         --定义局部变量
  7  BEGIN
  8     SELECT sal INTO var_temp FROM emp WHERE empno=var_empno;
  9     RETURN var_temp;        --返回结果
 10  EXCEPTION
 11     WHEN NO_DATA_FOUND THEN
 12         DBMS_OUTPUT.PUT_LINE('没有找到这个编号的员工');
 13         RETURN NULL;
 14  END fun_result2;
 15  /

函数已创建。
```

图 15-28

可以看到，定义 IN 参数用于接收输入的员工编号，然后在程序体中查询该编号员工的工资，并使用 return 语句返回结果。

(3) 这个比前两个要求复杂一些，应该首先查询出对应的部门编号，然后再计算该部门的平均工资。程序代码如图 15-29 所示。

```
C:\WINDOWS\system32\cmd.exe - SQLPLUS
SQL> SET SERVEROUTPUT ON
SQL> CREATE OR REPLACE FUNCTION fun_result3(
  2     var_empno emp.empno%TYPE   --定义输入参数
  3    )
  4  return emp.sal%TYPE             --定义函数类型
  5  IS
  6     var_temp emp.sal%TYPE;       --定义局部变量
  7     var_deptno emp.deptno%TYPE;
  8  BEGIN
  9     SELECT deptno INTO var_deptno FROM emp WHERE empno=var_empno;     --查询员工的部门编号
 10     SELECT AVG(sal) INTO var_temp FROM emp WHERE deptno=var_deptno;  --查询该部门的平均工资
 11     RETURN var_temp;      --返回结果
 12  EXCEPTION
 13     WHEN NO_DATA_FOUND THEN
 14         DBMS_OUTPUT.PUT_LINE('没有找到这个编号的员工');
 15         RETURN NULL;
 16  END fun_result3;
 17  /

函数已创建。
```

图 15-29

可以看到，通过两步查询返回查询结果。

# 15.4 本章小结

本章分别介绍了存储过程和函数，它们都是可以命名的 PL/SQL 程序块，并可以保存在 Oracle 数据库中，可以随时调用。与上一章介绍的 PL/SQL 编程中代码不同，上一章的代码都是直接在 SQL 环境下直接输入的，PL/SQL 块并没有名字，如果再使用的时候还要重新编写。

# 15.5 疑难解答

**问：存储过程和函数有什么不同？**

**答：**二者都是命了名的 PL/SQL 程序块，可以保存在 Oracle 数据库中，可以随时调用。二者都可以有输入参数和输出参数，所不同的是存储过程没有返回值，而函数具有返回值。

**问：存储过程中的用到的参数与存储过程中定义的变量是否一样？**

**答：**存储过程中用到的参数与存储过程中定义的变量不同，参数紧跟在存储过程的名称后面的括号中，参数之间使用逗号分隔；内部变量要在“is|as”关键字后面定义，并使用分号结束。

**问：存储过程的参数定义和使用的时候需要注意什么？**

**答：**存储过程的参数有三种，即 IN 参数、OUT 参数和 IN OUT 参数。存储过程创建的时候，参数的类型不能指定长度。传递参数的时候可以按照指定名称进行传递，也可以按照位置进行传递，不过按照位置进行传递的时候，需要注意传递的数值顺序需要与存储过程中定义的参数顺序相同。此外，如果存储过程存在 OUT 参数，在执行存储过程之前，必须为这些参数提供变量，以便接收

OUT 参数的返回值，否则，程序执行后将出现错误。

**问：函数的定义与存储过程的定义有什么不同？**

**答**：函数的创建语法与存储过程的类似，可以接收零或者多个输入参数；和存储过程不同的是函数必须有返回值，所以在函数定义体中必须使用 return 语句返回函数值，并且要求返回值的类型要与函数声明时的返回值相同。

**问：函数调用的时候需要注意什么？**

**答**：因为函数有返回值，所以在调用函数的时候，必须提前定义一个变量，用来保存函数的返回值。

# 15.6 实战练习

⑴ 创建存储过程，计算某个数的平方或平方根。

⑵ 创建函数，计算数据表 emp 中某个职位的平均工资。

⑶ 创建带有输入参数的存储过程，该过程通过员工编号打印工资额。

⑷ 创建含有输入和输出参数的存储过程，该过程通过员工编号查找工资额，工资额以输出参数返回。

⑸ 创建参数类型既是输入参数也是输出参数的过程，该过程通过员工编号查找工资额，工资额以输出参数返回。

⑹ 定义一个函数，显示当前时间，格式如“2018 年 10 月 14 日 18 时 22 分 21 秒”。

⑺ 创建函数，输入员工姓名，显示他的工资。

⑻ 建立带有输出参数的函数，输入员工编号，显示员工的姓名和工作。

# 第 16 章

# 触发器和程序包

## 本章导读

上一章介绍了 PL/SQL 编程中的存储过程和函数，然而这两个程序块如果要执行，需要用户调用才可以。

本章继续介绍 PL/SQL 编程中另外两个重要的程序块：触发器和程序包。触发器可以根据事先设置的条件自动执行；程序包是一个独立的程序单元，可以把存储过程和函数封装起来，以完成设定的具体操作。

**本章课时：理论 2 学时 + 实践 1 学时**

## 学习目标

- 触发器概述
- 触发器创建
- 程序包

# 16.1 触发器概述

## 16.1.1 触发器的基本概念

触发器本身是一段程序代码，类似于存储过程和函数，但是与存储过程和函数不同的是，存储过程和函数创建后保存在 Oracle 数据库中，如果要执行需要用户调用才可以。触发器创建完成后，以独立的对象存储在 Oracle 数据库中，根据事先定义的触发事件来决定是否执行，只要发生这些触发事件，触发器就会自动执行。另外，触发器不能接收参数。

触发器通常由触发器头部和触发体两部分组成，可以具体细分为以下几方面。

(1) 作用对象：包括数据表、视图、数据库和模式。

(2) 触发事件：指可以引起触发器执行的事件。例如，DML 语句中对数据表或视图执行数据操作的 INSERT、UPDATE、DELETE 语句；DDL 语句中执行创建、修改或删除的 CREATE、ALTER、DROP 语句以及数据库系统的事件，包括 Oracle 系统启动或退出、异常错误等。

(3) 触发条件：由 WHEN 子句指定的一个逻辑表达式，当触发事件发生时，如果该逻辑表达式的值为 TRUE，触发器就会自动执行。

(4) 触发时间：指触发器指令执行是在触发事件发生之前，还是在触发事件发生之后。

(5) 触发级别或触发频率：分为语句级和行级触发器。语句级触发器是默认的，指触发事件发生后，触发器只执行一次；行级触发器指触发事件每作用于一个记录，触发器就执行一次。

## 16.1.2 触发器的分类

根据触发器的使用范围不同，可以把触发器分为 3 种：DML 触发器、INSTEAD OF 触发器和系统触发器。

### 1. DML 触发器

在执行 DML 语句时触发，可以定义为 INSERT、UPDATE、DELETE 操作，可以定义在操作之前或之后触发，也可以指定为行级触发或者语句级触发。

### 2. INSTEAD OF 触发器

它也被称为替代触发器，它是 Oracle 专门为视图设计的一种触发器。在 Oracle 数据库中，一般不能直接对两个以上表建立的视图进行一般的触发器操作，如果必须修改，就使用替代触发器。

### 3. 系统触发器

在 Oracle 数据库的系统事件发生时进行触发，例如系统启动或者退出、异常错误等，这种系统触发器称为数据库触发器；或者发生 DDL 语句时触发，例如执行创建、修改或删除的 CREATE、ALTER、DROP 语句等，这种触发器称为模式触发器。

# 16.2 触发器创建

创建触发器的基本语法如下所示。

```
Create or replace trigger < 触发器名 >
```

```
    < 触发时间 > < 触发事件 > on < 表名 >|< 视图名 >|< 数据库名 >|< 模式名 >
    [for each row]
  [when < 条件表达式 >]
  begin
  <PL/SQL 语句 >
  End
```

其中的参数说明如下。

(1) OR REPLACE 为可选参数，如果数据库中已经存在要创建的触发器，则先把原先的触发器删除，再重新建立触发器，或者说覆盖原先的触发器。

(2) 触发时间包含 before 和 after 两种，before 指触发器是在触发事件发生之前执行，after 指触发器在触发事件发生之后执行。

(3) 触发事件，例如 insert、update、delete、create、alter、drop 等。

(4) <PL/SQL 语句 > 是要执行的触发器操作。

下面就根据不同的触发器来看一下触发器是如何创建的。

### 16.2.1 DML 触发器的创建

DML 触发器在执行 DML 语句时触发，可以分为 INSERT、UPDATE 和 DELETE 操作，可以定义在操作之前或之后触发，也可以指定为行级触发或语句级触发。

#### 1. 语句级 DML 触发器的创建

它是默认的 DML 触发器的创建方式，不使用 for each row 子句。语句触发器所对应的 DML 语句影响表中符合条件的所有行，但触发器只执行一次，并且不再使用 when 条件语句。

**【范例 16-1】创建触发器，当对 emp 数据表进行添加记录、更新记录和删除记录的时候，判断是否是工作时间段，如果不是工作时间段，不允许执行。**

如图 16-1 所示，在第 2 行定义了触发事件和触发时间，在程序中使用条件语句判断当前时间，如果操作不是在规定时间内，则禁止操作。

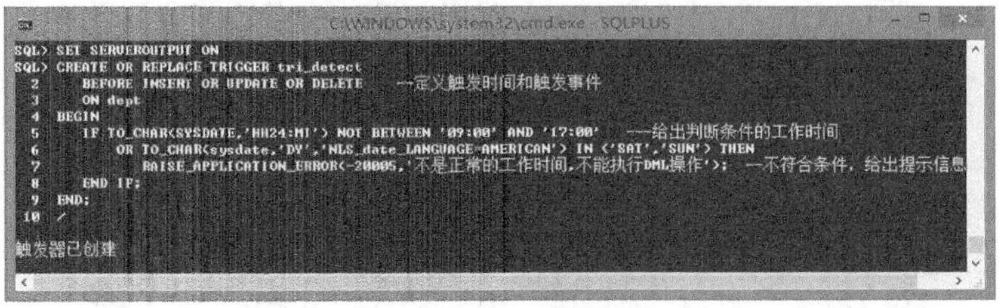

```
C:\WINDOWS\system32\cmd.exe - SQLPLUS
SQL> SET SERVEROUTPUT ON
SQL> CREATE OR REPLACE TRIGGER tri_detect
  2     BEFORE INSERT OR UPDATE OR DELETE    --定义触发时间和触发事件
  3     ON dept
  4  BEGIN
  5     IF TO_CHAR(SYSDATE,'HH24:MI') NOT BETWEEN '09:00' AND '17:00'   ---给出判断条件的工作时间
  6         OR TO_CHAR(sysdate,'DY','NLS_date_LANGUAGE=AMERICAN') IN ('SAT','SUN') THEN
  7            RAISE_APPLICATION_ERROR(-20005,'不是正常的工作时间,不能执行DML操作');  --不符合条件，给出提示信息
  8     END IF;
  9  END;
 10  /

触发器已创建
```

图 16-1

图 16-2 所示的是在非工作时间内向数据表中添加记录的时候产生的错误警告。

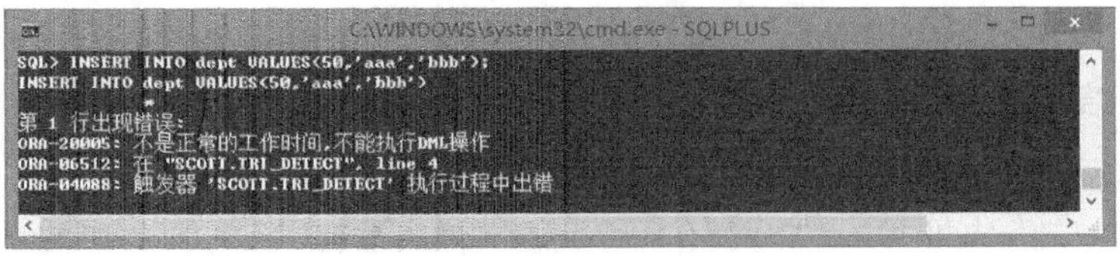

```
C:\WINDOWS\system32\cmd.exe - SQLPLUS
SQL> INSERT INTO dept VALUES(50,'aaa','bbb');
INSERT INTO dept VALUES(50,'aaa','bbb')
            *
第 1 行出现错误:
ORA-20005: 不是正常的工作时间,不能执行DML操作
ORA-06512: 在 "SCOTT.TRI_DETECT", line 4
ORA-04088: 触发器 'SCOTT.TRI_DETECT' 执行过程中出错
```

图 16-2

**【范例 16-2】在数据表 dept 上创建触发器，当在该表上插入、删除或者更新的时候，记录操作日志。**

分析：这个触发器要求当向表中插入、删除或者更新数据的时候，将操作记录下来，因此需要首先建立一个数据表用于记录日志。

创建表的语句如下所示。

```
Create table dept_log(action_user varchar2(20),
action_name varchar2(20),
action_time date)
```

程序代码如图 16-3 所示。

```
C:\WINDOWS\system32\cmd.exe - SQLPLUS
SQL> SET SERVEROUTPUT ON
SQL> CREATE OR REPLACE TRIGGER tri_log
  2  AFTER INSERT OR DELETE OR UPDATE ON dept    --定义触发事件和触发时间
  3  DECLARE
  4      var_user VARCHAR2(20);
  5      var_action VARCHAR2(20);                --定义局部变量
  6  BEGIN
  7      SELECT DISTINCT USER INTO var_user FROM ALL_USERS;  --获取用户
  8      IF INSERTING THEN                                  --判断是否是“插入”
  9        INSERT INTO dept_log VALUES(var_user,'插入',SYSDATE);
 10      ELSIF DELETING THEN                                --判断是否是“删除”
 11        INSERT INTO dept_log VALUES(var_user,'删除',SYSDATE);
 12      ELSE                                               --判断是否是“更新”
 13        INSERT INTO dept_log VALUES(var_user,'更新',SYSDATE);
 14      END IF;
 15  END;
 16  /

触发器已创建
```

图 16-3

可以看到，在触发器中主要使用了 3 个条件谓词“INSERTING”“DELETING”和“UPDATING”，分别表示触发条件是否是“插入”“删除”和“更新”。如果条件成立，则返回 TRUE，否则返回 FALSE。根据不同情况，向记录日志的数据表中添加操作日志。

触发器创建完成后，可以向数据表 dept 中分别插入一条数据和删除一条数据，然后查询新建立的日志表，如图 16-4 所示。

```
C:\WINDOWS\system32\cmd.exe - SQLPLUS
SQL> INSERT INTO dept VALUES(50,'aaa','zhengzhou');

已创建 1 行。

SQL> SELECT * FROM dept_log;

ACTION_USER          ACTION_NAME          ACTION_TIME
-------------------- -------------------- --------------
SCOTT                插入                 03-9月 -18

SQL> DELETE dept WHERE deptno=50;

已删除 1 行。

SQL> SELECT * FROM dept_log;

ACTION_USER          ACTION_NAME          ACTION_TIME
-------------------- -------------------- --------------
SCOTT                插入                 03-9月 -18
SCOTT                删除                 03-9月 -18

SQL>
```

图 16-4

可以发现，新建立的日志表记录了对数据表的每一笔操作。

### 2. 行级 DML 触发器的创建

行级 DML 触发器必须加入 for each row 子句。和语句级 DML 触发器不一样，行级 DML 触发器在每次执行 DML 操作的时候，如果操作一条记录，触发器就执行一次，如果涉及多条记录，那么触发器就执行多次。在行级触发器中可以使用 WHEN 条件语句控制触发器的执行。

在行级触发器中，会使用两个标识符，即 :OLD 和 :NEW，用于访问和操作当前正在处理记录中的数据。:OLD 表示在 DML 操作完成前记录的值；:NEW 表示在 DML 操作完成时记录的值。这两个标识符在不同的 DML 操作下有不同的含义。

如果触发操作时，在插入情况下，:OLD 标识符没有定义，其中所有字段内容是 NULL，而 :NEW 标识符指被插入的记录。

如果触发操作时，在更新情况下，:OLD 标识符指更新前的记录，:NEW 标识符指更新后的记录。

如果触发操作时，在删除情况下，:OLD 标识符指被删除前的记录，而 :NEW 标识符没有定义，其中所有字段内容是 NULL。

在触发器内使用这两个标识符的时候，标识符后面必须跟字段名称，例如 :OLD.FIELD 或者 :NEW.FIELD，即不能直接使用这两个标识符引用整个记录。此外，在条件语句 WHEN 中如果用到这两个标识符，则标识符前的 “:” 可以省略。

**【范例 16-3】为 emp 数据表创建一个触发器，当插入新员工的时候，显示新员工的工号和姓名；当更新员工工资的时候，显示每个员工更新前后的工资；当删除员工的时候，显示被删除员工的工号和姓名。**

分析：这是一个行级触发器的创建，同时在触发器内还要判断是哪种 DML 操作。详细代码如图 16-5 所示。

```
SQL> SET SERVEROUTPUT ON
SQL> CREATE OR REPLACE TRIGGER tri_row
  2  BEFORE INSERT OR DELETE  OR UPDATE ON  emp  —定义触发事件和触发时间
  3  FOR EACH ROW
  4  BEGIN
  5      IF INSERTING THEN                                 —判断是否是“插入”
  6        DBMS_OUTPUT.PUT_LINE('新增加员工的工号是：'||:new.empno||',姓名是：'||:new.ename);
  7      ELSIF DELETING THEN                               —判断是否是“删除”
  8        DBMS_OUTPUT.PUT_LINE('被删除员工的工号是：'||:old.empno||',姓名是：'||:old.ename);
  9      ELSE                                              —判断是否是“更新”
 10        DBMS_OUTPUT.PUT_LINE('新更新数据的员工工号是：'||:old.empno||',姓名是：'||:old.ename
 11                            ||',原先的工资是'||:old.sal||',修改后的工资是'||:new.sal);
 12      END IF;
 13  END;
 14  /

触发器已创建
```

图 16-5

可以看到，在程序中分别使用 :NEW 和 :OLD 标识符实现 DML 操作前后数据的获取。此外还使用了 3 个条件谓词 “INSERTING” “DELETING” 和 “UPDATING” 来判断不同的 DML 操作，并根据不同的操作显示不同的信息。

创建触发器完成后，可以分别插入、删除和更新数据，如图 16-6 所示。

```
SQL> INSERT INTO emp VALUES(1111,'zhangsan','clerk',7698,TO_DATE('23-3-1990','DD-MM-YYYY'),4500,NULL,20);
新增加员工的工号是：1111,姓名是：zhangsan

已创建 1 行。

SQL> DELETE FROM emp WHERE empno=1111;
被删除员工的工号是：1111,姓名是：zhangsan

已删除 1 行。

SQL> UPDATE emp SET sal=sal+10 WHERE deptno=20;
新更新数据的员工工号是：7369,姓名是：SMITH,原先的工资是1100,修改后的工资是1110
新更新数据的员工工号是：7566,姓名是：JONES,原先的工资是3582,修改后的工资是3592

已更新2行。
```

图 16-6

可以看出，当更新数据的时候，触发器执行了多次，因为更新的部门有 4 条符合条件的记录，因此触发器执行了 4 次。

行级触发器经常用于为数据表自动生成主键序列值。来看下面这个范例。

**【范例 16-4】创建一个数据表用于存放学生的基本信息，并创建一个序列，然后在表上创建一个触发器，在向表中插入数据的时候，触发所建立的触发器，为学生信息表自动添加主键序列值。**

首先创建学生信息表，输入语句如下。

```
Create table student(
stu_id int primary key,
stu_name varchar2(20),
stu_age int)
```

再创建一个序列，输入语句如下。

```
Create sequence stu_seq;
```

可以在触发器中使用该序列的 nextval 属性获取有序的数值。

下面就创建触发器以实现为学生信息表自动添加学号关键字，程序代码如图 16-7 所示。

```
C:\WINDOWS\system32\cmd.exe - SQLPLUS
SQL> CREATE OR REPLACE TRIGGER tri_seq
  2  BEFORE INSERT      --定义触发事件和触发时间
  3  ON student
  4  FOR EACH ROW       --行级触发器
  5  BEGIN
  6     SELECT stu_seq.nextval INTO :new.stu_id FROM DUAL;  --获取序列值
  7  END;
  8  /

触发器已创建
```

图 16-7

从图 16-7 可以看到，在触发器中将获取的序列值赋予 :new.stu_id。

下面就来看一下向数据表中插入记录的效果，分别使用两条插入语句，如下所示。

```
insert into student values (10,'zhangsan',25);
insert into student(stu_name,stu_age) values ('lisi',24);
```

然后查询数据表内容，如图 16-8 所示。

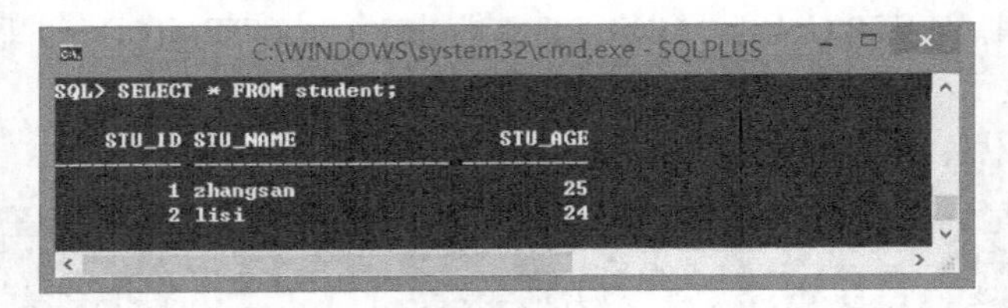


图 16-8

可以看出，第一条插入语句虽然给出了学生编号为“10”，但是数据表中对应的 ID 却不是这个结果，它自动在触发器中获取序列的下一个值，第二条插入语句虽然没有给出学生编号的值，仍然自动添加了序列值。

### 16.2.2 INSTEAD OF 触发器的创建

INSTEAD OF 触发器，也称替换触发器，是一种特殊的触发器，和其他建立在数据表上的触发器不同，INSTEAD OF 触发器建立在视图上。在 Oracle 数据库中，复杂的视图常从多个数据表中获取数据，有的视图还包含分组等计数函数，因此一般不允许对视图施加 DML 操作，但是使用

INSTEAD OF 触发器，在触发器内通过定义的 PL/SQL 块，可以间接地对视图进行 DML 操作。下面就通过范例来学习 INSTEAD OF 触发器的创建和使用方法。

在介绍 INSTEAD OF 触发器之前，首先创建一个视图，该视图关联数据表 emp 和 dept，代码如下所示。

```
Create view test_view as
Select empno,ename,dept.deptno,dname
From emp,dept
Where emp.deptno=dept.deptno;
```

由于 scott 用户没有创建视图的权限，因此首先应给该用户赋予创建视图的权限，输入语句如下所示。

```
CONN sys/change_on_install AS SYSDBA;
Grant create view to scott;
```

然后重新连接到 scott 用户下，创建前述视图。现在向该视图插入如下数据。

```
Insert into temp_view values(1234,'zhangsan',50,'chairman');
```

运行代码时会出现图 16-9 所示的错误。

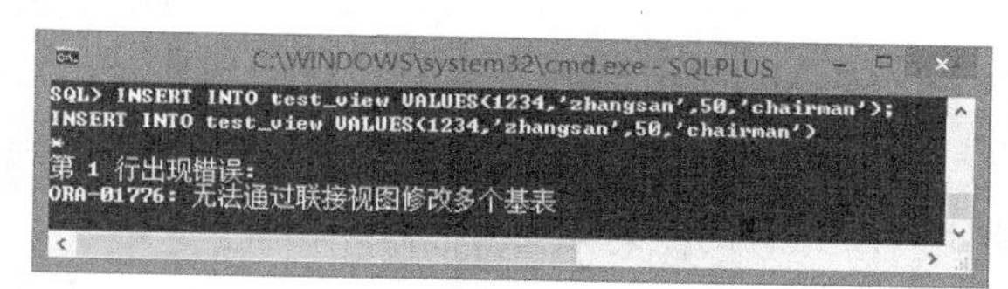


图 16-9

如果想修改视图的内容，只有通过创建 INSTEAD OF 触发器来实现。

**【范例 16-5】创建 INSTEAD OF 触发器以实现修改视图 test_view 中的内容。**

> 注意：视图 test_view 实际上来自两个数据表，这两个数据表通过 deptno 字段建立关联。在 Oracle 数据库中，一般要想通过 DML 操作修改视图是不可行的，因为修改视图实际上是修改对应数据表中的内容，两张数据表中数据是关联的，修改的时候，必须保证两个数据表关联字段同时修改或者增加。

图 16-10 所示的是 INSTEAD OF 触发器的创建代码。

可以看到，在触发体内，首先判断 dept 中是否存在要插入记录的部门编号，如果存在，只需在 emp 中添加记录就行了；如果不存在，这时系统认为是异常，此时需要向两个表中都添加数据。

```
C:\WINDOWS\system32\cmd.exe - SQLPLUS
SQL> SET SERVEROUTPUT ON
SQL> CREATE OR REPLACE TRIGGER tri_view
  2      INSTEAD OF INSERT              --定义替换触发器
  3      ON test_view
  4      FOR EACH ROW
  5  DECLARE
  6      var_row dept%ROWTYPE;      --定义行类型局部变量
  7  BEGIN
  8      SELECT * INTO var_row FROM dept WHERE deptno=:new.deptno;  --查找指定部门的记录行
  9      IF SQL%FOUND THEN                          --如果dept存在记录行，则只需向emp表中插入数据
 10          INSERT INTO emp(empno,ename,deptno) VALUES(:new.empno,:new.ename,:new.deptno);
 11      END IF;
 12  EXCEPTION
 13      WHEN NO_DATA_FOUND THEN                    --如果dept不存在记录行，则分别向dept和emp中添加数据
 14          INSERT INTO  dept(deptno,dname) VALUES(:new.deptno,:new.dname);
 15          INSERT INTO  emp(empno,ename,deptno) VALUES(:new.empno,:new.ename,:new.deptno);
 16  END;
 17  /

触发器已创建
```

图 16-10

如已经创建替换触发器，可以试一下插入数据，程序代码如图 16-11 所示。

```
C:\WINDOWS\system32\cmd.exe - SQLPLUS
SQL> INSERT INTO test_view(empno,ename,deptno,dname) VALUES(1224,'zhangsan',50,'sales');
新增加员工的工号是：1224,姓名是：zhangsan

已创建 1 行。

SQL> SELECT * FROM test_view;

     EMPNO ENAME          DEPTNO DNAME
---------- ---------- ---------- --------------
      7369 SMITH              20 RESEARCH
      7499 ALLEN              30 SALES
      7521 WARD               30 SALES
      7566 JONES              20 RESEARCH
```

图 16-11

可以看出，现在可以实现向视图中插入数据。

### 16.2.3 系统触发器

前面已经介绍过，系统触发器可以细分为数据库触发器和模式触发器。数据库触发器是指在 Oracle 数据库的系统事件发生时进行触发，例如系统启动或者退出、异常错误等。模式触发器是在执行 DDL 语句时触发的，例如执行创建、修改或者删除的 CREATE、ALTER、DROP 语句。

#### 1. 数据库触发器

根据数据库中进行的日常启动、退出等操作，可以建立触发器，跟踪这些信息。

**【范例 16-6】创建触发器，记录登录和退出数据库事件。**

分析：要想记录登录和退出数据库的情况，必须建立一张数据表用于记录登录和退出的日志。建立数据表的代码如下所示。

```
Create table user_log(
User_name varchar2(20),
Login_date timestamp,
Logoff_date timestamp);
```

由于要记录所有用户登录和退出数据库的情况，因此使用管理员用户登录，代码如下。

```
CONN sys/change_on_install AS SYSDBA;
```

然后创建日志数据表。

下面就分别创建登录和退出的触发器，使得当登录或者退出的时候，向创建的日志数据表中添加数据，如图 16-12 所示。

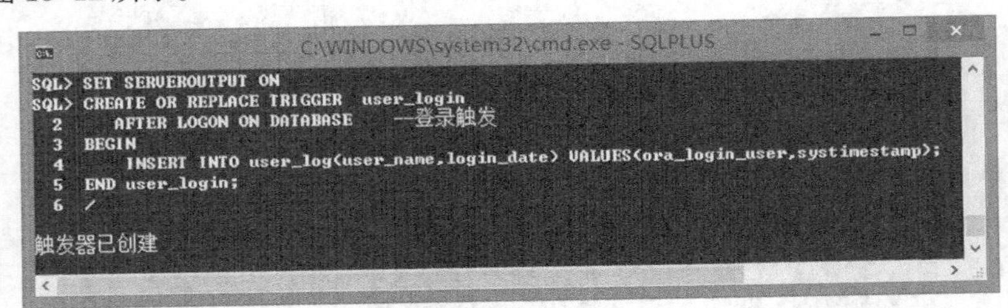


图 16-12

图 16-12 是登录数据库时会执行的触发器。图 16-13 所示为退出数据库时会执行的触发器。

```
C:\WINDOWS\system32\cmd.exe - SQLPLUS
SQL> SET SERVEROUTPUT ON
SQL> CREATE OR REPLACE TRIGGER user_logoff
  2      BEFORE LOGOFF ON DATABASE      --退出触发
  3  BEGIN
  4      INSERT INTO user_log(user_name,logoff_date) VALUES(ora_login_user,systimestamp);
  5  END user_logoff;
  6  /
触发器已创建
```

图 16-13

下面尝试使用不同用户登录和退出，测试一下所创建的触发器是否可以工作。最后查询该数据表，如图 16-14 所示。

```
C:\WINDOWS\system32\cmd.exe - SQLPLUS
SQL> set linesize 200
SQL> SELECT * FROM USER_LOG;

USER_NAME            LOGIN_DATE
                                                        LOGOFF_DATE
-------------------- ------------------------------------ ------------------------------------
SYS
SCOTT                03-9月 -18 11.55.03.587000 上午        03-9月 -18 11.55.03.510000 上午
SCOTT
SYS                  03-9月 -18 11.55.18.808000 上午        03-9月 -18 11.55.18.695000 上午

SQL>
```

图 16-14

如图 16-14 所示，可以看到不同用户登录和退出的时间。

### 2. 模式触发器

模式触发器是在指执行 DDL 语句时触发的，例如执行创建、修改或者删除的 CREATE、ALTER、DROP 等语句。

**【范例 16-7】创建一个模式触发器，记录各种 DDL 操作的日志。**

分析：这个范例由于要记录日志，因此首先要创建一个日志文件，代码如下所示。

```
Create table DDL_log(
user_name varchar2(20),     -- 操作用户
action_date date,           -- 操作日期
action varchar2(20),        -- 操作动作
object_name varchar2(20),   -- 操作对象
object_type varchar2(20))   -- 操作对象的类型
```

触发器代码如图 16-15 所示。

```
C:\WINDOWS\system32\cmd.exe - SQLPLUS
SQL> CREATE OR REPLACE TRIGGER tri_ddl
  2      BEFORE CREATE OR ALTER OR DROP     --触发事件及触发时间
  3      ON scott.schema                    --模式
  4  BEGIN
  5      INSERT INTO ddl_log VALUES
  6          (ora_login_user,               --登录用户
  7           sysdate,                      --操作时间
  8           ora_sysevent,                 --操作行为
  9           ora_dict_obj_name,            --操作对象
 10           ora_dict_obj_type);           --对象类型
 11  END;
 12  /
触发器已创建

SQL>
```

图 16-15

如图 16–15 所示，当发生 create、alter 或 drop 事件时，触发上面的触发器，向日志数据表中插入数据。下面通过几个简单的测试验证触发器是否可用。分别创建一个数据表，修改数据表结构，创建一个视图，删除一个视图，删除一个数据表，代码如下所示。

```
create table goods(goods_id number,goods_name varchar2(20));
alter table goods add(price number);
create view view1 as select goods_id from goods;
drop view view1;
drop table goods;
```

现在查询创建的日志文件，如图 16–16 所示。

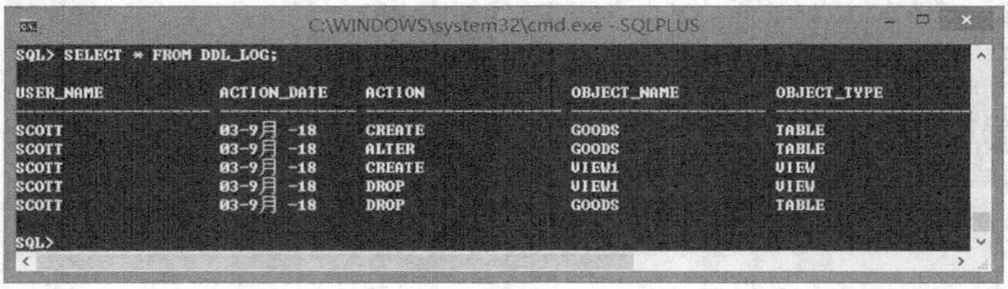

```
C:\WINDOWS\system32\cmd.exe - SQLPLUS
SQL> SELECT * FROM DDL_LOG;

USER_NAME      ACTION_DATE    ACTION     OBJECT_NAME    OBJECT_TYPE
-------------- -------------- ---------- -------------- --------------
SCOTT          03-9月 -18     CREATE     GOODS          TABLE
SCOTT          03-9月 -18     ALTER      GOODS          TABLE
SCOTT          03-9月 -18     CREATE     VIEW1          VIEW
SCOTT          03-9月 -18     DROP       VIEW1          VIEW
SCOTT          03-9月 -18     DROP       GOODS          TABLE

SQL>
```

图 16–16

可以看出，日志文件记录了所有的 DDL 操作。

### 16.2.4 触发器的禁用和启用

在 Oracle 数据库中，对于所创建的触发器，可以根据情况灵活修改它的状态，使其有效或者无效，即启用或者禁用。

其语法格式如下所示。

```
Alter trigger 触发器名称 [disablelenable]
```

参数说明：disable 是触发器禁用参数，即使触发器处于无效状态；enable 是触发器启用参数，即使触发器处于有效状态。

例如，下面代码使触发器 tri_ddl 禁用。

```
Alter trigger tri_ddl disable;
```

这种修改触发器状态的命令一次只能修改一个触发器。

如果想一次修改多个触发器的状态，可以通过修改表结构的方法，修改在某个表上建立的所有触发器的状态。命令代码如下所示。

```
Alter table emp enable all triggers;
```

这个命令修改所有建立在 emp 数据表上的触发器，使这些触发器处于有效状态；如果参数 enable 修改为 disable，则使这些触发器处于无效状态。

### 16.2.5 触发器的查看和删除

如果想查看当前所有的触发器信息，可以使用数据字典 user_triggers。这个数据字典有很多字段，可以查看所有触发器的名称、类型、表名、拥有者等信息，如图 16–17 所示。

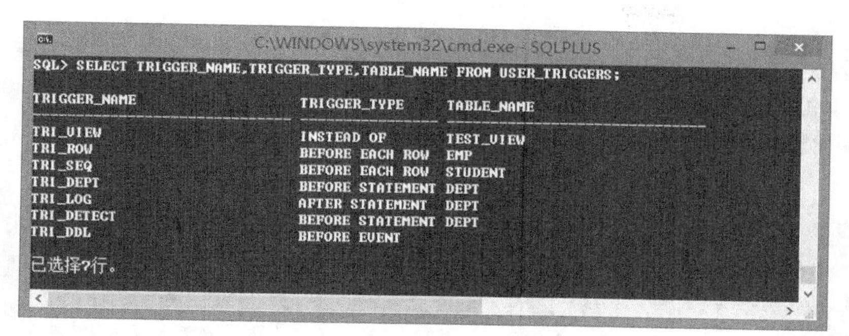
```
SQL> SELECT TRIGGER_NAME,TRIGGER_TYPE,TABLE_NAME FROM USER_TRIGGERS;

TRIGGER_NAME                   TRIGGER_TYPE      TABLE_NAME
------------------------------ ----------------- ----------------
TRI_VIEW                       INSTEAD OF        TEST_VIEW
TRI_ROW                        BEFORE EACH ROW   EMP
TRI_SEQ                        BEFORE EACH ROW   STUDENT
TRI_DEPT                       BEFORE STATEMENT  DEPT
TRI_LOG                        AFTER STATEMENT   DEPT
TRI_DETECT                     BEFORE STATEMENT  DEPT
TRI_DDL                        BEFORE EVENT

已选择7行。
```

图 16-17

上面代码可以查看当前用户下触发器名字、类型和表的名字。可以使用如下命令代码查看该数据字典有哪些字段，有选择性地显示不同内容。

```
Desc user_triggers;
```

删除触发器非常简单，类似于删除数据表和视图，语法如下所示。

```
Drop trigger 触发器名称
```

例如，下面命令代码可删除触发器 tri_ddl。

```
Drop trigger tri_ddl;
```

# 16.3 程序包

前面很多范例中都用到的 dbms_output.put_line 实际上就是一个典型的程序包应用，其中 dbms_output 是程序包的名称，put_line 是该程序包中定义的一个存储过程。所谓程序包，实际上是一个独立的程序单元，它把存储过程和函数封装起来，以完成许多操作。当然，在程序包中还包含各种程序元素，例如常量、变量等。程序包编译后存储在 Oracle 数据库中，可以被其他应用程序调用，它具有模块化结构，方便应用程序设计。

## 16.3.1 程序包的创建

程序包由包规范和包体两部分组成，因此程序包的创建也分为两部分，分别为包规范的创建和包体的创建。

### 1. 包规范的创建

包规范提供应用程序的接口，在包规范中声明程序包中可以使用的变量、数据类型、存储过程、函数、异常等。不过函数和过程只包括原型信息，即只有头部的声明，不包括任何实现的代码，其实现代码在包体中定义。下面是其语法格式。

```
Create or replace package 程序包名称
IS|AS
类型声明|变量声明|异常声明|过程声明|函数声明
End [ 程序包名称 ]
```

### 2. 包体的创建

在包体中包含包规范中声明的过程和函数的实现代码，此外，还可以声明其他没有在包规范中声明的变量、类型、过程、函数，但它们只能在包中使用，不能被其他应用程序调用。下面是其语法格式。

```
Create or replace package body 程序包名称
IS|AS
[< 内部变量声明 >]
[ 过程体 ]
[ 函数体 ]
End [ 程序包名称 ]
```

## 16.3.2 程序包实例

下面就通过具体范例来演示程序包的使用。

**【范例 16-8】创建一个程序包，内容包含第 15 章中所创建的存储过程和函数。**

分析：由于所要创建的存储过程和函数第 15 章已经创建过，因此只需按照程序包的创建方法，先在包规范中声明存储过程和函数，然后在包体中将实现代码写入即可。

包规范创建如图 16-18 所示。

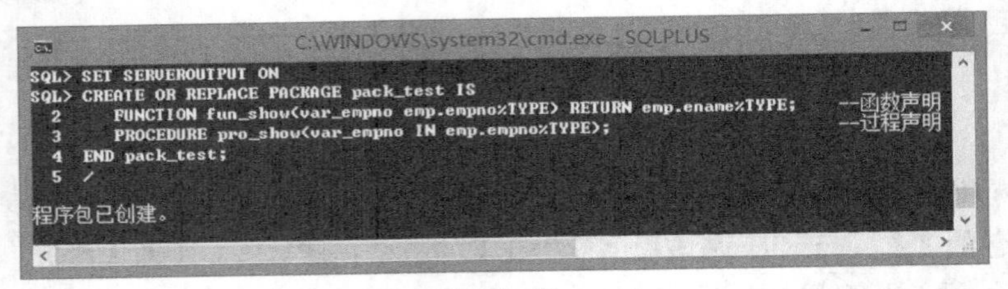
```
C:\WINDOWS\system32\cmd.exe - SQLPLUS
SQL> SET SERVEROUTPUT ON
SQL> CREATE OR REPLACE PACKAGE pack_test IS
  2     FUNCTION fun_show(var_empno emp.empno%TYPE) RETURN emp.ename%TYPE;     --函数声明
  3     PROCEDURE pro_show(var_empno IN emp.empno%TYPE);                        --过程声明
  4  END pack_test;
  5  /

程序包已创建。
```

图 16-18

可以看到，在包规范中声明了一个函数和一个过程。

图 16-19 所示为程序包体的程序代码。

```
C:\WINDOWS\system32\cmd.exe - SQLPLUS
SQL> SET SERVEROUTPUT ON
SQL> CREATE OR REPLACE PACKAGE BODY pack_test IS
  2  PROCEDURE pro_show(var_empno in emp.empno%TYPE) IS
  3     var_ename emp.ename%TYPE;  --定义存储过程内部变量
  4     no_result EXCEPTION;
  5  BEGIN
  6     SELECT ename INTO var_ename FROM emp WHERE empno=var_empno;  --取值
  7     IF SQL%FOUND THEN
  8         DBMS_OUTPUT.PUT_LINE('所查询的员工姓名是：'||var_ename);      --显示
  9     END IF;
 10  EXCEPTION
 11     WHEN NO_DATA_FOUND THEN
 12         DBMS_OUTPUT.PUT_LINE('没有对应此编号的员工');            --错误处理
 13  END pro_show;
 14
 15  FUNCTION fun_show(var_empno emp.empno%TYPE) RETURN emp.ename%TYPE
 16  IS
 17     var_temp emp.ename%TYPE;        --定义局部变量
 18     no_result EXCEPTION;
 19  BEGIN
 20     SELECT ename INTO var_temp FROM emp WHERE empno=var_empno;  --取值
 21     RETURN var_temp;             --返回结果
 22  EXCEPTION
 23     WHEN NO_DATA_FOUND THEN
 24         DBMS_OUTPUT.PUT_LINE('没有对应此编号的员工');            --错误处理
 25         RETURN NULL;
 26  END fun_show;
 27  end;
 28  /

程序包体已创建。
```

图 16-19

可以看到，在程序包体中，分别是对应包规范中声明的存储过程和函数的实现代码。

创建完程序包的包规范和包体后，就可以使用了，如图 16-20 所示。

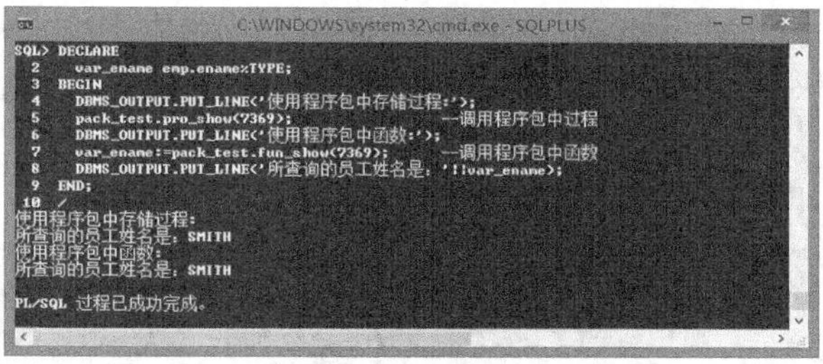

```
C:\WINDOWS\system32\cmd.exe - SQLPLUS
SQL> DECLARE
  2    var_ename emp.ename%TYPE;
  3  BEGIN
  4    DBMS_OUTPUT.PUT_LINE('使用程序包中存储过程:');
  5    pack_test.pro_show(7369);                --调用程序包中过程
  6    DBMS_OUTPUT.PUT_LINE('使用程序包中函数:');
  7    var_ename:=pack_test.fun_show(7369);     --调用程序包中函数
  8    DBMS_OUTPUT.PUT_LINE('所查询的员工姓名是: '||var_ename);
  9  END;
 10  /
使用程序包中存储过程:
所查询的员工姓名是: SMITH
使用程序包中函数:
所查询的员工姓名是: SMITH

PL/SQL 过程已成功完成。
```

图 16-20

调用的时候使用如下语法格式。

```
程序包名称 . 过程名称
程序包名称 . 函数名称
```

### 16.3.3　程序包的删除

因为程序包的创建分为两部分，所以删除也分为两步，先删除程序包体，然后再删除包规范。语法格式如下所示。

```
Drop package body 程序包名称
Drop package 程序包名称
```

## 16.4　综合范例——数据表信息修改

下面就通过一些实战练习，再次加深对触发器和程序包的理解。

【范例 16-9】触发器范例。

⑴ 在 emp 数据表上建立触发器，当员工改变工作岗位或者所在部门发生变化时，将变化信息记录在工作变化日志中。

⑵ 在 emp 数据表上建立触发器，当员工工资改变的时候，核对是否超出全体员工现有工资的范围。

⑶ 在 emp 数据表上建立触发器，统计部门人数，当插入新员工的时候，统计是否部门员工人数超过上限。

分析⑴：第一个要求是在修改数据的时候，如果是改变工作岗位或者所在部门发生变化，将变化信息记录在工作变化日志中，因此首先需要创建一个工作岗位变化表，代码如下所示。

```
Create table job_change(
Empno number(4),    /* 员工代码 */
Hiredate date,       /* 原先岗位或者部门聘用的日期 */
Change_date date,   /* 变化岗位或者部门的日期 */
Job varchar2(9),      /* 原先的岗位 */
```

```
Deptno number(2))   /* 原先的部门 */
);
```

这个触发器根据更新时员工的代码，首先从 job_change 数据表中判断以前是否改变过工作岗位或部门，如果改变过，取他上次改变工作岗位或部门的日期；如果没有改变过，就从 emp 表中取雇佣日期，最后将变化信息插入 job_change 数据表中。

触发器创建的代码如图 16-21 所示。

```
C:\WINDOWS\system32\cmd.exe - SQLPLUS
SQL> SET SERVEROUTPUT ON
SQL> CREATE OR REPLACE TRIGGER tri_update1
  2  AFTER UPDATE OF job,deptno ON emp
  3  FOR EACH ROW
  4  DECLARE
  5     var_begin_date DATE;        --定义局部变量
  6     var_num NUMBER;
  7  BEGIN
  8     SELECT count(*) INTO var_num FROM job_change
  9            WHERE empno=:old.empno;  --判断是否工作情况变化表中以前是否有所修改员工的信息
 10     IF var_num=0 THEN
 11         var_begin_date:=:old.hiredate;  --如果没有修改员工的信息，取emp表中该员工的hiredate
 12     ELSE
 13         SELECT MAX(Change_date) INTO var_begin_date FROM job_change
 14            WHERE  empno=:old.empno;  --如果存在，取最近的一次的变化日期
 15     END IF;
 16     INSERT INTO job_change
 17     VALUES(:old.empno,var_begin_date,sysdate,:old.job,:old.deptno);  --向工作情况变化表中插入新纪录
 18  END tri_update1;
 19  /

触发器已创建
```

图 16-21

下面修改其中一位员工的信息，验证一下触发器是否可以正常工作，如图 16-22 所示。

```
C:\WINDOWS\system32\cmd.exe - SQLPLUS
SQL> UPDATE emp SET job='SALESMAN' WHERE empno=7369;

已更新 1 行。

SQL> UPDATE emp SET job='CLERK' WHERE empno=7369;

已更新 1 行。

SQL> select * from job_change;

     EMPNO HIREDATE          CHANGE_DATE      JOB              DEPTNO
---------- ---------------- ---------------- ---------- ----------
      7369 17-12月-80        04-9月 -18       SALESMAN             20
      7369 04-9月 -18        04-9月 -18       SALESMAN             20
```

图 16-22

如图 16-22 所示，接连修改员工 7369 的工作岗位，可以看出职工变化信息表中记录了变化信息。

分析(2)：这个范例要求当员工工资改变的时候，核对是否超出全体员工工资允许的范围，如果超过范围，则提示错误，不能修改。触发器代码如图 16-23 所示。

```
C:\WINDOWS\system32\cmd.exe - sqlplus
SQL> set serveroutput on
SQL> create or replace trigger tri_update2
  2  before insert or update of sal on emp
  3  for each row
  4  declare
  5     var_max emp.sal%type;                  --定义局部变量
  6     var_min emp.sal%type;                  --定义局部变量
  7     PRAGMA AUTONOMOUS_TRANSACTION;
  8     e_error exception;
  9  begin
 10     select max(sal),min(sal) into var_max,var_min from emp;    --获取最高和最低工资
 11     if :new.sal not between var_min and var_max then           --如果不在范围内，提示错误
 12         raise_application_error(-20001,'修改的工作超出现有工作范围，请重新输入');
 13         rollback;
 14     end if;
 15  end tri_update2;
 16  /

触发器已创建
```

图 16-23

建立完触发器后，可以更新数据以验证触发器是否正确，如图 16-24 所示。

```
SQL> SELECT MAX(sal),MIN(sal) FROM EMP;

  MAX(SAL)   MIN(SAL)
---------- ----------
      3592       1045

SQL> UPDATE emp SET sal=1000 WHERE empno=7369;
UPDATE emp SET sal=1000 WHERE empno=7369
       *
第 1 行出现错误:
ORA-20001: 修改的工作超出现有工作范围，请重新输入
ORA-06512: 在 "SCOTT.TRI_UPDATE2", line 9
ORA-04088: 触发器 'SCOTT.TRI_UPDATE2' 执行过程中出错

SQL> UPDATE emp SET sal=2000 WHERE empno=7369;

已更新 1 行。

SQL>
```

图 16-24

当输入的数值在允许范围内时，可以更新；如果超出范围，则提示错误。

分析(3)：在 emp 数据表上建立触发器，这个触发器首先需要统计部门人数，然后判断人数是否超出该部门人数上限。如果超过，则提示错误。触发器代码如图 16-25 所示。

```
SQL> SET SERVEROUTPUT ON
SQL> CREATE OR REPLACE TRIGGER tri_update3
  2  AFTER INSERT OR UPDATE OF deptno ON emp
  3  FOR EACH ROW
  4  DECLARE
  5     var_num NUMBER;        --定义局部变量
  6     PRAGMA AUTONOMOUS_TRANSACTION;
  7  BEGIN
  8     SELECT count(*) INTO var_num FROM emp WHERE deptno=:new.deptno;  --获取部门人数
  9     IF var_num>=20 THEN                           --超过人数，提示错误，不能增加
 10        RAISE_APPLICATION_ERROR(-20002,'该部门人数超编，不允许增加！');
 11     END IF;
 12  END tri_update3;
 13  /
触发器已创建
```

图 16-25

当部门人员超过 20 人时，插入新员工，会出现图 16-26 所示的提示错误。

```
SQL> INSERT INTO emp VALUES(1234,'zhangsan','CLERK',7902,TO_DATE('1998-09-19','YYYY-MM-DD'),1000,200,20);
INSERT INTO emp VALUES(1234,'zhangsan','CLERK',7902,TO_DATE('1998-09-19','YYYY-MM-DD'),1000,200,20)
            *
第 1 行出现错误:
ORA-20001: 修改的工作超出现有工作范围，请重新输入
ORA-06512: 在 "SCOTT.TRI_UPDATE2", line 9
ORA-04088: 触发器 'SCOTT.TRI_UPDATE2' 执行过程中出错
```

图 16-26

# 16.5 本章小结

本章主要介绍另外一种特殊的存储过程——触发器，当满足事先定义的触发事件的时候，该过程会自动触发执行。本章通过具体实例介绍了触发器的基本概念、创建、使用、修改等知识。此外还介绍了程序包的知识，程序包由 SQL 程序元素和 PL/SQL 块组成，当程序包被加载到内存时，可以大大加快程序包中任何一部分的访问速度。

# 16.6 疑难解答

问：使用触发器需要注意什么？

**答：**触发器不接收参数；在一个表上可以建立多个触发器，最多不超过 12 个，各个触发器之间不能有矛盾；触发器的内容最大为 32KB，如果内容大于 32KB，可以先建立存储过程，然后在触发器中调用存储过程；触发器的执行部分只能使用 DML 语句，不能使用 DDL 语句；触发器中不能使用数据库事务控制语句。

**问：引起触发器运行的触发事件都有哪些？**

**答：**触发事件一般包括，执行 DML 语句，例如使用 INSERT、UPDATE、DELETE 等语句对表和视图进行操作；执行 DDL 语句，例如使用 CREATE、ALTER、DROP 等语句对数据对象进行的操作；引发数据库系统的事件，例如系统启动和退出、产生异常错误等；引发用户事件，例如登录或者退出数据库操作等。

**问：Oracle 的触发器都有哪些？**

**答：**Oracle 的触发器主要分为 5 种类型，即行级触发器、语句级触发器、替换触发器、用户事件触发器、系统事件触发器。

**问：程序包如何创建？**

**答：**程序包的创建一般分为两个步骤——规范和主体。规范用于规定在程序包中可以使用哪些变量、类型、游标和子程序。主体包含了在规范中声明的游标、过程和函数的实现代码。而且程序包规范一定要在包主体之前被创建。

**问：触发器和存储过程有什么区别？**

**答：**触发器和存储过程都是一段 SQL 代码块，都有名字，但是触发器的执行和存储过程的执行完全不同。存储过程的执行是由用户或应用程序进行的，而触发器的执行必须由一定的触发事件来诱发才能执行。

## 16.7 实战练习

(1) 创建触发器，对于 emp 数据表，无论是用户插入新记录，还是修改其中 JOB 字段，触发器会将其中的 JOB 列转换为大写。

(2) 创建触发器，当用户对数据表插入、更新和删除操作的时候，给出提示信息“你正在对数据表进行操作，请注意”。

(3) 创建触发器在更新表 emp 之前触发，目的是不允许在周末修改表。

(4) 使用触发器实现序号自增（提示：首先创建一个数据表，然后定义一个自动增长的序列，最后定义触发器）。

(5) 创建触发器，它将映射 emp 表中每个部门的总人数和总工资（提示：创建一个数据表 dept_sal 用于记录每个部门的总人数和总工资，此后创建的触发器记录对数据表 emp 的修改，然后自动改变 dept_sal 的内容）。

(6) 创建触发器，用来记录某个数据表的删除数据。

# 第 17 章

# Oracle 的表空间

**本章导读**

为了简化对数据库的管理，Oracle 数据库引入了表空间的概念。表空间是数据库的逻辑组成部分，是存放数据库的存储区域，一个表空间可以存放一个或多个数据库，而一个数据库也可以包含多个表空间。本章将介绍表空间的创建、修改与删除，以及如何查询表空间的状态和类型。

**本章课时：理论 3 学时 + 实践 2 学时**

**学习目标**

- 表空间概述
- 表空间创建
- 表空间维护
- 表空间查询

# 17.1 表空间概述

为了便于对数据库进行管理和优化，Oracle 数据库在逻辑上被划分成许多表空间，一个 Oracle 数据库有一个或多个表空间，而一个表空间则对应一个或多个物理上的数据库文件。表空间和数据文件紧密相连，相互依存，在创建表空间的同时要创建数据文件，同理，增加数据文件的同时也要指定表空间。数据库在物理上由数据文件大小和数量决定，在逻辑上由表空间大小和数量决定。

表空间管理是数据管理的基本方法，所有用户对象都放在表空间中，即用户有空间的使用权才能创建用户对象，否则不允许创建对象。在创建表空间的同时，需要合理规划表空间的存储设置，分配适当大小的存储空间。

### 1. 表空间的属性

每个表空间都具有类型、管理方式、区分配方式和段管理方式等属性，如表 17–1 所示。

表 17–1　　表空间的属性

| 属性 | 说明 |
| --- | --- |
| 类型 | 分为永久性表空间、临时表空间、撤销表空间和大文件表空间 |
| 管理方式 | 分为字典管理方式和本地管理方式，默认为本地管理方式 |
| 区分配方式 | 分为自动分配和定制分配，默认为自动分配 |
| 段管理方式 | 分为自动管理和手动管理，默认为手动管理 |

### 2. 表空间的类型

表 17–1 已经表明表空间类型有 4 种，下面就进一步了解这些表空间类型。

(1) 永久性表空间（Permanent Tablespace）。

系统表空间和普通用户使用的表空间默认都是永久性表空间，例如 System 和 Sysaux。其中，System 表空间存放数据字典，包括表、视图、存储过程的定义等对象；Sysaux 表空间是 System 表空间的辅助空间，主要用于存储除数据字典外的其他数据对象，可以减少 System 表空间的负荷。

(2) 临时表空间（Temp Tablespace）。

一般用来存放 SQL 语句处理的表和索引的信息，其空间不存放实际的数据。数据库可以同时在线或者激活多个临时表空间，临时表空间不需要备份，也不需要记录日志，只能是读写模式。

(3) 撤销表空间（Undo Tablespace）。

此类型主要用于事务回滚，提供读一致性。数据库可以同时存在多个撤销表空间，但任一时间只有一个撤销表空间可以被激活。

(4) 大文件表空间（Bigfile Tablespace）。

从 Oracle 11g 版本开始，引入了大文件表空间类型。大文件表空间存放在一个单一的数据文件中，单个数据文件最大可达 128TB。

### 3. 表空间的状态

表空间状态主要有联机、读写、只读和脱机这 4 种。

(1) 联机状态（Online）

数据库只有处于联机状态，才能访问其中的数据，进行读写操作。其中 System 表空间在数据库打开时总是处于连接状态，这是因为 Oracle 数据库需要使用其中的数据字典。

(2) 读写状态（Read Write）。

默认情况下所有的表空间都是读写状态，具有适当权限的用户可以读写该表空间的数据。

(3) 只读状态（Read）。

表空间为只读状态是指用户只能读表空间中数据，不能修改表空间的数据或者向表空间中写入数据。将表空间设置为只读状态主要是为了避免对数据库中的静态数据进行修改。

(4) 脱机状态（Offline）。

如果某个表空间设置为脱机状态，是指用户暂时不能访问该表空间。

注意：System 表空间不能设置为只读或脱机状态，因为在数据库运行过程中会使用到 System 表空间的数据。

# 17.2 表空间创建

在实际数据库表空间管理中，可以根据具体应用情况，建立不同类型的表空间，例如用于专门存放表数据的表空间、专门存放索引的表空间等。在创建表空间的时候需要指定表空间的类型、名称、数据文件、表空间管理方式、区的分配方式以及段的管理方式。

### 1. 表空间创建的语法

表空间创建的基本语法如下所示。

```
Create Tablespace tablespace_name
Datafile  file_name  Datafile_options
Storage_options
```

其中，tablespace_name 为要创建的表空间名称，file_name 为对应的数据文件名称，Datafile_options 是数据文件选项，Storage_options 是存储结构选项。

此外，Datafile_options 还包括如下选项。

◎ Autoextend [on|off] next：表示数据文件是否为自动扩展，若是自动扩展（on），需要设置 next 的值。

◎ Maxsize：表示数据文件扩展的时候所允许的最大字节数。

◎ Unlimited：表示数据文件长度扩展时不需要指定字节长度，无限扩展。

◎ Minimum extent：指定最小数据文件的长度。

◎ Storage_options 还包括如下选项。

◎ Logging|nologging：设置表空间是否产生日志，默认为产生日志。

◎ Online|offline：设置表空间为在线或离线状态。

◎ Permanent：设置创建的表空间为永久表空间，如果不设置，则默认为永久表空间。

◎ Temporary：设置创建的表空间为临时表空间。

◎ Extend management [dictionary|local]：设置创建的表空间的扩展方式，dictionary 表示是数据字典管理，local 表示是本地化管理，默认为本地化管理。

◎ Segment space management [manual]：段采用手动管理，默认为自动管理。

◎ Autoallocate|Uniform size：如果设置的是本地化管理，在数据表空间扩展的时候，可以指定

每次扩展的大小是系统自动指定，还是按照指定的大小扩展，默认的大小为 1MB。

◎ Default：系统自动产生的默认值。

### 2. 表空间创建的例子

下面通过几个具体的范例来学习表空间的创建。

**【范例 17-1】创建一个永久性表空间，设置表空间初始大小为 100MB，自动扩展为 100MB，无最大大小限制，并且该表空间为在线状态，产生日志。**

根据表空间创建语法，结合要求，可以分别选择不同的参数，具体代码如下所示。

```
SQL> create tablespace tspace1 datafile 'c:\oracle\tspace1.dbf' size 100M
autoextend on next 100M maxsize unlimited logging online permanent;
```

**【范例 17-2】创建一个永久性表空间，通过本地化管理方式，初始大小为 100MB，扩展大小为等长 1MB。**

输入语句如下。

```
SQL> create tablespace tspace2 datafile 'c:\oracle\tspace2.dbf' size 100M
    extent management local uniform size 1M;
```

如果扩展大小设置为自动管理，则可修改为如下代码。

```
SQL> create tablespace tspace2 datafile 'c:\oracle\tspace2.dbf' size 100M
extent management local autoallocate;
```

**【范例 17-3】创建一个永久性表空间，通过本地化管理方式，初始大小为 100MB，扩展大小设置为自动管理，段空间管理方式为手动。**

输入语句如下。

```
SQL> create tablespace tspace3 datafile 'c:\oracle\tspace3.dbf' size 100M extent
management local autoallocate segment space management manual;
```

如果修改段空间管理方式为自动，则代码如下所示。

```
SQL> create tablespace tspace3 datafile 'c:\oracle\tspace3.dbf' size 100M extent
management local autoallocate segment space management auto;
```

**【范例 17-4】创建临时表空间，通过本地化管理方式，初始大小为 100MB，扩展大小为等长 1MB。**

输入语句如下。

```
SQL> create temporary tablespace tspace4 datafile 'c:\oracle\tspace4.dbf' size 100MB
extent management local uniform size 1MB;
```

**【范例 17-5】创建撤销表空间，大小为 100MB。**

输入语句如下。

```
SQL> create undo tablespace tspace5 datafile 'c:\oracle\tspace5.dbf' size 100MB;
```

撤销表空间只能采用自动分配方式，必须是本地管理。

**【范例 17-6】创建大文件表空间，文件大小为 1GB。**

输入语句如下。

```
SQL> create bigfile tablespace tspace6 datafile 'c:\oracle\tspace6.dbf' size 1GB;
```

大文件表空间中段的管理只能采用自动管理方式，不能采用手动管理方式。此外，一个大文件表空间只能包含一个数据文件。

与大文件表空间不同，传统表空间可以包含多个数据文件。

**【范例 17-7】创建一个永久性表空间，对应两个数据文件，大小分别为 50MB 和 100MB。**

输入语句如下。

```
SQL> create tablespace tspace7 datafile 'c:\oracle\tspace7_1.dbf' size 50MB 'c:\
oracle\tspace7_2.dbf' size 100MB;
```

# 17.3 表空间维护

表空间创建完成后，在日常使用过程中，数据库管理员可以对其进行维护，例如重命名表空间、设置默认表空间、删除表空间等。

## 17.3.1 设置默认表空间

在 Oracle 数据库中创建一个新用户，如果不指定表空间，则默认的永久表空间是 System，默认的临时表空间是 Temp。如果存在多个用户，那么各个用户都要竞争使用 System 和 Temp 表空间，会大大影响 Oracle 系统的效率。数据库管理员可以修改默认的永久表空间和临时表空间，基本语法如下所示。

```
Alter database default [temporary] tablespace 新表空间名称
```

下面来看修改范例。

**【范例 17-8】把上一节范例 17-4 中创建的临时表空间 tspace4 修改为默认临时表空间。**

输入语句如下。

```
SQL> Alter database default temporary tablespace tspace4;
```

**【范例 17-9】上一节范例 17-3 中创建的永久性表空间 tspace3 修改为默认永久表空间。**

输入语句如下。

```
SQL> Alter database default tablespace tspace3;
```

## 17.3.2 重命名表空间

在某些特殊情况下，有可能需要对表空间的名称进行修改，修改表空间的时候并不会影响表空间中的数据。来看下面的范例。

**【范例 17-10】将表空间 tspace3 修改为 tspace3_1。**

输入语句如下。

```
SQL> Alter tablespace tspace3 renatspaceme to tspace3_1;
```

注意：不能修改系统表空间 SYSTEM 和 SYSAUX 的名称。如果表空间的状态为 OFFLINE，也不能重命名。

### 17.3.3 修改表空间的状态

如前所述，表空间有 4 种状态：联机、脱机、只读和读写。修改其中某一种状态的语句如下所示。

设置表空间 tspace 为联机状态，输入语句如下。

```
SQL> Alter tablespace tspace online;
```

设置表空间 tspace 为脱机状态，输入语句如下。

```
SQL> Alter tablespace tspace offline;
```

设置表空间 tspace 为只读状态，输入语句如下。

```
SQL> Alter tablespace tspace read only;
```

设置表空间 tspace 为读写状态，输入语句如下。

```
SQL> Alter tablespace tspace read write;
```

注意：设置表空间为只读状态，必须符合以下要求，表空间必须为联机状态，表空间不能包含任何回滚段，表空间不能在归档模式下。

### 17.3.4 修改表空间对应数据文件的大小

表空间与数据文件紧密相连，相互依存，创建表空间的时候需设置数据文件大小。在后期实际应用中，如果实际存储的数据量超出事先设置的数据文件大小，并且当时创建的时候没有设置自动扩展，则需要修改表空间大小，否则无法向表空间增加数据。

基本语法结构如下所示。

```
Alter database datafile 数据文件 resize 新文件大小
```

**【范例 17-11】修改表空间 tspace7 对应的其中一个数据文件大小。**

程序代码如下所示。

```
SQL> Alter database datafile 'c:\oracle\tspace7_1.dbf' resize 100MB;
```

### 17.3.5 增加表空间的数据文件

表空间创建完成后，后期还可以为表空间增加数据文件，以扩大数据的存储空间。增加表空间数据文件的基本语法结构如下所示。

```
Alter tablespace 表空间名称 add datafile 数据文件 size 文件大小;
```

**【范例 17-12】为表空间 tspace7 再增加一个数据文件，大小为 50MB。**

输入语句如下。

```
SQL> Alter tablespace tspace7 add datafile 'c:\oracle\tspace7_3.dbf' size 50MB;
```

### 17.3.6 删除表空间的数据文件

如果一个表空间对应多个数据文件，其中有些数据文件不再需要，此时可以把其删除。这个功能是 Oracle 11R2 以后的版本才具有的功能，之前的版本不能删除表空间对应的数据文件。

删除表空间的数据文件的语法结构如下所示。

```
Alter tablespace 表空间名称 drop datafile 数据文件名称;
```

**【范例 17-13】将表空间 tspace7 的数据文件 tspace7_3.dbf 删除。**

输入语句如下。

```
SQL> Alter tablespace tspace7 drop datafile tspace7_3.dbf;
```

### 17.3.7 修改数据文件为自动扩展

在创建表空间的时候，会同时定义数据文件。但是如果没有定义数据文件的扩展方式，当文件的实际存储量超出定义的数据文件初始大小时，就无法再存储新的内容，这个时候可以修改数据文件，使其自动扩展。当数据文件空间不足的时候，系统会按照设定的扩展量自动进行扩展。

一般使用修改数据库 alter database 语句和 autoextend on 选项，为数据文件增加自动扩展。来看下面的范例。

**【范例 17-14】将表空间 tspace7 的数据文件设置为自动扩展。**

输入语句如下。

```
SQL> alter database datafile 'c:\oracle\tspace7_2.dbf' autoextend on next 10M;
```

如果要取消自动扩展，可以通过如下代码实现。

```
SQL> alter database datafile 'c:\oracle\tspace7_2.dbf' autoextend off;
```

### 17.3.8 修改数据文件的名称或位置

表空间和数据文件创建之后，在日常使用过程中，有可能需要移动或者重命名数据文件。这时候可以使用命令进行修改，在不改变数据库逻辑存储结构的情况下，修改数据库的物理存储结构。

修改数据文件的基本语法格式如下所示。

```
Alter tablespace 表空间名称 rename datafile 数据文件名称 to 新数据文件名称
```

数据文件的名称或位置修改后，在 Oracle 数据库中，只是改变记录在控制文件和数据字典中数据文件的有关信息，并没有修改操作系统中有关数据文件的名称和位置，因此需要手动修改操作系统中数据文件的名称和位置。

概括起来，大致分以下 4 个步骤。

(1) 修改数据文件对应的表空间为脱机状态。

(2) 在操作系统中修改数据文件的名称或位置。

(3) 使用修改数据文件的语句修改数据文件的信息。

(4) 将数据文件对应的表空间修改为联机状态。

下面来看一个范例。

**【范例 17-15】修改范例 17-1 中数据文件“c:\oracle\tspace1.dbf”的位置为“c: \tspace1.dbf”。**

输入语句如下。

```
SQL> alter tablespace tspace1 offline;
SQL>host copy c:\oracle\tspace1.dbf c: \tspace1.dbf;
SQL> Alter tablespace tspace1 rename datafile 'c:\oracle\tspace1.dbf' to 'c: \tspace1.dbf';
SQL> alter tablespace tspace1 online;
```

### 17.3.9 表空间的备份

在数据库备份的时候，也需要对表空间和数据文件进行备份，基本步骤如下。

(1) 使用语句“alter tablespace 数据表名称 begin backup”开始对表空间进行备份。

(2) 在操作系统中对数据文件进行备份。

(3) 使用语句“alter tablespace 数据表名称 end backup”结束对表空间进行备份。

下面来看一个范例。

**【范例 17-16】备份范例 17-1 中对应的表空间和数据文件。**

输入语句如下。

```
SQL> alter tablespace tspace1 begin backup;
使用操作系统的文件复制操作将文件复制到目标位置。
SQL> alter tablespace tspace1 end backup;
```

### 17.3.10 删除表空间

当一个表空间不再需要的时候，可以将其删除，以释放其占有的资源。基本语法格式如下所示。

```
Drop tablespace 表空间名称 [including contents][cascade constraint][and datafiles]
```

其中，including contents 表示删除表空间的同时也删除表空间中的数据，如果删除表空间的时候，其中含有数据，但是没有使用这个参数，Oracle 会提示错误；cascade constraint 表示当删除表空间时也删除相关的完整性约束，例如主键约束等，如果不使用这个参数，而表空间又包含完整性约束，Oracle 会提示错误；and datafiles 表示删除表空间的同时，也删除表空间对应的数据文件。

**【范例 17-17】删除表空间 tspace7，但不删除数据文件。**

输入语句如下。

```
SQL> Drop tablespace tspace7;
```

**【范例 17-18】删除表空间 tspace7，同时删除表空间中所有数据库对象。**

输入语句如下。

```
SQL> Drop tablespace tspace7 including contents;
```

【范例 17-19】删除表空间 tspace7，同时删除表空间中所有数据库对象，也删除对应的数据文件。

输入语句如下。

```
SQL> Drop tablespace tspace7 including contents and datafiles;
```

## 17.4 表空间查询

Oracle 数据库在日常使用中，数据库管理员会根据不同的应用系统创建多种表空间。为了便于对表空间进行管理，Oracle 数据库提供一系列涉及表空间的数据字典，使用这些数据字典，可以随时了解表空间的状态以及相关的数据文件信息。常用的数据字典有 dba_tablespaces、dba_data_files 等，下面将通过一些范例来了解如何对数据表空间进行查询。

【范例 17-20】查询表空间的名称、区的管理方式、段的管理方式和表空间类型等信息。

输入语句如下。

```
SQL> select tablespace_name,extent_management,allocation_type,contents from dba_
tablespaces;
```

程序代码及运行结果如图 17-1 所示。

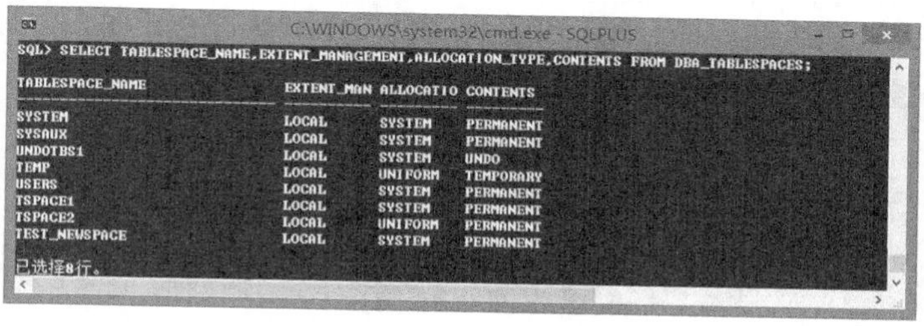

```
C:\WINDOWS\system32\cmd.exe - SQLPLUS
SQL> SELECT TABLESPACE_NAME,EXTENT_MANAGEMENT,ALLOCATION_TYPE,CONTENTS FROM DBA_TABLESPACES;

TABLESPACE_NAME                EXTENT_MAN ALLOCATIO CONTENTS
------------------------------ ---------- --------- ---------
SYSTEM                         LOCAL      SYSTEM    PERMANENT
SYSAUX                         LOCAL      SYSTEM    PERMANENT
UNDOTBS1                       LOCAL      SYSTEM    UNDO
TEMP                           LOCAL      UNIFORM   TEMPORARY
USERS                          LOCAL      SYSTEM    PERMANENT
TSPACE1                        LOCAL      SYSTEM    PERMANENT
TSPACE2                        LOCAL      UNIFORM   PERMANENT
TEST_NEWSPACE                  LOCAL      SYSTEM    PERMANENT

已选择8行。
```

图 17-1

【范例 17-21】查看表空间的名字、所属文件和空间大小。

输入语句如下。

```
SQL> select tablespace_name,file_name,round(bytes/(1024*1024),0) total_space from dba_
data_files;
```

这个范例使用数据字典 dba_data_files，并且使用 round(bytes/(1024*1024),0) 计算文件的大小。

【范例 17-22】查询当前用户空间分配情况。

输入语句如下。

```
SQL> select tablespace_name,sum(extents),sum(blocks),sum(bytes) from user_segments
group by tablespace_name;
```

【范例 17-23】检查各用户空间分配情况。

输入语句如下。

```
SQL> select owner,tablespace_name,sum(extents),sum(blocks),sum(bytes) from dba_
segments group by owner,tablespace_name;
```

# 17.5 本章小结

本章主要介绍表空间的创建、修改与删除，以及如何查询表空间的状态和类型，这些操作在数据库的日常管理中非常有用。表空间的引进是为了简化对数据库的管理，是数据库的逻辑组成部分，是存放数据库的存储区域。通过使用表空间，可以有效地管理各种类型数据，提高数据库的运行性能。

# 17.6 疑难解答

**问：使用表空间的时候需注意什么问题？**

**答：**用户可以对 SYSAUX 表空间进行增加数据文件和监视等操作，但不能对其执行删除、重命名或设置只读操作；在创建大文件表空间时，由于指定的数据文件都比较大，所以通常创建过程都比较慢，用户需要耐心等待；在修改完表空间名称之后，原先表空间中所有数据对象，例如表、索引等，都会被存放到新的表空间下面；数据库管理员只能对普通的表空间进行重命名，不能够对 SYSTEM 和 SYSAUX 表空间进行重命名。

**问：在创建表空间的时候需要考虑什么？**

**答：**首先需要注意是创建小文件表空间还是大文件表空间；是手动管理段空间，还是自动管理段空间；是否有用于临时段或撤销段的特殊表空间；是使用局部盘区管理方式，还是使用传统的目录盘区管理方式。

# 17.7 实战练习

⑴ 创建一个永久性表空间 test_space，大小为 100MB，数据文件为自动扩展，大小为 10MB。

⑵ 修改刚刚创建的表空间，增加一个数据文件；然后把刚刚创建的表空间重命名为 test_newspace。

⑶ 创建大小为 50MB 的永久表空间 TEST01，禁止自动扩展数据文件。

⑷ 创建永久表空间 TEST02，允许自动扩展数据文件，本地管理方式。

⑸ 创建永久表空间 TEST03，允许自动扩展数据文件，本地管理方式，区分配方式为自动分配。

⑹ 分别删除表空间 TEST01、TEST02 和 TEST03 及其对应的数据文件。

⑺ 创建一个临时表空间 TEST04，为了避免临时空间频繁分配与回收时产生大量碎片，临时表空间的区只能采用自动分配方式。

⑻ 删除表空间 TEST04 及其对应的数据文件。

# 第 18 章 控制文件及日志文件的管理

**本章导读**

Oracle 数据库使用控制文件和日志文件对系统进行维护，保证控制文件和日志文件的可用性和可靠性是确保 Oracle 数据库可靠运行的前提条件。

本章将介绍控制文件及日志文件的管理。

**本章课时：理论 3 学时 + 实践 2 学时**

**学习目标**

- ▶ 控制文件的管理
- ▶ 重做日志文件的管理
- ▶ 归档日志文件的管理

# 18.1 控制文件的管理

控制文件是 Oracle 的物理文件之一，每个 Oracle 数据库都必须至少有一个控制文件，它记录了数据库的名字、数据文件的位置等信息。在启动数据实例时，Oracle 会根据初始化参数定位控制文件，然后 Oracle 会根据控制文件在实例和数据库之间建立关联。控制文件的重要性在于，一旦控制文件损坏，数据库将会无法启动。

## 18.1.1 控制文件概述

控制文件在数据库创建时被自动创建，并在数据库发生物理变化时同时更新。在任何时候都要保证控制文件是可用的。只有 Oracle 进程才能够安全地更新控制文件的内容，所以，任何时候都不要试图手动编辑控制文件。

控制文件中记录了数据库的结构信息以及数据库当前的参数设置，其中主要包含数据库名称和 SID 标识、数据文件和日志文件的名称和对应路径信息、数据库创建的时间戳、表空间信息、当前重做日志文件序列号、归档日志信息、数据库检查点的信息、回滚段的起始和结束、备份数据文件信息等。

由于控制文件在数据库中的重要地位，所以保护控制文件的安全非常重要，为此 Oracle 系统提供了备份文件和多路复用的机制。当控制文件损坏时，用户可以通过先前的备份来恢复控制文件。系统还提供了手工创建控制文件和把控制文件备份成文本文件的方式，从而使用户能够更加灵活地管理和保护控制文件。

## 18.1.2 控制文件的创建

数据库在创建的时候，系统会根据初始化参数文件中 control_files 的设置创建控制文件。在后期数据库的使用过程中，如果控制文件丢失或损坏，可以手工创建新的控制文件。

手工创建控制文件的基本语法如下所示。

```
create controlfile
reuse database db_name
logfile
group 1 redofiles_list1
group 2 redofiles_list2
...
datafile
datafile1
datafile2
...
maxlogfiles max_value1
maxlogmembers max_value2
maxinstances max_value3
maxdatafiles max_value4
noresetlogs|resetlogs
```

```
archiveloglnoarchivelog;
```

参数说明如下。

◎ db_name：数据库名称。

◎ logfile：表示下面定义日志组文件。

◎ redofiles_list1：重做日志组中的重做日志文件列表 1 名称及路径。

◎ datafile：表示下面定义数据文件。

◎ datafile1：数据文件路径 1 的名称及路径。

◎ max_value1：最大的重做日志文件数。

◎ max_value2：最大的重做日志组成员数。

◎ max_value3：最大实例数。

◎ max_value4：最大数据文件数。

新建控制文件的基本步骤如下。

(1) 查看数据库中所有的数据文件和重做日志文件的名称和路径。

(2) 关闭数据库。

(3) 备份所有的数据文件和重做日志文件。

(4) 启动数据库实例。

(5) 创建新的控制文件。

(6) 编辑初始化参数。

(7) 重新打开数据库。

下面就通过一个具体的范例来介绍如何新建控制文件。

**【范例 18-1】控制文件的重新建立。**

**(1) 查看数据库中所有的数据文件和重做日志文件的名称和路径。**

如果数据库可以打开，则可以使用数据字典获取数据文件和日志文件的基本信息，如下所示。使用数据字典 v$logfile 获取日志文件信息，代码如下。

```
Sql>select member from v$logfile;
```

运行结果如图 18-1 所示。

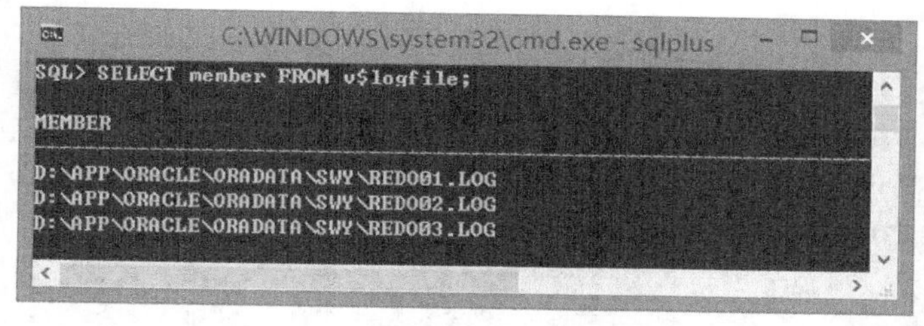


图 18-1

使用数据字典 v$datafile 获取数据文件信息，代码如下。

```
Sql>select name from v$datafile;
```

运行结果如图 18-2 所示。

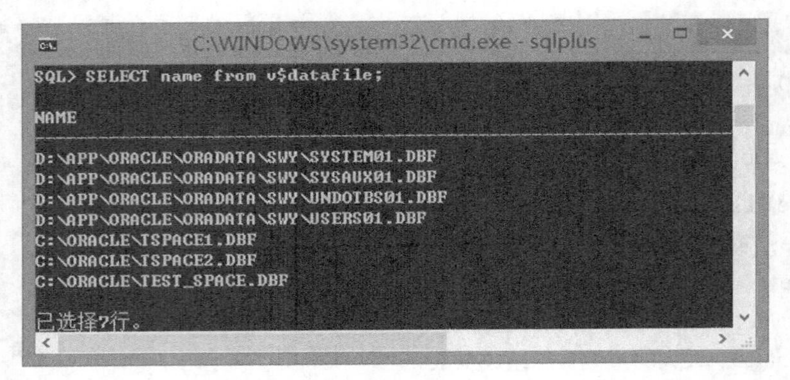


图 18-2

使用数据字典 v$controlfile 获取控制文件信息，代码如下。

```
Sql>select name from v$controlfile;
```

运行结果如图 18-3 所示。

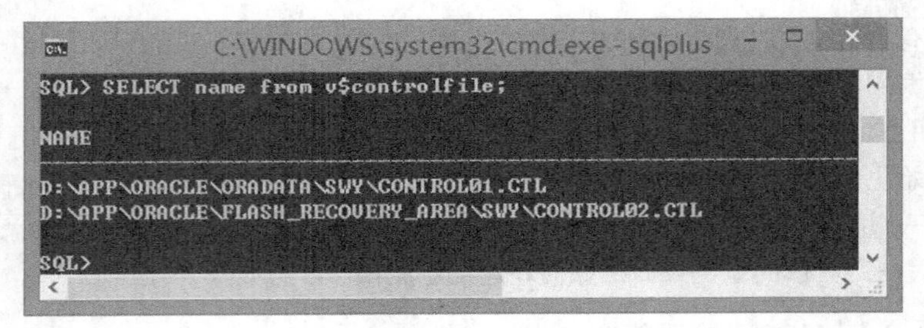


图 18-3

但是，如果数据库无法打开，则只能查看警告日志中的内容。

**(2) 关闭数据库。**

如果数据库处于运行状态，在创建控制文件之前以 sys 用户登录，关闭数据库，代码如下。

```
SQL>CONN sys/change_on_install AS SYSDBA
Sql>shutdown normal
```

运行结果如图 18-4 所示。

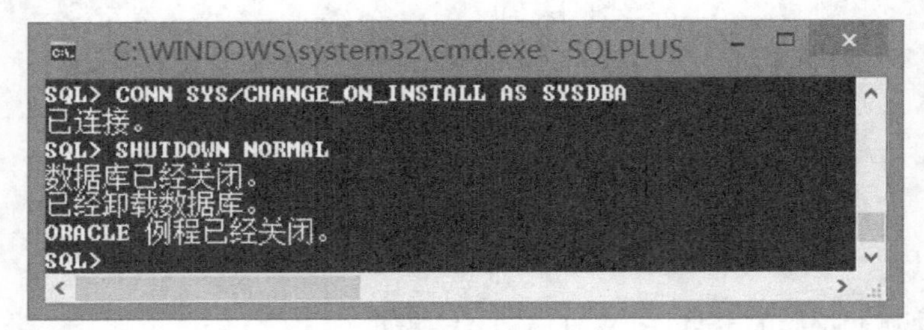


图 18-4

(3) 备份所有的数据文件和重做日志文件。

(4) 启动数据库实例。

备份完成后，启动数据库，但是先不加载数据库，这主要是因为如果加载数据库，会同时打开控制文件，就无法实现创建新的控制文件的目的。输入语句如下。

```
Sql>startup nomount
```

运行结果如图 18-5 所示。

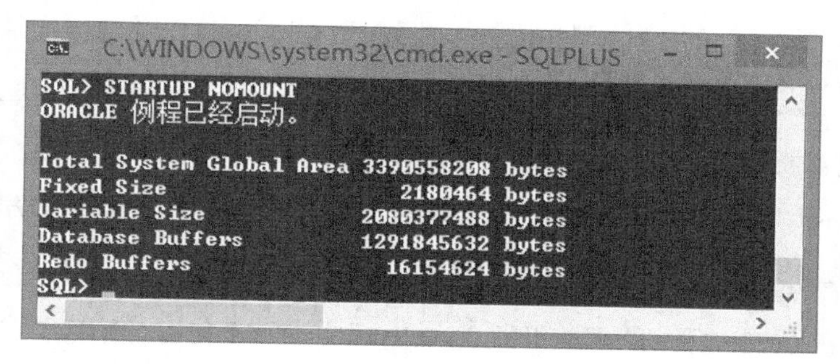


图 18-5

(5) 创建新的控制文件。

使用前面介绍的创建控制文件的语法来创建控制文件，具体代码如下所示。

```
Sql>create controlfile
2 reuse database "orcl"
3 logfile
4 group 1 'D:\APP\ORACLE\ORADATA\SWY\REDO01.LOG'
5 group 2 'D:\APP\ORACLE\ORADATA\SWY\REDO02.LOG'
6 group 3 'D:\APP\ORACLE\ORADATA\SWY\REDO03.LOG'
7 datafile
8 'D:\APP\ORACLE\ORADATA\SWY\SYSTEM01.DBF'
9 'D:\APP\ORACLE\ORADATA\SWY\SYSAUX01.DBF'
10 'D:\APP\ORACLE\ORADATA\SWY\UNDOTBS01.DBF'
11 'D:\APP\ORACLE\ORADATA\SWY\USERS01.DBF'
12 'C:\ORACLE\TSPACE1.DBF'
13 'C:\ORACLE\TSPACE2.DBF'
14 'C:\ORACLE\TEST_SPACE.DBF'
15 maxlogfiles 20
16 maxlogmembers 3
17 maxinstances 8
18 maxdatafiles 100
19 noresetlogs
20 noarchivelog;
```

(6) 编辑初始化参数。

修改 spfile 文件中的初始化参数 control_files，指向新的控制文件，具体代码如下所示。

```
Sql>alter system set control_files=
2 'D:\APP\ORACLE\ORADATA\SWY\CONTROL01.CTL'
3 'D:\APP\ORACLE\FLASH_RECOVERY_AREA\SWY\CONTROL02.CTL'
4 scope=spfile;
```

注意：如果在创建新的控制文件的时候，修改过数据库的名称，在上面代码中还要同时修改 DB_name 参数以指定新的数据库名称。

(7) 重新打开数据库。

如果数据库不需要恢复或者已经对数据库进行了恢复，使用下面代码以正常方式打开数据库。

```
Sql>alter database open;
```

如果在创建新的控制文件的时候使用了“resetlogs”，则需要使用下面代码打开数据库。

```
Sql>alter database resetlogs;
```

在新的控制文件建立完成后，重新打开数据库，就可以和以前一样正常使用数据库了。

### 18.1.3 控制文件的备份

在日常数据库维护过程中，为了避免由于控制文件丢失或者损坏而导致数据库系统崩溃，需要经常对控制文件进行备份。特别是当修改了数据库结构之后，例如数据文件的添加、删除等，都需要及时重新备份控制文件。

备份控制文件可以使用下面语句来实现。

```
Alter database backup controlfile
```

使用该语句一般有两种备份，一种是以二进制文件的形式进行备份，另一种是以文本文件的形式进行备份。下面就分别看一下如何实现控制文件的备份。

**【范例 18-2】将控制文件备份为二进制文件。**

输入语句如下。

```
SQL> alter database backup controlfile to 'c:\bak.bkp';
```

上面代码实现将控制文件备份到 C 盘根目录下，文件名为 bak.bkp，该文件以二进制形式存在。

**【范例 18-3】将控制文件备份为文本文件。**

输入语句如下。

```
SQL> alter database backup controlfile to trace;
```

上面代码实现将控制文件备份成文本文件。不过该备份是以文本形式备份到跟踪文件，并不需要在代码中指定文件名称。图 18-6 所示的命令可以查看该跟踪文件的基本信息。

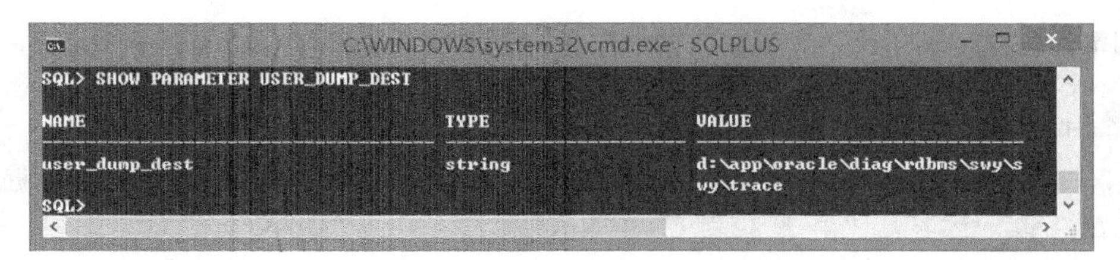


图 18-6

可以看到该跟踪文件的存放位置。打开该路径下跟踪文件，可以看到控制文件的内容，如图 18-7 所示。

```
alert_swy.log - 记事本
文件(F)  编辑(E)  格式(O)  查看(V)  帮助(H)
Tue Aug 30 09:57:57 2016
Starting ORACLE instance (normal)
LICENSE_MAX_SESSION = 0
LICENSE_SESSIONS_WARNING = 0
Shared memory segment for instance monitoring created
Picked latch-free SCN scheme 3
Using LOG_ARCHIVE_DEST_1 parameter default value as USE_DB_RECOVERY_FILE_DEST
Autotune of undo retention is turned on.
IMODE=BR
ILAT =27
LICENSE_MAX_USERS = 0
SYS auditing is disabled
Starting up:
Oracle Database 11g Enterprise Edition Release 11.2.0.1.0 - 64bit Production
With the Partitioning, OLAP, Data Mining and Real Application Testing options.
Using parameter settings in client-side pfile D:\APP\ORACLE\ADMIN\SWY\PFILE\INIT.ORA on machine SHIMZ-COMPUTER
System parameters with non-default values:
  processes                = 150
  nls_language             = "ENGLISH"
  nls_territory            = "CHINA"
  memory_target            = 3248M
  control_files            = "D:\APP\ORACLE\ORADATA\SWY\CONTROL01.CTL"
  control_files            = "D:\APP\ORACLE\FLASH_RECOVERY_AREA\SWY\CONTROL02.CTL"
  db_block_size            = 8192
```

图 18-7

### 18.1.4 控制文件的恢复

当数据库由于各种情况发生损坏时，可以使用所备份的文件来恢复数据库。在日常维护中，经常会遇到两种情况，一种是控制文件损坏，另一种情况是磁盘发生故障。

当控制文件损坏时，这种情况较为简单，只需要用备份文件替换损坏的文件即可，不过复制之前要先关闭数据库，然后再复制，复制完成后需重新启动。

---

注意：将备份文件复制到原先控制文件所在路径后，需要把备份文件修改成与原先控制文件相同的名称。

---

在磁盘发生故障的情况下，数据库不能访问 control_files 中参数所指定的控制文件，此时可以修改初始化参数，将控制文件重新指定到新的可访问的备份文件上。具体方法如下。

◎ 关闭数据库实例，将备份的控制文件复制到新的可访问的位置。

◎ 编辑 control_files 中初始化参数，重新指定控制文件的位置。

◎ 重新启动数据库。

### 18.1.5 添加多路复用的控制文件

为了提高数据库的可靠性，可以建立多个镜像的控制文件，并且分别保存在不同的磁盘中进行多路复用，这样就可以避免由于单个设备故障而使得数据库无法启动的情况发生，这种管理策略被称为多路复用控制文件。当某个磁盘发生物理损坏导致控制文件损坏，数据库将被关闭时，就可以利用另一个磁盘中保存的控制文件来恢复被损坏的控制文件，然后再重新启动数据库，达到保护控制文件的目的。

在日常数据库运行过程中，Oracle 将根据 control_files 参数中的信息同时修改当前数据库所有的控制文件，但只读取其中第一个控制文件中的信息。

实现控制文件的多路复用主要包括更改 control_files 参数和复制控制文件两个步骤。

其中修改 control_files 中初始化参数的方法如下所示。

```
Alter system set control_files=' 新的控制文件名称及路径 'scope=spfile
```

在前面创建控制文件部分已经使用了上面的程序代码，现在添加新的控制文件用于多路复用，如下所示。

```
Sql>alter system set control_files=
2 'D:\APP\ORACLE\ORADATA\SWY\CONTROL01.CTL'
3 'D:\APP\ORACLE\FLASH_RECOVERY_AREA\SWY\CONTROL02.CTL'
4 'E:\backup\control03.ctl'
5 scope=spfile;
```

为了避免磁盘损坏，新添加的控制文件与初始创建的控制文件位于不同的磁盘上，例如上面第 4 行代码。

然后关闭数据库，在操作系统下面复制第一个控制文件到 E:\backup\control03.ctl，即可完成多路复用的控制文件的添加。

### 18.1.6 控制文件的删除

如果控制文件的位置不合适，或者某个控制文件损坏，可以从数据库中删除该控制文件，不过要保证数据库中至少有一个控制文件。删除控制文件的基本步骤如下。

(1) 关闭数据库。

(2) 编辑 control_files 中初始化参数，删除不需要的控制文件，或者用备份的控制文件替换旧的控制文件。

(3) 在操作系统中删除控制文件。

(4) 重新启动数据库。

## 18.2 重做日志文件的管理

重做日志文件也称为日志文件，是记录系统的日常操作、异常等行为的文件，是包含系统消息的文件，包括内核、服务、在系统上运行的应用程序等。重做日志文件是数据库安全和恢复的基本保障，当数据库出现故障的时候，管理员可以根据日志文件和数据库备份文件，将崩溃的数据库恢复到最近一次记录日志时的状态。

### 18.2.1 重做日志文件概述

在 Oracle 数据库中，重做日志文件用于记录用户对数据库所做的各种变更操作（如执行 DDL

或DML操作而修改数据库内容）所引起的数据变化。此时，所产生的操作会先写入重做日志缓冲区，当用户提交一个事务的时候，LGWR 进程将与该事物相关的所有重做记录写入重做日志文件，同时生成一个“系统变更数”（System Change Number，SCN），SCN 会和重做记录一起保存到重做日志文件组，以标识与该重做记录相关的事务。只有当某个事务所产生的重做记录全部被写入重做日志文件后，Oracle 才会认为该事务提交成功。如果某个事务提交出现错误，可以通过重做记录找到数据库修改之前的内容，进行数据恢复。

重做日志文件的具体操作过程如图 18-8 所示。

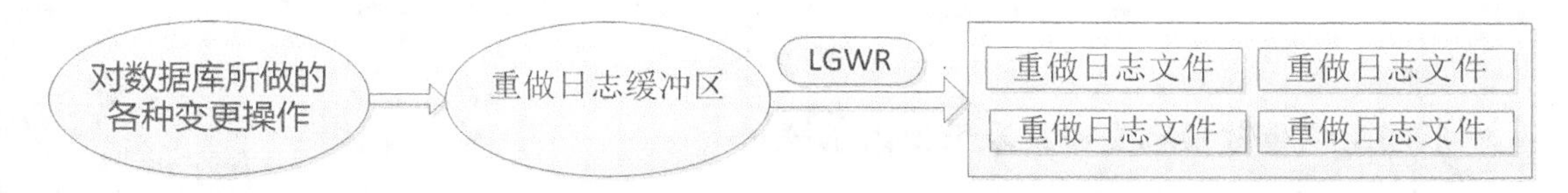


图 18-8

每个数据库至少需要两个重做日志文件。为了保证 LGWR 进程的可维护性，通常使用重做日志组，每个组中包含若干个重做日志文件。在创建 Oracle 数据库的过程中，默认创建 3 个重做日志文件组，每个日志文件组中包含两个日志文件成员，成员文件互为镜像。通常将一组成员文件分散存放到不同磁盘上，以避免磁盘的损坏所引起的日志文件内容丢失。此外，LGWR 进程采用循环的方式对日志文件组进行写操作，每个日志文件组都有一个日志序列号。Oracle 按照该序号从小到大的顺序向日志文件组中写入日志信息。当一个重做日志文件组写满后，后台进程 LGWR 开始写入下一个重做日志文件组，当 LGWR 进程将所有的日志文件都写满之后，它将重新写入第一个日志文件组，覆盖原先内容。

## 18.2.2 查询重做日志文件信息

在 Oracle 数据库日常运行过程中，数据库管理员可以查看重做日志文件信息，用于了解数据库的运行情况。这可以通过查询数据字典视图 v$log、v$logfile 和 v$log_history 来实现，通过它们可以查询的信息如下。

◎ v$log：包含重做日志文件组的信息。

◎ v$logfile：包含重做日志文件成员信息。

◎ v$log_history：包含日志历史信息。

下面通过范例来了解基本的查询。

**【范例 18-4】查询数据库中所有的重做日志组及其状态信息。**

查询代码及显示结果如图 18-9 所示。

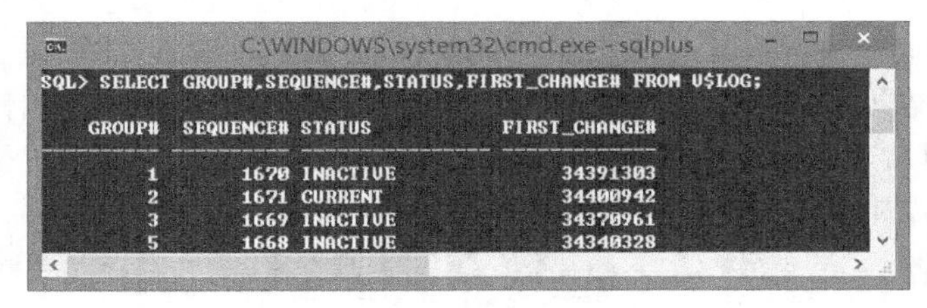


图 18-9

group# 表示日志文件组的编号；sequence# 表示日志序列号；status 表示日志组的状态；First_change# 表示重做日志组在上一次写入时的系统变更码，即 SCN 的值。

**【范例 18-5】查询数据库所有的重做文件分组及文件信息。**

从图 18-10 可以看出，有 3 个日志文件组及每个文件组中重做日志文件的所在位置。

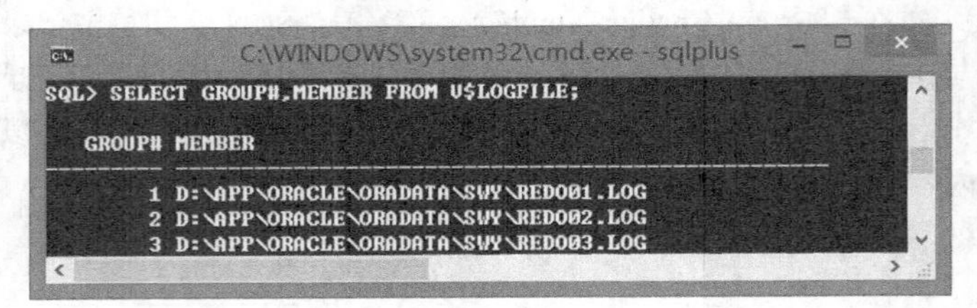


图 18-10

### 18.2.3 重做日志文件组及成员的创建

在数据库的日常维护过程中，数据库管理员可以通过手工方式向数据库中添加新的重做日志组或日志文件，也可以改变重做日志文件的名称与位置，或者删除重做日志组或其成员。

**1. 创建重做日志文件组**

创建重做日志文件组的基本语法如下所示。

```
Alter database add logfile [group] [ 编号 ] （日志文件）size
```

上面语句中 group 可选，当不选择的时候，系统会自动产生组号，为当前重做日志文件组的个数加 1。

**【范例 18-6】创建一个重做日志文件组，指定组编号为 5，其中含有两个日志文件，分别在不同的位置存放。**

程序代码及运行结果如图 18-11 所示。

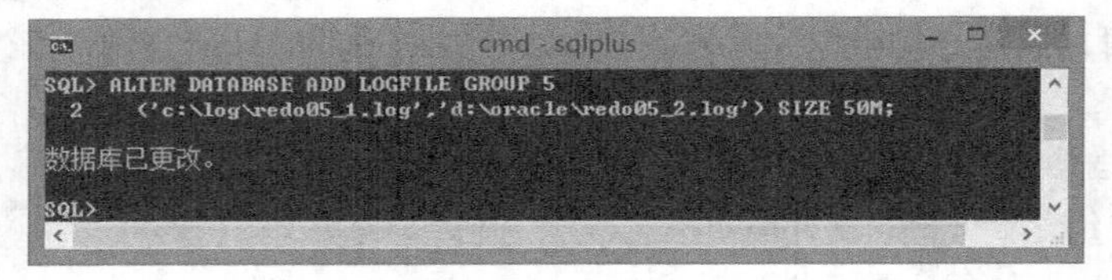


图 18-11

可以看到，创建的重做日志文件组中包含两个日志文件，大小为 50MB，在代码中如果不指定“group 5”，系统将自动产生组号。

**2. 创建重做日志文件成员**

在数据库日常运行中，当某个日志组中的所有日志成员文件都被损坏了，那么当后台进程 LGWR 切换到该日志组时，Oracle 无法将缓冲区中重做记录写入，数据库就会停止工作，因此数据库管理员需要向该日志组中添加一个或多个日志成员。

为重做日志组添加新的成员，基本语法如下所示。

```
ALTER DATABASE ADD LOG MEMBER 文件名 to group 组号
```

下面来看一下如何使用该语法创建重做日志文件成员。

**【范例 18-7】为上例的重做日志文件组 group5 添加一个成员文件。**

程序代码如下所示。

```
SQL> alter database add logfile member 'd:\app\redo05_3.log' to group 5;
```

为 group5 添加了新的成员文件。

### 18.2.4 重做日志文件组及成员的删除

当重做日志文件组，其成员不合适或者所在存储位置出现错误时，可以将重做日志文件组或其成员删除。

#### 1. 删除重做日志成员文件

删除重做日志文件成员使用如下语法。

```
ALTER DATABASE drop logfile member 文件名
```

下面来看一个范例。

**【范例 18-8】删除上小节中为 group5 添加的新成员文件。**

输入语句如下。

```
SQL> alter database drop logfile member 'd:\app\redo05_3.log';
```

删除重做日志文件的时候需要注意以下几点。

◎ 不能删除状态是 current 的重做日志文件组中的成员，只能删除状态是 lnactive 或 unused 的重做日志文件组中的成员。

◎ 只是在数据字典和控制文件中将重做日志文件成员删除，而对应的物理文件并没有删除，若要删除，可以采取手动删除的方式。

◎ 每个重做日志文件组必须至少有一个成员文件，如果要删除的文件是重做日志文件组中最后一个成员文件，则无法删除。

#### 2. 删除重做日志文件组

删除重做日志文件组使用如下语法。

```
ALTER DATABASE drop logfile group 组号
```

下面来看一个范例。

**【范例 18-9】删除上小节中创建的重做日志文件组 group5。**

输入语句如下。

```
Sql> alter database drop logfile group 5;
```

删除重做日志文件组的时候也需要注意类似情况。

◎ 不能删除状态是 current 的重做日志文件组，只能删除状态是 lnactive 或 unused 的重做日志文件组。

◎ 只是在数据字典和控制文件中将重做日志文件组删除，而该组对应的所有物理文件并没有删除，若要删除，可以采取手动删除的方式。

◎ 一个数据库至少需要两个重做日志文件组，当删除的时候，如果已经只剩两个重做日志文

件组，则无法删除。

### 18.2.5 修改重做日志文件的名称或位置

在数据库正常使用中，如果想要改变重做日志文件的名称或位置，可以按照如下步骤进行重做日志文件的修改。

⑴ 关闭数据库。

⑵ 复制或修改日志文件的位置。

⑶ 启动数据库实例，但不打开数据库，只加载数据库。

⑷ 重新设置重做日志文件的名称或位置。

⑸ 打开数据库。

下面来看一个范例。

**【范例 18-10】按照前面方法创建 group5 后，将其中两个文件名移动到 D 盘的根目录中。**

下面是该范例的基本步骤。

⑴ 关闭数据库，代码如下

```
SQL>shutdown
```

⑵ 将 group5 中的两个文件名复制到 D 盘的根目录。

⑶ 重新启动数据库实例，代码如下。

```
SQL>startup mount
```

⑷ 重新设置重做日志文件的名称或位置，代码如下。

```
SQL>alter database rename fime 'c:\log\redo05_1.log', 'd:\oracle\redo05_2.log' To 'd:\
redo05_1.log', 'd:\redo05_2.log';
```

⑸ 重新打开数据库，代码如下。

```
SQL>alter database open
```

此时，新的重做日志文件的位置已经生效。

## 18.3 归档日志文件的管理

上一节介绍了重做日志文件，在 Oracle 数据库中，重做日志文件用于记录用户对数据库所做的各种变更操作（例如执行 DDL 或 DML 操作而修改数据库内容）所引起的数据变化。在把这些变化写入重做日志文件的时候，一般情况下有多个重做日志文件组，每个文件组有多个文件，Oracle 向这些重做文件写入的时候，是使用循环的方式向这些重做日志文件组中的文件进行写入的，当最后一个重做日志文件组中的文件内容写满后，会重新写入第一个重做日志文件组中的文件。在这种情况下，原先重做日志文件中的内容如何处理，是直接覆盖还是把原先的记录保存，这就是本节要介绍的归档日志文件的管理。

### 18.3.1 归档日志文件概述

所谓归档日志文件就是指当重做日志文件写满的时候，把其中内容保存到新的文件中，这些新的文件集合就是归档日志文件。但是重做日志文件并不一定主动被保存到新的文件中，根据数据库设置不同，Oracle 有两种日志模式：归档日志模式（archivelog）和非归档日志模式（noarchivelog）。在非归档日志模式下，原日志文件的内容会被新的日志内容所覆盖；在归档日志模式下，Oracle 会首先对原日志文件进行归档存储，且在归档未完成之前不允许覆盖原有日志。

在归档模式下，数据库中所有的重做日志文件都会被保存，如果数据库出现故障，可以使用数据库备份，归档日志文件以及重做日志文件完全恢复数据库。但如果是非归档模式，因为当重做日志文件写满后会被覆盖，原先内容不会保存，所以如果数据库出现故障，只能恢复到最近一次的某个完整备份点，而且这个备份点的时间人工无法控制，可能会有数据丢失。

### 18.3.2 归档日志信息的查询

数据库管理人员可以修改归档日志文件和非归档日志文件，但是首先需要了解归档日志信息。在 Oracle 中，可以通过查询数据字典了解归档日志的一些基本信息，常用的数据字典有 v$archived_log、v$archive_dest、v$database 等。下面来看几个范例。

**【范例 18-11】查询数据库当前日志模式。**

可以使用 v$database 数据字典，这个数据字典主要用于查询数据库是否处于归档模式。程序代码及运行结果如图 18-12 所示。

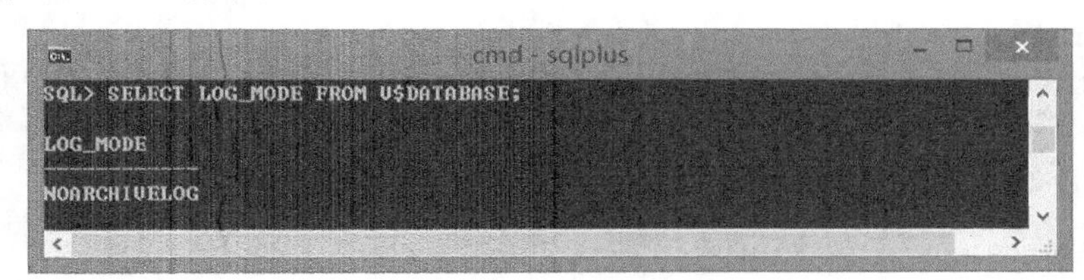


图 18-12

可以看到，数据库当前处于非归档日志模式。

**【范例 18-12】查询数据库中所有归档目标参数的名称。**

可以使用 v$archive_dest，该数据字典主要包含所有归档目标信息。程序代码和运行结果如图 18-13 所示。

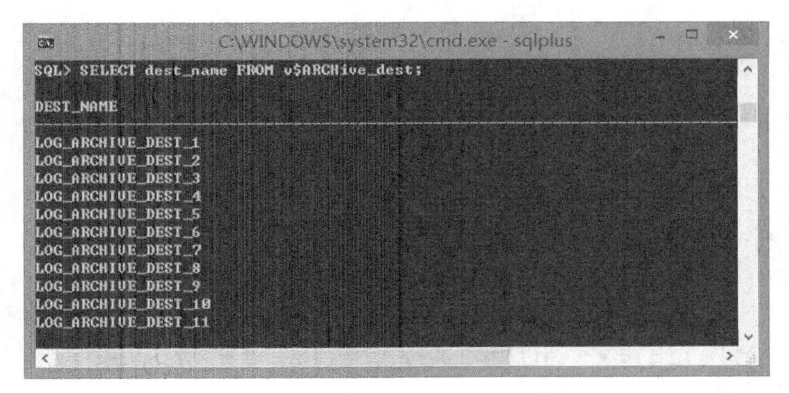


图 18-13

此外，还可以使用 archive log list 命令来显示数据库的归档基本信息，如图 18–14 所示。

图 18–14

不过，archive log list 命令必须以 sysdba 的身份才能使用，即首先以 sys 用户登录，输入语句如下。

```
SQL>CONN sys/change_on_install AS SYSDBA
```

### 18.3.3 归档模式的设置

默认情况下，Oracle 数据库处于非归档日志模式，即当重做日志文件写满的时候，直接覆盖里面的内容，原先的日志记录不会被写入到归档日志文件中。根据 Oracle 数据库对应的应用系统不同，数据库管理员可以把数据库的日志模式在归档模式和非归档模式之间进行切换。可以通过 ALTER DATABASE ARCHIVELOG 或 NOARCHIVELOG 语句实现数据库在归档模式与非归档模式之间的切换。

切换的基本步骤如下。

(1) 关闭数据库，代码如下。

```
SQL>shutdown immediate;
```

(2) 将数据库启动到加载状态，代码如下。

```
SQL>startup mount;
```

(3) 修改数据库的归档模式或非归档模式。

归档模式修改为非归档模式，代码如下。

```
SQL>ALTER DATABASE NOARCHIVELOG;
```

非归档模式修改为归档模式，代码如下。

```
SQL>ALTER DATABASE ARCHIVELOG;
```

(4) 重新打开数据库，代码如下。

```
SQL>alter database open;
```

### 18.3.4 归档信息的设置

归档日志文件保存的位置称为归档目标。用户可以为数据库设置多个归档目标，归档目标在初始化参数 log_archive_dest_n 中进行设置，最多可以设置 21 个归档目标。其中，n 取值为 1 ~ 10 的整数，表示用于本地或远程的归档目标；n 取值为 11 ~ 31 的整数，表示用于指定远程的归档目标。在进行归档时，Oracle 会将重做日志文件组以相同的方式归档到每一个归档目标中。

下面看一个建立归档目标的范例。

【范例 18-13】建立 2 个归档目标。

程序代码及运行结果如图 18-15 所示。

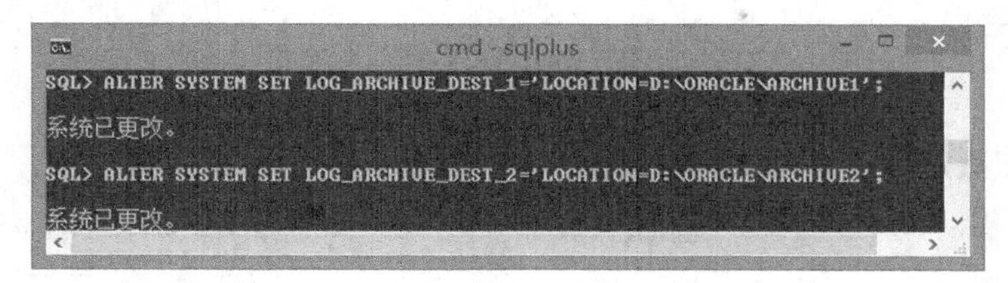


图 18-15

这个命令也可以使用关键字 optional、mandatory 和 reopen。其中，关键字 optional 是默认选项，表示不管归档操作是否成功执行，都可以覆盖日志文件；mandatory 表明只有在归档成功后，才会覆盖日志文件；reopen 用于设定重新归档的时间间隔，默认值为 300 秒，不过该关键字必须和 mandatory 同时使用，并且要在 mandatory 之后。

例如，上面范例的两个代码可以分别修改，如图 18-16 所示。

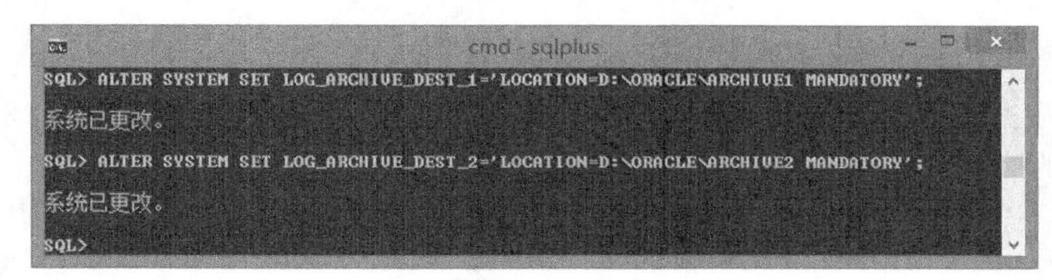


图 18-16

# 18.4 本章小结

本章主要介绍控制文件及日志文件的日常管理及维护操作，通过控制文件和日志文件的管理和维护，可以确保 Oracle 数据库可靠运行。初学读者可能对这部分不太重视，但经过数据库各种基本操作的熟练后，拥有一定的工作经验后，你将会发现控制文件和日志文件的维护会合格的数据库管理员必备的技能。

# 18.5 疑难解答

**问：使用控制文件或者重做日志文件有哪些注意事项？**

**答：**对于重做日志文件的这些日常维护工作，需要用户具有 ALTER DATABASE 系统权限；一个重做日志文件组中可以拥有的最多成员文件数量由控制文件中的 Maxlogmembers 参数决定；在添加重做日志文件的时候，尽量使文件分散到不同的存储位置，可以避免磁盘损坏引起的无法读取错误；当归档日志所在的磁盘损坏的时候，或者归档日志填满的时候，数据库管理员应该禁止再使用这个归档位置。

---

**问：控制文件中都记录了什么内容？**

**答**：控制文件中记录了数据库的结构信息以及数据库当前的参数设置，其中主要包含数据库名称和 SID 标识；数据文件和日志文件的名称和对应路径信息；数据库创建的时间戳；表空间信息；当前重做日志文件序列号；归档日志信息；数据库检查点的信息；回滚段的起始和结束；备份数据文件信息等。

**问：Oracle 数据库的日志模式如何划分？**

**答**：Oracle 有两种日志模式——非归档日志模式和归档日志模式。归档日志模式下，Oracle 首先对原日志文件进行归档存储，在归档完成之前不允许覆盖原有的日志；而非归档日志模式中，原日志文件的内容会被新的日志内容所覆盖。

**问：如何查看归档日志信息？**

**答**：查看归档日志信息有两种方法，即使用数据字典和动态性能视图和使用 ARCHIVE LOG LIST 命令。

**问：删除控制文件的基本步骤是什么？**

**答**：关闭数据库；编辑 Control_files 中初始化参数，删除不需要的控制文件，或者用备份的控制文件替换旧的控制文件；在操作系统中删除控制文件；重新启动数据库。

## 18.6　实战练习

(1) 添加重做日志文件组，其中含有 2 个文件，每个文件大小为 150MB。
(2) 添加一个日志文件到刚刚建立的文件组中。
(3) 删除刚刚添加的重做日志文件。
(4) 删除刚刚添加的重做日志文件组。
(5) 查看当前日志模式，如果是非归档模式则将数据库切换到归档模式。
(6) 备份控制文件。

# 第 19 章 Oracle 的安全管理

## 本章导读

安全性对于数据库来说是重中之重，是衡量一个数据库产品的重要指标。例如银行的数据库数据、国家的军事数据等都是非常重要的，必须完善地保护，防止被非法获取。本章将重点介绍与 Oracle 数据库的安全管理相关的技术，包括用户管理、权限管理和角色管理。

**本章课时：理论 1 学时 + 实践 1 学时**

## 学习目标

- 用户管理
- 权限管理
- 角色管理

# 19.1 用户管理

前面介绍安装 Oracle 数据库的时候，提到伴随着数据库的安装，默认的用户有 sys、system、scott 和 sh。其中，sys 是超级管理员，具有最高权限，可以启动、修改和关闭数据库；system 是普通管理员，不能启动和关闭数据库，但可以完成创建用户等管理工作；scott 是普通用户；sh 是大数据用户。

每一个连接到数据库的用户必须是系统的合法用户。

### 1. 创建新用户

必须以管理员身份登录才能创建新的用户，其基本语法格式如下所示。

```
Create user user_name identified by password
```

其中，user_name 为新用户的用户名，password 为口令。该语法还有很多参数，这里就不一一详述，读者如果需要可以查看帮助文件。

**【范例 19-1】创建新用户 user1，口令为 123456。**

输入语句如下。

```
Sql>Create user user1 identified by 123456;
```

上面的命令创建了新用户 user1，它的口令（密码）为 123456。

### 2. 用户锁定与解锁

用户锁定是指用户暂时无法登录数据库，但不影响该用户的所有数据库对象的正常使用，当用户账号解锁后，用户可以和以前一样正常连接和登录数据库。

锁定的命令如下所示。

```
Alter user user_name account lock
```

解锁的命令如下所示。

```
Alter user user_name account unlock
```

**【范例 19-2】将前面创建的新用户 user1 锁定，然后再解锁。**

输入语句如下所示。

```
Sql>Alter user user1 account lock;
Sql>Alter user user1 account unlock;
```

### 3. 修改用户账号信息

用户创建完成后，管理员可以对用户进行修改，包括修改用户口令、改变用户表空间等，基本语法如下所示。

```
Alter user user_name identified by password
```

上面的语法将用户 user_name 的口令修改为 password。

**【范例 19-3】将 user1 的口令修改为 654321。**

输入命令如下所示。

```
Sql>Alter user user1 identified by 654321;
```

**4. 删除用户账号**

当一个数据库用户不再使用的时候，可以将该用户以及其拥有的所有对象都删除。基本语法如下所示。

```
Drop user user_name [cascade]
```

如果该用户下面没有任何数据对象，可以直接使用 Drop user 命令删除；如果该用户下面有对象，必须使用 cascade 参数。

**【范例 19-4】删除用户 user1。**

输入语句如下。

```
Sql>Drop user user1;
```

**5. 查询用户信息**

可以使用数据字典 all_users、dba_users、user_users 等获取用户信息。

**【范例 19-5】查询数据库用户的建立日期以及用户 ID。**

程序代码及执行结果如图 19-1 所示。

```
C:\WINDOWS\system32\cmd.exe - sqlplus
已连接。
SQL> SELECT * FROM all_users;

USERNAME                       USER_ID CREATED
------------------------------ ------- ----------
SCOTT                               81 30-8月 -16
APEX_030200                         78 30-8月 -16
APEX_PUBLIC_USER                    76 30-8月 -16
FLOWS_FILES                         75 30-8月 -16
MGMT_VIEW                           74 30-8月 -16
SYSMAN                              72 30-8月 -16
LBACSYS                             70 30-8月 -16
SPATIAL_CSW_ADMIN_USR               68 30-8月 -16
SPATIAL_WFS_ADMIN_USR               65 30-8月 -16
MDDATA                              63 30-8月 -16
```

图 19-1

# 19.2 权限管理

上一节介绍了如何创建新用户，然而创建了新用户后，并无法使用新建立的用户名和口令登录到 Oracle 系统。例如，使用 user1 登录系统，此时出现了如下的错误提示。

```
ORA-01045: user user1 lacks CREATE SESSION privilege; logon denied
```

这是因为每一个新创建的用户本身不具备任何权限，而在 Oracle 数据库里面，如果用户想要登录，必须具有创建 SESSION 的权限。

事实上，Oracle 数据库使用权限来控制用户对数据的访问和用户所能执行的操作。权限就是执行特定类型的 SQL 命令或访问其他用户对象的权利。用户在数据库中可以执行哪些操作，以及可以对哪些对象进行操作，完全取决于该用户所拥有的权限。在 Oracle 数据库中，用户权限分为两种。

◎ 系统权限：指系统级控制数据库的存取和使用的机制，即执行某种 SQL 语句的能力。例如，能够启动或者停止数据库，能够创建、删除或者修改数据库对象（表、索引、视图等）。在 Oracle 11g 数据库中，有 200 多种系统权限。

◎ 对象权限：对某个特定的数据库对象执行某种操作的权限。例如特定表的插入、删除、修改、查询的权限。在 Oracle 11g 数据库中，有 9 种类型的对象权限。

#### 1. 系统权限的授予

使用 Grant 语句进行权限的授予，其基本语法如下所示。

```
Grant < 系统权限 >  to < 用户名 >
```

【范例 19-6】授予用户 user1 创建表的权限。

输入语句如下。

```
Sql>Grant create table to user1;
```

【范例 19-7】授予用户 user1 登录数据库的权限。

输入语句如下。

```
Sql>Grant create session to user1;
```

#### 2. 系统权限的收回

使用 revole 语句撤销或收回用户的权限或角色，其基本语法如下所示。

```
Revoke < 系统权限 >  from < 用户名 >
```

【范例 19-8】撤销用户 user1 创建表的权限。

输入语句如下。

```
Sql>Revoke create table from user1;
```

【范例 19-9】撤销用户 user1 登录数据库的权限。

输入语句如下。

```
Sql>Revoke create session  from user1;
```

#### 3. 用户系统权限的查询

与系统权限有关的数据字典是 dba_sys_privs（所有系统权限）和 user_ sys_privs（用户拥有的系统权限）。可以使用查询命令在这几个数据字典中查询。

【范例 19-10】查看当前用户具有的系统权限。

输入语句如下。

```
Sql>Select * from user_ sys_privs;
```

4. **对象权限的授予**

对象权限授予的基本语法和系统权限的授予一样，如下所示。

```
Grant < 对象权限 > on  < 对象 > to < 用户名 >
```

【范例 19-11】授予 user1 用户对 scott 用户下数据表 emp 的 select、insert 和 delete 的权限。

输入语句如下。

```
Sql>Grant select, insert, delete on scott.emp to user1;
```

5. **对象权限的回收**

基本语法如下。

```
Revoke < 对象权限 > on  < 对象 >  from  < 用户名 >
```

【范例 19-12】回收 user1 用户对 scott 用户下数据表 emp 的 select 和 delete 的权限。

输入语句如下。

```
Sql>Revoke select, delete on scott.emp from user1;
```

## 19.3 角色管理

Oracle 的权限有很多，在管理的时候如果要逐个授予，既费时又费力，为了简化管理，引入了角色的概念。所谓角色就是一系列相关权限的集合，即将所需要的权限先授给角色，在需要的时候再将角色授给用户，这样用户就得到了该角色所具有的所有权限，从而减少了权限管理的工作量。

1. **角色的定义**

Oracle 数据库创建的时候系统会自动创建一些常用的角色，这些角色已经由系统授予了相应的一些权限，管理员可以直接将这些角色授权给不同用户。这些常用的角色如表 19-1 所示。

表 19-1 常用的角色

| 常用角色 | 角色的权限 |
| --- | --- |
| DBA | 该角色包含所有系统的权限 |
| Connect | 该角色向用户提供登录和执行基本函数的能力，可以具有创建表、视图、序列等的权限 |
| resource | 该角色具有创建过程、触发器、表、序列等的权限 |

2. **角色创建**

基本语法如下所示。

```
Create role < 角色名称 >    identified by < 口令 >
```

【范例 19-13】创建角色 clerk，口令为 123。

输入语句如下。

```
Sql>Create role clerk identified by 123;
```

3. 为角色分配权限

角色创建后，既可以授予系统权限也可以授予对象权限，授予方法同上节介绍的授予用户权限的语法相同。

【范例 19-14】为角色 clerk 授予对 scott 用户下数据表 emp 的 select、insert 和 delete 的权限。

输入语句如下。

```
Sql>Grant select, insert, delete on scott.emp to clerk;
```

4. 将角色授予用户

基本语法如下所示。

```
Grant < 角色名 >    to < 用户名 >
```

【范例 19-15】将 clerk 角色授予用户 user1。

输入语句如下。

```
Sql>Grant clerk to user1;
```

此时用户 user1 具有角色 clerk 所拥有的权限。

5. 角色权限的回收

角色权限的回收和用户权限的回收类似。

【范例 19-16】把角色 clerk 对 scott 用户下数据表 emp 的 select 和 delete 的权限回收。

输入语句如下。

```
Sql>Revoke select, delete on scott.emp from clerk;
```

6. 角色信息查询

可以使用数据字典 dba_role_privs、user_ role_privs、roles_sys_privs 等获取数据库角色及其权限信息。

【范例 19-17】查询角色 clerk 所拥有的系统权限信息。

输入语句如下。

```
Sql>Select * from roles_sys_privs where role=' clerk';
```

【范例 19-18】查询用户所拥有角色的信息。

输入语句如下。

```
Sql>Select * from dba_role_privs;
```

# 19.4 综合范例——从无到有的安全管理

前面已经介绍过 Oracle 的用户账号、权限及角色管理，那么下面通过一个系统的综合范例，熟悉整个流程。

【范例 19-19】综合范例。

### 1. sys 登录

如果想进行用户的创建，那么必须有管理员的权限，本次就直接使用 sys 用户。使用 sys 登录，输入语句如下。

```
Sql>CONN sys/change_on_install AS SYSDBA ;
```

### 2. 创建一个新的用户，名字为 newuser，密码为 111111

输入语句如下。

```
Sql>CREATE USER newuser IDENTIFIED BY 111111 ;
```

现在用户已经创建完成了，能不能使用此用户登录呢？现在用如下登录命令登录。

```
Sql>Conn newuser/111111
```

此时会出现如下的错误提示。

```
ORA-01045: user newuser lacks CREATE SESSION privilege; logon denied
```

每一个新创建的用户本身不具备任何的权限，而在 Oracle 数据库里面，如果用户要想登录，则必须具有创建 SESSION 的权限。

### 3. 系统权限的分配

如果要分配权限则可以使用如下的语法。

```
GRANT 权限 1, 权限 2 ,… TO 用户名;
```

将创建 SESSION 的权限赋予 newuser，输入语句如下。

```
Sql>GRANT CREATE SESSION TO newuser ;
```

此时，再重新登录，即可成功登录。

既然已经使用了 newuser 用户登录成功，那么使用下面语句来创建序列和表。

```
Sql>CREATE SEQUENCE myseq ;
Sql>CREATE TABLE mytab(
```

```
    name                VARCHAR2(20)
);
```

这个时候发现出现了错误信息“ORA−01031: 权限不足”。

登录后发现创建表等一系列操作依然要权限，如需要创建序列的权限、需要创建表的权限，还可能需要一堆其他的权限。这样做太麻烦了，所以在 Oracle 里面提供了一种角色的概念。

所谓的角色是指包含有若干个权限，在 Oracle 里面主要使用两个角色：CONNECT 和 RESOURCE。

将两个角色授予 newuser 用户，输入语句如下。

```
Sql>GRANT CONNECT,RESOURCE TO newuser ;
```

用户被授予了新的权限之后必须重新登录才可以取得新的权限。

在重新登录系统后，就可以正常地创建表及进行其他操作了。

**4. 密码修改**

一旦有了用户，就会出现用户管理的问题。当用户忘记密码的时候，可以由管理员进行修改。

修改用户密码，由于用户并不多，所以这种用户的维护就可以由 sys 进行了。输入语句如下。

```
Sql>ALTER USER newuser IDENTIFIED BY 666666 ;
```

管理员修改完密码之后，肯定需要用户自己重新设置一个新的密码。

让用户密码过期，输入语句如下。

```
Sql>ALTER USER newuser PASSWORD EXPIRE ;
```

此时使用管理员修改过的口令登录，系统会提示用户修改新的口令。

**5. 锁定用户**

下面代码用于锁定用户。

```
Sql>ALTER USER newuser ACCOUNT LOCK ;
```

当用户被锁定后，该用户暂时无法使用 Oracle 系统。若需要解锁，可以使用下面的语句。

```
Sql>ALTER USER newuser ACCOUNT UNLOCK ;
```

**6. 对象权限的分配**

除了以上给出的一些系统权限之外，还可以使用一些对象权限。例如，可以对一个对象下的数据表进行访问定义，其有 4 种权限：INSERT、UPDATE、DELETE、SELECT。

一般情况下，newuser 用户无法查询及操作其他用户下的数据对象，除非被赋予相应的权限，如下所示。

将 scott.emp 表的 SELECT、INSERT 权限授予 newuser 用户，输入语句如下。

```
Sql>GRANT  SELECT,INSERT ON scott.emp TO newuser ;
```

后来发现 newuser 用户不需要这么多的权限，所以开始进行权限回收。

回收 scott 权限，代码如下。

```
Sql>REVOKE SELECT,INSERT ON scott.emp FROM newuser ;
```

回收其他所授予的权限，代码如下。

```
Sql>REVOKE CONNECT,RESOURCE,CREATE SESSION FROM newuser ;
```

**7. 用户的删除**

如果用户已经没有存在的意义，那么可以进行删除操作，代码如下。

```
Sql>DROP USER newuser CASCADE ;
```

# 19.5　本章小结

本章主要介绍为保证 Oracle 数据库的安全管理而采用的相关的技术：包括用户管理、权限管理和角色管理。通过这些安全策略，可以保证数据库被合法用户所访问，不同的用户具有不同的数据库操作权限。

# 19.6　疑难解答

**问：安全性是评估一个数据库的重要指标，Oracle 数据库采取什么安全控制策略？**

**答：**Oracle 数据库从 3 个层次上采取安全控制策略。(1) 系统安全性。在系统级别上控制数据库的存取和使用机制，包括有效的用户名与口令、是否可以连接数据库、用户可以进行哪些系统操作等；(2) 数据安全性。在数据库模式对象级别上控制数据库的存取和使用机制。用户要对某个模式对象进行操作，必须要有操作的权限；(3) 网络安全性。Oracle 通过分发 Wallet、数字证书、SSL 安全套接字和数据密钥等办法来保证数据库的网络传输安全性。

**问：数据库安装的时候有两个默认的用户 SYS、SYSTEM，两者有什么区别？**

**答：**SYS 是数据库中拥有最高权限的管理员，可以启动、关闭、修改数据库，拥有数据字典；SYSTEM 是一个辅助的数据库管理员，不能启动和关闭数据库，但是可以进行一些管理工作，如创建和删除用户。

**问：角色管理有什么好处？**

**答：**如果直接给每一个用户赋予权限，这将是一个巨大又麻烦的工作，同时也不方便 DBA 进行管理。通过采用角色，权限管理更方便。将角色赋予多个用户，实现不同用户相同的授权。如果要修改这些用户的权限，只需修改角色即可；角色的权限可以激活和关闭，使 DBA 可以方便地选择是否赋予用户某个角色；提高性能，使用角色减少了数据字典中授权记录的数量，通过关闭角色使得在语句执行过程中减少了权限的确认。

**问：数据库概要文件（PROFILE）有什么作用？**

**答：**在数据库中，对用户的资源限制与用户口令管理是通过数据库概要文件（PROFILE）实现的，每个数据库用户必须具有一个概要文件，通常DBA将用户分为几种类型，为每种类型的用户单独创建一个概要文件。概要文件不是一个具体的文件，而是存储在SYS模式的几个表中的信息的集合。当建立数据库的时候，Oracle会自动建立名称为default的profile。当建立用户没有指定profile选项时，那么Oracle就会将default分配给用户。概要文件通过一系列资源管理参数，从会话级和调用级两个级别对用户使用资源进行限制。例如限制用户失败次数、用户口令的有效天数等。

**问：Oracle的权限都有哪些？**

**答：**在Oracle数据库中，用户权限主要分为系统权限与对象权限两类。系统权限是指在数据库基本执行某些操作的权限，或者针对某一类对象进行操作的权限，对象权限主要是针对数据库对象执行某些操作的权限，例如对表的增、删（删除数据）、查、改等。

# 19.7 实战练习

⑴ 创建一个新用户newuser。
⑵ 为上面创建的新用户分配连接数据库和创建数据表的权限。
⑶ 创建一个新角色newrole。
⑷ 为上面创建的新角色分配创建视图的权限。
⑸ 把该权限分配给用户newuser。
⑹ 删除角色newrole。
⑺ 回收用户创建数据表的权限。
⑻ 删除用户newuser。

# 第 20 章

# 数据库备份与恢复

**本章导读**

数据是非常重要的资产，然而任何数据库在日常运行过程中都存在一定的安全隐患，特别像银行、证券等金融单位，在日常运行过程中，若出现系统故障、病毒或者用户操作不当而导致数据丢失，则必须要有良好的预备方案，以恢复数据。数据库备份和恢复是预防灾难的一个非常有效的手段，数据库备份与恢复是数据库管理员的重要管理职责，而数据库备份是否成功对数据恢复至关重要。本章将介绍数据库的备份与恢复的基本方法。

**本章课时：理论 2 学时 + 实践 1 学时**

## 学习目标

- 备份与恢复概述
- 数据的导出与导入
- 数据库的冷备份及恢复
- 将 Excel 文件导入到 Oracle 数据库中

# 20.1 备份与恢复概述

为了保证计算机系统的备份和高可用性，很多高性能服务器经常采用多种备份策略，例如RAID技术、双机热备、集群技术等，这些备份策略是从硬件的角度来考虑的，这些策略能够部分解决数据库备份问题。如磁盘介质损坏，可以快速地在镜像上做简单的恢复。然而，这种硬件的备份并不能满足现实的需要，比如数据表被误删除。

数据库备份与恢复是一对相反操作。备份是保存数据库中数据的副本，实际上就是把数据库复制到转储设备（磁盘或磁带）的过程；恢复是指当发生各种故障（硬件故障、软件故障、网络故障、系统故障等）造成数据库瘫痪或错误时，利用备份将数据库恢复到故障时刻的状态，重构完整的数据库。数据库恢复可分为数据库修复以及在数据库修复基础上的数据库恢复。

### 1. 备份的类型

根据数据备份方式的不同，备份可以分为物理备份和逻辑备份两种。物理备份是复制组成数据库的数据文件、重做日志文件、控制文件、初始化参数文件等系统文件，将形成的副本保存到与当前系统独立的磁盘或磁带上。逻辑备份是指利用Oracle提供的导出工具将数据库中的数据抽取出来，存放到一个二进制文件中。

根据数据库备份是否关闭数据库服务器，可以进一步把物理备份分为冷备份和热备份两种情况。冷备份又称停机备份，是指在关闭数据库的情况下将所有的数据库文件复制到另一个磁盘或磁带上。热备份又称联机备份，是指在数据库运行状态下对数据库进行的备份。

此外，根据备份的规模不同，物理备份还可以分为完全备份和部分备份。完全备份是指对整个数据库进行备份，部分备份是对部分数据文件、表空间等进行备份。

### 2. 恢复的类型

根据数据库恢复时使用的备份不同，恢复可以分为物理恢复和逻辑恢复两种。物理恢复是指利用物理备份来恢复数据库，即利用物理备份文件恢复损毁文件，是在操作系统级别上进行的。而逻辑恢复是利用逻辑备份的二进制文件，使用Oracle提供的导入工具将部分或全部信息导入数据库，恢复丢失的数据。根据数据库恢复的程度可分为完全恢复和不完全恢复。数据库出现故障后，如果能够利用备份使数据库恢复到出现故障时的状态，称为完全恢复，否则称为不完全恢复。

# 20.2 数据的导出与导入

本节主要介绍Oracle的逻辑备份和逻辑恢复，使用Oracle提供的导入或导出工具实现。导出时将数据库中选定的对象或数据字典的逻辑副本以二进制文件的形式存储到操作系统中，以dmp文件格式存储；恢复的时候，从dmp格式文件恢复到数据库中。

### 1. 数据的导出

Oracle 11g数据库使用exp工具实现数据的逻辑备份，该工具有以下3种工作方式。

◎ 命令行方式：在命令行中直接指定参数设置。

◎ 参数文件方式：将参数的设置信息存放到一个参数文件中，在命令行中用parfile参数指定参数文件。

◎ 交互方式：通过交互命令进行导出作业的管理。

Exp 工具提供了以下 4 种导出模式。

◎ 全库导出模式：导出整个数据库。

◎ 模式导出模式：导出指定模式中的所有对象。

◎ 表导出模式：导出指定模式中指定的所有表、分区及其依赖的对象和数据。

◎ 表空间导出模式：导出指定表空间中所有表及其依赖对象。

这 4 种模式主要通过选择参数来进行相应的设置。

下面主要介绍命令行方式和交互方式。

(1) 命令行方式。

该方式的语法格式中有很多的参数，本书不详细介绍该语法，仅通过几个简单的例子介绍如何使用。详细语法可以参考帮助文件。

**【范例 20-1】导出 scott 用户下的 emp 表和 dept 表，存储文件名称为 output.dmp，日志文件为 output.log。**

首先进入指定存储文件的目录，假设目录名称为 C 盘的 backup，然后执行相应命令，代码如下。

```
C:> cd backup
C:> exp scott/tiger dumpfile=output.dmp logfile=output.log tables=scott.emp,scott.dept
```

**【范例 20-2】导出 scott 用户下所有对象。**

输入语句如下。

```
C:> cd backup
C:> exp scott/tiger dumpfile=user.dmp
```

(2) 交互方式。

首先需要准备一个进行数据备份的目录，假设现在将 D:\backup 目录作为备份路径。

需要进入到 backup 目录中（以命令行的方式进行操作），代码如下。

```
cd backup;
```

输入 exp 指令，导出数据，如图 20-1 所示。

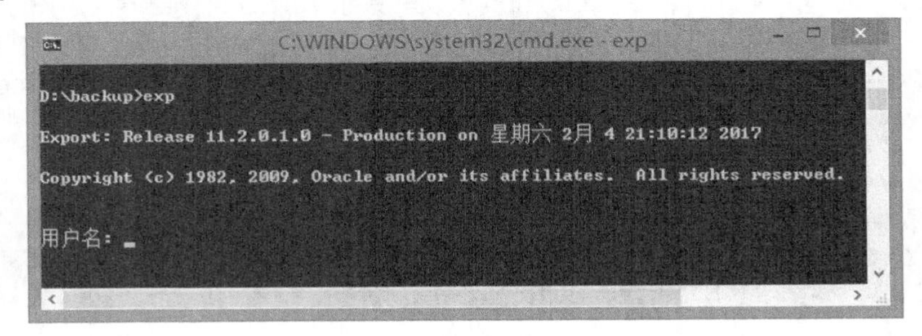


图 20-1

输入用户名和口令（例如 scott/tiger），按回车键后会出现图 20-2 所示内容。

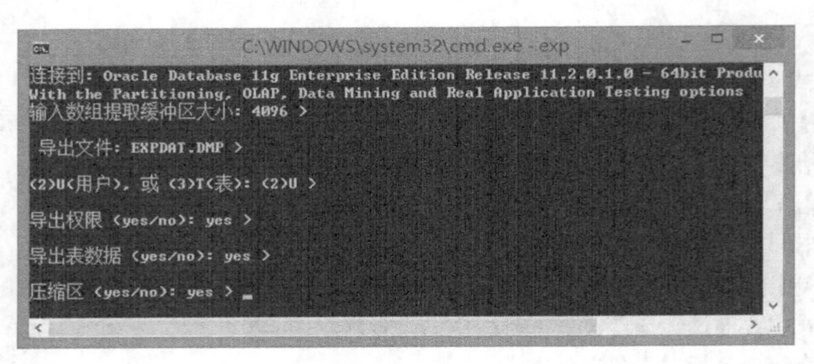


图 20-2

如图 20-2 所示，会分别出现下列选项。

◎ 输入数组提取缓冲区大小：4096 >。

◎ 导出文件：EXPDAT.DMP >。

◎ (2) U（用户），或(3) T（表）：(2) U >。

◎ 导出权限（yes/no）：yes >。

◎ 导出表数据（yes/no）：yes >。

◎ 压缩区（yes/no）：yes >。

上面每一个选项都取默认选项，然后按回车键，即可成功导出该用户下所有的数据表信息。

**2. 数据的导入**

Oracle 11g 数据库使用 imp 工具实现备份数据的导入，该工具和导出工具 exp 一样也有 3 种工作方式：命令行方式、交互方式和参数文件方式。

与 exp 的导出模式一样，imp 也有一样的 4 种模式。

(1) 命令行方式。

该方式的语法格式中有很多的参数，本书不详细介绍该语法，仅通过几个简单的例子介绍如何使用。详细语法可以参考帮助文件。

**【范例 20-3】scott 用户下的 emp 和 dept 表数据丢失，利用前面导出的备份文件恢复。**

首先进入指定存储文件的目录，假设目录名称为 C 盘的 backup，然后执行相应命令，代码如下。

```
C:> cd backup
C:> imp scott/tiger dumpfile=output.dmp tables=scott.emp,scott.dept
```

**【范例 20-4】假设 scott 用户下的对象丢失，利用前面所备份的文件恢复 scott 用户下所有对象。**

输入语句如下。

```
C:> cd backup
C:> imp scott/tiger dumpfile=user.dmp
```

(2) 交互方式。

进入到备份文件所在路径，输入 imp 指令，同样会提示输入用户名和口令，输入完成后，按回车键，显示如图 20-3 所示。

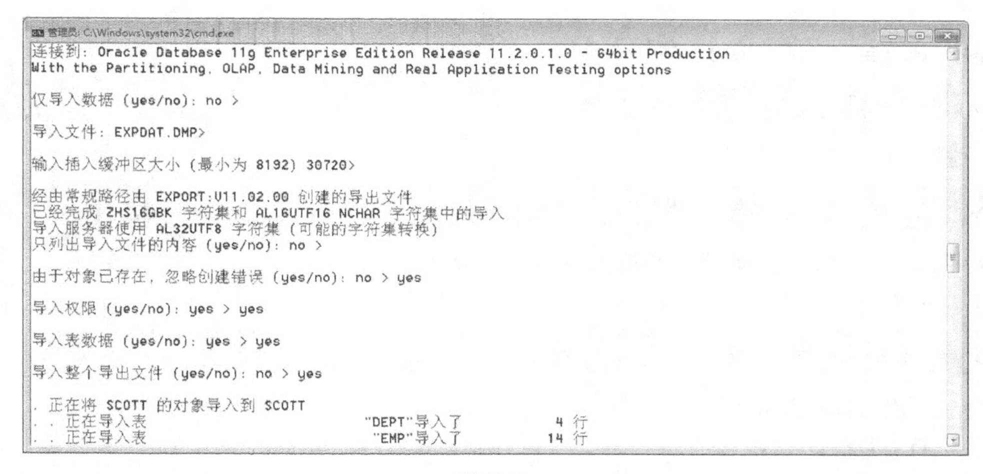


图 20-3

所有选项都取默认值，即可成功把数据导入所连接的用户下面。

注意：常修改的选项是导入或导出的文件名。

在实际的备份操作中这样的操作无法正常使用，因为在其导出的过程中，必须保证其他用户没有进行更新数据的操作。

# 20.3 数据库的冷备份及恢复

数据库的冷备份严格来说称为归档备份，指的是所有的事务都需要提交，然后数据库关闭服务。实际上需要备份以下内容。

◎ 控制文件：控制着整个 Oracle 的实例信息，可以使用 v$controlfile 数据字典找到。

◎ 重做日志文件：通过 v$logfile 数据字典找到。

◎ 数据文件：通过 v$datafile 数据字典找到。

◎ 核心配置文件（pfile）：使用“show parameter pfile”找到。

### 1. 冷备份

【范例 20-5】冷备份操作。

数据库的备份操作由管理员进行，因此首先以管理员身份登录。

(1) 使用 sys 登录，代码如下。

```
Sql>CONN sys/change_on_install AS SYSDBA ;
```

(2) 查找控制文件的信息，代码如下。

```
Sql>SELECT * FROM v$controlfile ;
```

(3) 查找重做日志文件信息，代码如下。

```
Sql>SELECT * FROM v$logfile ;
```

(4) 找到所有数据文件信息，代码如下。

```
Sql>SELECT * FROM v$datafile ;
```

(5) 找到 pfile 文件，代码如下。

```
Sql>SHOW PARAMETER pfile ;
```

(6) 记录好 2、3、4、5 命令执行后所显示的文件路径。

(7) 关闭 Oracle 服务，代码如下。

```
Sql>SHUTDOWN IMMEDIATE
```

(8) 复制出所有的备份文件。

(9) 重新启动服务，代码如下。

```
Sql>STARTUP
```

这种备份是允许关闭计算机的备份。

**2. 冷恢复**

当数据库系统出现错误的时候，可以使用冷备份的文件进行恢复。

**【范例 20-6】冷恢复。**

(1) 关闭 Oracle 服务，代码如下。

```
Sql>SHUTDOWN IMMEDIATE
```

(2) 将备份时复制出的所有备份文件复制到原来的目录下。

(3) 重新启动服务，代码如下。

```
Sql>STARTUP
```

# 20.4 将 Excel 文件导入到 Oracle 数据库中

本节将介绍在实际应用中经常遇到的一种情况，即将外部 Excel 数据添加到 Oracle 数据库中。

**【范例 20-7】将外部 Excel 数据添加到 Oracle 数据库中。**

❶ Oracle 数据库有一个 student 表，student 表的拥有者是 scott，密码为 tiger。其表结构如下所示。

```
create table student
 ( STU_ID number(10) not null,
STU_NAME varchar2(20),
STU_SEX varchar2(2));
```

现在有数据表 student.xlsx，内容如图 20-4 所示。

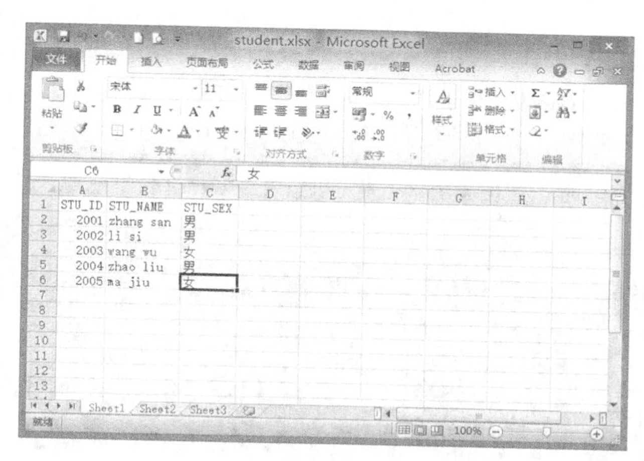

图 20-4

❷ 打开该 Excel 文件，单击“文件” ➤ “另存为”，弹出图 20-5 所示的对话框。

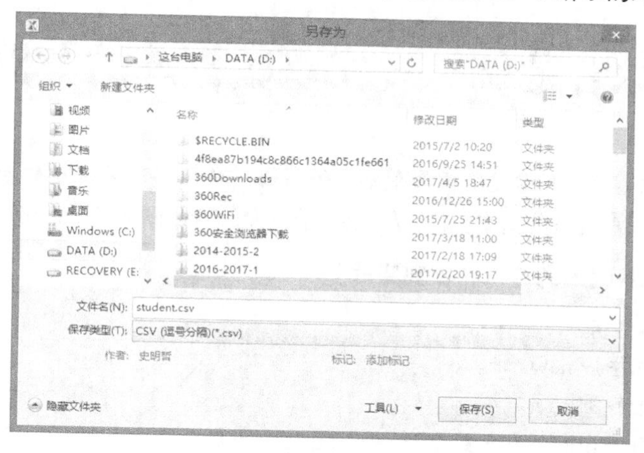

图 20-5

选择“保存类型”为“CSV（逗号分隔）（*.csv）”，设置文件名为“student.csv”，单击“保存”按钮。

❸ 新建 input.txt 文件（置于 D:\)，代码如下所示。

```
load data
infile 'd:\student.csv'
append into table student fields terminated by ','
trailing nullcols(STU_ID,STU_NAME,STU_SEX)
```

> 提示：infile 后面参数为欲导入的 Excel 表（已转换成 csv 格式）路径及名称；append 在表后追加；table 后面跟 Oracle 数据库中的表名称；terminated by ',' 表示字段分隔符；(STU_ID,STU_NAME,STU_SEX) 表示字段名称列表。

❹ 按“⊞ +R”组合快捷键，打开运行窗口，输入“cmd”，打开命令提示符，输入如下命令。

```
sqlldr userid=scott/tiger@netservicename control=d:\input.txt
```

提示：system/test, 为 Oracle 数据库表 student 的所有者及其密码；@netservicename 为网络服务名；control 是 input.txt 文件名称及路径。

❺ 连接到 Oracle 数据库，查询 student 表，可以发现 excel 数据已导入成功，如图 20-6 所示。

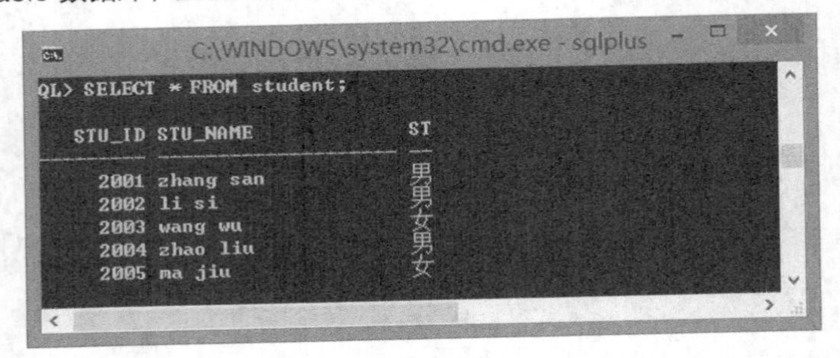


图 20-6

# 20.5 综合范例——实现数据库的备份和恢复

数据库的备份和恢复虽然涉及的内容很多，但一般只有数据库管理员才会经常进行此项操作。因此本章主要给出了这些操作的基本步骤，下面再结合一个综合范例帮助读者加深对这些命令的理解。

**【范例 20-8】数据库的备份和恢复实战。**

现在有如下具体任务。

(1) 新增加数据库用户 newuser。

(2) 为该用户赋予各种权限。

(3) 使用该用户口令和密码进入数据库。

(4) 创建数据表并向表中插入若干数据。

(5) 备份该数据库的内容。

(6) 将数据库内容删除。

(7) 恢复该数据库的内容。

这个范例不仅复习了本章所介绍的备份和恢复的有关操作，同时也复习了用户管理、数据定义及查询的部分操作。

❶ 新增加数据库用户 newuser。

以管理员身份登录，然后创建新用户，如图 20-7 所示。

图 20-7

❷ 为该用户赋予各种权限。

在介绍权限及安全的时候，曾将讲过新用户如果没有被赋予相应的权限，则无法登录系统及执行有关的表创建和查询。因此应该给该用户赋予对应的权限，如图 20-8 所示。

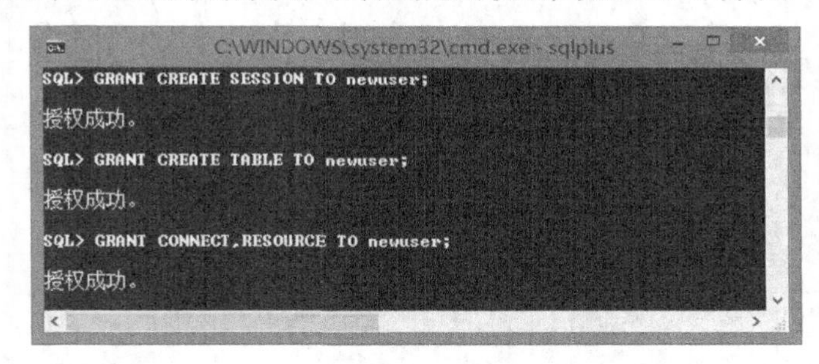


图 20-8

❸ 使用该用户口令和密码进入数据库。

一旦用户权限创建后，就可以登录了，如图 20-9 所示。

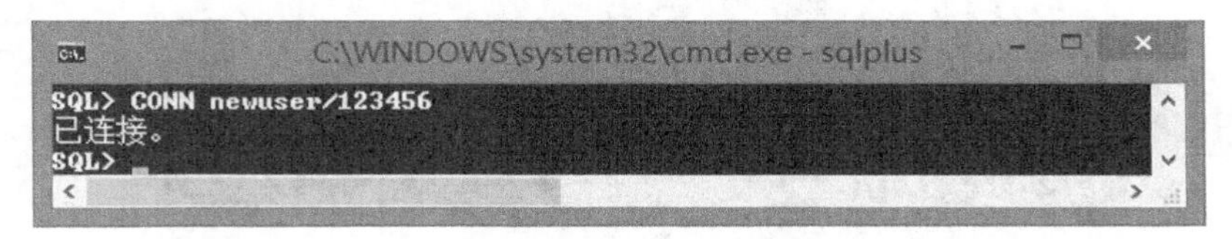


图 20-9

❹ 创建数据表并向表中插入若干数据。

登录到数据库后，创建一个数据表，并向其中插入数据，如图 20-10 所示。

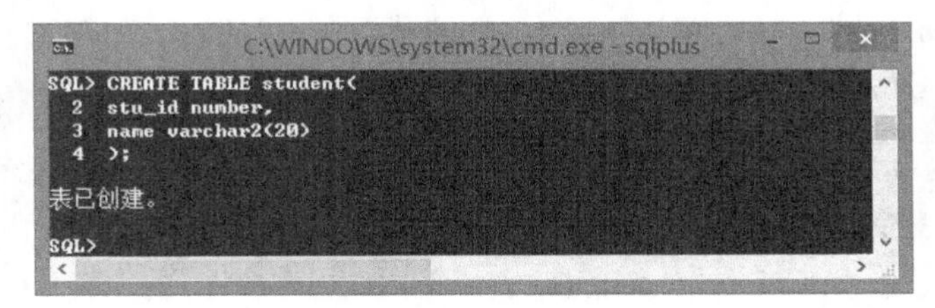


图 20-10

然后向表中插入若干数据，如图 20-11 所示。

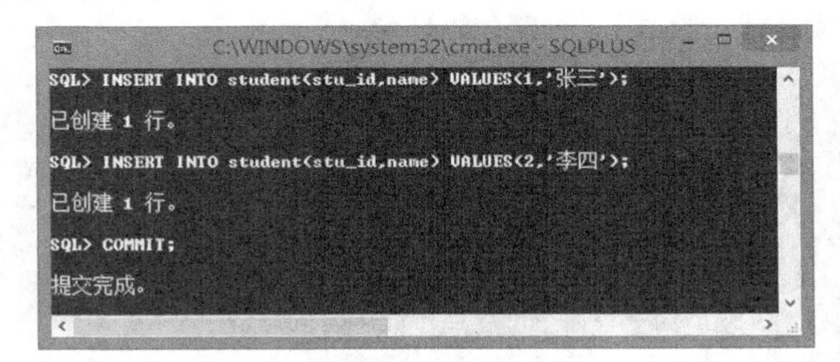


图 20-11

❺ 备份该数据库的内容。

在实际使用过程中，会定时地备份数据库的数据，以免数据发生丢失的情况。现在备份 newuser 中的所有对象，如图 20-12 所示。

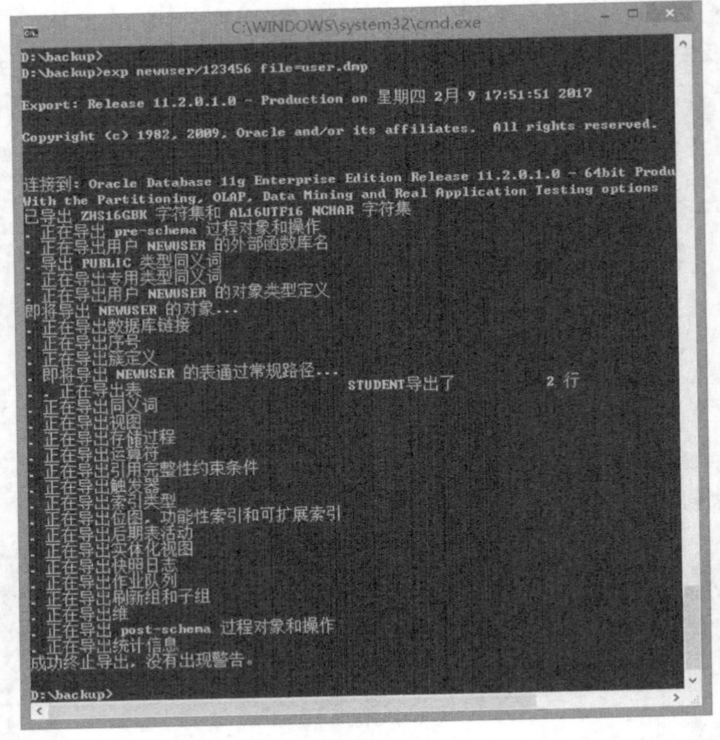


图 20-12

❻ 然后将数据库 newuser 中所有内容删除。

现在进入 newuser 数据库中，将其中建立的 student 数据表删除掉，如图 20-13 所示。

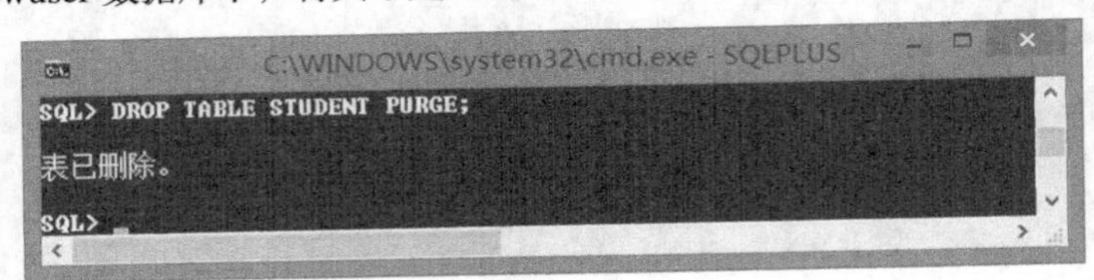


图 20-13

❼ 恢复该数据库的内容。

使用前面备份的数据进行数据库的恢复，如图 20-14 所示。

```
C:\WINDOWS\system32\cmd.exe

D:\backup>imp newuser/123456 file=user.dmp

Import: Release 11.2.0.1.0 - Production on 星期四 2月 9 17:55:59 2017

Copyright (c) 1982, 2009, Oracle and/or its affiliates.  All rights reserved.

连接到: Oracle Database 11g Enterprise Edition Release 11.2.0.1.0 - 64bit Produc
With the Partitioning, OLAP, Data Mining and Real Application Testing options

经由常规路径由 EXPORT:V11.02.00 创建的导出文件
已经完成 ZHS16GBK 字符集和 AL16UTF16 NCHAR 字符集中的导入
. 正在将 NEWUSER 的对象导入到 NEWUSER
. . 正在导入表                    "STUDENT"导入了          2 行
成功终止导入, 没有出现警告。

D:\backup>
```

图 20-14

以上给出了一个基本的综合实例，涵盖了从新用户产生、建立数据表、输入数据、备份、删除直到恢复的整个基本过程。

# 20.6 本章小结

本章主要介绍数据库的备份与恢复的基本方法，即使用 Oracle 提供的导入工具 imp 或者导出工具 exp 分别实现。通过这些基本操作，可以实现数据库的日常备份和恢复，实现数据的迁移，等等。此外还介绍了将 Excel 文件导入到 Oracle 数据库中方法。

# 20.7 疑难解答

**问：使用 exp 命令导出数据库对象的时候，都可以导出哪些内容？**

**答：**可以导出数据表、用户模式、表空间和全数据库 4 种数据。

---

**问：如何实现数据库每天自动备份？**

**答：**可以按照下面步骤实现数据库的自动备份。

❶ 首先建立一个备份的批处理文件，在 D 盘下新建备份目录 backup，再新建一个文本文件 oraclebackup.txt，内容如下。

```
echo 正在备份 Oracle 数据库，请稍等……
exp newuser/123456 file=d:/backup/user.dmp
echo 任务完成！
```

完成后，将该记事本文件的后缀 txt 改成 bat 即可。

双击 oraclebackup.bat 可以测试是否可以正常备份。

❷ 鼠标右键单击“我的电脑”，选择“管理”菜单，打开计算机管理窗口，如图 20-15 所示。

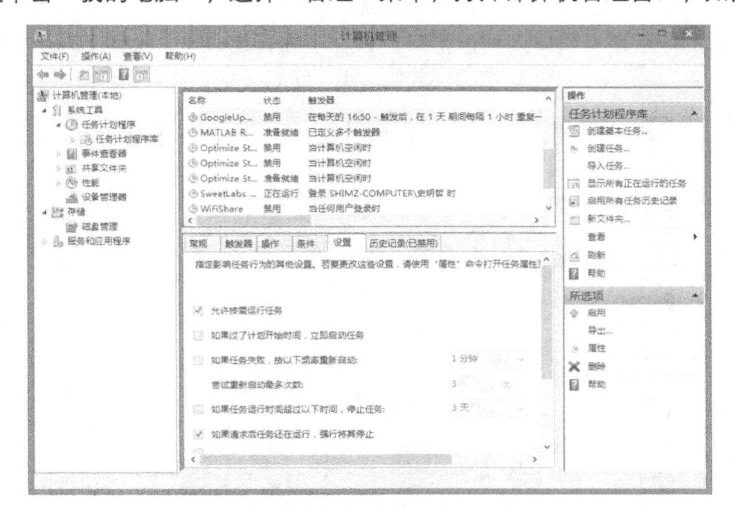

图 20-15

❸ 单击右侧的“创建基本任务”，创建一个任务计划，填写任务名字和描述，如图 20-16 所示。

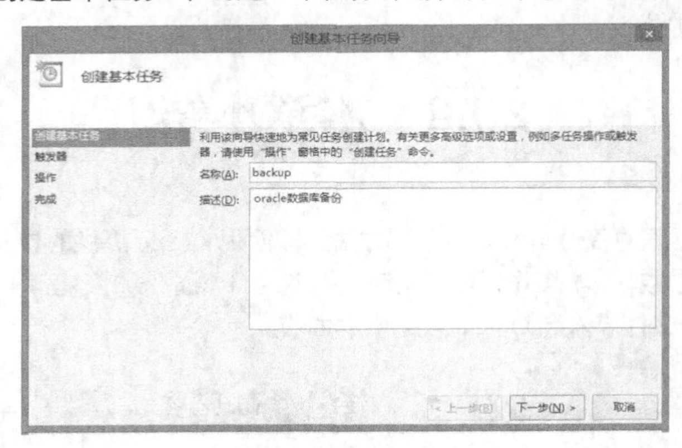


图 20-16

❹ 单击“下一步”按钮，打开图 20-17 所示界面，选中“每天”，单击“下一步”按钮。

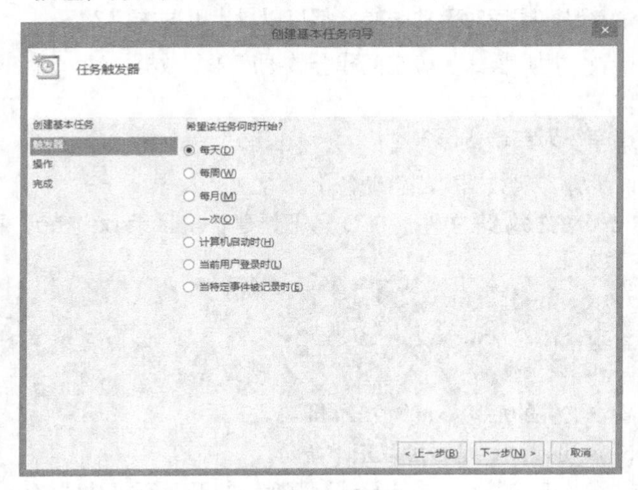


图 20-17

❺ 设置任务的执行周期，这里周期选择每天，并设置开始时间，一般选择在夜间备份数据库，如图 20-18 所示。

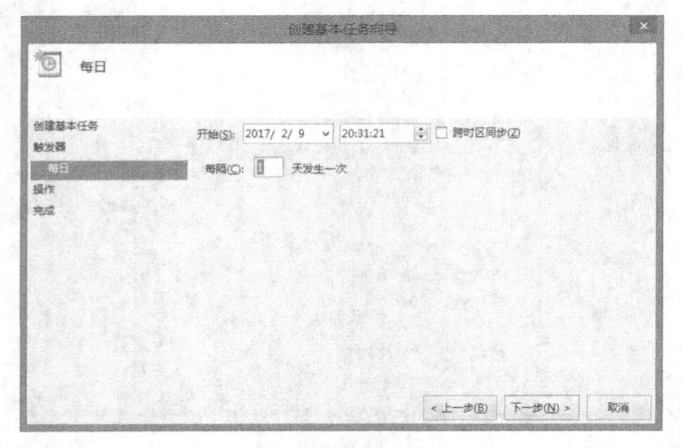


图 20-18

❻ 单击“下一步”按钮，打开图 20-19 所示界面。选中“启动程序”，然后单击“下一步”按钮。

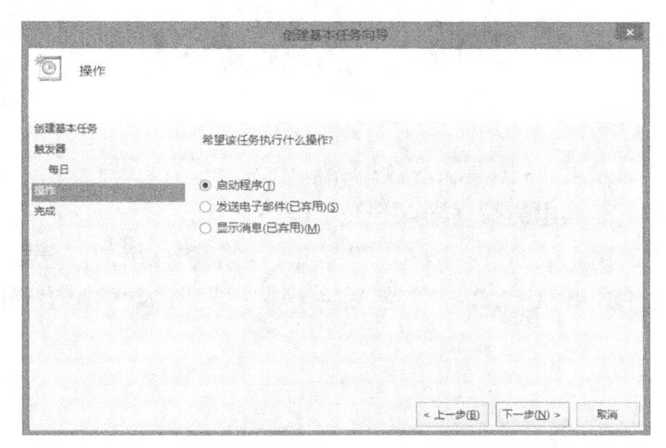


图 20-19

❼ 在弹出的图 20-20 所示界面中，选择前面制作的批处理文件，即 oraclebackup.bat，然后单击“下一步”按钮。

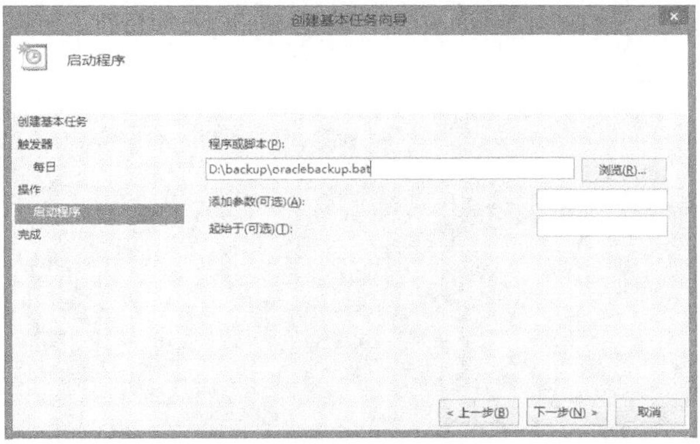

图 20-20

❽ 弹出图 20-21 所示界面，单击“完成”按钮即可。

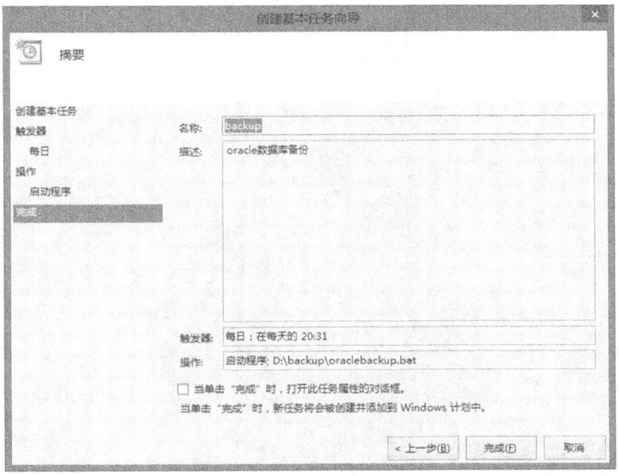

图 20-21

# 20.8 实战练习

⑴ 使用 exp 命令将 scott 用户下的 emp 数据表导出。

⑵ 使用 imp 命令将上面导出的数据导入到数据表中。

⑶ 创建一个新用户，建立数据表，插入一些数据，然后将该用户信息导出。

⑷ 删除上面创建的用户下面所有内容，然后将上一步导出的数据导出到该用户下面。